메가스터디 N제

통합과학2 696제

내신·학평 완벽 대비 1등급 필수 문제집

구성과 특징

Point ❶

22개정 교과서 완벽 분석,
핵심이 모두 여기에!

5종 통합과학 교과서를 모두 분석하여 내신 시험에 반드시 출제될 내용과 자료로 구성

Point ❷

내신 시험의
출제 원리를 바탕으로!

전국 학교 기출 문제와 학력평가 기출 문제를 모두 분석하여 고빈출, 최다 오답 유형만을 엄선하여 구성

Point ❸

만점 달성
고난도, 수능 유형 문제까지!

고난도, 수능 유형, 서술형 문제를 포함한 696개의 문항으로 변별력 높은 내신 시험과 학력평가까지 대비할 수 있도록 구성

STEP 1 핵심 개념 정리 & O/X 문제로 교과서 핵심 자료 보기

5종 교과서의 핵심 내용을 쉽게 파악할 수 있도록 체계적으로 정리하고,
핵심 자료를 선별하여 OX 문제를 풀며 개념 학습을 강화할 수 있도록 했습니다.

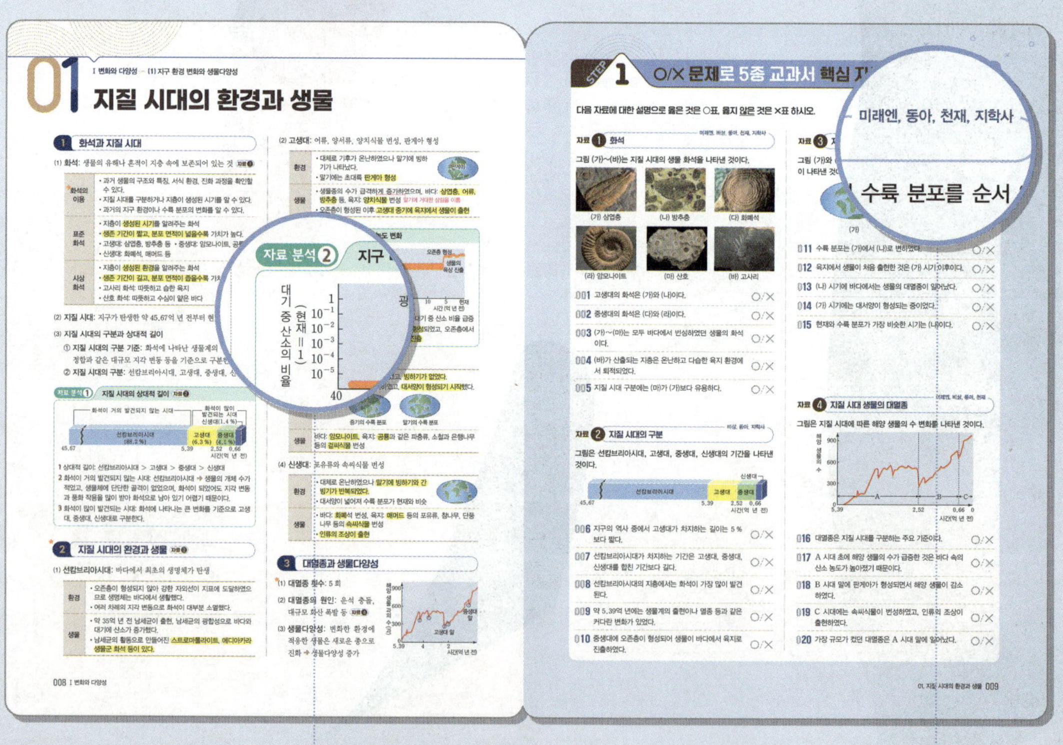

자료 분석 , 탐구 분석 에서 주요 자료 또는 탐구를 선별하여 자세하게 분석했습니다.

자료 출처 교과서를 표시했습니다.

학교 기출 문제로 내신 대비하기

전국 학교 기출 문제를 분석하여 출제율 70% 이상의 문제를 개념별로 빠짐없이 구성했습니다.

출제율 90 % 이상인 문제는 고빈출로 표시했습니다.

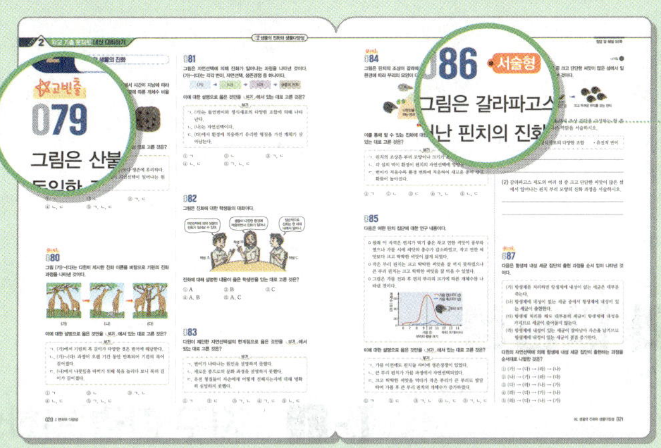

서술형 문제도 개념 순으로 수록했습니다.

수능 유형 문제로 만점 도전하기

통합과학이 수능 과목으로 편성됨에 따라 내신에도 수능 유형 문제가 출제될 수 있습니다.
신유형, 학평 기출 변형, 고난도, 최다오답, 서술형 문제를 풀어보며 내신 만점에 도전하세요.

기출 분석을 통해 오답률이 높은 개념과 유형의 문제는 ✔최다 오답 으로 표시했습니다.

변별력 높은 내신 시험과 학력평가까지 대비할 수 있도록 난이도 상 을 표시했습니다.

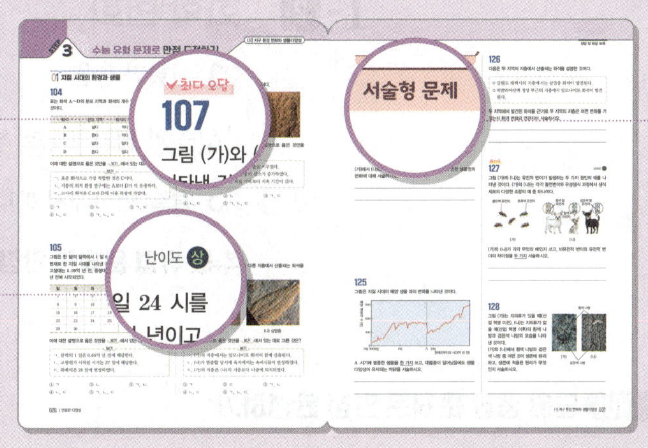

서술형 문항에 대비할 수 있도록 서술형 문제 코너를 구성했습니다.

단원 종합 문제로 만점 완성하기

내신에 완벽하게 대비할 수 있도록 대단원별로 학교 시험 문제와
매우 유사한 형태의 예상 문제를 제시했습니다. 내신 만점에 자신감을 가지세요.

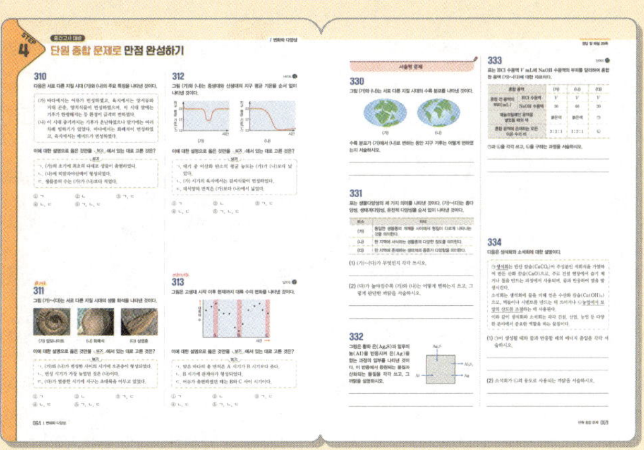

이 책의 차례

I

변화와 다양성

1 지구 환경 변화와 생물다양성

표준 화석 | 시상 화석 — 화석 — 지질 시대 — 선캄브리아시대 | 고생대 | 중생대 | 신생대

대멸종과 생물다양성 — 생물 다양성 — 유전적 다양성 | 종다양성 | 생태계다양성

돌연변이 | 생식세포의 다양한 조합 — 유전적 변이

자연 선택 — 진화 — 변이 → 생존경쟁 → 자연선택 → 생물의 진화

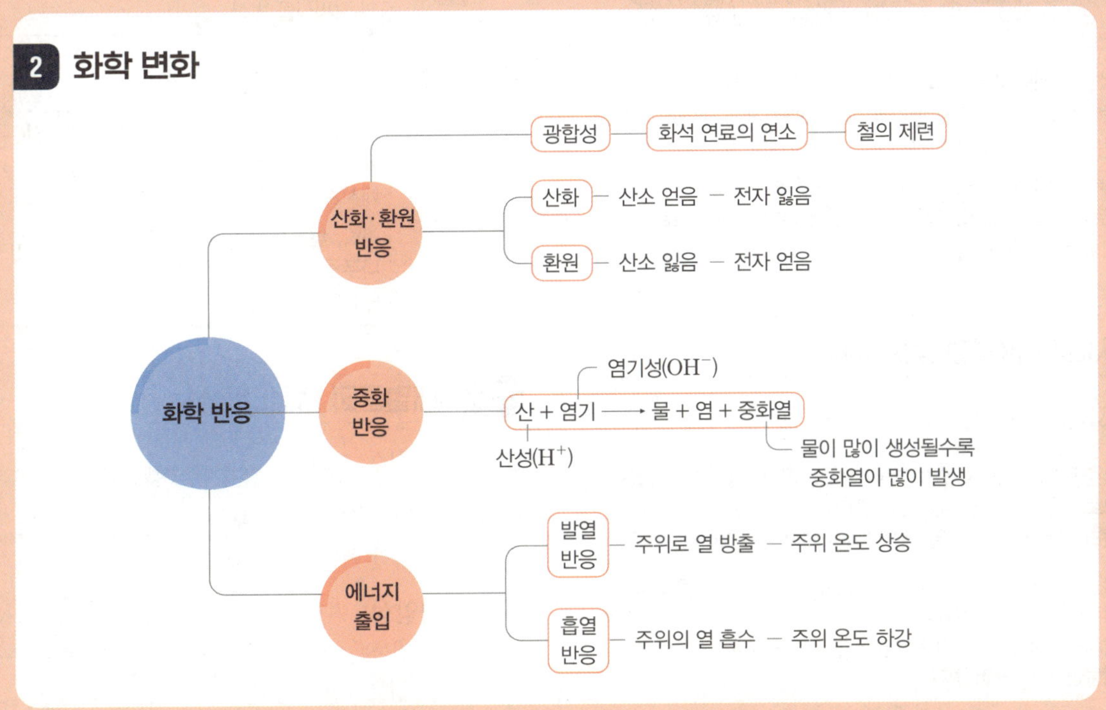
2 화학 변화

화학 반응 — 산화·환원 반응 — 광합성 — 화석 연료의 연소 — 철의 제련
산화 — 산소 얻음 – 전자 잃음
환원 — 산소 잃음 – 전자 얻음

중화 반응 — 염기성(OH⁻) / 산성(H⁺) — 산 + 염기 ⟶ 물 + 염 + 중화열 — 물이 많이 생성될수록 중화열이 많이 발생

에너지 출입 — 발열 반응 — 주위로 열 방출 – 주위 온도 상승
흡열 반응 — 주위의 열 흡수 – 주위 온도 하강

01 지질 시대의 환경과 생물

1 화석과 지질 시대

(1) 화석: 생물의 유해나 흔적이 지층 속에 보존되어 있는 것 (자료❶)

★화석의 이용	• 과거 생물의 구조와 특징, 서식 환경, 진화 과정을 확인할 수 있다. • 지질 시대를 구분하거나 지층이 생성된 시기를 알 수 있다. • 과거의 지구 환경이나 수륙 분포의 변화를 알 수 있다.
표준 화석	• 지층이 생성된 시기를 알려주는 화석 • 생존 기간이 짧고, 분포 면적이 넓을수록 가치가 높다. • 고생대: 삼엽충, 방추충 등 • 중생대: 암모나이트, 공룡 등 • 신생대: 화폐석, 매머드 등
시상 화석	• 지층이 생성된 환경을 알려주는 화석 • 생존 기간이 길고, 분포 면적이 좁을수록 가치가 높다. • 고사리 화석: 따뜻하고 습한 육지 • 산호 화석: 따뜻하고 수심이 얕은 바다

(2) 지질 시대: 지구가 탄생한 약 45.67억 년 전부터 현재까지의 기간

(3) 지질 시대의 구분과 상대적 길이

① **지질 시대의 구분 기준:** 화석에 나타난 생물계의 큰 변화, 부정합과 같은 대규모 지각 변동 등을 기준으로 구분한다.

② **지질 시대의 구분:** 선캄브리아시대, 고생대, 중생대, 신생대

자료 분석 ❶ 지질 시대의 상대적 길이 (자료❷)

화석이 거의 발견되지 않는 시대 / 화석이 많이 발견되는 시대

신생대(1.4 %)

| 선캄브리아시대 (88.2 %) | 고생대 (6.3 %) | 중생대 (4.1 %) |

45.67   5.39   2.52   0.66
시간(억 년 전)

1 상대적 길이: 선캄브리아시대 > 고생대 > 중생대 > 신생대

2 화석이 거의 발견되지 않는 시대: 선캄브리아시대 ➡ 생물의 개체 수가 적었고, 생물체에 단단한 골격이 없었으며, 화석이 되었어도 지각 변동과 풍화 작용을 많이 받아 화석으로 남아 있기 어렵기 때문이다.

3 화석이 많이 발견되는 시대: 화석에 나타나는 큰 변화를 기준으로 고생대, 중생대, 신생대로 구분한다.

★2 지질 시대의 환경과 생물 (자료❸)

(1) 선캄브리아시대: 바다에서 최초의 생명체가 탄생

환경	• 오존층이 형성되지 않아 강한 자외선이 지표에 도달하였으므로 생명체는 바다에서 생활했다. • 여러 차례의 지각 변동으로 화석이 대부분 소멸했다.
생물	• 약 35억 년 전 남세균이 출현, 남세균의 광합성으로 바다와 대기에 산소가 증가했다. • 남세균의 활동으로 만들어진 스트로마톨라이트, 에디아카라 생물군 화석 등이 있다.

(2) 고생대: 어류, 양서류, 양치식물 번성, 판게아 형성

환경	• 대체로 기후가 온난하였으나 말기에 빙하기가 나타났다. • 말기에는 초대륙 판게아 형성
생물	• 생물종의 수가 급격하게 증가하였으며, 바다: 삼엽충, 어류, 방추충 등, 육지: 양치식물 번성 말기에 거대한 삼림을 이룸 • 오존층이 형성된 이후 고생대 중기에 육지에서 생물이 출현

자료 분석 ❷ 지구 대기의 산소 농도 변화

1 생물의 광합성이 시작된 후, 20억~25억 년 전에 대기 중 산소 비율 급증

2 대기 중에 산소의 비율이 높아진 후 오존층이 형성되었고, 오존층에서 유해한 자외선이 차단되면서 생물이 육상으로 진출

(3) 중생대: 파충류와 겉씨식물 번성

환경	• 전반적으로 기후가 온난하였고, 빙하기가 없었다. • 판게아가 분리되기 시작하였고, 대서양이 형성되기 시작했다.
생물	바다: 암모나이트, 육지: 공룡과 같은 파충류, 소철과 은행나무 등의 겉씨식물 번성

(4) 신생대: 포유류와 속씨식물 번성

환경	• 대체로 온난하였으나 말기에 빙하기와 간빙기가 반복되었다. • 대서양이 넓어져 수륙 분포가 현재와 비슷
생물	• 바다: 화폐석 번성, 육지: 매머드 등의 포유류, 참나무, 단풍나무 등의 속씨식물 번성 • 인류의 조상이 출현

3 대멸종과 생물다양성

★**(1) 대멸종 횟수:** 5 회

(2) 대멸종의 원인: 운석 충돌, 대규모 화산 폭발 등 (자료❹)

(3) 생물다양성: 변화한 환경에 적응한 생물은 새로운 종으로 진화 ➡ 생물다양성 증가

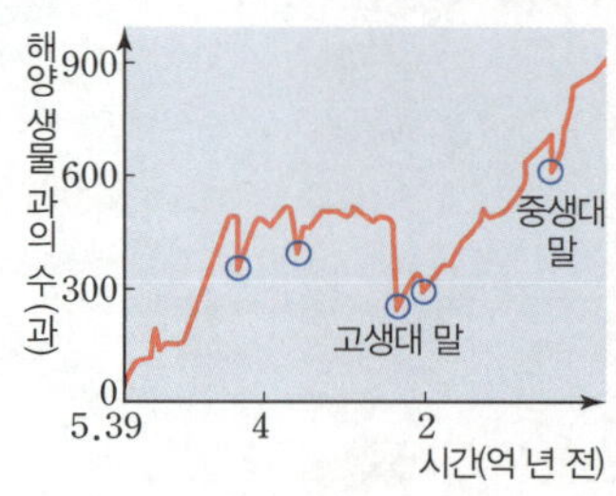

다음 자료에 대한 설명으로 옳은 것은 ○표, 옳지 않은 것은 ✕표 하시오.

자료 **1** 화석

미래엔, 비상, 동아, 천재, 지학사

그림 (가)~(바)는 지질 시대의 생물 화석을 나타낸 것이다.

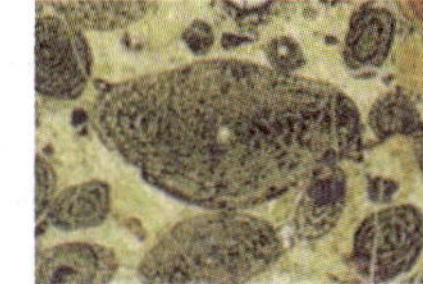

(가) 삼엽충   (나) 방추충   (다) 화폐석

(라) 암모나이트   (마) 산호   (바) 고사리

001 고생대의 화석은 (가)와 (나)이다. ○/✕

002 중생대의 화석은 (다)와 (라)이다. ○/✕

003 (가)~(마)는 모두 바다에서 번성하였던 생물의 화석이다. ○/✕

004 (바)가 산출되는 지층은 온난하고 다습한 육지 환경에서 퇴적되었다. ○/✕

005 지질 시대 구분에는 (마)가 (가)보다 유용하다. ○/✕

자료 **2** 지질 시대의 구분

비상, 동아, 지학사

그림은 선캄브리아시대, 고생대, 중생대, 신생대의 기간을 나타낸 것이다.

006 지구의 역사 중에서 고생대가 차지하는 길이는 5 % 보다 짧다. ○/✕

007 선캄브리아시대가 차지하는 기간은 고생대, 중생대, 신생대를 합친 기간보다 길다. ○/✕

008 선캄브리아시대의 지층에서는 화석이 가장 많이 발견된다. ○/✕

009 약 5.39억 년에는 생물계의 출현이나 멸종 등과 같은 커다란 변화가 있었다. ○/✕

010 중생대에 오존층이 형성되어 생물이 바다에서 육지로 진출하였다. ○/✕

자료 **3** 지질 시대의 환경

미래엔, 동아, 천재, 지학사

그림 (가)와 (나)는 고생대 말과 중생대 말의 수륙 분포를 순서 없이 나타낸 것이다.

011 수륙 분포는 (가)에서 (나)로 변하였다. ○/✕

012 육지에서 생물이 처음 출현한 것은 (가) 시기 이후이다. ○/✕

013 (나) 시기에 바다에서는 생물의 대멸종이 일어났다. ○/✕

014 (가) 시기에는 대서양이 형성되는 중이었다. ○/✕

015 현재와 수륙 분포가 가장 비슷한 시기는 (나)이다. ○/✕

자료 **4** 지질 시대 생물의 대멸종

미래엔, 비상, 동아, 천재

그림은 지질 시대에 따른 해양 생물의 수 변화를 나타낸 것이다.

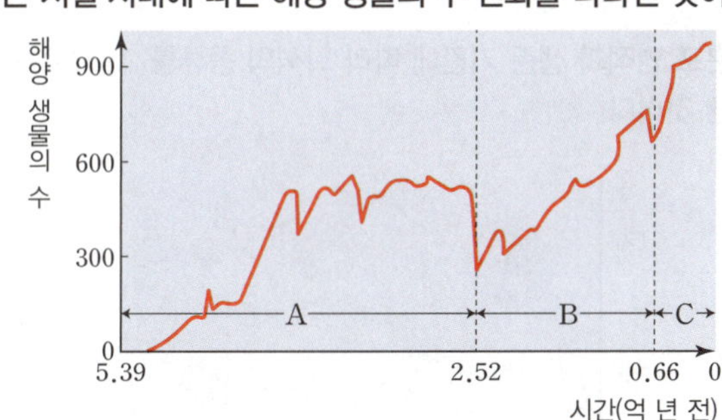

016 대멸종은 지질 시대를 구분하는 주요 기준이다. ○/✕

017 A 시대 초에 해양 생물의 수가 급증한 것은 바다 속의 산소 농도가 높아졌기 때문이다. ○/✕

018 B 시대 말에 판게아가 형성되면서 해양 생물이 감소하였다. ○/✕

019 C 시대에는 속씨식물이 번성하였고, 인류의 조상이 출현하였다. ○/✕

020 가장 규모가 컸던 대멸종은 A 시대 말에 일어났다. ○/✕

STEP 2 학교 기출 문제로 내신 대비하기

1 화석과 지질 시대

021

화석에 대한 설명으로 옳은 것만을 보기 에서 있는 대로 고른 것은?

보기

ㄱ. 생물의 유해가 퇴적물에 천천히 매몰될수록 화석으로 남기 쉽다.

ㄴ. 생물의 유해뿐만 아니라 생물이 살았던 흔적도 화석에 포함된다.

ㄷ. 생물의 유해가 화석으로 되는 과정에서 물질이 치환되는 경우가 있다.

① ㄱ   ② ㄴ   ③ ㄱ, ㄷ
④ ㄴ, ㄷ   ⑤ ㄱ, ㄴ, ㄷ

022 고빈출

그림은 분포 면적과 생존 기간에 따라 화석의 종류를 A, B로 구분하여 나타낸 것이다.

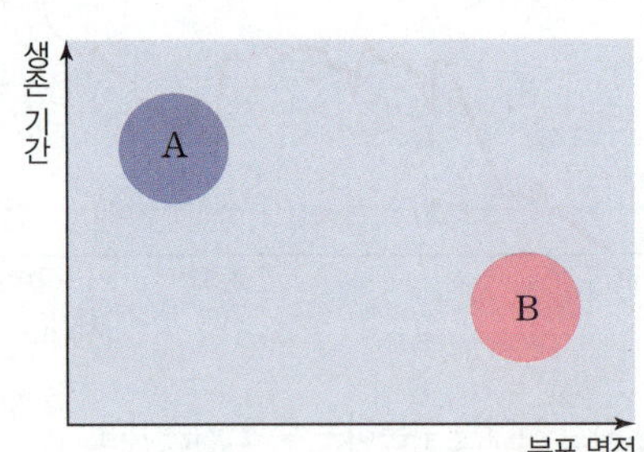

이에 대한 설명으로 옳은 것만을 보기 에서 있는 대로 고른 것은?

보기

ㄱ. A는 표준 화석보다 시상 화석으로 적합하다.

ㄴ. 고사리 화석은 B에 해당한다.

ㄷ. 생물이 살았던 당시의 기후를 이해하는 데는 B가 A보다 적합하다.

① ㄱ   ② ㄴ   ③ ㄱ, ㄷ
④ ㄴ, ㄷ   ⑤ ㄱ, ㄴ, ㄷ

023 서술형

여러 지역의 지층에서 산출되는 화석을 이용하여 지층의 생성 시기를 비교하고자 한다. 이러한 용도의 화석은 무엇인지 쓰고, 분포 지역과 생존 기간이 어떤 특징을 지니는 것이 가치가 높은지 서술하시오.

024

그림은 어느 지역에서 화석 (가)~(바)가 산출되는 지층의 범위를 나타낸 것이다.

지층＼화석	(가)	(나)	(다)	(라)	(마)	(바)
E			▮		▮	
D		▮	▮		▮	
C	▮	▮		▮	▮	
B	▮	▮		▮	▮	
A						▮

이에 대한 설명으로 옳은 것만을 보기 에서 있는 대로 고른 것은?

보기

ㄱ. 생물종의 변화가 가장 컸던 시기는 A와 B의 경계이다.

ㄴ. (마)는 (가)보다 표준 화석으로 적합하다.

ㄷ. A~E를 세 개의 지질 시대로 구분한다면 경계의 상부층에는 각각 B와 D가 있다.

① ㄱ   ② ㄴ   ③ ㄱ, ㄷ
④ ㄴ, ㄷ   ⑤ ㄱ, ㄴ, ㄷ

025

그림 (가)~(다)는 서로 다른 지질 시대에 번성했던 세 화석을 나타낸 것이다.

(가) 삼엽충　　　　(나) 화폐석　　　　(다) 암모나이트

이에 대한 설명으로 옳은 것만을 보기 에서 있는 대로 고른 것은?

보기

ㄱ. 지질 시대가 오래된 것부터 나열하면 (가) → (나) → (다) 이다.
ㄴ. 생물의 생존 기간은 (나)가 (다)보다 더 길었다.
ㄷ. (가)~(다) 모두 바다에서 번성하였던 생물의 화석이다.

① ㄱ　　　　② ㄷ　　　　③ ㄱ, ㄴ
④ ㄴ, ㄷ　　　　⑤ ㄱ, ㄴ, ㄷ

026

그림은 어느 지층에서 산출된 두 화석을 나타낸 것이다.

화폐석　　　　　　　산호

이 지층이 생성된 지질 시대를 쓰고, 지층이 퇴적될 당시의 환경에 대해 서술하시오.

027

그림은 어느 지역의 지층 A~D의 단면과 산출되는 화석을 나타낸 것이다.

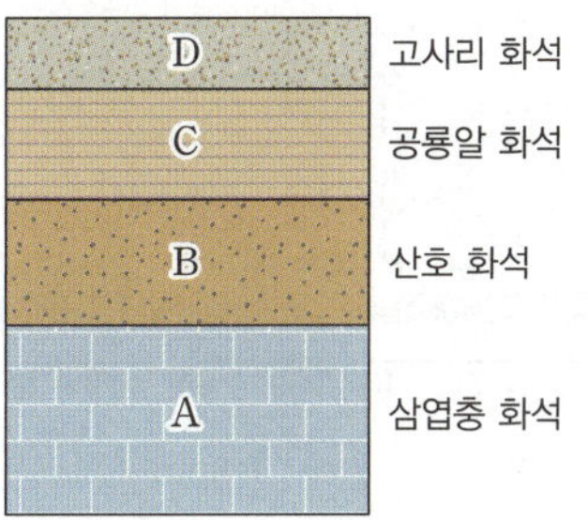

이에 대한 설명으로 옳은 것만을 보기 에서 있는 대로 고른 것은?

보기

ㄱ. 지층 A는 지층 C보다 나중에 퇴적되었다.
ㄴ. 지층 B와 지층 D는 육지 환경에서 퇴적되었다.
ㄷ. 지층 C는 중생대에 퇴적되었다.

① ㄱ　　　　② ㄷ　　　　③ ㄱ, ㄴ
④ ㄴ, ㄷ　　　　⑤ ㄱ, ㄴ, ㄷ

028

그림은 지질 시대의 상대적인 길이를 나타낸 것이다. A~D는 각각 선캄브리아시대, 고생대, 중생대, 신생대 중 하나이다.

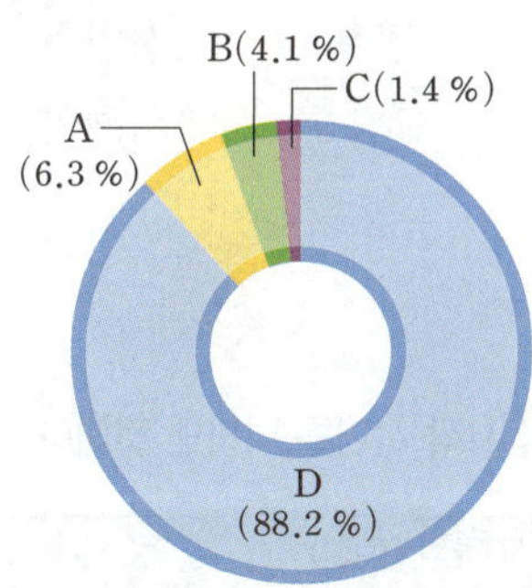

이에 대한 설명으로 옳은 것만을 보기 에서 있는 대로 고른 것은?

보기

ㄱ. 'A+B+C+D'는 약 25억 년의 시간에 해당한다.
ㄴ. 생물종의 총 수는 D가 'A+B+C'보다 많다.
ㄷ. A 시대의 육지에는 양치식물이 번성하였다.

① ㄱ　　　　② ㄷ　　　　③ ㄱ, ㄴ
④ ㄴ, ㄷ　　　　⑤ ㄱ, ㄴ, ㄷ

[029~030] 그림은 지질 시대를 상대적인 길이에 따라 A~D로 나타낸 것이다.

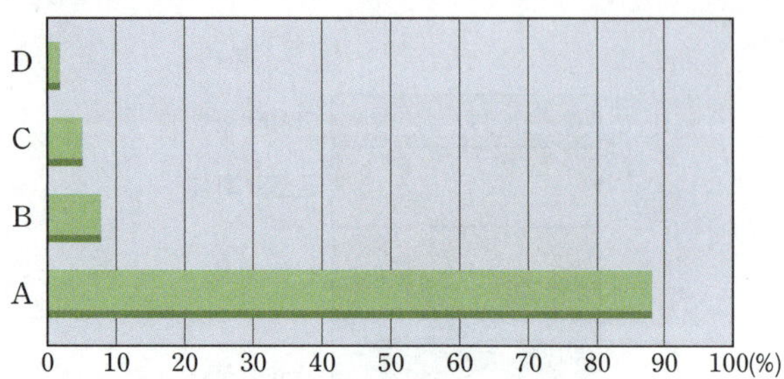

029

A 시기에 대한 설명으로 옳은 것만을 보기 에서 있는 대로 고른 것은?

보기
ㄱ. 에디아카라 생물군 화석이 산출된다.
ㄴ. 남세균이 출현하면서 대기 중의 산소가 증가하였다.
ㄷ. 말기에는 자외선이 차단되면서 육지에 생물이 출현하였다.

① ㄱ　　　　② ㄷ　　　　③ ㄱ, ㄴ
④ ㄴ, ㄷ　　　⑤ ㄱ, ㄴ, ㄷ

030

B, C, D 시기의 표준 화석을 옳게 짝 지은 것은?

	B	C	D
①	삼엽충	암모나이트	화폐석
②	방추충	매머드	공룡
③	화폐석	암모나이트	공룡
④	매머드	공룡	삼엽충
⑤	암모나이트	삼엽충	화폐석

031 서술형

표는 각 지질 시대의 시작 시기를 나타낸 것이다.

지질 시대	시기(억 년 전)	지질 시대	시기(억 년 전)
지구의 탄생	45	중생대 시작	2.52
고생대 시작	5.39	신생대 시작	0.66

지질 시대를 한 달(30 일)의 달력과 비교할 때, 삼엽충이 번성하였던 기간은 달력의 며칠부터 며칠까지인지 구하는 과정과 답을 서술하시오. (단, 지구의 탄생은 45억 년 전으로 계산한다.)

고빈출
032

고생대의 환경과 생물에 대한 설명으로 옳은 것만을 보기 에서 있는 대로 고른 것은?

보기
ㄱ. 전 기간에 걸쳐 빙하기가 없이 온난하였다.
ㄴ. 초기에는 무척추동물이 번성하였으나 중기 이후에 척추 동물이 출현하였다.
ㄷ. 말기에는 겉씨식물이 크게 번성하여 삼림을 이루었다.

① ㄱ　　　　② ㄴ　　　　③ ㄱ, ㄷ
④ ㄴ, ㄷ　　　⑤ ㄱ, ㄴ, ㄷ

033

다음은 어느 지질 시대의 특징을 설명한 것이다.

ㄱ 화산 활동이 활발하게 일어나면서 온실 효과가 증가하여 전반적으로 기후가 온난했다. 육지에서는 은행나무와 같은 겉씨식물과 육상 파충류인 공룡이 번성했으며, 바다에서는 해양 파충류와 (ㄴ)가 번성했다. 그러나 이 시대 말에는 지구 환경이 급격히 변해 ㄷ 많은 생물이 이에 적응하지 못하고 멸종했다.

이에 대한 설명으로 옳은 것만을 보기 에서 있는 대로 고른 것은?

보기
ㄱ. ㄱ은 다량의 화산재가 방출되었기 때문이다.
ㄴ. '암모나이트'는 ㄴ에 해당한다.
ㄷ. ㄷ은 판게아가 형성되었기 때문이다.

① ㄱ　　　　② ㄴ　　　　③ ㄱ, ㄷ
④ ㄴ, ㄷ　　　⑤ ㄱ, ㄴ, ㄷ

034

난이도 상

그림은 지질 시대에 생물 A, B, C가 출현한 시기를 나타낸 것이다. A, B, C는 각각 양치식물, 화폐석, 남세균 중 하나이다.

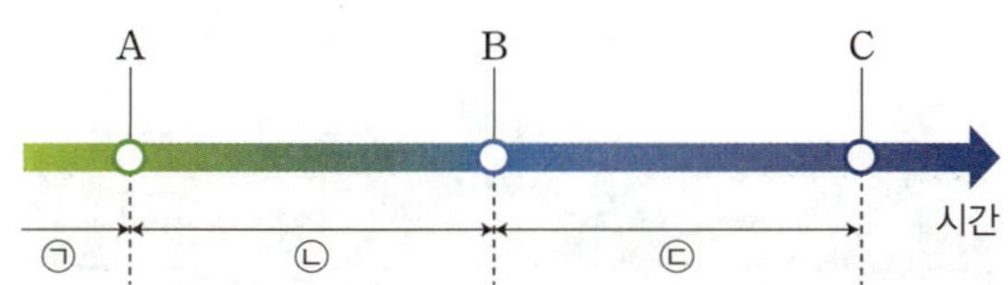

이에 대한 설명으로 옳은 것만을 〈보기〉에서 있는 대로 고른 것은?

ㄱ. 대기 중 오존의 평균 농도는 ㉠ 시기보다 ㉡ 시기에서 더 높다.
ㄴ. 다세포 생물은 ㉢ 시기에 처음 출현하였다.
ㄷ. 겉씨식물은 C가 출현한 이후 번성하였다.

① ㄱ ② ㄷ ③ ㄱ, ㄴ
④ ㄴ, ㄷ ⑤ ㄱ, ㄴ, ㄷ

035

그림은 지구의 탄생 이후 어느 대기 성분의 농도 변화를 나타낸 것이다.

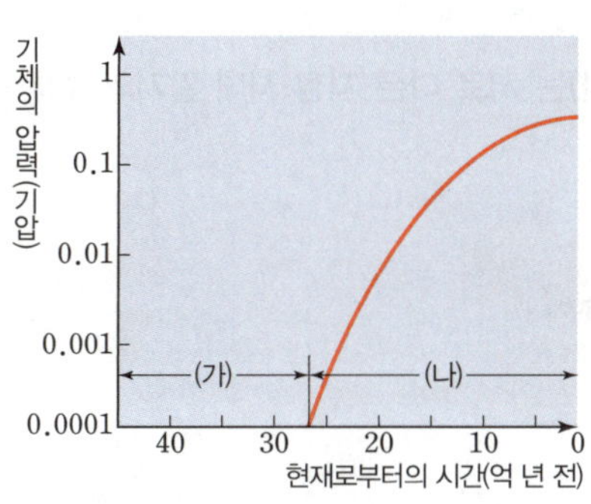

이에 대한 설명으로 옳은 것만을 〈보기〉에서 있는 대로 고른 것은?

ㄱ. 이 대기 성분은 이산화 탄소이다.
ㄴ. (가)의 기간에 오존층이 형성되었다.
ㄷ. 육상 생물은 (나)의 기간에 처음 출현하였다.

① ㄱ ② ㄷ ③ ㄱ, ㄴ
④ ㄴ, ㄷ ⑤ ㄱ, ㄴ, ㄷ

036 고빈출

그림은 지질 시대 동안 지구 대기의 산소 농도 변화를 나타낸 것이다.

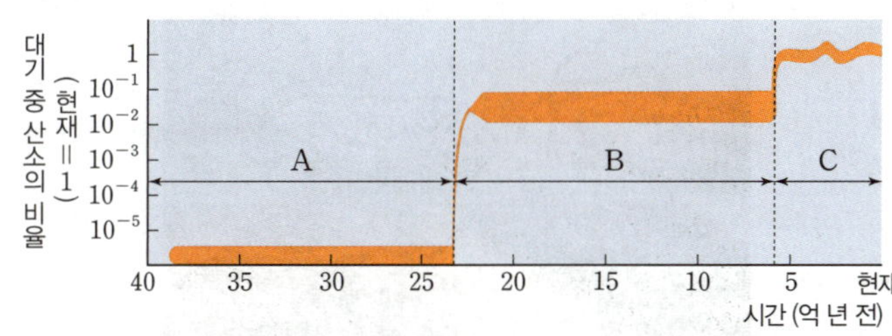

이에 대한 설명으로 옳은 것만을 〈보기〉에서 있는 대로 고른 것은?

ㄱ. A 시기에는 광합성을 하는 생물이 출현하였다.
ㄴ. 지표에 도달하는 유해한 자외선의 양은 B보다 C 시기에 많았다.
ㄷ. 육지에 생물이 출현한 것은 C 시기이다.

① ㄱ ② ㄴ ③ ㄱ, ㄷ
④ ㄴ, ㄷ ⑤ ㄱ, ㄴ, ㄷ

037 서술형

그림은 지질 시대의 어느 시기부터 현재까지 지표에 도달하는 자외선량의 변화를 나타낸 것이다.

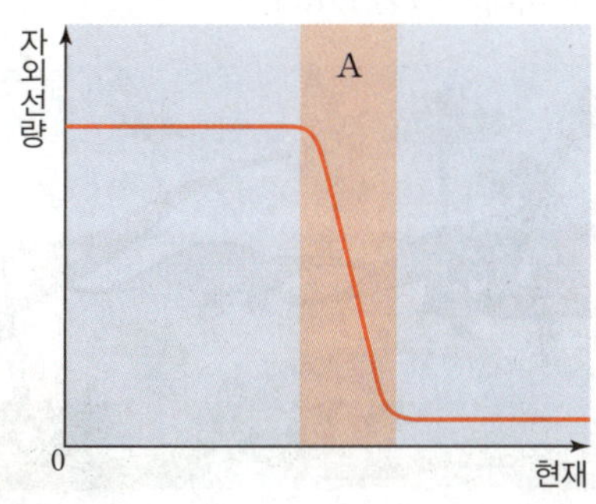

A 시기에 자외선량이 감소한 원인을 생물권과 기권에서 일어난 변화와 관련지어 서술하시오.

038

그림은 어느 지질 시대의 바다에서 번성하였던 생물을 나타낸 것이다.

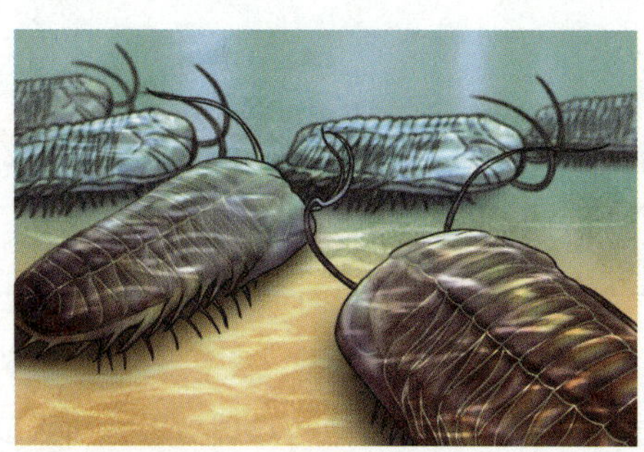

이 시기에 대한 설명으로 옳은 것만을 〈보기〉에서 있는 대로 고른 것은?

보기
ㄱ. 초기에는 대부분의 생물이 바다에서 서식하였다.
ㄴ. 지표에 도달하는 자외선의 양은 초기보다 말기에 적었다.
ㄷ. 말기에는 여러 대륙이 한 덩어리로 모여 초대륙을 이루었다.

① ㄱ 　② ㄷ 　③ ㄱ, ㄴ
④ ㄴ, ㄷ 　⑤ ㄱ, ㄴ, ㄷ

039 서술형

그림은 어느 지질 시대의 복원도이다.

이 시기에 바다에서 번성하였던 생물 중 표준 화석으로 이용되는 것을 쓰고, 이 당시의 기후 환경을 빙하기와 관련지어 서술하시오.

____

____

040

그림은 지질 시대를 선캄브리아시대, 고생대, 중생대, 신생대로 구분할 때 어느 지질 시대의 복원도이다.

이 지질 시대에 대한 설명으로 옳은 것만을 〈보기〉에서 있는 대로 고른 것은?

보기
ㄱ. 화폐석이 번성하였다.
ㄴ. 기후가 전반적으로 온난하였고, 말기에 암모나이트가 멸종하였다.
ㄷ. 오존층이 형성되어 육지에 생물이 출현하기 시작하였다.

① ㄱ 　② ㄷ 　③ ㄱ, ㄴ
④ ㄴ, ㄷ 　⑤ ㄱ, ㄴ, ㄷ

★고빈출
041

그림 (가)와 (나)는 서로 다른 지질 시대 말기의 수륙 분포를 나타낸 것이다.

(가)

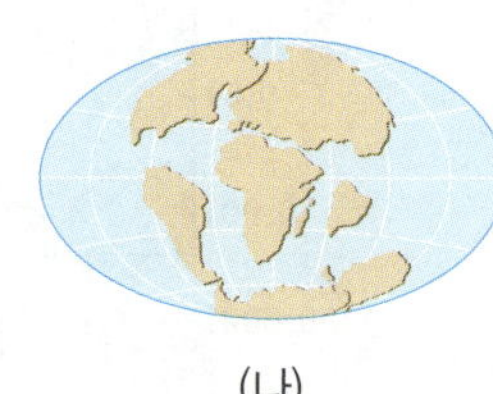
(나)

이에 대한 설명으로 옳은 것만을 〈보기〉에서 있는 대로 고른 것은?

보기
ㄱ. 수륙 분포는 (가)에서 (나)로 변하였다.
ㄴ. 수륙 분포가 (가)로 변하면서 생물의 서식지가 증가하였다.
ㄷ. (나)의 시기에는 전 지구적인 빙하기가 나타났다.

① ㄱ 　② ㄴ 　③ ㄱ, ㄷ
④ ㄴ, ㄷ 　⑤ ㄱ, ㄴ, ㄷ

042

다음은 선캄브리아시대, 고생대, 중생대, 신생대의 환경과 생물을 순서 없이 나타낸 것이다.

> (가) 전 기간에 걸쳐 기후가 온난하였고, 대륙의 이동에 의해 대서양이 형성되기 시작하였다.
> (나) 말기에 기후가 한랭해져 빙하기가 있었으며, 육지에서는 양치식물이 거대한 삼림을 이루었다.
> (다) 대체로 온난하였으나 말기에는 빙하기와 간빙기가 반복되었으며, 포유류가 번성하였다.
> (라) 이 시대의 생물은 대부분 단단한 껍데기나 뼈가 없었고, 여러 차례의 지각 변동을 받아 화석이 거의 산출되지 않는다.

(가)~(라)를 지질 시대의 순서대로 옳게 나타낸 것은?

① (가) → (나) → (다) → (라)
② (가) → (라) → (나) → (다)
③ (다) → (가) → (라) → (나)
④ (라) → (가) → (나) → (다)
⑤ (라) → (나) → (가) → (다)

043

그림은 고생대 이후 대륙 빙하 분포 범위와 기후 변화를 나타낸 것이다.

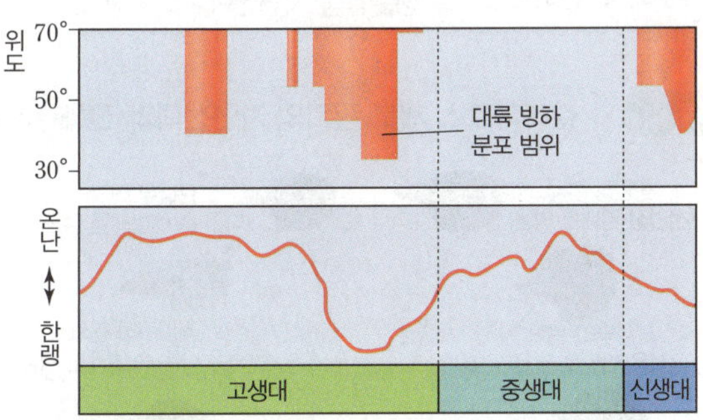

이에 대한 설명으로 옳은 것만을 보기 에서 있는 대로 고른 것은?

> **보기**
> ㄱ. 고생대에 빙하기가 있었다.
> ㄴ. 고생대 말기는 중생대 말기보다 평균 기온이 낮았다.
> ㄷ. 신생대 말기에는 초대륙이 형성되면서 빙하기가 나타났다.

① ㄱ　　　② ㄷ　　　③ ㄱ, ㄴ
④ ㄴ, ㄷ　　　⑤ ㄱ, ㄴ, ㄷ

3　대멸종과 생물다양성

☆고빈출

044

그림은 고생대 이후 해양 생물 과의 수 변화를 나타낸 것이다.

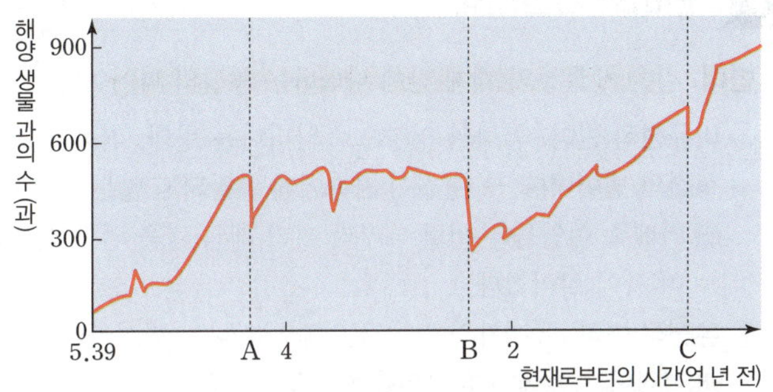

이 기간 동안 해양 생물 과의 수 변화에 대한 설명으로 옳은 것만을 보기 에서 있는 대로 고른 것은?

> **보기**
> ㄱ. 멸종률은 A 시기가 B 시기보다 컸다.
> ㄴ. 판게아의 형성은 B 시기의 생물 멸종에 영향을 주었을 것이다.
> ㄷ. C 시기에 바다에서는 암모나이트, 육지에서는 공룡이 멸종하였다.

① ㄱ　　　② ㄷ　　　③ ㄱ, ㄴ
④ ㄴ, ㄷ　　　⑤ ㄱ, ㄴ, ㄷ

045

그림은 생물 대멸종 전과 후의 생물계 변화를 나타낸 것이다.

이에 대한 설명으로 옳은 것만을 보기 에서 있는 대로 고른 것은?

> **보기**
> ㄱ. 대멸종이 일어난 후에는 생물종의 수가 계속 감소한다.
> ㄴ. 대멸종 전과 후 사이에 지구 환경에는 큰 변화가 있었다.
> ㄷ. 대멸종은 생물이 다양한 종으로 진화하는 계기가 된다.

① ㄱ　　　② ㄷ　　　③ ㄱ, ㄴ
④ ㄴ, ㄷ　　　⑤ ㄱ, ㄴ, ㄷ

02 생물의 진화와 생물다양성

1 변이와 자연선택

(1) **변이**: 같은 생물종의 개체 간에 나타나는 형질의 차이이다.

① **비유전적 변이**: 환경의 영향으로 나타나는 형태, 기능과 같은 형질의 변이이다. ➡ 형질이 자손에게 유전되지 않는다.

　⑩ 카렌족 여인들은 어릴 때부터 여러 개의 링을 걸고 생활하여 목이 길어졌다.

② **유전적 변이**: 유전자의 차이로 인해 나타나는 변이이다.

　➡ 형질이 자손에게 유전된다.

　⑩ 사랑앵무의 깃털 색 차이, 토끼털의 다양한 무늬와 색의 차이 등

(2) **유전적 변이의 원인**: 돌연변이와 생식세포의 다양한 조합에 의해 유전적 변이가 일어난다. (자료❶)

돌연변이	DNA의 유전정보가 달라져 부모에게 없던 형질이 자손에게 나타나는 현상이다. ⑩ 돌연변이에 의해 달맞이꽃보다 키와 꽃이 큰 큰달맞이꽃이 나타났다.
생식세포의 다양한 조합	유성생식 과정에서 생식세포 분열을 통해 유전자 조합이 다양한 생식세포가 형성되어 부모와 다른 형질을 갖는 자손이 나타난다. ⑩ 흰색 털과 검은색 털을 가진 개 사이에서 얼룩무늬 강아지가 태어난다.

돌연변이의 예　　　생식세포의 다양한 조합의 예

(3) **자연선택** (자료❷)

① 다양한 변이가 있는 생물 집단의 개체들 중 생존과 번식에 유리한 형질을 가진 개체가 살아남아 자손을 더 많이 남기는 과정이다. ➡ 자연선택된 개체의 형질이 자손에게 전달된다.

② **자연선택이 일어나는 과정**

③ 생물 집단이 변화하는 환경에 적응하도록 한다. ➡ 세균 집단이 항생제에 지속적으로 노출되면 항생제 내성이 있는 세균이 자연선택되어 더 많은 자손을 남기게 되고, 그 결과 세균 집단은 항생제가 있는 환경에 적응한다. (자료❸)

2 자연선택에 의한 생물의 진화

(1) **진화**: 생물이 오랜 기간 동안 여러 세대를 거쳐 환경에 적응하면서 유전적 변이에 의해 생물이 변화하는 현상이다.

(2) **다윈의 자연선택설**: 다양한 변이가 있는 개체들 중에서 환경에 적응한 개체가 살아남고 자연선택이 오랜 세월 누적되면서 생물의 진화가 일어난다.

① **자연선택에 의한 진화 과정**

과잉 생산과 변이	생물은 주어진 환경에서 살아남을 수 있는 것보다 많은 자손을 생산하며, 같은 종의 개체들 사이에는 다양한 변이가 존재한다.
생존경쟁	개체들 사이에 한정된 먹이, 서식지, 배우자 등을 두고 생존을 위한 경쟁이 일어난다.
자연선택	생존에 유리한 변이를 가진 개체가 그렇지 못한 개체보다 더 잘 살아남아 많은 자손을 생산한다.
진화	오랜 기간에 걸쳐 거듭된 자연선택으로 조상의 형질과 다른 형질을 가진 새로운 종이 나타나는 등 진화가 일어난다.

② **자연선택설로 설명한 기린의 진화 과정**

조상 집단에서는 목 길이가 다양한 개체들이 존재했다. ➡ 변이	목이 긴 기린이 살아남아 자손을 남겼다. ➡ 생존경쟁, 자연선택	이 과정이 반복되어 기린의 목이 지금처럼 길어졌다. ➡ 진화

자료 분석　갈라파고스 제도 핀치의 자연선택과 진화 (자료❹)

다양한 크기의 씨앗을 먹던 핀치의 일부가 남아메리카 대륙에서 갈라파고스 제도로 날아들었다. ➡ 많은 수의 핀치가 태어났고 다양한 부리 변이를 가진 자손들은 먹이와 서식지를 차지하기 위해 경쟁했다. ➡ 각 섬의 환경에서 먹이를 먹기에 알맞은 부리 모양을 지닌 개체들이 자연선택되어 더 많이 살아남게 되었다. ➡ 살아남은 개체들이 자손을 더 많이 남기는 과정이 여러 세대 반복되면서 최초의 핀치 조상과는 부리 모양이 다른 다양한 핀치가 나타나게 되었다.

3. 생물다양성 자료 ⑤

★ (1) 생물다양성

유전적 다양성	• 한 생물종의 개체들 사이에서 개체마다 유전정보가 달라 다양한 변이가 나타나는 정도를 의미한다. • 유전적 다양성이 높을수록 변이가 다양하므로 환경이 급격히 변화하였을 때 환경에 적응하는 개체가 존재할 가능성이 높아 멸종되지 않을 확률이 높아진다. 예 같은 종의 달팽이 껍데기의 무늬가 개체마다 다르다.
종다양성	• 한 지역에 서식하는 생물종의 다양한 정도를 의미한다. • 생물종의 수가 많을수록, 각 생물종이 고르게 분포할수록 종다양성이 높다. 자료 ⑥ 예 숲에 토끼, 참나무, 버섯 등 다양한 생물이 서식한다.
생태계 다양성	한 지역에 있는 생태계의 종류가 다양함을 의미한다. 예 우리나라에 숲, 초원, 강, 바다 등 다양한 생태계가 있다.

(2) 생물다양성의 중요성

① **생태계의 안정성 유지**: 생물다양성이 높을수록 생태계가 안정적으로 유지된다.

② **생물자원 활용**: 다양한 생물로부터 의식주와 관광, 의약품, 여가 활동 등에 필요한 여러 가지 생물자원을 얻는다.

(3) 생물다양성의 감소 원인

서식지파괴	도시 개발, 삼림 개간, 습지 매립 등은 서식지를 파괴하므로 생물다양성 감소의 가장 큰 원인이다.
서식지 단편화	도로나 철도 등의 건설로 서식지가 분리되어 서식지의 면적이 감소하고, 생물의 이동이 제한된다.
외래종의 유입	인간에 의해 유입된 외래종은 천적이 없는 경우 개체수가 크게 늘어나 고유종의 생존을 위협한다. 예 배스, 뉴트리아, 꽃매미, 붉은귀거북, 가시박 등
환경오염	생물의 생존 능력을 감소시키며, 화학 물질 등에 민감한 생물의 멸종을 초래한다.
남획과 불법 포획	과도한 사냥(남획)과 불법 포획은 특정 생물이나 희귀 생물의 멸종 확률을 높인다.

(4) 생물다양성의 보전 방안

① **개인적 수준**: 에너지 절약, 자원 재활용, 친환경 제품 사용 등

② **국가적 수준**: 법 제정, 국립 공원 지정, 멸종 위기종 복원 등

③ **국제적 수준**: 생물다양성 협약과 같은 국제 협약 체결 등

STEP 1 ○/✕ 문제로 5종 교과서 핵심 자료 보기

정답 및 해설 05쪽

다음 자료에 대한 설명으로 옳은 것은 ○표, 옳지 않은 것은 ✕표 하시오.

자료 ❶ 유전적 변이의 원인
동아, 미래엔, 비상, 지학사, 천재

그림은 붉은색 딱정벌레 무리에 갑자기 초록색 딱정벌레가 출현한 모습을 나타낸 것이다.

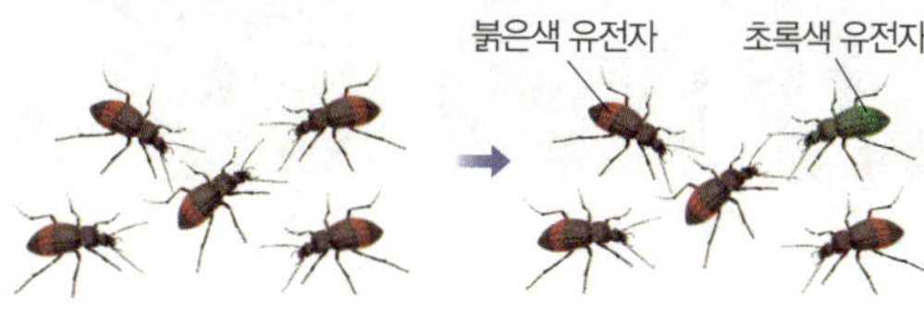

046 초록색 딱정벌레는 부모의 유전자가 다양하게 조합되어 나타난 것이다. ○/✕

047 초록색 유전자는 자손에게 유전될 수 있다. ○/✕

048 붉은색 딱정벌레와 초록색 딱정벌레는 유전적으로 동일하다. ○/✕

049 초록색 딱정벌레가 출현하게 된 원인은 진화를 유발하는 원동력이다. ○/✕

자료 ❷ 자연선택과 기린의 진화
동아, 비상

그림은 자연선택에 의해 기린의 목이 길어지는 과정을 나타낸 것이다.

050 (가)에서 목이 긴 기린과 목이 짧은 기린의 출현은 변이에 의한 것이다. ○/✕

051 (나)에서 자연선택이 일어났다. ○/✕

052 (나)에서 생존에 유리한 형질은 기린의 목이 짧은 형질이다. ○/✕

053 기린의 진화 과정은 과잉 생산과 변이 → 생존경쟁 → 자연선택 → 진화이다. ○/✕

다음 자료에 대한 설명으로 옳은 것은 ○표, 옳지 <u>않은</u> 것은 ✕표 하시오.

자료 ③ 항생제 내성 세균의 출현과 진화
동아, 미래엔

그림은 항생제 내성 세균의 출현과 진화 과정을 나타낸 것이다. 외부와의 개체 출입은 없다.

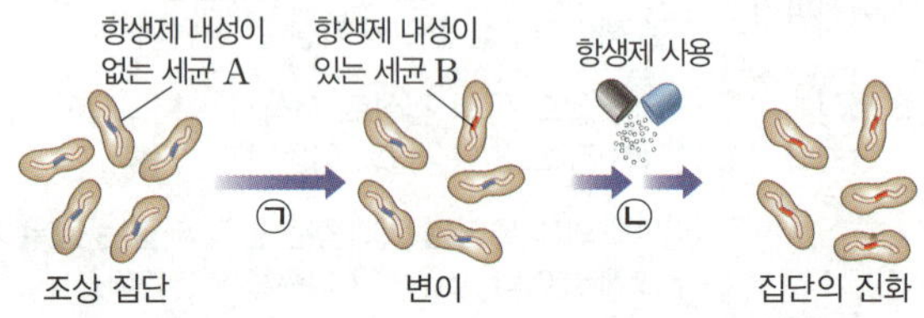

054 세균 A와 B는 유전적으로 동일하다. ○/✕

055 조상 집단을 이루는 세균은 같은 종이다. ○/✕

056 항생제 내성 유전자는 자손에게 전달된다. ○/✕

057 항생제 내성이 없는 집단에서 항생제 내성 세균이 출현하는 ㉠은 자연선택이다. ○/✕

058 ㉡ 과정에서 항생제 사용은 항생제 내성이 없는 세균의 생존에 영향을 미치는 요인이 아니다. ○/✕

자료 ④ 갈라파고스 제도 핀치의 진화
동아, 미래엔, 비상, 지학사, 천재

그림은 갈라파고스 제도의 두 섬에서 일어난 핀치의 진화 과정을 나타낸 것이다.

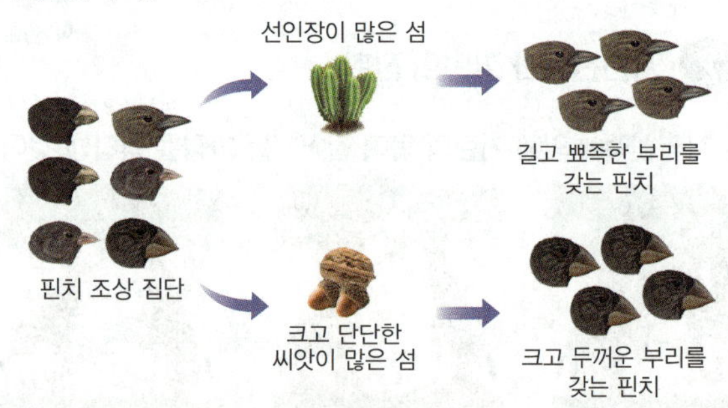

059 조상 집단을 이루는 핀치들은 한 종이다. ○/✕

060 조상 집단에는 변이가 존재하지 않는다. ○/✕

061 갈라파고스 제도에서 핀치의 자연선택에 영향을 준 요인은 먹이이다. ○/✕

062 선인장이 많은 섬에서는 길고 뾰족한 부리를 가진 개체가 생존에 유리했다. ○/✕

063 길고 뾰족한 부리를 갖는 핀치와 크고 두꺼운 부리를 갖는 핀치의 유전자 구성은 모두 동일하다. ○/✕

자료 ⑤ 생물다양성
동아, 미래엔, 비상, 지학사, 천재

그림 (가)~(다)는 생물다양성을 구성하는 세 가지 요소를 나타낸 것이다. (가)~(다)는 각각 생태계다양성, 유전적 다양성, 종다양성 중 하나이다.

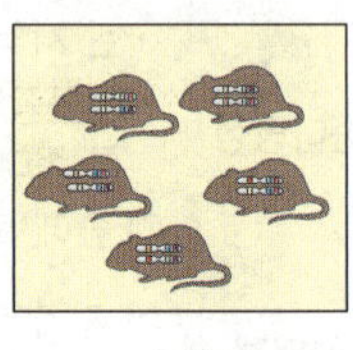

(가)   (나)   (다)

064 (가)는 유전적 다양성이다. ○/✕

065 (다)는 서로 다른 생물종에서 유전자의 차이에 의해 나타난다. ○/✕

066 (가)가 높을수록 생태계가 안정적으로 유지될 수 있다. ○/✕

067 (나)가 높을수록 (가)가 높아진다. ○/✕

068 생물종의 수가 많을수록, 각 생물종이 고르게 분포할수록 생태계다양성이 높다. ○/✕

자료 ⑥ 종다양성
동아, 미래엔, 비상, 지학사, 천재

그림은 면적이 같은 서로 다른 군집 (가)~(다)를 구성하고 있는 식물종 A~D를 나타낸 것이다. 단, 제시된 종 이외에는 고려하지 않는다.

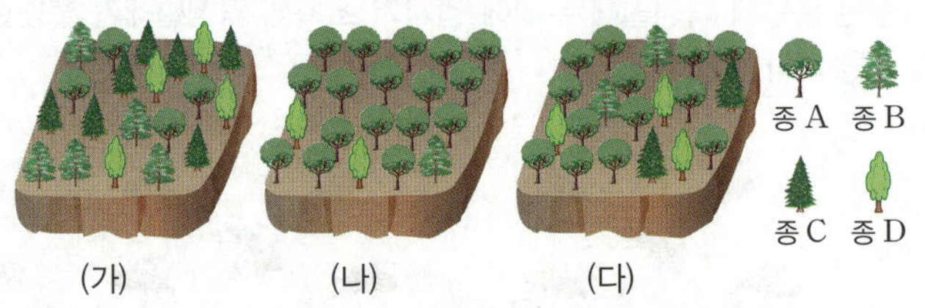

069 동일한 식물종에서 크기가 다른 것은 생물다양성 중 종다양성에 해당한다. ○/✕

070 식물종의 수는 (가)에서가 (나)에서보다 많다. ○/✕

071 종의 분포 비율은 (다)에서가 (가)에서보다 고르다. ○/✕

072 (가)~(다) 군집 중 종다양성이 가장 높은 군집은 (가)이다. ○/✕

073 (가)~(다) 군집 중 생태계가 가장 안정적으로 유지될 수 있는 군집은 (나)이다. ○/✕

STEP 2 학교 기출 문제로 내신 대비하기

1 변이와 자연선택

074

다음은 변이와 관련된 내용이다.

> (가) 붉은색 딱정벌레 무리의 자손 중에 초록색 딱정벌레가 우연히 나타났다.
> (나) A형과 B형 부부 사이에서 A형, B형, O형, AB형인 자녀가 모두 태어났다.

이에 대한 설명으로 옳은 것만을 보기 에서 있는 대로 고른 것은?

> **보기**
> ㄱ. (가)의 새로운 변이는 다음 세대로 전달될 수 있다.
> ㄴ. (나)는 부모에 없던 새로운 유전자가 자녀에게 나타난 것이다.
> ㄷ. (가)와 (나)는 모두 진화의 요인으로 작용한다.

① ㄱ   ② ㄴ   ③ ㄱ, ㄷ
④ ㄴ, ㄷ   ⑤ ㄱ, ㄴ, ㄷ

075

진화와 변이에 대한 설명으로 옳은 것만을 보기 에서 있는 대로 고른 것은?

> **보기**
> ㄱ. 진화의 결과 종다양성이 감소한다.
> ㄴ. 오랜 시간 변이가 쌓여 진화가 일어날 수 있다.
> ㄷ. 변이는 서로 다른 생물종의 개체 간에 나타나는 형질의 차이이다.

① ㄱ   ② ㄴ   ③ ㄱ, ㄷ
④ ㄴ, ㄷ   ⑤ ㄱ, ㄴ, ㄷ

076

자손의 변이를 증가시키는 요인으로 옳은 것만을 보기 에서 있는 대로 고른 것은?

> **보기**
> ㄱ. 돌연변이
> ㄴ. 체세포분열 과정에서의 유전자 조합
> ㄷ. 생식세포분열 과정에서 상동염색체의 무작위 배열과 분리

① ㄱ   ② ㄴ   ③ ㄷ
④ ㄱ, ㄴ   ⑤ ㄱ, ㄷ

077

그림은 유전적 변이가 발생하는 원인 중 하나의 예를 나타낸 것이다.

이에 대한 설명으로 옳은 것만을 보기 에서 있는 대로 고른 것은?

> **보기**
> ㄱ. 유전적 변이는 진화의 요인으로 작용한다.
> ㄴ. 얼룩무늬 강아지의 털색 유전자는 자손에게 유전되지 않는다.
> ㄷ. 얼룩무늬 강아지는 부모에게 없던 유전자가 돌연변이에 의해 만들어져 태어났다.

① ㄱ   ② ㄴ   ③ ㄱ, ㄷ
④ ㄴ, ㄷ   ⑤ ㄱ, ㄴ, ㄷ

★고빈출
078

그림은 유럽정원달팽이들의 껍데기 무늬의 변이를 나타낸 것이다.

이에 대한 설명으로 옳은 것만을 보기 에서 있는 대로 고른 것은?

> **보기**
> ㄱ. 달팽이의 껍데기 무늬는 자손에게 유전된다.
> ㄴ. 달팽이의 껍데기 무늬가 달라도 모두 같은 종에 속한다.
> ㄷ. 껍데기의 무늬가 다른 것은 달팽이 개체들의 서식지의 온도가 다르기 때문이다.

① ㄱ   ② ㄴ   ③ ㄱ, ㄴ
④ ㄱ, ㄷ   ⑤ ㄱ, ㄴ, ㄷ

2 자연선택에 의한 생물의 진화

★고빈출
079

그림은 산불로 인해 토양이 검게 변환 환경에서 시간이 지남에 따라 동일한 종으로 구성된 딱정벌레 집단의 몸 색깔에 따른 개체수 비율이 변하는 과정을 나타낸 것이다.

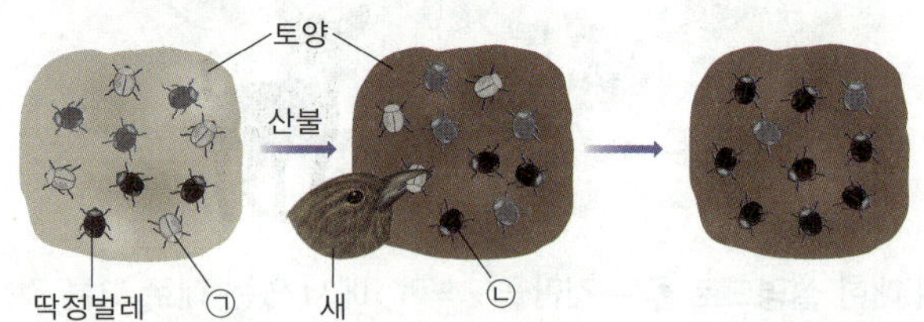

이에 대한 설명으로 옳은 것만을 보기 에서 있는 대로 고른 것은?

보기
ㄱ. ㉠과 ㉡의 유전자 구성은 동일하다.
ㄴ. 산불 이후 주어진 환경에서 ㉡이 ㉠보다 생존에 유리하다.
ㄷ. 새의 포식은 딱정벌레 집단에서 자연선택이 일어나는 원인이다.

① ㄱ   ② ㄴ   ③ ㄱ, ㄷ
④ ㄴ, ㄷ   ⑤ ㄱ, ㄴ, ㄷ

★고빈출
080

그림 (가)~(다)는 다윈이 제시한 진화 이론을 바탕으로 기린의 진화 과정을 나타낸 것이다.

이에 대한 설명으로 옳은 것만을 보기 에서 있는 대로 고른 것은?

보기
ㄱ. (가)에서 기린의 목 길이가 다양한 것은 변이에 해당한다.
ㄴ. (가)~(다) 과정이 오랜 기간 동안 반복되어 기린의 목이 길어졌다.
ㄷ. (나)에서 나뭇잎을 따먹기 위해 목을 늘리다 보니 목의 길이가 길어졌다.

① ㄱ   ② ㄴ   ③ ㄱ, ㄴ
④ ㄴ, ㄷ   ⑤ ㄱ, ㄴ, ㄷ

081

그림은 자연선택에 의해 진화가 일어나는 과정을 나타낸 것이다. (가)~(다)는 각각 변이, 자연선택, 생존경쟁 중 하나이다.

(가) ➡ (나) ➡ (다) ➡ 생물의 진화

이에 대한 설명으로 옳은 것만을 보기 에서 있는 대로 고른 것은?

보기
ㄱ. (가)는 돌연변이와 생식세포의 다양한 조합에 의해 나타난다.
ㄴ. (나)는 자연선택이다.
ㄷ. (다)에서 환경에 적응하기 유리한 형질을 가진 개체가 살아남는다.

① ㄱ   ② ㄴ   ③ ㄱ, ㄷ
④ ㄴ, ㄷ   ⑤ ㄱ, ㄴ, ㄷ

082

그림은 진화에 대한 학생들의 대화이다.

진화에 대해 설명한 내용이 옳은 학생만을 있는 대로 고른 것은?

① A   ② B   ③ C
④ A, B   ⑤ A, C

083

다윈이 제안한 자연선택설의 한계점으로 옳은 것만을 보기 에서 있는 대로 고른 것은?

보기
ㄱ. 변이가 나타나는 원인을 설명하지 못했다.
ㄴ. 새로운 종으로의 분화 과정을 설명하지 못했다.
ㄷ. 유전 형질들이 자손에게 어떻게 전해지는지에 대해 명확히 설명하지 못했다.

① ㄱ   ② ㄷ   ③ ㄱ, ㄴ   ④ ㄱ, ㄷ   ⑤ ㄴ, ㄷ

☆고빈출 084

그림은 핀치의 조상이 갈라파고스 제도에 흩어져 살게 되면서 먹이 환경에 따라 부리의 모양이 다르게 진화한 것을 나타낸 것이다.

이를 통해 알 수 있는 진화에 대한 사실로 옳은 것만을 〔보기〕에서 있는 대로 고른 것은?

〔보기〕
ㄱ. 핀치의 조상은 부리 모양이나 크기가 모두 동일하다.
ㄴ. 각 섬의 먹이 환경이 핀치의 자연선택에 영향을 미친다.
ㄷ. 변이가 적을수록 환경 변화에 적응하여 새로운 종이 생길 확률이 높아진다.

① ㄱ　　② ㄴ　　③ ㄷ　　④ ㄱ, ㄴ　　⑤ ㄴ, ㄷ

085

다음은 어떤 핀치 집단에 대한 연구 내용이다.

○ 원래 이 지역은 핀치가 먹기 좋은 작고 연한 씨앗이 풍부하였으나 가뭄 시에 씨앗의 총수가 감소하였고, 작고 연한 씨앗보다 크고 딱딱한 씨앗이 많게 되었다.
○ 작은 부리 핀치는 크고 딱딱한 씨앗을 잘 먹지 못하였으나 큰 부리 핀치는 크고 딱딱한 씨앗을 잘 먹을 수 있었다.
○ 그림은 가뭄 전과 후 핀치 부리의 크기에 따른 개체수를 나타낸 것이다.

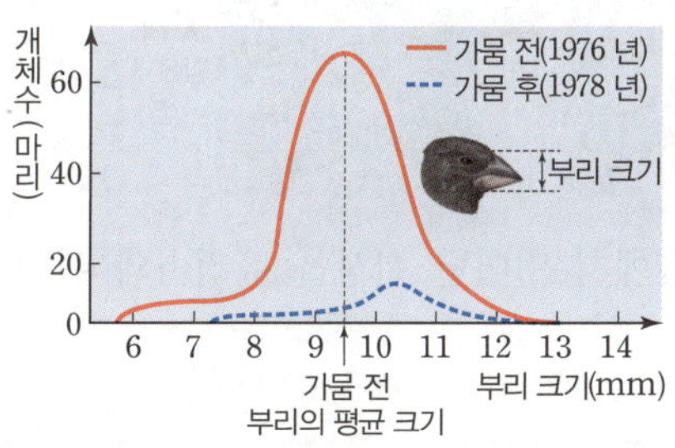

이에 대한 설명으로 옳은 것만을 〔보기〕에서 있는 대로 고른 것은?

〔보기〕
ㄱ. 가뭄 이전에도 핀치들 사이에 생존경쟁이 있었다.
ㄴ. 큰 부리 핀치가 가뭄 과정에서 자연선택되었다.
ㄷ. 크고 딱딱한 씨앗을 먹다가 작은 부리가 큰 부리로 발달하여 가뭄 후 큰 부리 핀치의 개체수가 증가하였다.

① ㄱ　　② ㄷ　　③ ㄱ, ㄴ　④ ㄴ, ㄷ　⑤ ㄱ, ㄴ, ㄷ

086 ●서술형

난이도 상

그림은 갈라파고스 제도의 섬 중 크고 단단한 씨앗이 많은 섬에서 일어난 핀치의 진화 과정을 나타낸 것이다.

(1) 다음 제시어를 모두 이용하여 조상 집단을 구성하는 한 종의 핀치 부리 모양이 다른 까닭을 서술하시오.

| • 돌연변이 | • 생식세포의 다양한 조합 | • 유전적 변이 |

____

____

(2) 갈라파고스 제도의 여러 섬 중 크고 단단한 씨앗이 많은 섬에서 일어나는 핀치 부리 모양의 진화 과정을 서술하시오.

____

____

☆고빈출 087

다음은 항생제 내성 세균 집단의 출현 과정을 순서 없이 나타낸 것이다.

(가) 항생제를 처리하면 항생제에 내성이 없는 세균은 대부분 죽는다.
(나) 항생제에 내성이 없는 세균 중에서 항생제에 내성이 있는 세균이 출현한다.
(다) 항생제 처리를 해도 대부분의 세균이 항생제에 내성을 가지므로 세균이 줄어들지 않는다.
(라) 항생제에 내성이 있는 세균이 살아남아 자손을 남기므로 항생제에 내성이 있는 세균이 점점 증가한다.

다윈의 자연선택에 의해 항생제 내성 세균 집단이 출현하는 과정을 순서대로 나열한 것은?

① (가) → (다) → (라) → (나)
② (나) → (가) → (라) → (다)
③ (다) → (라) → (나) → (가)
④ (라) → (다) → (가) → (나)
⑤ (라) → (다) → (나) → (가)

088

난이도 상

다음은 항생제 내성 세균 집단의 출현과 진화에 대한 모의실험 과정이다.

[실험 과정]

(가) 노란색 도화지 위에 녹색, 파란색, 빨간색 초콜릿을 20 개씩 흩어 놓는다.

(나) 고개를 돌렸다가 초콜릿을 보면서 가장 먼저 눈에 띄는 것을 1 개 집어내는 과정을 5 회 반복한다.

(다) 남아 있는 초콜릿의 수만큼 같은 색깔의 초콜릿을 추가한다.

(라) ㉠도화지 위의 초콜릿 중 하나를 골라 노란색 초콜릿으로 바꾼 후 과정 (나)와 (다)를 2 회 반복한다.

이에 대한 설명으로 옳은 것만을 보기 에서 있는 대로 고른 것은?

보기

ㄱ. ㉠은 돌연변이를 표현한 것이다.

ㄴ. (나)는 살아남은 개체의 생식 과정을 표현한 것이다.

ㄷ. (라)의 결과 도화지 위에 남은 초콜릿 중 노란색 초콜릿의 비율이 감소할 것이다.

① ㄱ   ② ㄴ   ③ ㄷ
④ ㄱ, ㄴ   ⑤ ㄴ, ㄷ

089

그림은 배양 중인 어떤 세균 집단에서 항생제에 내성이 없는 세균 A와 항생제에 내성이 있는 세균 B의 비율 변화를 나타낸 것이다.

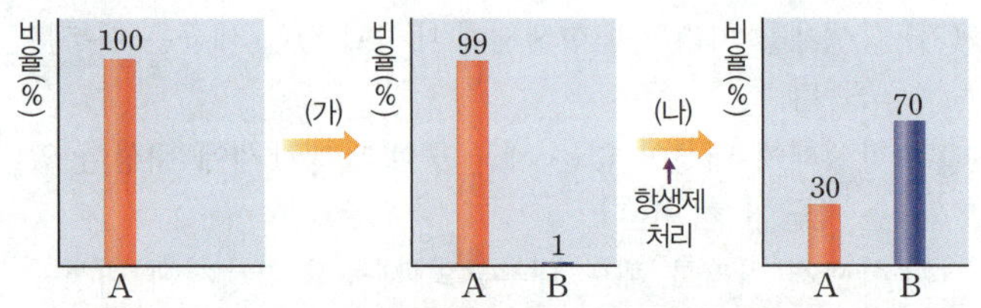

이에 대한 설명으로 옳은 것만을 보기 에서 있는 대로 고른 것은? (단, 이 집단은 격리되어 이입과 이출이 없다.)

보기

ㄱ. (가) 과정에서 돌연변이에 의해 세균 B가 출현하였다.

ㄴ. (나) 과정에서 항생제 내성이 없는 세균 A가 자연선택되었다.

ㄷ. 항생제를 지속적으로 사용하게 되면 세균 B의 비율이 더욱 증가할 것이다.

① ㄴ   ② ㄷ   ③ ㄱ, ㄴ
④ ㄱ, ㄷ   ⑤ ㄱ, ㄴ, ㄷ

090

그림은 어떤 숲의 밝기가 달라진 후 포식자인 새가 밝은 색 곤충을 잡아먹는 모습을 나타낸 것이다.

이에 대한 설명으로 옳은 것만을 보기 에서 있는 대로 고른 것은? (단, 숲의 밝기가 달라지기 전과 후 새와 곤충의 종류는 모두 동일하다.)

보기

ㄱ. 숲의 밝기가 전보다 어두워졌다.

ㄴ. 곤충 집단에서 생존경쟁이 일어난다.

ㄷ. 숲의 밝기가 달라진 후 밝은 색 곤충의 비율이 계속 증가할 것이다.

① ㄱ   ② ㄴ   ③ ㄷ
④ ㄱ, ㄴ   ⑤ ㄴ, ㄷ

091 서술형

난이도 상

그림은 항생제 내성 세균 집단이 형성되는 과정의 일부를 나타낸 것이다.

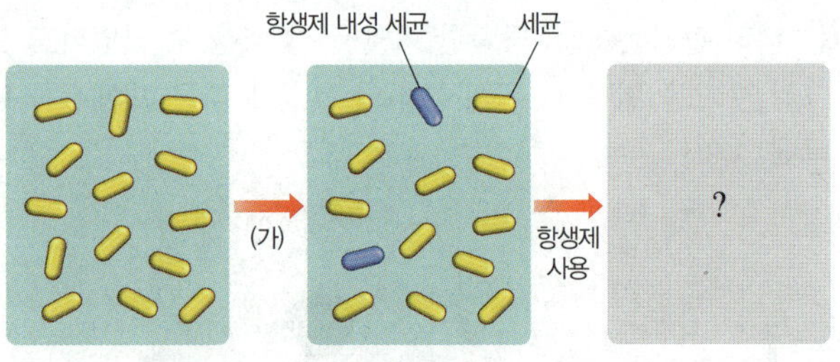

(1) (가) 과정에서 일어난 현상을 유전자와 관련지어 서술하시오.

(2) 항생제 내성이 없는 세균이 대부분인 집단에서 지속적으로 항생제를 사용했을 때 항생제 내성 세균의 비율이 어떻게 변할지 예측하여 서술하시오.

3 생물다양성

092

그림은 생물다양성의 요소를, 표는 생물
다양성의 세 가지 의미를 나타낸 것이다.
(가)~(다)는 각각 유전적 다양성, 종다양
성, 생태계다양성 중 하나이며, A는 (나)
에 해당한다.

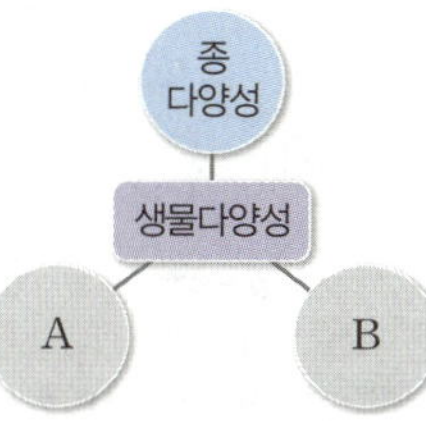

요소	의미
(가)	어떤 생태계에 존재하는 생물종의 다양한 정도를 의미한다.
(나)	삼림, 초원, 사막, 습지 등 생태계가 다양하게 형성되는 것을 의미한다.
(다)	동일한 생물종이라도 형질이 각 개체 간에 다르게 나타나는 것을 의미한다.

이에 대한 설명으로 옳은 것만을 　보기 　에서 있는 대로 고른 것은?

보기
- ㄱ. (가)는 생태계다양성이다.
- ㄴ. 사람에 따라 눈동자 색이 다른 것은 B에 해당한다.
- ㄷ. A가 낮을수록 환경 변화에 대한 생존 확률이 높아진다.

① ㄱ　　　　② ㄴ　　　　③ ㄱ, ㄷ
④ ㄴ, ㄷ　　　⑤ ㄱ, ㄴ, ㄷ

093

그림 (가)는 같은 종에 속하는 무당벌레의 다양한 모습을, (나)는 숲
에 사는 다양한 생물들을 나타낸 것이다.

(가)　　　　　　　　(나)

이에 대한 설명으로 옳은 것만을 　보기 　에서 있는 대로 고른 것은?

보기
- ㄱ. (가)의 생물다양성이 높을수록 급격한 환경 변화에 멸종
될 확률이 낮다.
- ㄴ. 나무를 베어 숲을 개발하면 (나)의 생물다양성을 높일 수
있다.
- ㄷ. 생태통로는 (나)의 생물다양성을 보전하기 위한 노력에
해당한다.

① ㄱ　　　　② ㄴ　　　　③ ㄷ
④ ㄱ, ㄷ　　　⑤ ㄴ, ㄷ

094

그림은 면적이 같은 서로 다른 군집 (가)~(다)에 서식하는 식물종
A~D를 나타낸 것이다.

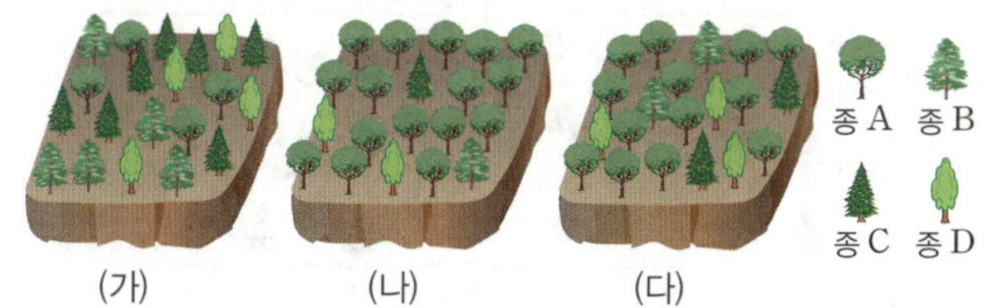

(가)　　　　(나)　　　　(다)

이에 대한 설명으로 옳은 것만을 　보기 　에서 있는 대로 고른 것은?

보기
- ㄱ. (가)에 서식하는 종 A~D는 유전적 다양성에 해당한다.
- ㄴ. 식물종의 수는 (가)~(다) 중 (나)에서가 가장 적다.
- ㄷ. (가)~(다) 중 생태계가 안정적으로 유지될 확률이 가장
높은 군집은 (가)이다.

① ㄱ　　　　　② ㄷ　　　　　③ ㄱ, ㄴ
④ ㄴ, ㄷ　　　⑤ ㄱ, ㄴ, ㄷ

095

그림은 어떤 지역에서 조사한 식물종의 분포 변화를 나타낸 것이다.

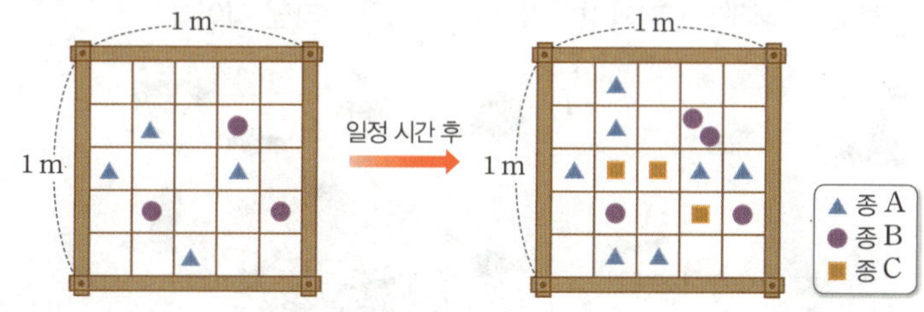

일정 시간이 지난 후, 이 지역의 식물종 분포 변화에 대한 설명으로
옳은 것만을 　보기 　에서 있는 대로 고른 것은? (단, 표시된 각 도형
은 식물 개체를 의미하며, 제시된 종 이외의 종은 고려하지 않는다.)

보기
- ㄱ. 식물종의 분포는 유전적 다양성에 해당한다.
- ㄴ. 일정 시간 후 종다양성은 증가하였다.
- ㄷ. 일정 시간 후 생태계는 더 안정적으로 변했다.

① ㄱ　　　　　② ㄴ　　　　　③ ㄷ
④ ㄱ, ㄴ　　　⑤ ㄴ, ㄷ

096 서술형

난이도 상

그림은 면적이 같은 서로 다른 군집 (가)와 (나)에 서식하는 식물종 A~D를 나타낸 것이다.

(1) (가)와 (나) 중 서식하는 식물종의 분포 비율이 더 고른 군집을 쓰고, 그렇게 판단한 까닭을 서술하시오.

(2) (가)와 (나) 중 생태계가 더 안정적으로 유지될 가능성이 높은 군집을 쓰고, 그렇게 판단한 까닭을 서술하시오.

097

그림은 두 생태계 (가)와 (나)의 먹이 관계를 나타낸 것이다.

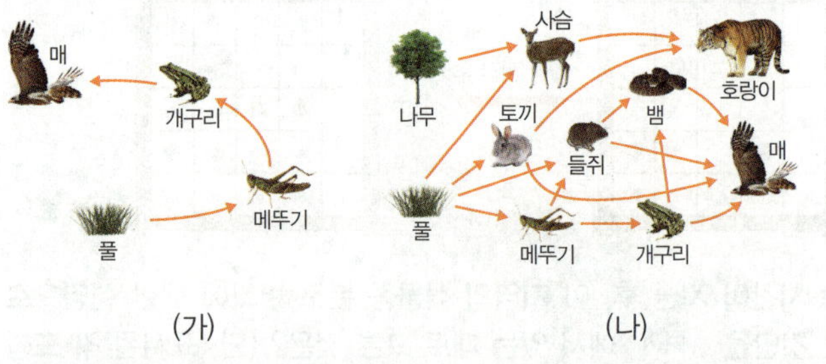

이에 대한 설명으로 옳은 것만을 보기 에서 있는 대로 고른 것은?

보기
ㄱ. (가)가 (나)보다 생물다양성이 높다.
ㄴ. (가)에서 개구리가 없어지면 매가 멸종한다.
ㄷ. (나)에서 토끼가 사라지면 상위 단계의 동물은 멸종한다.

① ㄴ   ② ㄷ   ③ ㄱ, ㄴ
④ ㄱ, ㄷ   ⑤ ㄱ, ㄴ, ㄷ

098

그림 (가)와 (나)는 어느 하천에 외래종인 큰입배스가 유입되기 전과 후의 먹이 그물을 나타낸 것이다.

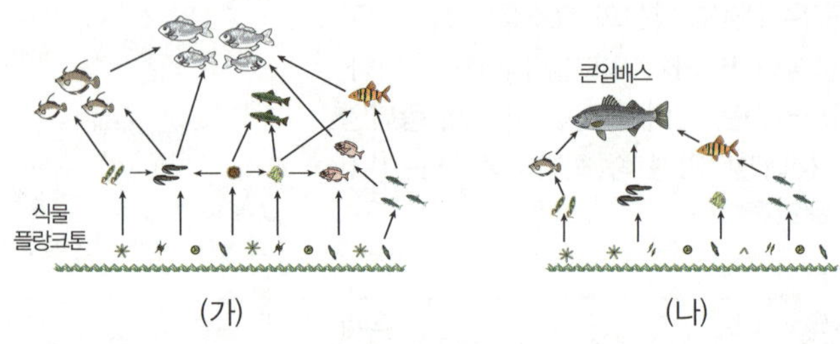

이에 대한 설명으로 옳은 것만을 보기 에서 있는 대로 고른 것은?

보기
ㄱ. (가)보다 (나)일 때 생태계가 안정된다.
ㄴ. (나)에는 큰입배스가 유입되어 생물다양성이 감소한다.
ㄷ. 외래종의 유입으로 종다양성이 증가하고, 자원이 풍부해졌다.

① ㄱ   ② ㄴ   ③ ㄷ
④ ㄱ, ㄴ   ⑤ ㄴ, ㄷ

099

그림은 어떤 생태계에 도로와 철도가 건설된 후의 변화를 나타낸 것이다.

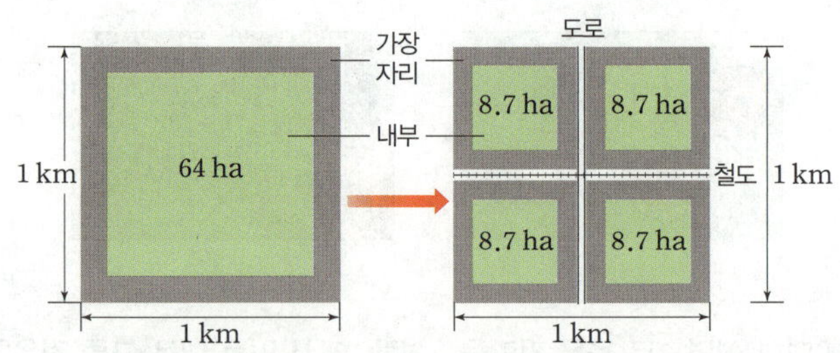

이에 대한 설명으로 옳은 것만을 보기 에서 있는 대로 고른 것은?

보기
ㄱ. 도로와 철도 건설로 인해 서식지가 소규모로 나뉘어졌다.
ㄴ. 생태통로를 설치하면 서식지의 단절이나 로드킬을 막을 수 있다.
ㄷ. 서식지 분할로 서식지 중앙에 살던 생물종이 더 큰 영향을 받는다.

① ㄱ   ② ㄴ   ③ ㄱ, ㄷ
④ ㄴ, ㄷ   ⑤ ㄱ, ㄴ, ㄷ

100

다음은 생물자원의 이용 분야에 대한 설명이다.

> (가) 버드나무에서 아스피린의 주성분을 얻는다.
> (나) 목화, 누에고치 등에서 섬유의 원료를 얻는다.
> (다) 야생 생물의 유전자를 이용하여 우수한 특성의 농작물을 개발한다.

이에 대한 설명으로 옳은 것만을 〈보기〉에서 있는 대로 고른 것은?

〈보기〉

> ㄱ. (가)와 같은 예로 푸른곰팡이에서 페니실린을 얻는 것이 있다.
> ㄴ. (나)의 가치를 높이기 위해서 특정한 종의 생물 위주로 보호하는 것이 필요하다.
> ㄷ. 병충해에 저항성이 있는 생물의 유전자를 이용하여 병충해에 강한 농작물을 개발한 것은 (다)와 같은 활용의 예이다.

① ㄱ ② ㄷ ③ ㄱ, ㄴ
④ ㄱ, ㄷ ⑤ ㄴ, ㄷ

101

표는 생물다양성보전을 위한 노력을 세 가지 수준으로 나누어 나타낸 것이다.

구분	노력
개인적 수준	㉠
㉡	생물다양성 감소를 막기 위한 법 제정, 국립공원 지정, 종자은행을 통한 생물의 유전자 관리 등
국제적 수준	생물다양성 협약, ㉢람사르 협약, 바젤 협약, 런던 협약 등 다양한 국제 협약 체결

이에 대한 설명으로 옳은 것만을 〈보기〉에서 있는 대로 고른 것은?

〈보기〉

> ㄱ. ㉠의 예로 친환경 제품 사용이 있다.
> ㄴ. ㉡은 사회적 수준이다.
> ㄷ. ㉢은 해양 오염 방지를 위한 협약이다.

① ㄱ ② ㄴ ③ ㄱ, ㄷ
④ ㄴ, ㄷ ⑤ ㄱ, ㄴ, ㄷ

102

표는 생물다양성보전을 위한 방안을 세 가지 수준으로 나누어 그 예를 나타낸 것이다. (가)와 (나)는 각각 국가적 수준과 개인적 수준 중 하나이다.

구분	방안
(가)	에너지 절약, 자원 재활용
(나)	야생 동물법 제정
(다)	다양한 ㉠ 국제 협약의 체결

이에 대한 설명으로 옳은 것만을 〈보기〉에서 있는 대로 고른 것은?

〈보기〉

> ㄱ. 천연기념물 지정은 (가)의 예에 해당한다.
> ㄴ. (나)는 국가적 수준이다.
> ㄷ. 생물다양성 협약은 ㉠에 해당한다.

① ㄱ ② ㄴ ③ ㄱ, ㄷ
④ ㄴ, ㄷ ⑤ ㄱ, ㄴ, ㄷ

103 · 서술형   난이도 상

그림은 이끼로 덮여 있는 한 변의 길이가 **50 cm**인 정사각형의 서식지를 그림과 같이 나눈 다음 6개월 후 이끼 밑에 서식하는 소형 동물의 종 수 변화를 측정한 실험 결과를 나타낸 것이다.

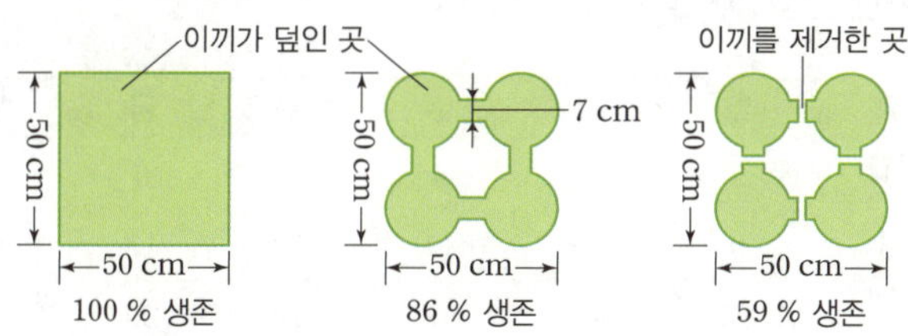

(1) 실험 결과를 근거로 서식지 변화와 생물다양성과의 관계에 대해 서술하시오.

____

____

(2) 서식지단편화로 발생하는 생물다양성 감소를 최소화할 수 있는 방안에 대해 서술하시오.

____

____

STEP 3 수능 유형 문제로 만점 도전하기

01 지질 시대의 환경과 생물

104

표는 화석 A~D의 분포 지역과 화석의 개수 및 생존 기간을 나타낸 것이다.

화석	분포 지역	화석의 개수	생존 기간
A	넓다	적다	짧다
B	좁다	적다	길다
C	넓다	많다	짧다
D	좁다	많다	길다

이에 대한 설명으로 옳은 것만을 **보기** 에서 있는 대로 고른 것은?

보기
ㄱ. 표준 화석으로 가장 적합한 것은 C이다.
ㄴ. 지층의 퇴적 환경 연구에는 A보다 D가 더 유용하다.
ㄷ. 고사리 화석은 C보다 D의 이용 특성에 가깝다.

① ㄱ　　　② ㄴ　　　③ ㄱ, ㄷ
④ ㄴ, ㄷ　　　⑤ ㄱ, ㄴ, ㄷ

105

난이도 **상**

그림은 한 달의 달력에서 1 일 0 시를 지구의 탄생, 30 일 24 시를 현재로 한 지질 시대를 나타낸 것이다. 지구의 나이는 46억 년이고, 고생대는 5.39억 년 전, 중생대는 2.52억 년 전, 신생대는 0.66억 년 전에 시작되었다.

일	월	화	수	목	금	토
1	2	3	4	5	6	7
8	9	10	11	12	13	14
15	16	17	18	19	20	21
22	23	24	25	26	27	28
29	30					

이에 대한 설명으로 옳은 것만을 **보기** 에서 있는 대로 고른 것은?

보기
ㄱ. 달력의 1 일은 0.65억 년 전에 해당한다.
ㄴ. 고생대가 시작된 시기는 27 일에 해당한다.
ㄷ. 화폐석은 28 일에 번성하였다.

① ㄱ　　　② ㄴ　　　③ ㄱ, ㄷ
④ ㄴ, ㄷ　　　⑤ ㄱ, ㄴ, ㄷ

106

그림은 에디아카라 생물군 화석을 나타낸 것이다.

이 생물들이 번성하였던 지질 시대에 대한 설명으로 옳은 것만을 **보기** 에서 있는 대로 고른 것은?

보기
ㄱ. 육지에서는 양치식물이 울창한 숲을 이루었다.
ㄴ. 남세균의 광합성으로 대기 중의 산소가 증가하였다.
ㄷ. 삼엽충이 번성하였던 지질 시대보다 지속 기간이 길다.

① ㄱ　　　② ㄴ　　　③ ㄱ, ㄷ
④ ㄴ, ㄷ　　　⑤ ㄱ, ㄴ, ㄷ

✔최다 오답
107

그림 (가)와 (나)는 우리나라의 서로 다른 지층에서 산출되는 화석을 나타낸 것이다.

(가) 공룡알

(나) 삼엽충

이에 대한 설명으로 옳은 것만을 **보기** 에서 있는 대로 고른 것은?

보기
ㄱ. (가)의 지층에서는 암모나이트 화석이 함께 산출된다.
ㄴ. (나)가 멸종할 당시에 육지에서는 속씨식물이 번성하였다.
ㄷ. (가)의 지층은 (나)의 지층보다 나중에 퇴적되었다.

① ㄱ　　　② ㄷ　　　③ ㄱ, ㄴ
④ ㄴ, ㄷ　　　⑤ ㄱ, ㄴ, ㄷ

108

난이도 **상**

그림은 고생대, 중생대, 신생대의 수륙 분포를 순서 없이 나타낸 것이다.

(가)　　　　　(나)　　　　　(다)

이에 대한 설명으로 옳은 것만을 보기 에서 있는 대로 고른 것은?

보기
ㄱ. (가)는 중생대의 수륙 분포이다.
ㄴ. (나)의 시기에 바다에서는 방추충이 번성하였다.
ㄷ. (다) 시기에는 얕은 바다의 면적이 감소하였다.

① ㄱ　　　　② ㄴ　　　　③ ㄱ, ㄷ
④ ㄴ, ㄷ　　　⑤ ㄱ, ㄴ, ㄷ

109

그림은 지질 시대에 번성하였던 생물의 변화를 나타낸 것이다.

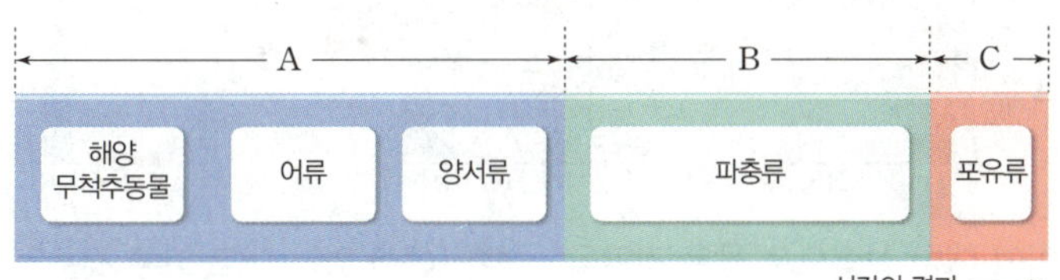

이에 대한 설명으로 옳은 것만을 보기 에서 있는 대로 고른 것은?

보기
ㄱ. A와 B의 경계에서는 공룡과 암모나이트가 멸종하였다.
ㄴ. C 기간에는 화폐석이 번성하였다.
ㄷ. A → B → C 기간에 식물계에서는 양치식물 → 겉씨식물
　→ 속씨식물의 순으로 번성하였다.

① ㄱ　　　　② ㄷ　　　　③ ㄱ, ㄴ
④ ㄴ, ㄷ　　　⑤ ㄱ, ㄴ, ㄷ

110

그림은 고생대 이후 해양 생물과 육상 생물이 멸종한 시기와 멸종 비율을 나타낸 것이다.

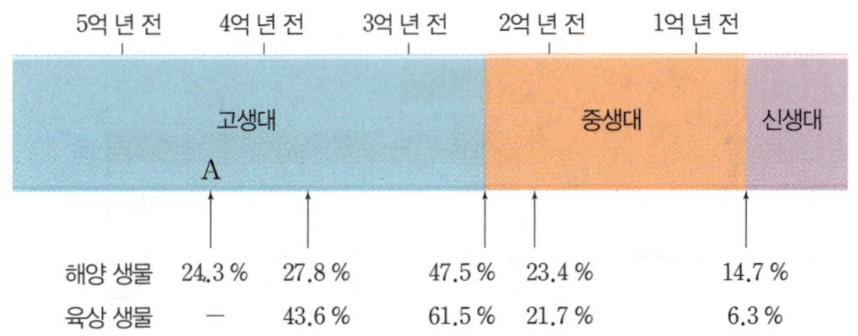

	5억 년 전	4억 년 전	3억 년 전	2억 년 전	1억 년 전
해양 생물	24.3 %	27.8 %	47.5 %	23.4 %	14.7 %
육상 생물	−	43.6 %	61.5 %	21.7 %	6.3 %

이에 대한 설명으로 옳은 것만을 보기 에서 있는 대로 고른 것은?

보기
ㄱ. 생물 대멸종은 일정한 시간 간격으로 일어났다.
ㄴ. A 시기에 대멸종이 일어날 때 육상 생물은 모두 살아남았다.
ㄷ. 생물의 멸종 비율은 삼엽충이 멸종된 시기가 암모나이트
　가 멸종된 시기보다 컸다.

① ㄱ　　　　② ㄷ　　　　③ ㄱ, ㄷ
④ ㄴ, ㄷ　　　⑤ ㄱ, ㄴ, ㄷ

111

지질 시대의 구분과 시대별 특징을 나열한 보기 에서 옳게 서술한 문장은 모두 몇 개인가?

보기
ㄱ. 선캄브리아시대는 지질 시대 중 가장 긴 시기로 다양한
　화석이 발견된다.
ㄴ. 고생대 중기에는 갑주어 같은 해양 무척추동물이 번성하
　였다.
ㄷ. 고생대 말기에는 시베리아 지역에서 대규모 화산 폭발이
　일어나 생물의 멸종 비율이 가장 컸다.
ㄹ. 중생대에 판게아가 분리되면서 대서양과 인도양이 형성
　되기 시작하였다.
ㅁ. 중생대에 식물계에는 속씨식물이 번성하였다.
ㅂ. 신생대 초기에 포유류와 조류가 출현하였다.
ㅅ. 신생대 말에는 빙하기와 간빙기가 반복되었으며, 인류의
　조상이 출현하였다.

① 2 개　　　② 3 개　　　③ 4 개
④ 5 개　　　⑤ 6 개

112

난이도 상

그림은 지질 시대의 생물 A, B, C가 살았던 기간을 나타낸 것이다. A, B, C는 각각 속씨식물, 삼엽충, 어류 중 하나이다.

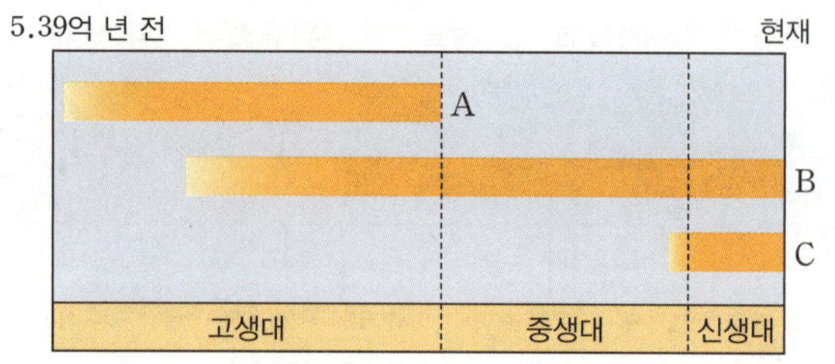

이에 대한 설명으로 옳은 것만을 보기 에서 있는 대로 고른 것은?

보기
ㄱ. A는 삼엽충이다.
ㄴ. A와 B가 함께 번성한 시기에 화폐석이 번성하였다.
ㄷ. C가 번성한 시기에 판게아가 형성된 적이 있다.

① ㄱ   ② ㄴ   ③ ㄱ, ㄷ
④ ㄴ, ㄷ   ⑤ ㄱ, ㄴ, ㄷ

113

그림은 고생대의 시작부터 현재까지 대멸종 시기와 생물 과의 수 변화를 나타낸 것이다.

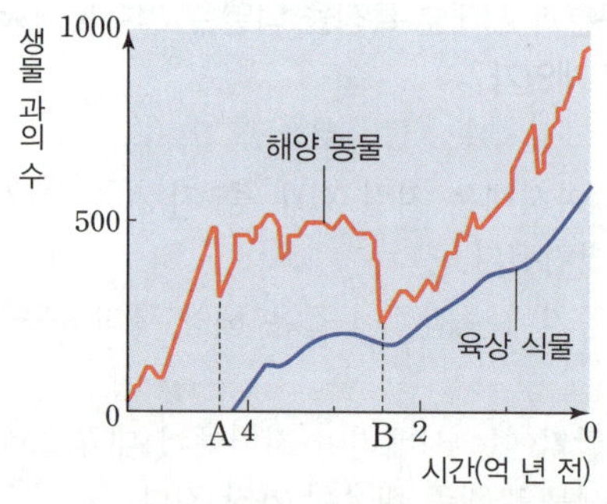

이에 대한 설명으로 옳은 것만을 보기 에서 있는 대로 고른 것은?

보기
ㄱ. A 시기에는 육상 식물이 출현하지 않았다.
ㄴ. 해양 동물의 멸종 규모가 가장 컸던 시기는 B이다.
ㄷ. 지질 시대의 구분은 육상 식물보다 해양 동물을 기준으로 하는 것이 적절하다.

① ㄱ   ② ㄴ   ③ ㄱ, ㄷ
④ ㄴ, ㄷ   ⑤ ㄱ, ㄴ, ㄷ

02 생물의 진화와 생물다양성

114

몸이 큰 거피를 선호하는 포식자가 살고 있는 연못의 거피를 몸이 작은 거피를 선호하는 포식자가 살고 있는 연못으로 옮겼다. 그 후 18세대가 지났을 때 거피 암수의 평균 체중 변화가 그림과 같았다.

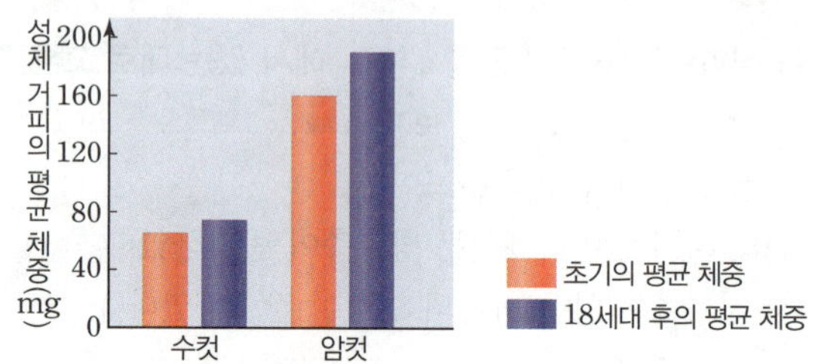

이 현상에 대한 설명으로 옳은 것만을 보기 에서 있는 대로 고른 것은?

보기
ㄱ. 자연선택설로 설명할 수 있다.
ㄴ. 환경에 유리한 형질을 가진 개체가 살아남았다.
ㄷ. 서식처를 옮긴 후 상대적으로 몸이 작은 거피가 살아남는 데 유리했다.

① ㄱ   ② ㄱ, ㄴ   ③ ㄱ, ㄷ   ④ ㄴ, ㄷ   ⑤ ㄱ, ㄴ, ㄷ

115

✔최다 오답

그림은 어떤 섬에서 모기 집단의 유전자 전체가 시간에 따라 변화되는 과정을 나타낸 것이다. r는 살충제인 DDT 감수성 대립유전자이고, R는 DDT 저항성 대립유전자이다. DDT 감수성이 높으면 DDT에 의해 쉽게 죽는다.

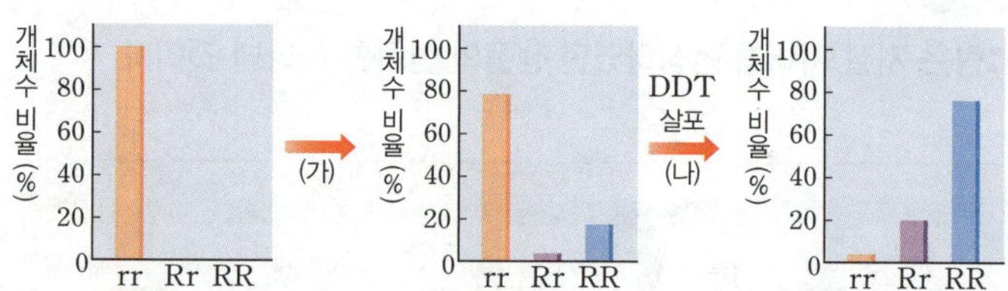

이에 대한 설명으로 옳은 것만을 보기 에서 있는 대로 고른 것은?

보기
ㄱ. (가) 과정에서 돌연변이에 의해 DDT 저항성 대립유전자를 가진 모기가 나타났다.
ㄴ. DDT를 지속적으로 살포할 경우 유전자 R에 대한 유전자 r의 비율이 커진다.
ㄷ. (나) 과정에서 DDT 저항성 대립유전자를 가진 모기가 DDT 감수성 대립유전자를 가진 모기보다 생존에 불리하였다.

① ㄱ   ② ㄴ   ③ ㄷ   ④ ㄱ, ㄴ   ⑤ ㄴ, ㄷ

116

그림은 어떤 지역에 습지가 형성된 후 핀치의 부리 크기에 따른 개체수를 나타낸 것이다. 습지가 형성되기 전에는 중간 부리를 가진 핀치의 개체수가 가장 많았다.

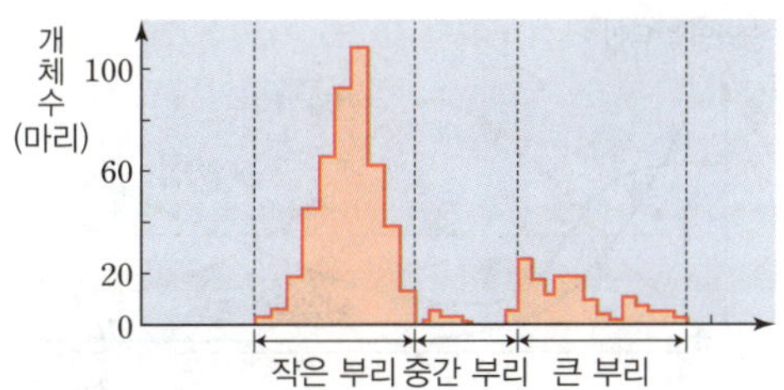

이에 대한 설명으로 옳은 것만을 보기 에서 있는 대로 고른 것은?
(단, 부리가 클수록 부드러운 씨앗보다 딱딱한 씨앗을 잘 먹는다.)

보기
ㄱ. 습지가 형성된 후 딱딱한 씨앗이 많아졌다.
ㄴ. 습지가 형성되기 전에도 핀치들 사이에 생존경쟁이 있었다.
ㄷ. 습지가 형성된 후 작은 부리 핀치의 개체수 증가는 자연선택의 결과이다.

① ㄱ 　② ㄴ 　③ ㄱ, ㄷ
④ ㄴ, ㄷ 　⑤ ㄱ, ㄴ, ㄷ

117

난이도 상

그림 (가)는 어떤 숲에 사는 새 5 종 ㉠~㉤이 서식하는 높이 범위를, (나)는 숲을 이루는 나무 높이의 다양성에 따른 새의 종다양성을 나타낸 것이다. 나무 높이의 다양성은 숲을 이루는 나무의 높이가 다양할수록, 각 높이의 나무가 차지하는 비율이 균등할수록 높아진다.

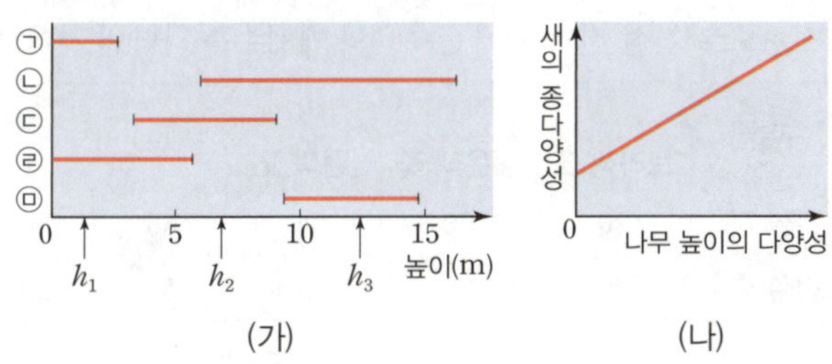

이에 대한 설명으로 옳은 것만을 보기 에서 있는 대로 고른 것은?

보기
ㄱ. 높이가 h_2인 나무에서 ㉡과 ㉣은 서식지를 두고 생존을 위한 경쟁을 한다.
ㄴ. ㉢이 서식하는 높이는 ㉤이 서식하는 높이보다 높다.
ㄷ. 새의 종다양성은 높이가 h_1, h_2, h_3인 나무가 고르게 분포하는 숲에서가 높이가 h_3인 나무만 있는 숲에서보다 높다.

① ㄱ 　② ㄷ 　③ ㄱ, ㄴ
④ ㄴ, ㄷ 　⑤ ㄱ, ㄴ, ㄷ

118

그림은 생물다양성의 세 가지 구성 요소를 특징에 따라 구분하는 과정을 나타낸 것이다. ㉠과 ㉡ 중 하나는 '한 생물종에서 나타나는가?'에 해당한다.

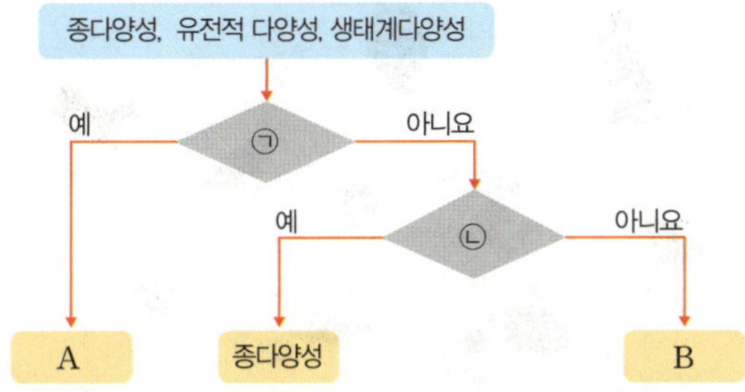

이에 대한 설명으로 옳은 것만을 보기 에서 있는 대로 고른 것은?

보기
ㄱ. '한 생물종에서 나타나는가?'는 ㉠에 적합하다.
ㄴ. A가 낮으면 환경이 급격히 변하더라도 종을 유지할 확률이 높아진다.
ㄷ. B는 서식 환경이 다양하여 생물이 살아가는 생태계가 다양한 정도를 뜻한다.

① ㄱ 　② ㄱ, ㄴ 　③ ㄱ, ㄷ
④ ㄴ, ㄷ 　⑤ ㄱ, ㄴ, ㄷ

최다 오답
119

그림은 어떤 지역에 사는 종 A~C의 개체수 비율 변화를 나타낸 것이다.

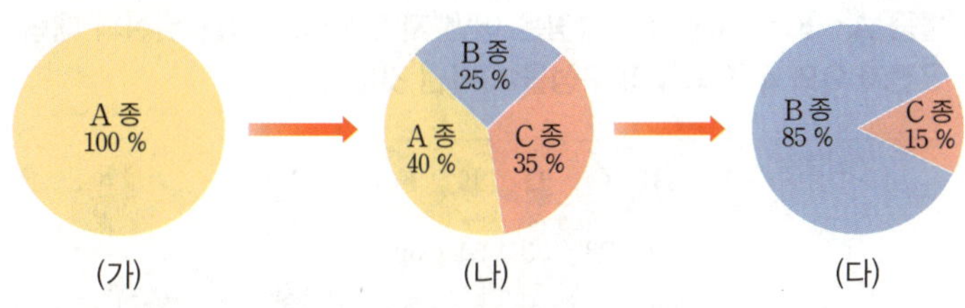

이에 대한 설명으로 옳은 것만을 보기 에서 있는 대로 고른 것은?
(단, 이 지역에서 외부와의 개체 출입은 없고, 종 A~C 이외의 다른 종은 고려하지 않는다.)

보기
ㄱ. 종다양성은 (나)에서보다 (다)에서가 높다.
ㄴ. (나) → (다) 과정에서 A 종보다 B 종이 생존에 더 유리하다.
ㄷ. 각 종의 개체수 비율 변화는 생태계다양성의 변화를 의미한다.

① ㄱ 　② ㄴ 　③ ㄱ, ㄷ
④ ㄴ, ㄷ 　⑤ ㄱ, ㄴ, ㄷ

120

난이도 상

다음은 어떤 생태계에 대한 설명이다.

(가) 이 생태계는 평형을 이루고 있고, 먹이그물은 그림과 같다.

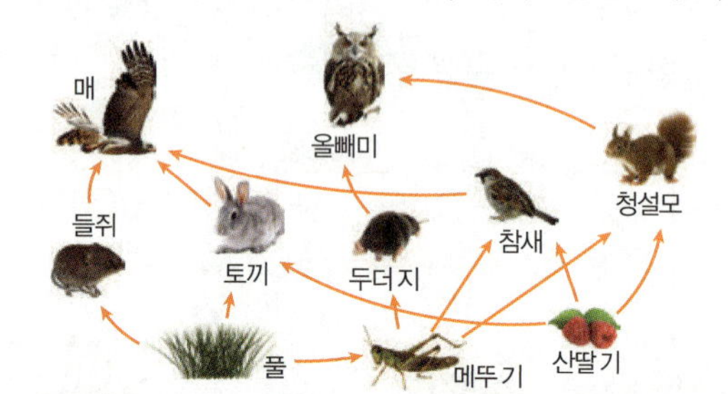

(나) 이 생태계에 어떤 포식자 A가 침입한 후 생물의 개체수 변화는 표와 같으며 제시된 생물만 고려한다.

생물	청설모	토끼	참새	두더지
침입 전 개체수	40	35	45	21
침입 후 개체수	25	20	29	7

이에 대한 설명으로 옳은 것만을 보기 에서 있는 대로 고른 것은?

ㄱ. A의 침입 후 매와 올빼미의 먹이량은 감소한다.
ㄴ. A의 침입 후 메뚜기의 개체수는 일시적으로 증가한다.
ㄷ. A를 제외한 종다양성은 침입 전보다 침입 후에 더 높다.

① ㄱ　　　　　② ㄷ　　　　　③ ㄱ, ㄴ
④ ㄴ, ㄷ　　　　⑤ ㄱ, ㄴ, ㄷ

121

난이도 상

표는 면적이 같은 서로 다른 지역 ㉠과 ㉡에 서식하고 있는 모든 식물종 A~F의 개체수를, 그림은 어떤 지역에 살고 있는 뒤쥐의 대립유전자 Q와 q, R와 r의 구성을 나타낸 것이다.

지역＼식물종	A	B	C	D	E	F
㉠	50	30	28	33	51	60
㉡	11	29	7	0	30	0

(단위: 개)

이에 대한 설명으로 옳은 것만을 보기 에서 있는 대로 고른 것은?

ㄱ. 식물의 종다양성은 ㉠에서가 ㉡에서보다 높다.
ㄴ. 뒤쥐에서 R를 가진 개체의 비율이 r를 가진 개체의 비율보다 높다.
ㄷ. 뒤쥐의 대립유전자 구성이 다른 것은 생물다양성 중 유전적 다양성에 해당한다.

① ㄱ　　　　　② ㄷ　　　　　③ ㄱ, ㄴ
④ ㄴ, ㄷ　　　　⑤ ㄱ, ㄴ, ㄷ

122

난이도 상

그림은 영양염류가 유입된 호수의 식물 플랑크톤 군집에서 전체 개체수, 종 수, 종다양성과 영양염류 농도를 시간에 따라 나타낸 것이다. 종다양성은 종 수가 많고, 각 종의 비율이 균등할수록 높아진다.

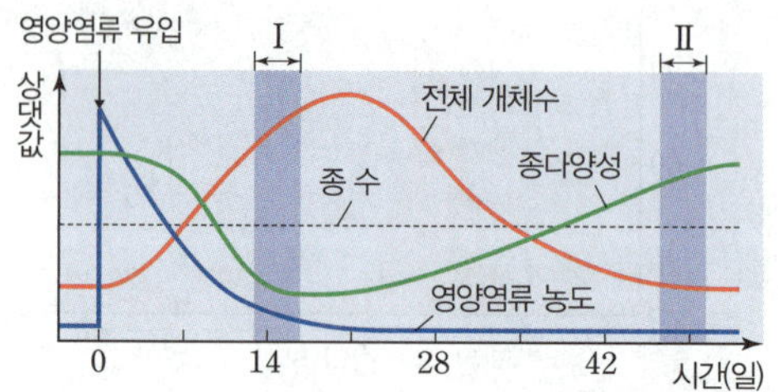

이에 대한 설명으로 옳은 것만을 보기 에서 있는 대로 고른 것은? (단, 식물 플랑크톤 군집은 여러 종의 식물 플랑크톤으로만 구성되며, 제시된 조건 이외는 고려하지 않는다.)

ㄱ. 구간 Ⅰ과 구간 Ⅱ에서 종 수는 같다.
ㄴ. 먹이 환경은 생물의 종다양성에 영향을 미치지 않았다.
ㄷ. 전체 개체수에서 각 종이 차지하는 비율은 구간 Ⅰ에서가 구간 Ⅱ에서보다 균등하다.

① ㄱ　　　　　② ㄴ　　　　　③ ㄷ
④ ㄱ, ㄴ　　　　⑤ ㄱ, ㄷ

123

다음은 식물종 ㉠~㉢으로만 구성된 어떤 식물 군집과 ㉠의 꽃 색깔 유전에 대한 자료이다.

○ 도로 건설로 인해 서식지 면적이 절반으로 감소했다.
○ ㉠의 꽃 색깔은 유전자에 따라 보라색, 붉은색, 흰색이다.
○ 표는 도로 건설 전과 후에 ㉠~㉢의 개체수를 나타낸 것이다.

구분	㉠			㉡	㉢
	보라색 꽃	붉은색 꽃	흰색 꽃		
건설 전	20	20	20	60	60
건설 후	0	0	40	50	10

이 식물 군집에서 도로 건설 전에 비해 도로 건설 후에 나타난 변화로 옳은 것만을 보기 에서 있는 대로 고른 것은?

ㄱ. 생물다양성이 증가했다.
ㄴ. 유전적 다양성이 감소했다.
ㄷ. 도로 건설로 인한 서식지파괴는 생물다양성의 감소 요인으로 작용한다.

① ㄱ　　　　　② ㄴ　　　　　③ ㄷ
④ ㄱ, ㄷ　　　　⑤ ㄴ, ㄷ

124

그림은 지질 시대의 어느 시기에 지구 환경이 (가)에서 (나)로 변한 모습을 나타낸 것이다.

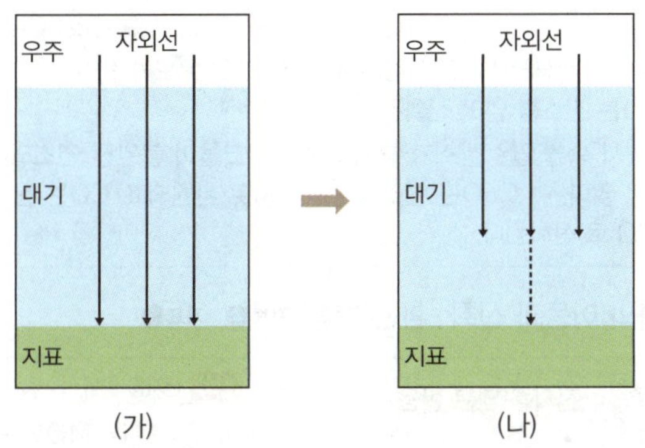

(가)에서 (나)로 변화를 일으킨 대기 중의 변화와 이로 인한 생물권의 변화에 대해 서술하시오.

125

그림은 지질 시대의 해양 생물 과의 변화를 나타낸 것이다.

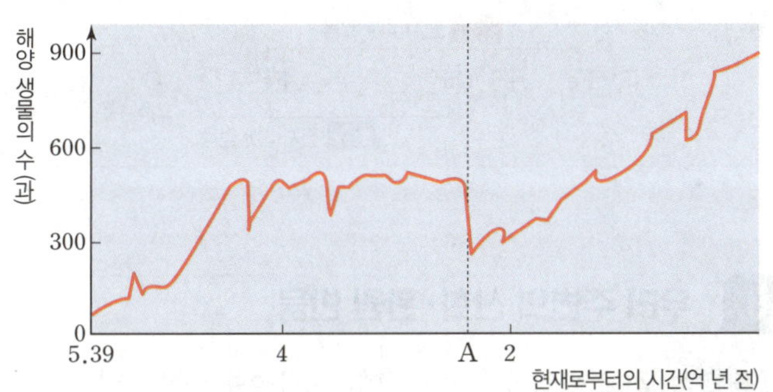

A 시기에 멸종한 생물을 한 가지 쓰고, 대멸종이 일어났음에도 생물 다양성이 유지되는 까닭을 서술하시오.

126

다음은 두 지역의 지층에서 산출되는 화석을 설명한 것이다.

○ 강원도 태백시의 지층에서는 삼엽충 화석이 발견된다.
○ 히말라야산맥 정상 부근의 지층에서 암모나이트 화석이 발견된다.

두 지역에서 발견된 화석을 근거로 두 지역의 지층은 어떤 변화를 거쳤는지 환경 변화와 연관지어 서술하시오.

127

난이도 상

그림 (가)와 (나)는 유전적 변이가 발생하는 두 가지 원인의 예를 나타낸 것이다. (가)와 (나)는 각각 돌연변이와 유성생식 과정에서 생식세포의 다양한 조합의 예 중 하나이다.

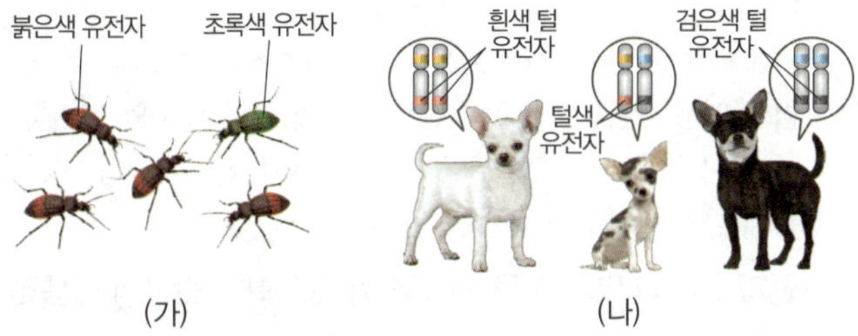

(가)와 (나)가 각각 무엇의 예인지 쓰고, 비유전적 변이와 유전적 변이의 차이점을 두 가지 서술하시오.

128

그림 (가)는 지의류가 있을 때(산업 혁명 이전), (나)는 지의류가 없을 때(산업 혁명 이후)의 흰색 나방과 검은색 나방의 모습을 나타낸 것이다.
(가)와 (나)에서 흰색 나방과 검은색 나방 중 어떤 것이 생존에 유리하고, 생존에 적용된 원리가 무엇인지 서술하시오.

03 산화와 환원

1 자연과 인류의 역사에 큰 변화를 가져온 화학 반응 ▸자료❶

(1) **광합성**: 생물이 빛에너지를 이용하여 이산화 탄소와 물로 포도당과 산소를 만드는 반응이다.

$$이산화 \ 탄소 + 물 \xrightarrow{빛에너지} 포도당 + 산소$$

- **광합성이 자연의 역사에 미친 영향**: 수십억 년 전 남세균의 광합성으로 생성된 산소는 지구 대기의 성분이 되었고, 대기에 오존층이 형성됨에 따라 산소 호흡으로 에너지를 얻는 생물이 나타나고 생물의 종류가 다양해졌다.

(2) **화석 연료의 연소**: 화석 연료가 공기 중에서 연소하면 산소와 반응하여 이산화 탄소와 물을 생성하고 많은 열에너지를 방출한다.

$$화석 \ 연료 + 산소 \longrightarrow 이산화 \ 탄소 + 물$$

- **화석 연료의 이용**: 인류는 연소에 의해 발생하는 열에너지를 이용하여 교통이나 산업을 발전시켜 왔다.

(3) **철의 제련**: 산화 철에서 산소를 제거하여 순수한 철을 얻는 과정이다.

$$산화 \ 철 + 일산화 \ 탄소 \longrightarrow 철 + 이산화 \ 탄소$$

- **철의 이용**: 인류는 철을 제련하여 여러 가지 도구와 무기를 만들어 사용하였고, 오늘날에도 철은 산업 전반과 각종 생활용품에 널리 이용된다.

(4) **자연과 인류의 역사에 큰 변화를 가져온 화학 반응의 공통점**
광합성, 화석 연료의 연소, 철의 제련은 모두 자연과 인류의 역사에 큰 변화를 가져온 반응이며, 모두 산소가 관여한다.

★ 2 산화·환원 반응

(1) **산소의 이동과 산화·환원 반응** ▸자료❷ ▸자료❸

산화	산소를 얻는 반응
환원	산소를 잃는 반응

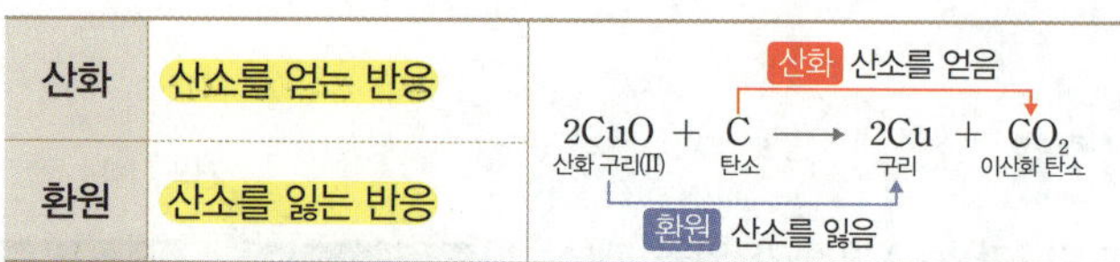

탐구 분석 구리를 이용한 산화·환원 반응

실험 과정 ›
(가) 구리판을 알코올램프의 겉불꽃 속에서 가열하였더니 검게 변하였다.
(나) 검게 변한 구리판을 알코올램프의 속불꽃 속에서 가열하였더니 다시 붉게 변하였다.

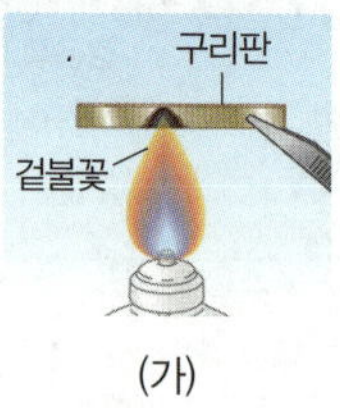

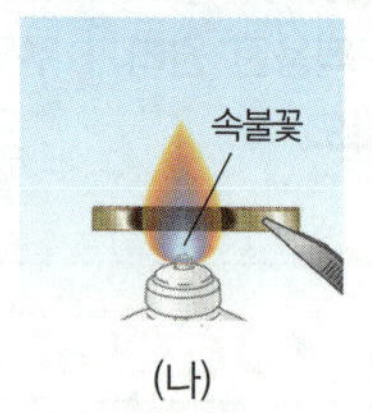

실험 결과 ›

1 과정 (가), (나)에서 일어나는 반응의 화학 반응식
(가) $2Cu + O_2 \longrightarrow 2CuO$, (나) $CuO + CO \longrightarrow Cu + CO_2$

2 (가)에서 겉불꽃은 산소가 충분히 공급되므로 온도가 높다.
➡ Cu는 산소를 얻어 산화된다.

3 (나)에서 속불꽃은 산소가 부족하므로 알코올이 불완전 연소되어 C나 CO가 많다. ➡ CuO는 산소를 잃어 Cu로 환원되고, CO는 산소를 얻어 CO_2로 산화된다.

(2) **전자의 이동과 산화·환원 반응** ▸자료❹ ▸자료❺

산화	전자를 잃는 반응
환원	전자를 얻는 반응

자료 분석 구리와 질산 은 수용액의 반응

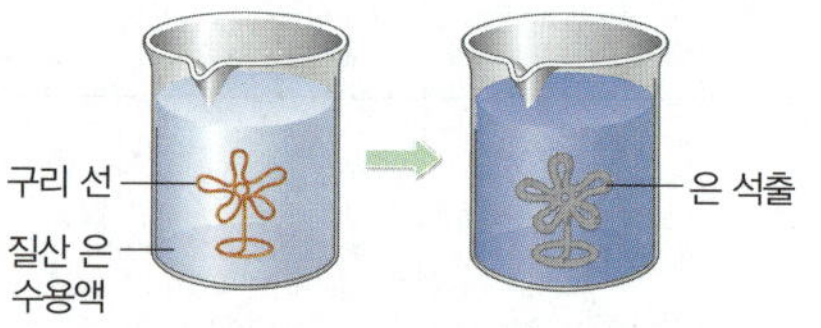

$$Cu + 2Ag^+ \longrightarrow Cu^{2+} + 2Ag$$

1 Cu는 전자를 잃고 산화된다. ➡ 수용액 속 Cu^{2+} 수가 증가한다. ➡ 수용액의 색이 푸른색으로 변한다.

2 Ag^+은 전자를 얻어 환원된다. ➡ 구리 선 표면에 Ag이 석출된다.

3 수용액 속 양이온의 총 전하량은 일정하므로 Cu^{2+} 1 개가 생성될 때 Ag^+ 2 개가 환원된다. ➡ 수용액 속 양이온 수는 감소한다.

(3) **산화·환원 반응의 동시성**: 한 물질이 산소를 얻거나 전자를 잃고 산화되면 다른 물질이 산소를 잃거나 전자를 얻어서 환원되므로, 산화 반응과 환원 반응은 항상 동시에 일어난다.

산화되는 물질이 잃은 총 전자 수=환원되는 물질이 얻은 총 전자 수

3 우리 주변의 산화·환원 반응

★(1) **광합성**: 생명체가 생명현상을 유지하는 데 이용
식물의 엽록체에서 빛에너지를 이용하여 이산화 탄소와 물이 반응하여 포도당과 산소를 생성하는 과정이다. ➡ 이산화 탄소는 포도당으로 환원되고, 물은 산소로 산화된다. ▸자료❻

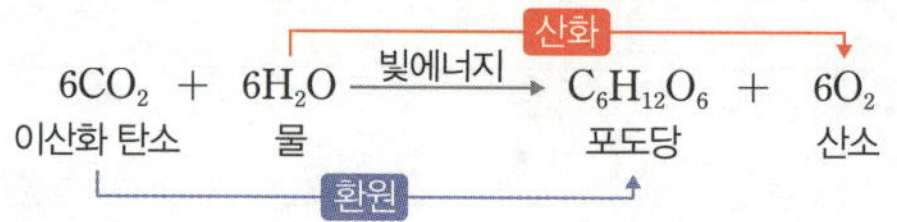

(2) **세포호흡**: 생명체의 세포 속 마이토콘드리아에서 포도당과 산소로 이산화 탄소와 물을 생성하면서 에너지를 방출하는 반응이다. 이때 방출하는 에너지는 생명 현상을 유지하는 데 사용된다. ➡ 포도당은 이산화 탄소로 산화되고, 산소는 물로 환원된다. **자료 ⑥**

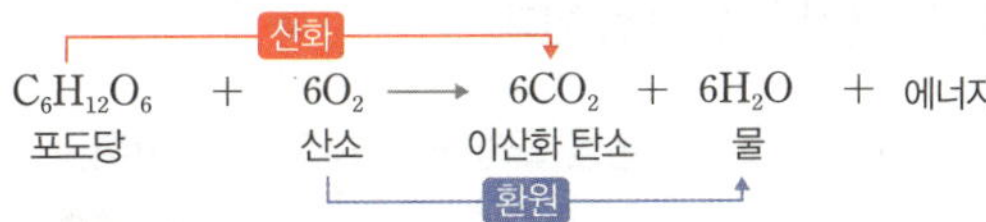

$$C_6H_{12}O_6 \ + \ 6O_2 \ \longrightarrow \ 6CO_2 \ + \ 6H_2O \ + \ 에너지$$

포도당 　　　산소　　이산화 탄소　　물

★ **(3) 화석 연료의 연소**: 화석 연료가 연소하여 이산화 탄소와 물이 생성되는 반응이다. ➡ 화석 연료는 이산화 탄소로 산화되고, 산소는 물로 환원된다.

예 메테인의 연소

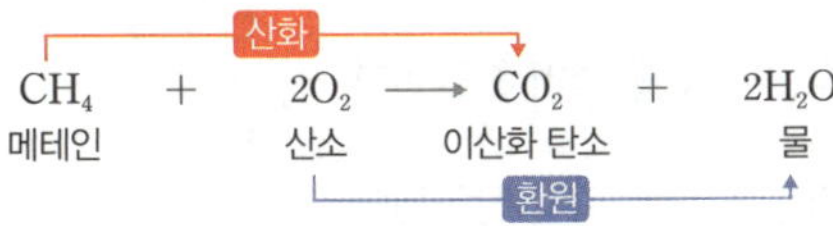

$$CH_4 \ + \ 2O_2 \ \longrightarrow \ CO_2 \ + \ 2H_2O$$

메테인　　산소　　이산화 탄소　　물

★ **(4) 철의 제련**: 철광석과 코크스를 용광로에 함께 넣고 가열하여 순수한 철을 얻는 과정이다. ➡ 먼저 코크스가 산소를 얻어 일산화 탄소로 산화되고, 철광석에 들어 있는 산화 철(Ⅲ)이 일산화 탄소와 반응하면 산화 철(Ⅲ)은 산소를 잃어 철로 환원되고, 일산화 탄소는 산소를 얻어 이산화 탄소로 산화된다.

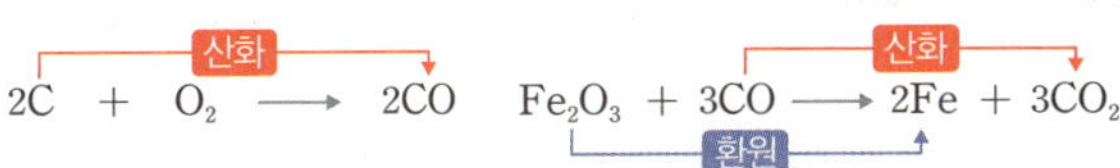

$$2C \ + \ O_2 \ \longrightarrow \ 2CO \qquad Fe_2O_3 \ + \ 3CO \ \longrightarrow \ 2Fe \ + \ 3CO_2$$

(5) **수소 연료 전지**: 수소와 산소가 반응하여 물이 생성되는 과정에서 산화·환원 반응이 일어난다. 이때 물질의 화학 에너지가 전기 에너지로 전환되며, 이 전기 에너지는 수소 자동차의 동력원이나 우주선의 에너지원으로 이용된다. ➡ 수소는 산화되고, 산소는 환원된다.

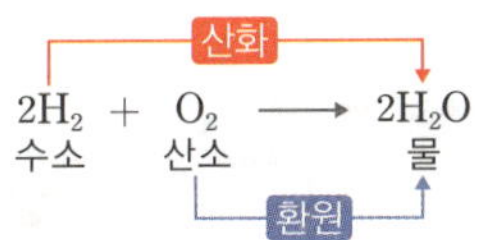

$$2H_2 \ + \ O_2 \ \longrightarrow \ 2H_2O$$

수소　　산소　　물

(6) **그 밖의 산화·환원 반응**

철의 부식	순수한 철은 공기 중 산소와 반응해 산화되어 녹슨다.
과일의 갈변	사과, 바나나 등의 껍질을 벗겨 공기 중에 두면 과일 속 물질이 산화되어 갈색으로 변한다.
표백제, 탈색제	색소가 전자를 잃으면 색이 사라지는 산화·환원 반응을 이용한다.
에칭	판화를 만드는 기법 중 하나로, 산성 부식액이 금속판을 부식시키는 산화·환원 반응을 이용한다.

STEP 1 ○/✕ 문제로 5종 교과서 핵심 자료 보기

정답 및 해설 14쪽

다음 자료에 대한 설명으로 옳은 것은 ○표, 옳지 않은 것은 ✕표 하시오.

자료 ① 자연과 인류의 역사에 큰 변화를 가져온 화학 반응
　　　　　동아, 미래엔, 비상, 지학사, 천재

그림 (가)~(다)는 우리 주변에서 볼 수 있는 세 가지 화학 반응이다.

(가) 화석 연료의 연소　　(나) 철의 제련　　(다) 광합성

129 (가)에서 화석 연료가 공기 중의 산소와 반응하면 수소와 물이 생성된다. 　○/✕

130 (나)는 산화 철에서 산소를 제거하여 철을 얻는 과정이다. 　○/✕

131 (다)는 포도당과 산소로부터 이산화 탄소와 물을 생성하는 반응이다. 　○/✕

132 (가)~(다)는 모두 자연과 인류의 역사에 큰 변화를 가져온 화학 반응이다. 　○/✕

133 (가)~(다)는 모두 산소가 관여한다는 공통점이 있다. 　○/✕

자료 ② 산소의 이동과 산화·환원 반응
　　　　　동아, 미래엔, 비상, 지학사, 천재

그림 (가)는 구리판을 겉불꽃에 넣은 모습을, (나)는 (가)에서 검게 변한 부분을 속불꽃 속에 넣은 모습을 나타낸 것이다.

 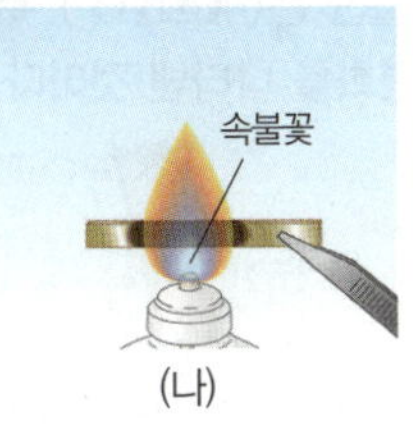

134 (가)에서 구리는 산소를 얻어 산화된다. 　○/✕

135 (가)에서 공기 중 산소는 산화된다. 　○/✕

136 (나)에서 산화 구리(Ⅱ)는 구리로 환원된다. 　○/✕

137 (나)의 속불꽃 속에는 알코올의 불완전 연소로 탄소나 일산화 탄소가 포함되어 있다. 　○/✕

138 (가)와 (나)에서 일어나는 산화·환원 반응은 모두 산소가 관여하는 반응이다. 　○/✕

다음 자료에 대한 설명으로 옳은 것은 ○표, 옳지 **않은** 것은 ✕표 하시오.

자료 ❸ 산화 구리(Ⅱ)와 탄소의 반응
동아, 비상, 지학사, 천재

그림은 산화 구리(Ⅱ)(CuO)와 탄소(C) 가루를 섞어서 가열하는 실험을 나타낸 것이다.

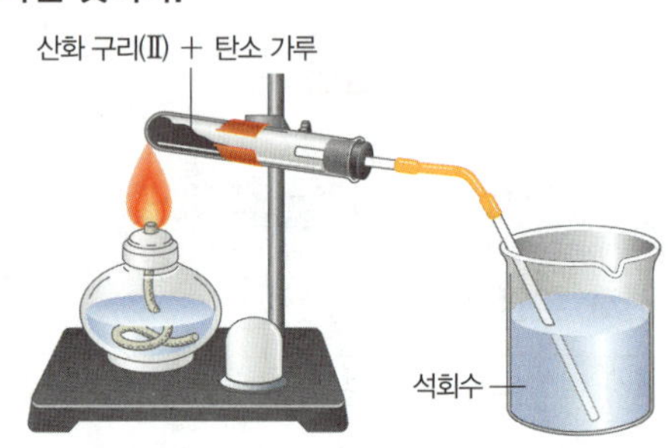

139 검은색의 산화 구리(Ⅱ)는 붉은색의 구리가 된다. ○/✕

140 탄소는 산소를 얻어 일산화 탄소가 된다. ○/✕

141 산화 구리(Ⅱ)는 산소를 잃어 산화된다. ○/✕

142 산소는 산화 구리(Ⅱ)에서 탄소로 이동한다. ○/✕

143 석회수가 뿌옇게 흐려진다. ○/✕

자료 ❹ 구리와 질산 은 수용액의 반응
동아, 미래엔, 비상, 지학사, 천재

그림은 질산 은($AgNO_3$) 수용액에 구리(Cu)판을 넣었을 때 일어나는 변화를 나타낸 것이다.

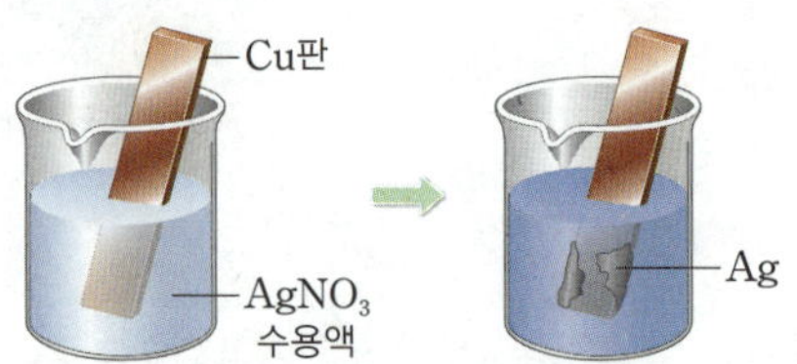

144 구리는 전자를 잃고 산화된다. ○/✕

145 수용액 속 양이온의 총 전하량은 감소한다. ○/✕

146 수용액 속 전체 이온 수는 감소한다. ○/✕

147 반응 후 수용액의 색깔은 푸른색을 띤다. ○/✕

148 반응하거나 생성되는 이온 수비는 구리 이온 : 은 이온=2 : 1이다. ○/✕

자료 ❺ 마그네슘의 연소 반응
동아, 미래엔, 비상, 지학사

그림은 마그네슘의 연소 반응을 모형으로 나타낸 것이다.

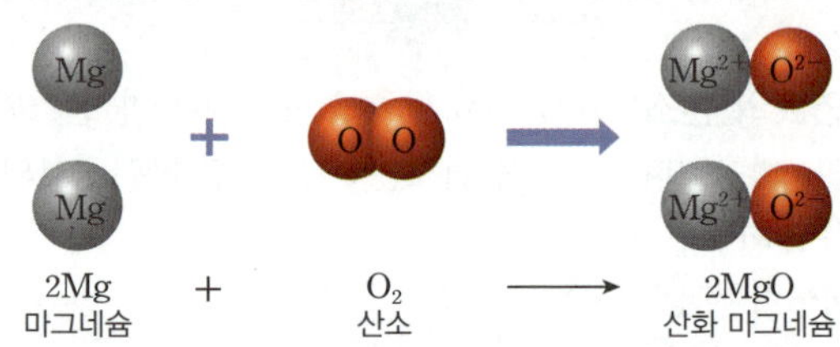

149 마그네슘은 산소를 얻어 환원된다. ○/✕

150 마그네슘은 전자를 잃어 산화된다. ○/✕

151 산소는 전자를 얻어 산화 이온이 된다. ○/✕

152 이 반응은 산소의 이동으로 설명할 수 없다. ○/✕

153 산화 마그네슘을 생성할 때 마그네슘 원자에서 산소 원자로 전자가 이동한다. ○/✕

자료 ❻ 광합성과 세포호흡
동아, 미래엔, 비상, 지학사, 천재

그림은 세포 내 엽록체와 마이토콘드리아에서 일어나는 반응을 모식적으로 나타낸 것이다.

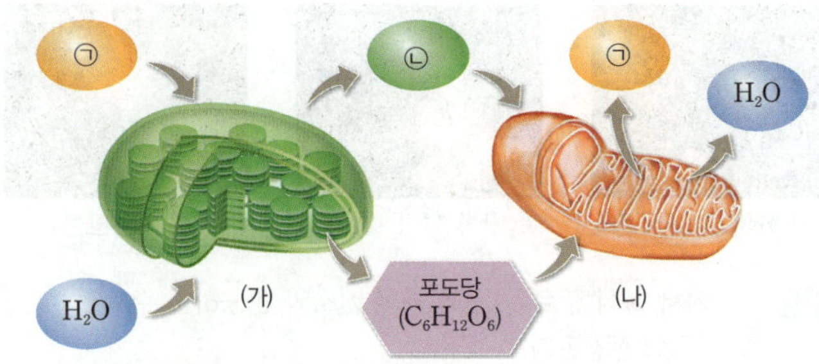

154 ㉠은 이산화 탄소, ㉡은 산소이다. ○/✕

155 (가)는 세포호흡, (나)는 광합성이다. ○/✕

156 (가)에서 ㉠과, (나)에서 ㉡은 모두 환원된다. ○/✕

157 (가)와 (나)에서 반응이 일어날 때 모두 에너지를 방출한다. ○/✕

158 (가)와 (나)가 일어날 때 모두 산소가 관여한다. ○/✕

STEP 2 학교 기출 문제로 내신 대비하기

1 자연과 인류의 역사에 큰 변화를 가져온 화학 반응

고빈출
159

다음은 광합성, 철의 제련, 화석 연료의 연소에 대한 학생들의 대화이다.

> 학생 A: 세 가지 모두 산소가 관여하는 반응이야.
> 학생 B: 인류는 연소에 의해 발생하는 열에너지를 이용하여 교통이나 산업을 발전시켜왔지.
> 학생 C: 철의 제련 기술 발달로 농기구나 여러 가지 기구를 만들어 사용하게 되었어.

제시한 내용이 옳은 학생만을 있는 대로 고른 것은?

① A   ② C   ③ A, B
④ B, C   ⑤ A, B, C

160

다음은 자연과 인류의 역사에 큰 변화를 가져온 화학 반응이다.

> (가) 광합성: 이산화 탄소＋물 $\longrightarrow$ 포도당＋산소
> (나) 화석 연료의 연소: 화석 연료＋산소 $\longrightarrow$ 이산화 탄소＋물

이에 대한 설명으로 옳은 것만을 〔보기〕에서 있는 대로 고른 것은?

〔보기〕
> ㄱ. (가)에서 생성된 산소는 대기의 성분이 되었다.
> ㄴ. (나)에서 발생하는 열을 교통이나 산업에 이용할 수 있다.
> ㄷ. 석탄, 석유는 화석 연료에 속한다.

① ㄴ   ② ㄷ   ③ ㄱ, ㄴ
④ ㄱ, ㄷ   ⑤ ㄱ, ㄴ, ㄷ

161 **서술형**

그림은 자연과 인류의 역사에 큰 변화를 가져온 세 가지 화학 반응이다.

광합성

철의 제련

화석 연료의 연소

세 가지 반응의 공통점을 산소와 관련지어 서술하시오.

---

2 산화·환원 반응

162

다음은 자연과 인류의 역사에 큰 변화를 가져온 산화·환원 반응이다.

> (가) 메테인의 연소 반응에서 메테인은 〔 ㉠ 〕된다.
> (나) 철광석과 코크스를 용광로에 함께 넣어 가열하면 철광석의 주성분인 산화 철(Ⅲ)은 〔 ㉡ 〕되어 철이 된다.
> (다) 광합성에서 이산화 탄소는 〔 ㉢ 〕되어 포도당으로 된다.

이에 대한 설명으로 옳은 것만을 〔보기〕에서 있는 대로 고른 것은?

〔보기〕
> ㄱ. ㉠~㉢은 모두 '산화'이다.
> ㄴ. (나)에서 코크스는 산소를 얻는다.
> ㄷ. (가)~(다)는 모두 산소가 관여하는 반응이다.

① ㄴ   ② ㄷ   ③ ㄱ, ㄴ
④ ㄴ, ㄷ   ⑤ ㄱ, ㄴ, ㄷ

고빈출
163

다음은 두 가지 화학 반응식이다.

> (가) $2Mg + O_2 \longrightarrow 2MgO$
> (나) $CuO + CO \longrightarrow Cu + CO_2$

이에 대한 설명으로 옳은 것만을 〔보기〕에서 있는 대로 고른 것은?

〔보기〕
> ㄱ. (가)에서 Mg은 산화된다.
> ㄴ. (나)에서 CuO는 환원된다.
> ㄷ. (나)는 산소의 이동으로 산화·환원 반응을 설명할 수 있다.

① ㄱ   ② ㄷ   ③ ㄱ, ㄴ
④ ㄴ, ㄷ   ⑤ ㄱ, ㄴ, ㄷ

164

다음은 구리(Cu)판을 이용한 실험이다.

[실험 과정]

(가) 구리판을 알코올램프의 겉불꽃에 넣어 가열하면서 색 변화를 관찰한다.

(나) (가)에서 가열한 구리판 부분을 속불꽃 속에 넣어 가열하면서 색 변화를 관찰한다.

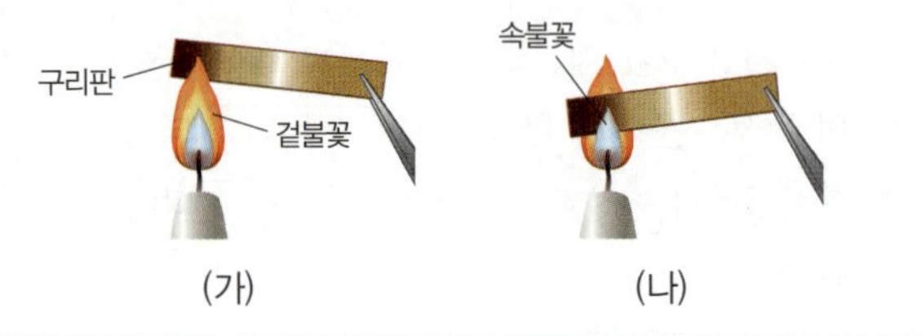

이에 대한 설명으로 옳은 것만을 보기 에서 있는 대로 고른 것은?

보기

ㄱ. (가)에서 구리는 산화된다.

ㄴ. (가)에서 생성되는 물질은 CuO_2이다.

ㄷ. (나)에서 물질 사이에 산소가 이동한다.

① ㄱ ② ㄴ ③ ㄱ, ㄴ
④ ㄱ, ㄷ ⑤ ㄴ, ㄷ

고빈출
165

그림은 산화 구리(Ⅱ)(CuO)와 탄소(C) 가루를 섞어서 가열하는 모습을 나타낸 것이다. 반응이 일어나면 비커 속 석회수는 뿌옇게 흐려진다.

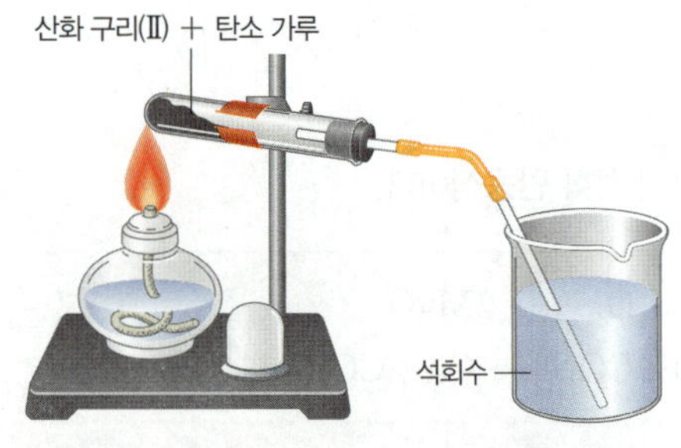

이에 대한 설명으로 옳은 것만을 보기 에서 있는 대로 고른 것은?

보기

ㄱ. 산화 구리(Ⅱ)는 구리로 산화된다.

ㄴ. 탄소 가루는 산화된다.

ㄷ. 반응이 일어나면 이산화 탄소가 생성된다.

① ㄱ ② ㄴ ③ ㄱ, ㄷ
④ ㄴ, ㄷ ⑤ ㄱ, ㄴ, ㄷ

166

다음은 염소(Cl_2)와 관련된 두 가지 반응의 화학 반응식이다.

(가) $Mg + Cl_2 \longrightarrow MgCl_2$

(나) $2NaBr + Cl_2 \longrightarrow 2NaCl + Br_2$

이에 대한 설명으로 옳은 것만을 보기 에서 있는 대로 고른 것은?

보기

ㄱ. (가)에서 전자는 Mg에서 Cl_2로 이동한다.

ㄴ. (나)에서 Na^+은 환원된다.

ㄷ. (가)와 (나)에서 Cl_2는 모두 환원된다.

① ㄱ ② ㄴ ③ ㄱ, ㄷ
④ ㄴ, ㄷ ⑤ ㄱ, ㄴ, ㄷ

167

그림은 구리와 관련된 반응을 모식적으로 나타낸 것이다.

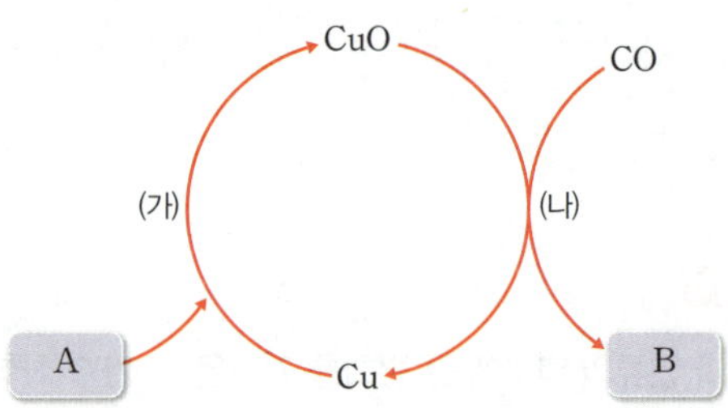

이에 대한 설명으로 옳은 것만을 보기 에서 있는 대로 고른 것은?

보기

ㄱ. A는 O_2이다.

ㄴ. (나)에서 B는 석회수와 산화·환원 반응하여 뿌옇게 흐려진다.

ㄷ. (가)에서 Cu와 (나)에서 CuO는 모두 산화된다.

① ㄱ ② ㄴ ③ ㄱ, ㄷ
④ ㄴ, ㄷ ⑤ ㄱ, ㄴ, ㄷ

168 · 서술형

난이도 상

그림은 가열된 산화 구리(Ⅱ)(CuO)를 수소(H₂) 기체가 들어 있는 시험관에 넣었을 때 물이 생성된 모습을 나타낸 것이다.

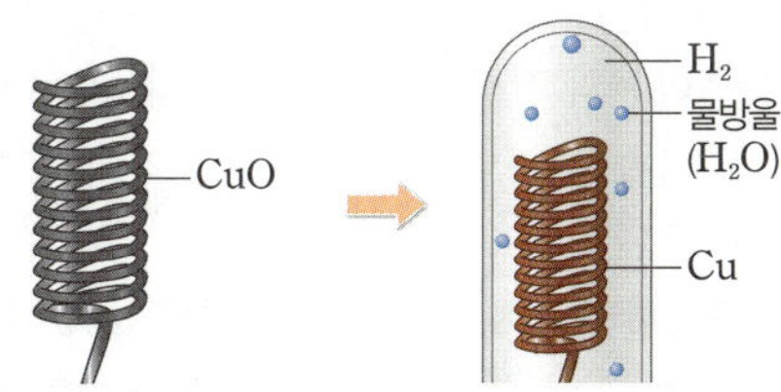

시험관 속에 물이 생성된 까닭을 산소의 이동으로 서술하시오.

____

____

170

고빈출

다음은 마그네슘과 관련된 산화·환원 반응 실험이다.

[실험 과정 및 결과]

(가) 불이 붙은 마그네슘 리본을 드라이아이스로 만든 통 속에 넣고 드라이아이스로 만든 뚜껑으로 덮는다.

(나) 불이 꺼진 후 뚜껑을 열어보았더니 검은색 가루가 생성되었다.

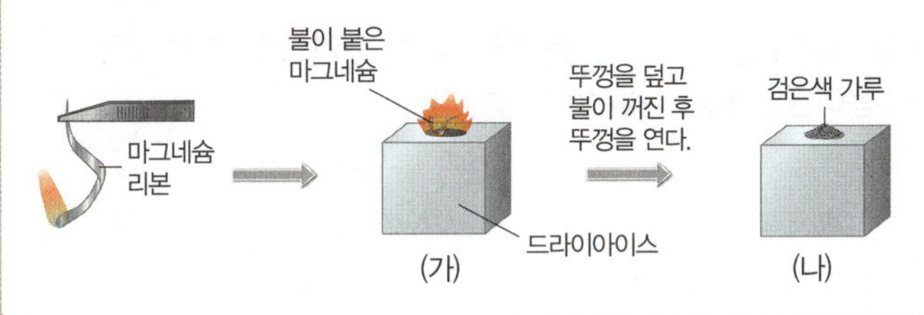

이에 대한 설명으로 옳은 것만을 보기 에서 있는 대로 고른 것은?

― 보기 ―

ㄱ. (나) 과정 후 생성된 검은색 가루는 탄소(C)이다.

ㄴ. 이 반응의 화학 반응식은 $2Mg + CO_2 \longrightarrow 2MgO + C$ 이다.

ㄷ. 드라이아이스는 산화된다.

① ㄱ　　　　　② ㄷ　　　　　③ ㄱ, ㄴ
④ ㄴ, ㄷ　　　　⑤ ㄱ, ㄴ, ㄷ

169

다음은 세 가지 산화·환원 반응이다.

(가) 나트륨과 ㉠염소(Cl₂)가 반응하여 염화 나트륨이 생성된다.

(나) ㉡메테인(CH₄)과 산소(O₂)가 반응하여 이산화 탄소와 물이 생성된다.

(다) 마그네슘 리본을 공기 중에서 가열하면 ㉢산소(O₂)와 반응하여 산화 마그네슘이 된다.

이에 대한 설명으로 옳은 것만을 보기 에서 있는 대로 고른 것은?

― 보기 ―

ㄱ. ㉠~㉢ 중 산화되는 물질은 두 가지이다.

ㄴ. (나)에서 발생한 열에너지를 교통이나 산업 분야에 이용할 수 있다.

ㄷ. (가)와 (다)에서 반응물 중 비금속 원소는 환원된다.

① ㄱ　　　　　② ㄴ　　　　　③ ㄱ, ㄷ
④ ㄴ, ㄷ　　　　⑤ ㄱ, ㄴ, ㄷ

171

그림은 묽은 염산에 금속 마그네슘을 넣었을 때, 반응이 일어나는 모습을 모형으로 나타낸 것이다.

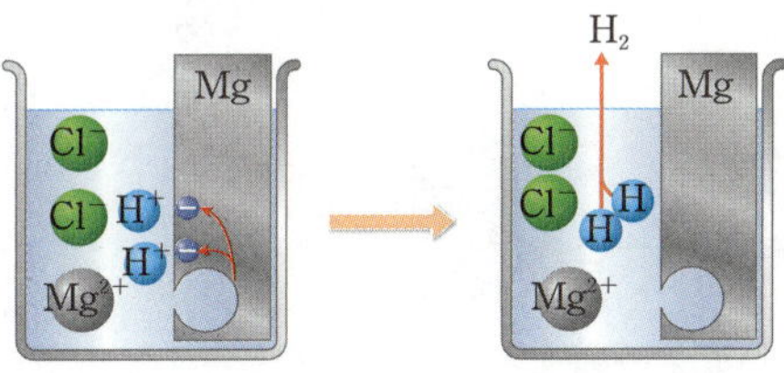

반응이 일어날 때, 이에 대한 설명으로 옳은 것만을 보기 에서 있는 대로 고른 것은?

― 보기 ―

ㄱ. 금속 마그네슘은 전자를 잃는다.

ㄴ. 수용액 속 총 이온 수는 일정하게 유지된다.

ㄷ. 전자는 염화 이온에서 마그네슘 이온으로 이동한다.

① ㄱ　　　　　② ㄴ　　　　　③ ㄱ, ㄷ
④ ㄴ, ㄷ　　　　⑤ ㄱ, ㄴ, ㄷ

172

난이도 상

그림은 X^+이 들어 있는 수용액에 금속 Y를 넣었을 때 수용액에 존재하는 금속 양이온만을 모형으로 나타낸 것이다.

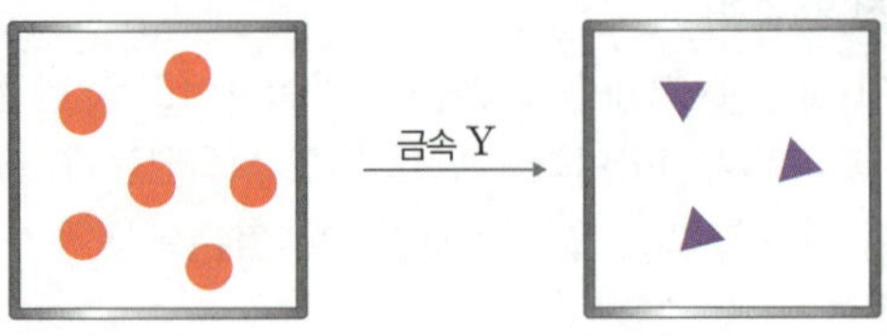

이에 대한 설명으로 옳은 것만을 보기 에서 있는 대로 고른 것은? (단, 음이온은 반응에 참여하지 않는다.)

보기

ㄱ. ▲는 Y^{2+}이다.
ㄴ. X^+은 환원된다.
ㄷ. 전자는 금속 Y에서 X^+으로 이동한다.

① ㄱ   ② ㄷ   ③ ㄱ, ㄴ
④ ㄴ, ㄷ   ⑤ ㄱ, ㄴ, ㄷ

⭐고빈출
173

그림은 질산 은($AgNO_3$) 수용액에 구리(Cu)선을 넣었을 때 일어나는 변화를 나타낸 것이다.

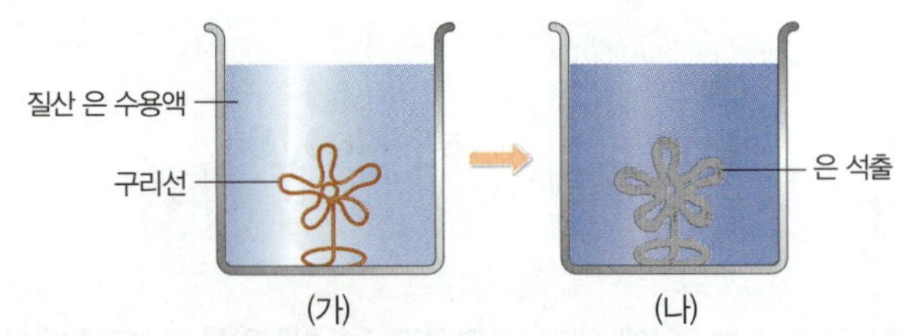

이에 대한 설명으로 옳은 것만을 보기 에서 있는 대로 고른 것은?

보기

ㄱ. 은 이온(Ag^+)은 환원된다.
ㄴ. (나)에서 수용액의 색은 푸른색이다.
ㄷ. 수용액 속 이온 수는 (나)에서가 (가)에서보다 크다.

① ㄱ   ② ㄷ   ③ ㄱ, ㄴ
④ ㄴ, ㄷ   ⑤ ㄱ, ㄴ, ㄷ

⭐고빈출
174

다음은 구리(Cu)를 이용한 실험이다.

[실험 과정 및 결과]
(가) 붉은색 구리판의 질량을 측정하였더니 w_1 g이었다.
(나) (가)의 구리판을 가열하였더니 산소와 반응하여 검은색으로 변하였다.
(다) (나)의 구리판의 질량을 측정하였더니 w_2 g이었다.

이에 대한 설명으로 옳은 것만을 보기 에서 있는 대로 고른 것은?

보기

ㄱ. (나)에서 구리는 전자를 잃는다.
ㄴ. (나)에서 산소는 환원된다.
ㄷ. (나)에서 반응한 산소의 질량은 (w_2-w_1) g이다.

① ㄱ   ② ㄷ   ③ ㄱ, ㄴ
④ ㄴ, ㄷ   ⑤ ㄱ, ㄴ, ㄷ

⭐고빈출
175

그림은 황산 구리(Ⅱ)($CuSO_4$) 수용액에 마그네슘(Mg)판을 담갔을 때를 나타낸 것이다. (나)에서 수용액의 색은 무색이다.

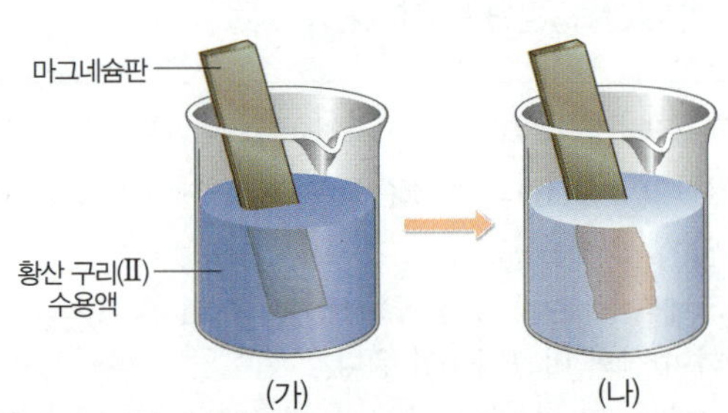

반응이 일어날 때, 이에 대한 설명으로 옳은 것만을 보기 에서 있는 대로 고른 것은?

보기

ㄱ. 마그네슘은 전자를 잃는다.
ㄴ. 마그네슘판 위에 구리가 석출된다.
ㄷ. 용액 속 전체 이온 수는 증가한다.

① ㄱ   ② ㄷ   ③ ㄱ, ㄴ
④ ㄴ, ㄷ   ⑤ ㄱ, ㄴ, ㄷ

176

그림은 페트리 접시에 구리(Cu) 테이프를 붙인 후 질산 은($AgNO_3$) 수용액을 떨어뜨리는 모습을 나타낸 것이다. 반응 후 구리 테이프에는 은(Ag)이 석출되었다.

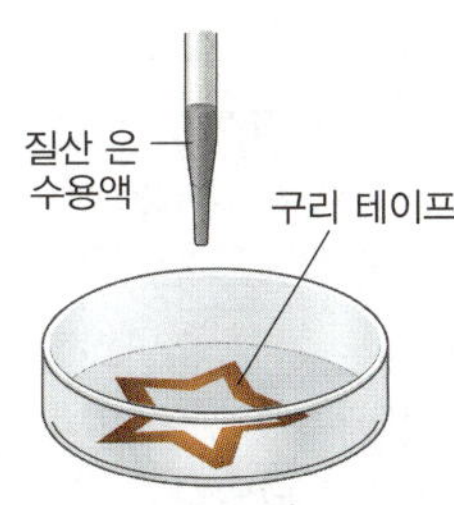

이에 대한 설명으로 옳은 것만을 보기 에서 있는 대로 고른 것은?

> **보기**
> ㄱ. 구리는 산화된다.
> ㄴ. 은 이온은 전자를 얻는다.
> ㄷ. 이 반응의 화학 반응식은
> $Cu + AgNO_3 \longrightarrow Cu(NO_3)_2 + Ag$이다.

① ㄱ ② ㄷ ③ ㄱ, ㄴ
④ ㄴ, ㄷ ⑤ ㄱ, ㄴ, ㄷ

177

난이도 **상**

그림 (가)는 공기 중에서 구리 조각을 가열하는 모습을, (나)는 (가)의 구리 조각에 묽은 염산과 아연 조각의 반응으로 생성된 기체를 통과시키는 모습을 나타낸 것이다. (나)에서 구리 조각 위에 물방울이 생성되었다.

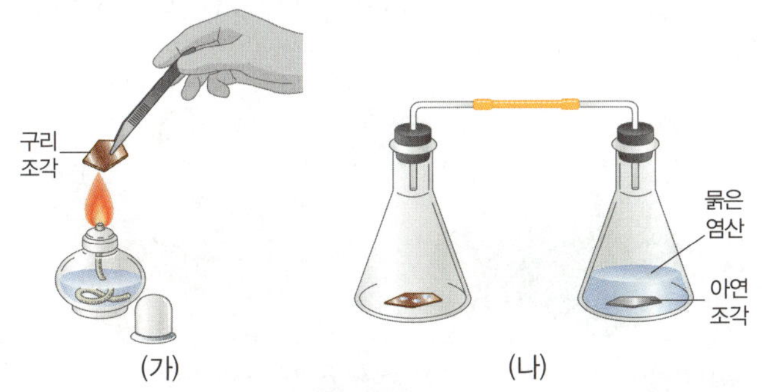

이에 대한 설명으로 옳은 것만을 보기 에서 있는 대로 고른 것은?

> **보기**
> ㄱ. (가)에서 구리 조각 표면에 산화 구리(Ⅱ)가 생성된다.
> ㄴ. (나)에서 묽은 염산과 아연 조각이 반응할 때 염화 이온은 산화된다.
> ㄷ. (나)에서 구리 조각 위에서 수소 기체는 환원된다.

① ㄱ ② ㄴ ③ ㄱ, ㄴ
④ ㄱ, ㄷ ⑤ ㄴ, ㄷ

178 고빈출

그림은 구리(Cu)판을 질산 은($AgNO_3$) 수용액에 넣었을 때의 반응을 나타낸 것이다.

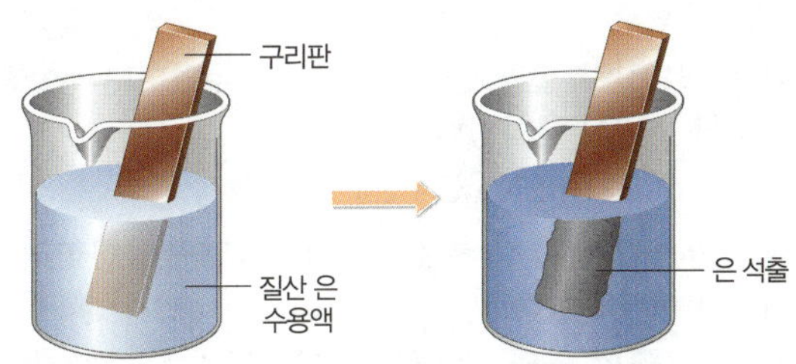

이에 대한 설명으로 옳은 것만을 보기 에서 있는 대로 고른 것은?

> **보기**
> ㄱ. 구리는 환원된다.
> ㄴ. 반응 후 수용액에는 구리 이온이 들어 있다.
> ㄷ. 반응 후 수용액 속 양이온 수는 일정하다.

① ㄱ ② ㄴ ③ ㄱ, ㄷ
④ ㄴ, ㄷ ⑤ ㄱ, ㄴ, ㄷ

179 서술형

난이도 **상**

그림은 질산 은($AgNO_3$) 수용액에 철(Fe)못을 넣었을 때 못 표면에 금속 X가 석출된 모습을 나타낸 것이다. 철 이온은 Fe^{2+}이다.

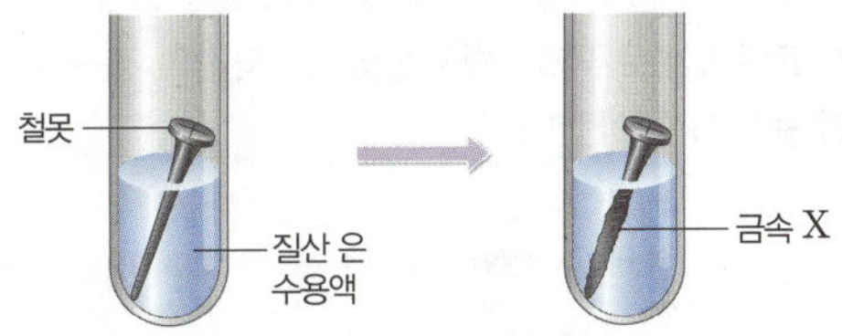

(1) 이 반응에서 산화되는 물질을 쓰시오.

____

(2) 반응이 일어날 때 수용액 속 이온 수 변화를 쓰고, 그렇게 생각한 까닭을 서술하시오.

____

180

다음은 금속 나트륨을 이용한 실험이다.

> [실험 과정 및 결과]
> (가) 나트륨을 칼로 잘라 공기 중에 놓아 두었더니 산소와 반응하여 광택이 사라졌다.
> $$4Na + O_2 \longrightarrow 2Na_2O$$
> (나) 나트륨 조각을 물에 넣었더니 격렬하게 반응하면서 수소 기체가 발생하였다.
> $$2Na + 2H_2O \longrightarrow 2NaOH + H_2$$

(가)와 (나)에서 일어난 반응의 공통점에 대한 설명으로 옳은 것만을 보기 에서 있는 대로 고른 것은?

> ─── 보기 ───
> ㄱ. 산화·환원 반응이다.
> ㄴ. 나트륨은 산화된다.
> ㄷ. 반응 후 생성되는 물질의 상태가 모두 고체이다.

① ㄱ   ② ㄷ   ③ ㄱ, ㄴ
④ ㄴ, ㄷ   ⑤ ㄱ, ㄴ, ㄷ

181 ●서술형

난이도 상

그림과 같이 공기가 들어 있는 삼각 플라스크에 소금물을 적신 철솜을 넣은 후 고무마개로 막고 방치하였다. 시간이 충분히 흘렀을 때 수은면 A의 높이가 높아졌다.

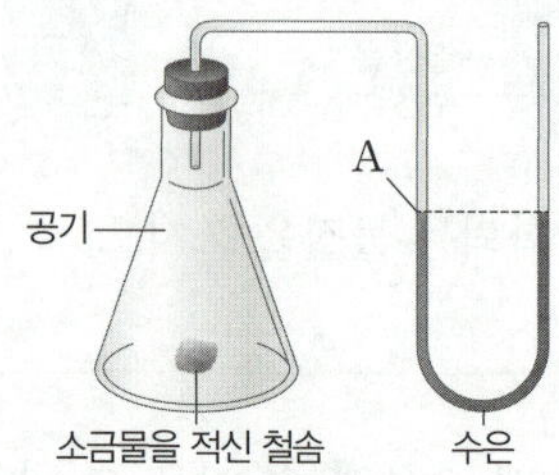

수은면 A의 높이가 높아진 까닭을 서술하시오.

---

3 우리 주변의 산화·환원 반응

182

다음은 메테인에 대한 자료이다.

> 석탄, 석유, 천연가스 등의 화석 연료는 지질 시대의 생물이 땅속에 묻혀 특정 환경에서 분해되어 만들어진 것으로, ㉠화석 연료가 연소될 때 [㉡]이/가 생성된다. 그러나 [㉡]은/는 지구 온난화를 일으키는 것으로 알려져 [㉡]의 배출량을 줄일 수 있는 새로운 에너지원에 대한 연구가 필요하게 되었다.

이에 대한 설명으로 옳은 것만을 보기 에서 있는 대로 고른 것은?

> ─── 보기 ───
> ㄱ. ㉠에서 산소는 환원된다.
> ㄴ. ㉡을 석회수에 통과시키면 뿌옇게 흐려진다.
> ㄷ. 이 자료를 통해 화석 연료에는 탄소(C)가 포함되어 있음을 알 수 있다.

① ㄱ   ② ㄷ   ③ ㄱ, ㄴ
④ ㄴ, ㄷ   ⑤ ㄱ, ㄴ, ㄷ

183 ☆고빈출

그림은 생명체에서 일어나는 두 가지 화학 반응 (가)와 (나)를 나타낸 것이다.

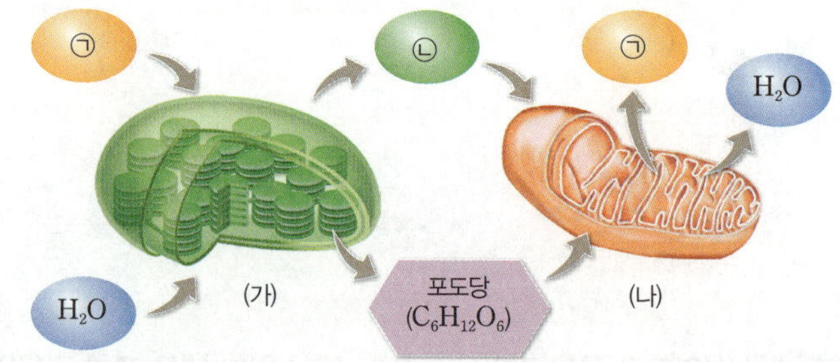

이에 대한 설명으로 옳은 것만을 보기 에서 있는 대로 고른 것은?

> ─── 보기 ───
> ㄱ. ㉠은 CO_2이다.
> ㄴ. (나)에서 ㉡은 산화된다.
> ㄷ. (가)와 (나)에서 모두 에너지를 흡수한다.

① ㄱ   ② ㄴ   ③ ㄷ
④ ㄱ, ㄷ   ⑤ ㄴ, ㄷ

★고빈출
184

다음은 화학 반응 (가)와 (나)의 화학 반응식이다.

(가) $CH_4 + 2O_2 \longrightarrow \boxed{\,\text{㉠}\,} + 2H_2O$

(나) $Fe_2O_2 + 3CO \longrightarrow 2Fe + 3\boxed{\,\text{㉠}\,}$

이에 대한 설명으로 옳은 것만을 보기 에서 있는 대로 고른 것은?

보기

ㄱ. (가)에서 메테인은 산화된다.

ㄴ. (나)에서 일산화 탄소는 환원된다.

ㄷ. 광합성에서 ㉠은 환원된다.

① ㄱ　　　　② ㄴ　　　　③ ㄱ, ㄴ

④ ㄱ, ㄷ　　　⑤ ㄴ, ㄷ

[185~186] 그림은 산화 철(Ⅲ)을 포함하는 철광석을 철로 제련할 때 일어나는 화학 반응의 일부를 나타낸 것이다. 물음에 답하시오.

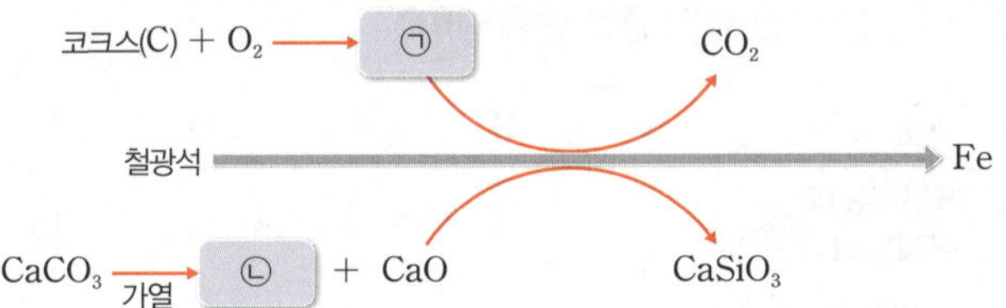

185

이에 대한 설명으로 옳은 것만을 보기 에서 있는 대로 고른 것은?

보기

ㄱ. 철의 제련 과정에서 ㉠은 산화된다.

ㄴ. ㉡은 지구 온난화의 원인 물질이다.

ㄷ. $CaSiO_3$과 Fe이 생성되는 반응은 모두 산화·환원 반응이다.

① ㄱ　　　　② ㄷ　　　　③ ㄱ, ㄴ

④ ㄴ, ㄷ　　　⑤ ㄱ, ㄴ, ㄷ

---

186 ●서술형

산화 철(Ⅲ)에서 철을 얻는 반응을 산화되는 물질과 환원되는 물질을 이용하여 서술하시오.

187

다음은 화석 연료인 메테인(CH_4)과 뷰테인(C_4H_{10})의 연소 반응의 화학 반응식이다. ㉠, ㉡은 각각 산화, 환원 중 하나이다.

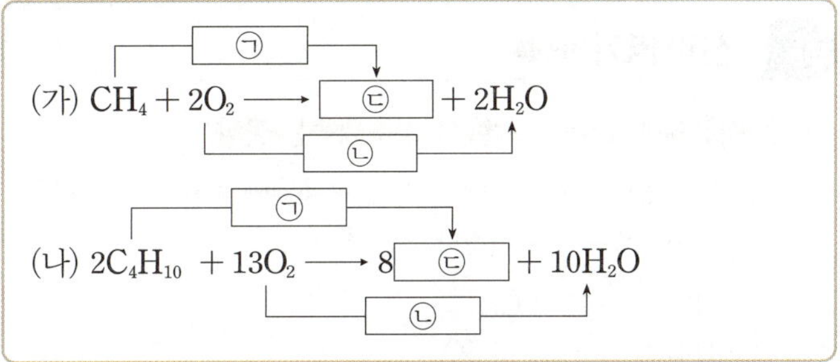

이에 대한 설명으로 옳은 것만을 보기 에서 있는 대로 고른 것은?

보기

ㄱ. ㉡은 산화이다.

ㄴ. (가)와 (나)에서 모두 열에너지가 발생한다.

ㄷ. ㉢을 석회수에 통과시키면 뿌옇게 흐려진다.

① ㄱ　　　　② ㄴ　　　　③ ㄷ

④ ㄱ, ㄴ　　　⑤ ㄴ, ㄷ

★고빈출
188

다음은 광합성, 철의 제련 반응, 수소 연료 전지의 반응을 순서 없이 나타낸 것이다.

(가) $2H_2 + O_2 \longrightarrow 2H_2O$

(나) $6CO_2 + 6H_2O \longrightarrow C_6H_{12}O_6 + 6O_2$

(다) $Fe_2O_3 + 3CO \longrightarrow 2Fe + 3CO_2$

(가)~(다)에 대한 설명으로 옳은 것만을 보기 에서 있는 대로 고른 것은?

보기

ㄱ. (가)는 수소 연료 전지의 반응이다.

ㄴ. (가)의 수소와 (나)의 이산화 탄소는 모두 산화된다.

ㄷ. (다)에서 철 이온은 전자를 얻는다.

① ㄱ　　　　② ㄴ　　　　③ ㄱ, ㄷ

④ ㄴ, ㄷ　　　⑤ ㄱ, ㄴ, ㄷ

04 산과 염기의 중화 반응

1 산과 염기 (자료 ❶)

(1) 산: 수용액에서 수소 이온(H^+)을 내놓는 물질

① **산의 이온화**: 산을 물에 녹이면 수용액에서 수소 이온(H^+)과 음이온으로 나누어진다.

- $HCl \longrightarrow H^+ + Cl^-$
- $H_2SO_4 \longrightarrow 2H^+ + SO_4{}^{2-}$
- $CH_3COOH \longrightarrow H^+ + CH_3COO^-$

② **산성**: H^+ 때문에 공통적인 성질이 나타난다.
- 대부분 신맛이 나고, 수용액에서 전류가 흐른다.
- 마그네슘(Mg), 아연(Zn) 등과 반응하여 수소(H_2) 기체를 발생시킨다. 예 $Mg + 2HCl \longrightarrow MgCl_2 + H_2$
- 달걀 껍데기(탄산 칼슘)와 반응하여 이산화 탄소 기체를 발생시킨다.

지시약	리트머스	BTB	페놀프탈레인	메틸 오렌지
색 변화	푸른색 → 붉은색	노란색	무색	붉은색

(2) 염기: 수용액에서 수산화 이온(OH^-)을 내놓는 물질

① **염기의 이온화**: 염기를 물에 녹이면 수용액에서 양이온과 수산화 이온(OH^-)으로 나누어진다.

- $NaOH \longrightarrow Na^+ + OH^-$
- $KOH \longrightarrow K^+ + OH^-$
- $Ca(OH)_2 \longrightarrow Ca^{2+} + 2OH^-$

② **염기성**: OH^- 때문에 공통적인 성질이 나타난다.
- 대부분 쓴맛이 나고, 수용액에서 전류가 흐른다.
- 피부에 묻으면 미끈거리고, 대부분의 금속과 반응하지 않는다.

지시약	리트머스	BTB	페놀프탈레인	메틸 오렌지
색 변화	붉은색 → 푸른색	파란색	붉은색	노란색

자료 분석 ❶ 산성과 염기성을 나타내는 이온의 확인 (자료 ❷)

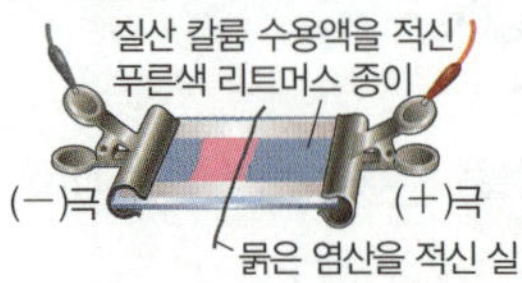

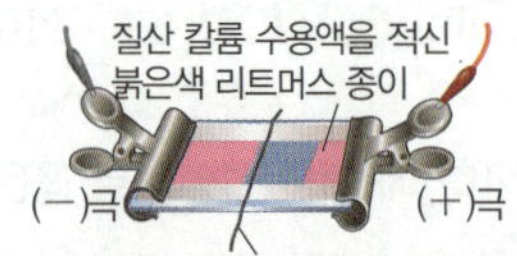

1 H^+이 (−)극 쪽으로 이동하므로 푸른색 리트머스 종이가 (−)극 쪽으로 붉게 변한다.
2 묽은 염산 대신 아세트산, 황산으로 실험해도 같은 결과가 나타난다. ➡ 산의 공통적인 성질은 H^+ 때문

1 OH^-이 (+)극 쪽으로 이동하므로 붉은색 리트머스 종이가 (+)극 쪽으로 푸르게 변한다.
2 수산화 나트륨 수용액 대신 수산화 칼륨 수용액, 수산화 칼슘 수용액으로 실험해도 같은 결과가 나타난다. ➡ 염기의 공통적인 성질은 OH^- 때문

2 중화 반응 (자료 ❸)

(1) 중화 반응: 산의 H^+과 염기의 OH^-이 1 : 1의 개수비로 반응하여 물을 생성한다. $H^+ + OH^- \longrightarrow H_2O$

① **혼합 용액의 액성**
- H^+ 수 > OH^- 수 ➡ 반응 후 H^+ 남음 ➡ 산성
- H^+ 수 = OH^- 수 ➡ 모두 중화됨 ➡ 중성
- H^+ 수 < OH^- 수 ➡ 반응 후 OH^- 남음 ➡ 염기성

(2) 중화 반응이 일어날 때의 변화

① **지시약의 색 변화**: 중화점을 지나면 용액의 액성이 변하여 지시약의 색이 변한다.
② **중화 반응과 온도 변화**: 중화 반응이 많이 일어날수록 발생하는 열(중화열)이 많으므로 혼합 용액의 온도가 높다.
➡ 중화점에서 생성된 물이 가장 많으므로 중화열이 가장 많이 발생하여 온도가 가장 높다.

자료 분석 ❷ 산 염기 중화 반응 (자료 ❹)

혼합 용액	A	B	C	D	E
묽은 염산의 부피(mL)	2	4	6	8	10
NaOH 수용액의 부피(mL)	10	8	6	4	2
최고 온도(℃)	25	27	29	27	25
BTB 용액의 색	파란색	파란색	초록색	노란색	노란색
액성	염기성	염기성	중성	산성	산성

1 C는 중화 반응에 의해 생성된 물 분자 수가 가장 많고 발생한 중화열이 가장 많다. ➡ 산과 염기의 부피가 같으므로 혼합 전 각 용액 1 mL에 들어 있는 총 이온 수가 서로 같다.
2 A, B, D, E: 중화 반응이 일어나지만 수용액에 포함된 모든 H^+과 OH^-이 반응한 것은 아니다.

(3) 중화 반응과 이온 수 변화 (자료 ❺)

자료 분석 ❸ 묽은 염산과 NaOH 수용액의 중화 반응에서의 이온 수

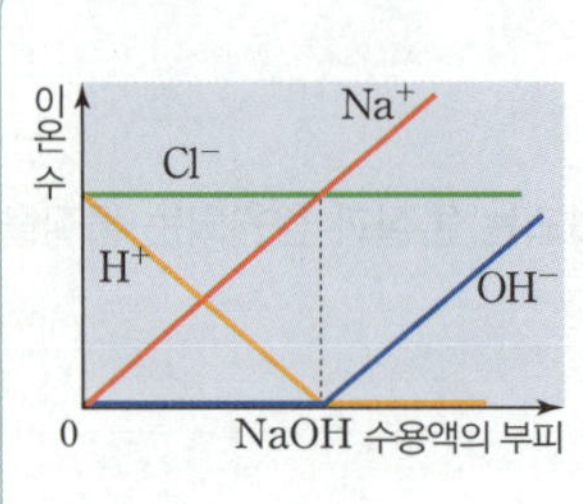

1 H^+: OH^-과 반응하므로 감소하다가 중화 반응 완결 이후 존재하지 않는다.
2 Cl^-: 이온 수가 일정하다.
3 Na^+: 넣어 주는 만큼 증가한다.
4 OH^-: H^+과 반응하므로 처음에는 존재하지 않다가 중화 반응이 완결된 이후부터 증가한다.

예 묽은 염산(HCl) 20 mL에 NaOH 수용액을 10 mL씩 넣을 때

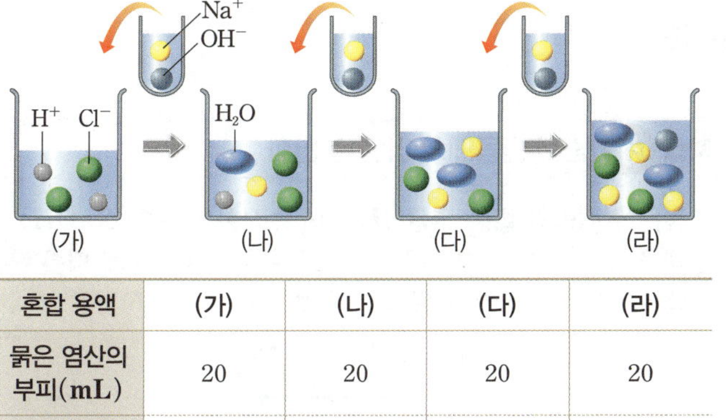

혼합 용액	(가)	(나)	(다)	(라)
묽은 염산의 부피(mL)	20	20	20	20
NaOH 수용액의 부피(mL)	0	10	20	30
혼합 용액의 성질	산성 H^+만 존재	산성 중화 반응 후 H^+이 남음	중성 모두 중화됨 (중화점)	염기성 중화 반응 후 OH^-이 남음
BTB 용액의 색 변화	노란색	노란색	초록색	파란색

3 생활 속 중화 반응의 이용 (자료 ❻)

생활 속 중화 반응	중화 반응의 원리	
	산성 물질	염기성 물질
속이 쓰릴 때 제산제를 먹는다.	위산(염산)	제산제 (수산화 마그네슘)
산성화된 토양이나 호수에 석회 가루를 뿌린다.	산성화된 토양이나 호수(질산, 황산)	석회 (산화 칼슘)
생선회의 비린내 제거를 위해 레몬즙을 뿌린다.	레몬 (레몬산)	비린내 (트라이메틸아민)
김치의 신맛을 줄이기 위해 달걀 껍데기를 넣어 준다.	김치의 신맛 (젖산)	달걀 껍데기 (탄산 칼슘)
벌레에 물렸을 때 묽은 암모니아수를 바른다.	벌레의 독 (폼산)	암모니아수

○/✕ 문제로 5종 교과서 핵심 자료 보기

정답 및 해설 17쪽

다음 자료에 대한 설명으로 옳은 것은 ○표, 옳지 않은 것은 ✕표 하시오.

자료 ❶ 산과 염기의 이온화
동아, 미래엔, 비상, 지학사, 천재

그림은 두 가지 수용액에 들어 있는 이온을 모형으로 나타낸 것이다.

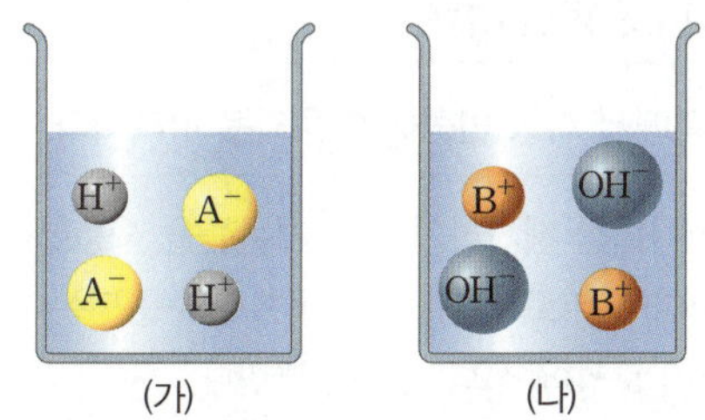

189 (가)에 마그네슘(Mg)을 넣으면 수소 기체가 발생한다. ○/✕

190 (나)에 탄산 칼슘($CaCO_3$)을 넣으면 이산화 탄소 기체가 발생한다. ○/✕

191 두 수용액은 페놀프탈레인 용액으로 구별할 수 있다. ○/✕

192 (가)와 (나)에 BTB 용액을 넣으면 (가)는 파란색, (나)는 노란색으로 변한다. ○/✕

193 (가)와 (나)에 전류를 흘려주면 모두 전류가 흐른다. ○/✕

자료 ❷ 산성을 나타내는 이온
동아, 미래엔, 비상

그림과 같이 질산 칼륨 수용액을 적신 푸른색 리트머스 종이 위에 묽은 염산을 적신 실을 올려놓은 후 전류를 흘려주었더니 (−)극 쪽으로 붉게 변하였다.

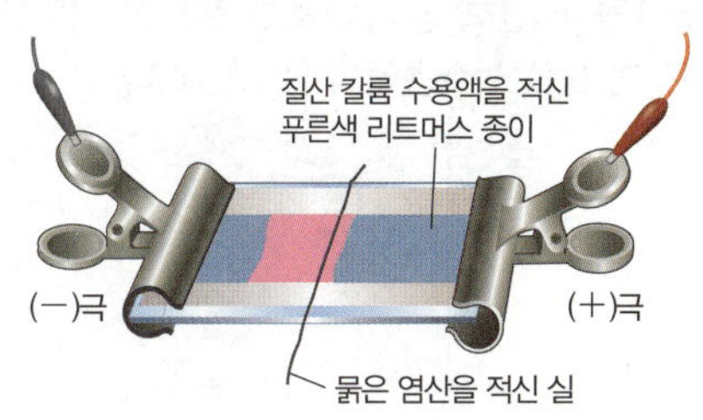

194 (−)극 쪽으로 붉게 변한 것은 H^+이 (−)극으로 이동하기 때문이다. ○/✕

195 K^+과 NO_3^-은 이동하지 않는다. ○/✕

196 묽은 황산이나 아세트산을 이용하여 같은 실험을 하면 같은 결과가 나타난다. ○/✕

197 수산화 나트륨 수용액을 이용하여 같은 실험을 하면 (+)극 쪽으로 붉게 변한다. ○/✕

198 질산 칼륨은 전류를 흐르게 도와주는 역할을 한다. ○/✕

다음 자료에 대한 설명으로 옳은 것은 ◯표, 옳지 않은 것은 ✕표 하시오.

자료 ❸ 중화 반응 모형

동아, 미래엔, 비상, 지학사, 천재

그림은 일정량의 묽은 염산(HCl)에 수산화 나트륨($NaOH$) 수용액을 조금씩 넣었을 때, 수용액에 들어 있는 이온 수를 모형으로 나타낸 것이다.

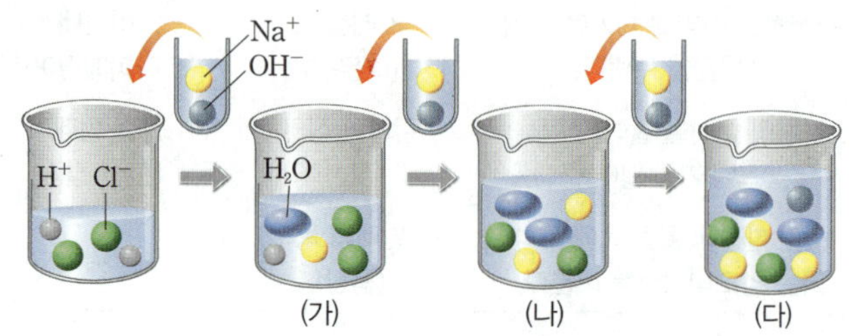

199 (가)에 Mg을 넣으면 수소 기체가 발생한다.　◯/✕

200 (나)는 수소 이온과 수산화 이온이 모두 반응했으므로 중화점에 해당한다.　◯/✕

201 페놀프탈레인 용액을 넣었을 때 붉은색으로 변하는 혼합 용액은 (나)와 (다)이다.　◯/✕

202 (가)와 (다)를 혼합한 용액의 액성은 중성이다.　◯/✕

203 혼합 용액의 온도는 (다)가 (나)보다 높다.　◯/✕

자료 ❹ 중화 반응에서 온도 변화

동아, 미래엔, 비상, 지학사, 천재

그림은 묽은 염산(HCl)과 수산화 칼륨(KOH) 수용액의 부피를 달리하여 혼합했을 때 혼합 용액의 최고 온도를 나타낸 것이다. 혼합 전 묽은 염산과 KOH 수용액의 온도는 같다.

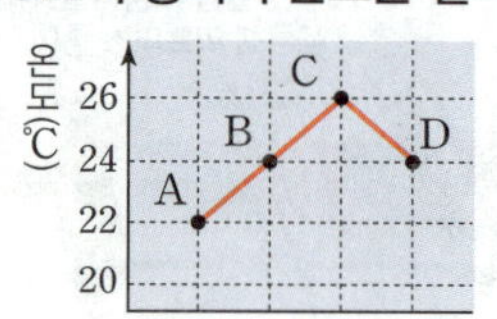

204 A와 B의 액성은 모두 산성이다.　◯/✕

205 생성된 물의 양은 C에서가 A에서보다 크다.　◯/✕

206 혼합 용액에 들어 있는 총 이온 수는 D가 가장 크다.　◯/✕

207 페놀프탈레인 용액을 넣었을 때 붉은색으로 변하는 용액은 두 가지이다.　◯/✕

208 달걀 껍데기를 넣었을 때 이산화 탄소 기체가 발생하는 용액은 두 가지이다.　◯/✕

자료 ❺ 중화 반응에서 이온 수 변화

기출 자료

그림은 일정량의 묽은 염산(HCl)에 수산화 나트륨($NaOH$) 수용액을 조금씩 가할 때 가한 $NaOH$ 수용액의 부피에 따른 혼합 용액 속 이온 A~D의 수를 나타낸 것이다.

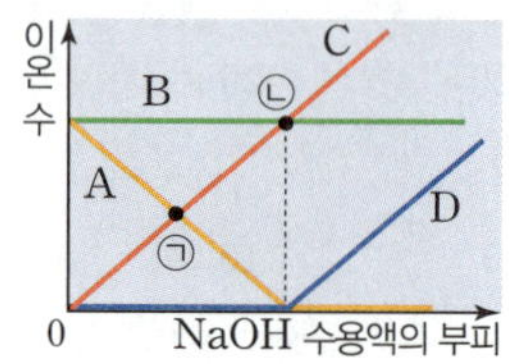

209 B와 C는 모두 반응에 참여하지 않는다.　◯/✕

210 산의 공통적인 성질을 나타내는 것은 A 때문이다.　◯/✕

211 ⓐ까지 생성된 물 분자 수는 반응한 D의 수와 같다.　◯/✕

212 혼합 용액 속 총 이온 수는 ⓒ에서가 ⓐ에서보다 크다.　◯/✕

213 ⓐ에 BTB 용액을 넣으면 노란색을 띤다.　◯/✕

자료 ❻ 중화 반응의 이용

동아, 미래엔, 비상, 지학사, 천재

다음은 생활 속에서 화학 반응이 이용되는 사례이다.

> (가) 생선 비린내를 제거하기 위해 레몬즙을 사용한다.
> (나) 위산 과다 분비로 속이 쓰릴 때 제산제를 먹는다.
> (다) 산성화된 토양에 석회 가루를 뿌린다.
> (라) 벌레에 물렸을 때 암모니아수를 바른다.
> (마) 신 김치로 찌개를 끓일 때 소다를 넣는다.

214 (가)에서 레몬즙 대신 식초를 사용할 수 있다.　◯/✕

215 (나)에서 위산과 제산제는 중화 반응을 한다.　◯/✕

216 석회 가루 수용액은 마그네슘과 반응하여 수소 기체를 발생시킨다.　◯/✕

217 암모니아수에 BTB 용액을 넣으면 노란색을 띤다.　◯/✕

218 (가)~(마)는 모두 중화 반응을 이용한다.　◯/✕

STEP 2 학교 기출 문제로 내신 대비하기

1 산과 염기

☆고빈출 219

다음은 산과 염기에 대한 학생들의 대화이다.

제시한 내용이 옳은 학생만을 있는 대로 고른 것은?

① A
② C
③ A, B
④ B, C
⑤ A, B, C

☆고빈출 220

그림과 같은 장치에 수산화 나트륨($NaOH$) 수용액을 적신 실을 올려놓고 전류를 흘려주었더니 실에서부터 전극 A 쪽으로 붉은색 리트머스 종이가 푸른색으로 변한다.

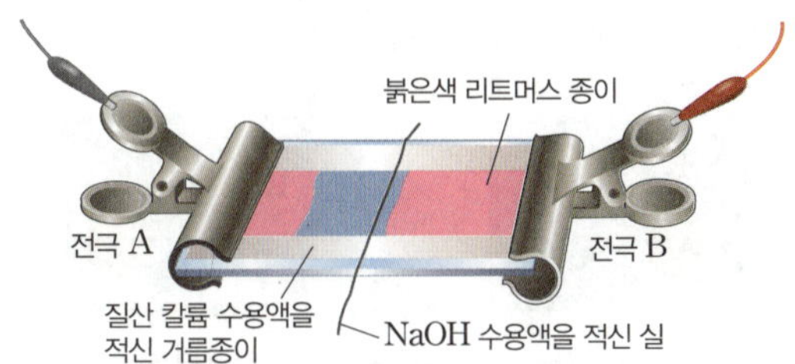

이에 대한 설명으로 옳은 것만을 보기 에서 있는 대로 고른 것은?

보기

ㄱ. 전극 A는 (+)극이다.
ㄴ. K^+과 NO_3^-은 이동하지 않는다.
ㄷ. $NaOH$ 수용액 대신 KOH 수용액으로 실험을 하면 푸른색이 전극 B 쪽으로 이동한다.

① ㄱ
② ㄴ
③ ㄱ, ㄷ
④ ㄴ, ㄷ
⑤ ㄱ, ㄴ, ㄷ

221 ●서술형

그림은 산과 염기의 성질을 알아보기 위한 실험 장치를 나타낸 것이다. A 수용액과 B 수용액은 각각 묽은 염산(HCl)과 수산화 나트륨($NaOH$) 수용액 중 하나이고, A 수용액에 BTB 용액을 넣으면 노란색을 띤다.

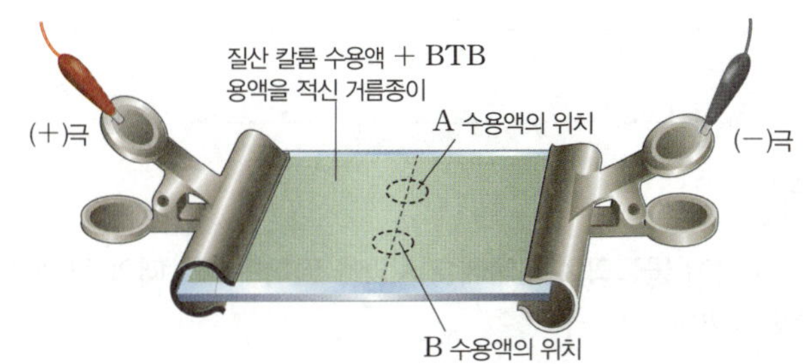

(1) 위 실험 장치에 A 수용액과 B 수용액을 각각 떨어뜨리고 전류를 흘려주었을 때, (+)극 쪽으로 이동하는 이온을 모두 쓰시오.

(2) 반응이 일어날 때 A 수용액과 B 수용액의 위치에서 각각 거름종이의 색 변화를 쓰고, 그렇게 생각한 까닭을 서술하시오.

☆고빈출 222

표는 세 가지 물질의 성질에 대한 자료이다.

성질	묽은 염산	식초	수산화 나트륨 수용액
전기 전도성	㉠	있음	있음
마그네슘과의 반응	기체 발생	㉡	반응하지 않음
페놀프탈레인 용액을 넣었을 때	무색	무색	㉢

이에 대한 설명으로 옳은 것만을 보기 에서 있는 대로 고른 것은?

보기

ㄱ. ㉠은 '있음'이다.
ㄴ. ㉡은 '기체 발생'이다.
ㄷ. ㉢은 '무색'이다.

① ㄱ
② ㄷ
③ ㄱ, ㄴ
④ ㄴ, ㄷ
⑤ ㄱ, ㄴ, ㄷ

223 · 서술형

난이도 상

표는 네 가지 물질을 기준 (가)로 분류하여 나타낸 것이다.

기준	예	아니요
(가)	염산, 아세트산	암모니아, 수산화 나트륨

기준 (가)로 적절한 것을 <u>한 가지</u> 서술하시오.

____

____

224

표는 세 가지 물질의 수용액에 지시약을 떨어뜨렸을 때의 색 변화를 나타낸 것이다.

수용액	(가)	(나)	(다)
페놀프탈레인 용액	무색	무색	㉠
메틸 오렌지 용액	붉은색	노란색	노란색
BTB 용액	노란색	초록색	파란색

이에 대한 설명으로 옳은 것만을 보기 에서 있는 대로 고른 것은?

보기

ㄱ. '붉은색'은 ㉠으로 적절하다.
ㄴ. (가)의 수용액에 마그네슘 조각을 넣으면 수소 기체가 발생한다.
ㄷ. 붉은색 리트머스 종이에 (나)의 수용액을 떨어뜨리면 푸른색으로 변한다.

① ㄱ ② ㄷ ③ ㄱ, ㄴ
④ ㄴ, ㄷ ⑤ ㄱ, ㄴ, ㄷ

225

표는 우리 주변의 여러 가지 물질의 액성을 분류하여 나타낸 것이다.

액성	㉠		㉡	㉢	
물질	레몬	식초	증류수	비누	표백제

이에 대한 설명으로 옳은 것만을 보기 에서 있는 대로 고른 것은?

보기

ㄱ. ㉠은 산성이다.
ㄴ. ㉡으로 분류된 물질은 전기 전도성이 있다.
ㄷ. ㉢으로 분류된 두 가지 물질의 수용액에는 공통적인 음이온이 들어 있다.

① ㄱ ② ㄴ ③ ㄱ, ㄷ
④ ㄴ, ㄷ ⑤ ㄱ, ㄴ, ㄷ

226

그림은 각각 산 HA 수용액과 HB 수용액에 들어 있는 입자를 모형으로 나타낸 것이다.

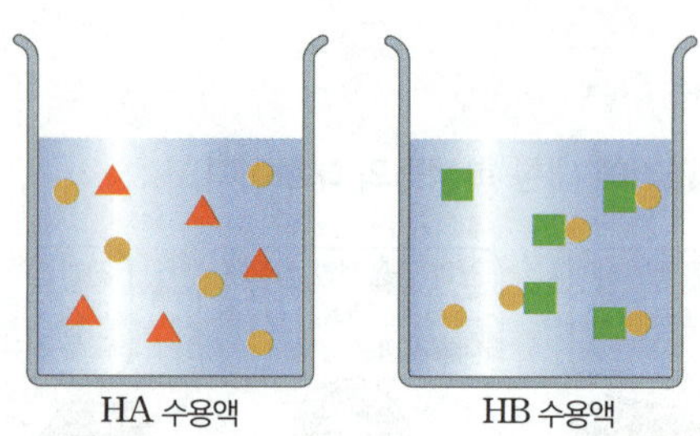

이에 대한 설명으로 옳은 것만을 보기 에서 있는 대로 고른 것은?

보기

ㄱ. 산의 종류에 따라 성질이 다른 까닭은 ● 때문이다.
ㄴ. HA 수용액에 마그네슘 조각을 넣으면 ●은 환원된다.
ㄷ. HB 수용액에 달걀 껍데기 조각을 넣으면 ■과 반응한다.

① ㄱ ② ㄴ ③ ㄱ, ㄷ
④ ㄴ, ㄷ ⑤ ㄱ, ㄴ, ㄷ

227

난이도 상

그림은 같은 부피의 수용액 (가)와 (나)에 들어 있는 이온을 모형으로 나타낸 것이다.

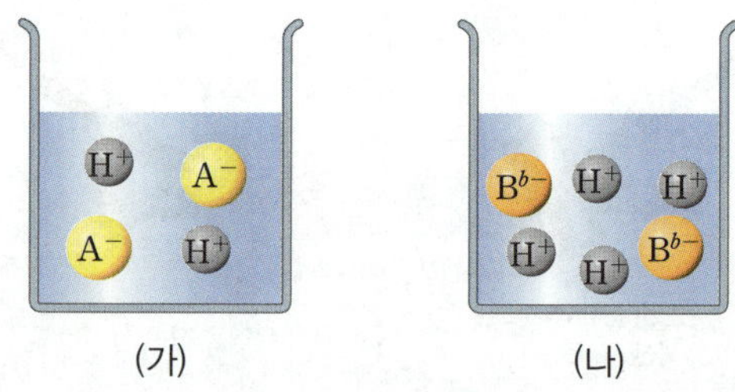

이에 대한 설명으로 옳은 것만을 보기 에서 있는 대로 고른 것은?

보기

ㄱ. (가)와 (나)에 각각 BTB 용액을 떨어뜨리면 모두 노란색으로 변한다.
ㄴ. $b = 1$이다.
ㄷ. 물에 넣은 산의 분자 수는 (나) > (가)이다.

① ㄱ ② ㄴ ③ ㄱ, ㄷ
④ ㄴ, ㄷ ⑤ ㄱ, ㄴ, ㄷ

★고빈출
228

그림은 세 가지 수용액에 들어 있는 이온을 모형으로 나타낸 것이다.

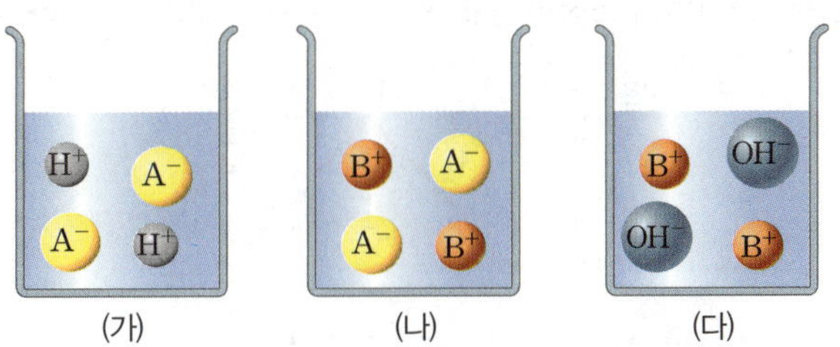

(가)~(다)에 대한 설명으로 옳은 것만을 보기 에서 있는 대로 고른 것은?

보기
ㄱ. 산성 용액은 한 가지이다.
ㄴ. 금속 마그네슘을 넣었을 때 수소 기체가 발생하는 용액은 두 가지이다.
ㄷ. 페놀프탈레인 용액을 넣었을 때 색깔이 변하는 용액은 세 가지이다.

① ㄱ　　　　② ㄴ　　　　③ ㄱ, ㄴ
④ ㄱ, ㄷ　　　⑤ ㄴ, ㄷ

229 ●서술형
난이도 상

그림은 세 가지 물질 X~Z의 수용액에 들어 있는 이온을 모형으로 나타낸 것이다. X~Z는 HCl, $CaCl_2$, $Ca(OH)_2$을 순서없이 나타낸 것이다.

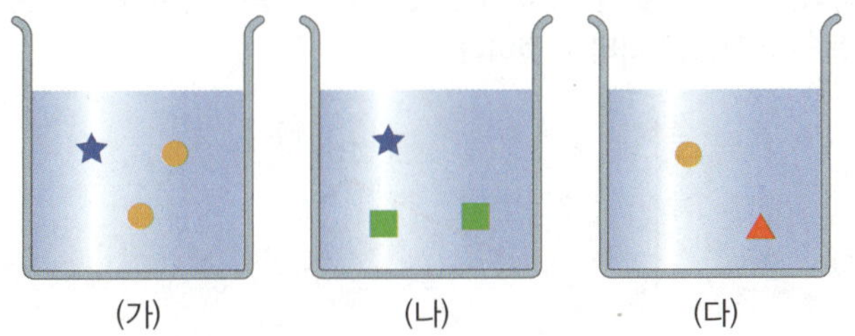

(1) 수소 이온을 나타내는 모형을 찾아 쓰고, 그 까닭을 서술하시오.

____

____

(2) (가)~(다)에 BTB 용액을 넣었을 때의 색 변화를 쓰고, 그 까닭을 서술하시오.

____

____

230

다음은 두 가지 중화 반응의 화학 반응식이다.

(가) $2HCl + Ca(OH)_2 \longrightarrow CaCl_2 + 2\boxed{\text{X}}$
(나) $H_2SO_4 + 2KOH \longrightarrow K_2SO_4 + 2\boxed{\text{X}}$

이에 대한 설명으로 옳은 것만을 보기 에서 있는 대로 고른 것은?

보기
ㄱ. X는 H_2O이다.
ㄴ. (나)에서 반응한 H^+ 수는 생성된 H_2O 분자 수와 같다.
ㄷ. (가)와 (나)의 중화점에 해당하는 용액은 모두 전기 전도성이 있다.

① ㄱ　　　　② ㄷ　　　　③ ㄱ, ㄴ
④ ㄴ, ㄷ　　　⑤ ㄱ, ㄴ, ㄷ

★고빈출
231

그림은 산 수용액 (가)와 (나)가 각각 물에 녹아 양이온과 음이온으로 이온화하여 수용액에 존재하는 모습을 모형으로 나타낸 것이다.

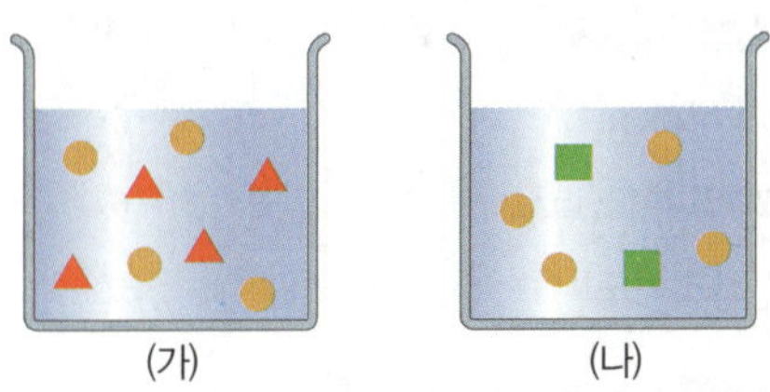

이에 대한 설명으로 옳은 것만을 보기 에서 있는 대로 고른 것은?

보기
ㄱ. ●은 수소 이온이다.
ㄴ. 이온의 전하는 ■이 ▲보다 크다.
ㄷ. 각 용액을 완전히 중화시키는 데 필요한 수산화 나트륨($NaOH$)의 수는 (가)가 (나)보다 크다.

① ㄱ　　　　② ㄷ　　　　③ ㄱ, ㄴ
④ ㄴ, ㄷ　　　⑤ ㄱ, ㄴ, ㄷ

★고빈출
232

그림은 일정한 부피의 묽은 염산(HCl)에 NaOH 수용액을 넣었을 때 각 용액에 들어 있는 이온 수를 모형으로 나타낸 것이다.

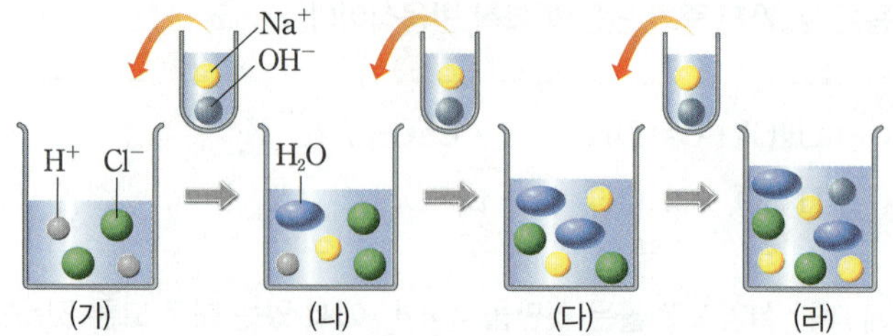

(가)~(라)에 대한 설명으로 옳은 것만을 보기 에서 있는 대로 고른 것은? (단, 혼합 전 묽은 염산과 NaOH 수용액의 온도는 같다.)

─ 보기 ─
ㄱ. 염기성은 두 가지이다.
ㄴ. (가)와 (나)에 $CaCO_3$을 넣으면 모두 기체가 발생한다.
ㄷ. 혼합 용액의 온도는 (다)가 (라)보다 높다.

① ㄱ ② ㄴ ③ ㄱ, ㄷ
④ ㄴ, ㄷ ⑤ ㄱ, ㄴ, ㄷ

233

표는 온도가 같은 묽은 염산(HCl)과 수산화 나트륨(NaOH) 수용액의 부피를 다르게 하여 중화 반응시켰을 때, 각 실험에서 혼합 용액의 최고 온도를 나타낸 것이다.

실험	(가)	(나)	(다)	(라)	(마)
묽은 염산의 부피(mL)	2	4	6	8	10
NaOH 수용액의 부피(mL)	10	8	6	4	2
혼합 용액의 최고 온도(℃)	27	29	31	29	27

이에 대한 설명으로 옳은 것만을 보기 에서 있는 대로 고른 것은? (단, 혼합 전 각 용액의 온도는 같다.)

─ 보기 ─
ㄱ. (나)의 혼합 용액은 염기성이다.
ㄴ. (마)의 혼합 용액에 금속 마그네슘을 넣으면 수소 기체가 발생한다.
ㄷ. 생성된 물 분자의 수는 (라)에서가 (마)에서보다 많다.

① ㄱ ② ㄷ ③ ㄱ, ㄴ
④ ㄴ, ㄷ ⑤ ㄱ, ㄴ, ㄷ

★고빈출
234

그림은 묽은 염산(HCl) 20 mL에 수산화 나트륨(NaOH) 수용액을 조금씩 가하면서 측정한 혼합 용액의 온도를 나타낸 것이다.

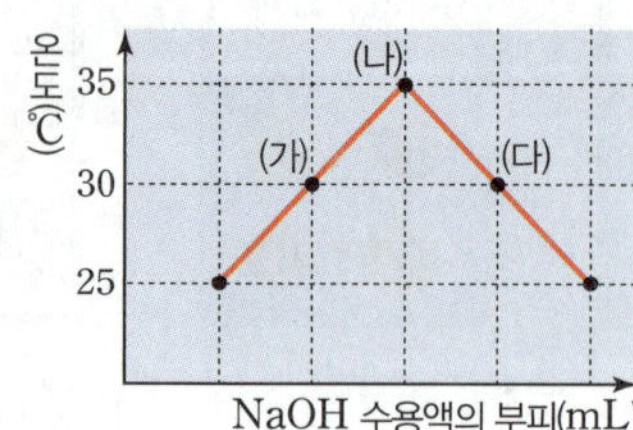

이에 대한 설명으로 옳은 것만을 보기 에서 있는 대로 고른 것은?

─ 보기 ─
ㄱ. (가)의 액성은 산성이다.
ㄴ. (나)는 중화점이다.
ㄷ. (다)에 BTB 용액을 떨어뜨리면 파란색으로 변한다.

① ㄱ ② ㄴ ③ ㄱ, ㄷ
④ ㄴ, ㄷ ⑤ ㄱ, ㄴ, ㄷ

235

그림은 일정한 부피의 묽은 염산(HCl)에 수산화 나트륨(NaOH) 수용액을 조금씩 넣을 때 넣어 준 NaOH 수용액의 부피에 따른 혼합 용액의 온도를 나타낸 것이다.

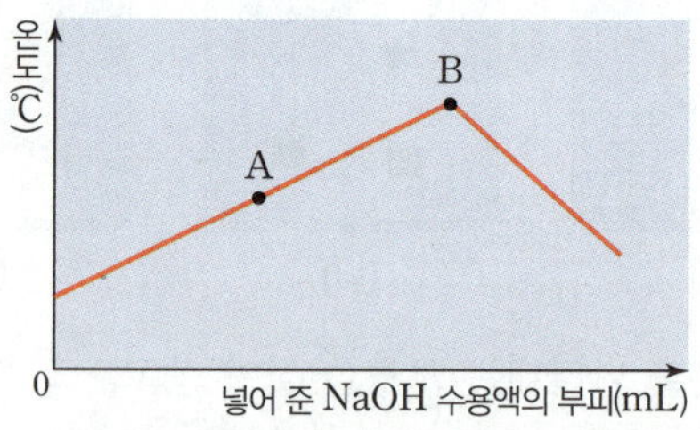

혼합 용액 A와 B에 대한 설명으로 옳은 것만을 보기 에서 있는 대로 고른 것은? (단, 혼합 전 묽은 염산과 NaOH 수용액의 온도는 같다.)

─ 보기 ─
ㄱ. A에 페놀프탈레인 용액을 넣으면 붉은색으로 변한다.
ㄴ. 생성된 물 분자 수는 B가 A보다 크다.
ㄷ. 혼합 용액 속 총 이온 수는 A가 B보다 크다.

① ㄱ ② ㄴ ③ ㄱ, ㄷ
④ ㄴ, ㄷ ⑤ ㄱ, ㄴ, ㄷ

236

그림은 묽은 염산(HCl)에 수산화 나트륨($NaOH$) 수용액을 조금씩 넣어 주면서 반응시켰을 때, 넣어 준 $NaOH$ 수용액의 부피에 따른 생성된 물 분자 수를 나타낸 것이다.

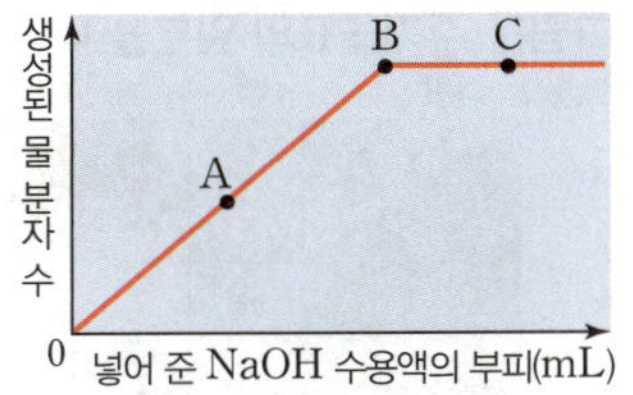

혼합 용액 A~C에 대한 설명으로 옳은 것만을 보기 에서 있는 대로 고른 것은? (단, 혼합 전 묽은 염산과 $NaOH$ 수용액의 온도는 같다.)

보기

ㄱ. A에 마그네슘을 넣으면 수소 기체가 발생한다.

ㄴ. 혼합 용액의 온도는 B가 A보다 높다.

ㄷ. 용액에 들어 있는 전체 이온 수는 C가 B보다 크다.

① ㄱ   ② ㄷ   ③ ㄱ, ㄴ

④ ㄴ, ㄷ   ⑤ ㄱ, ㄴ, ㄷ

237

난이도 상

그림은 묽은 염산(HCl) 10 mL에 수산화 나트륨($NaOH$) 수용액을 조금씩 떨어뜨렸을 때, 넣어 준 $NaOH$ 수용액의 부피에 따른 이온 ㉠의 수를 나타낸 것이다.

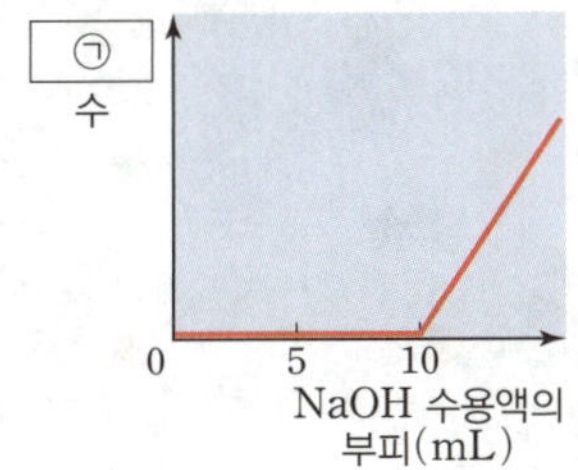

이에 대한 설명으로 옳은 것만을 보기 에서 있는 대로 고른 것은?

보기

ㄱ. ㉠은 Na^+이다.

ㄴ. 같은 부피에 들어 있는 전체 이온 수는 묽은 염산과 수산화 나트륨 수용액이 같다.

ㄷ. $NaOH$ 수용액 5 mL를 넣었을 때 $\dfrac{Na^+ \text{ 수}}{Cl^- \text{ 수}} = \dfrac{1}{2}$이다.

① ㄱ   ② ㄷ   ③ ㄱ, ㄴ

④ ㄴ, ㄷ   ⑤ ㄱ, ㄴ, ㄷ

238

✔ 최다 오답

그림은 수산화 나트륨($NaOH$) 수용액 20 mL에 묽은 염산(HCl)을 조금씩 가할 때 넣어 준 묽은 염산의 부피에 따른 혼합 용액에 들어 있는 $\dfrac{㉠\text{의 수}}{Na^+\text{의 수}}$를 나타낸 것이다.

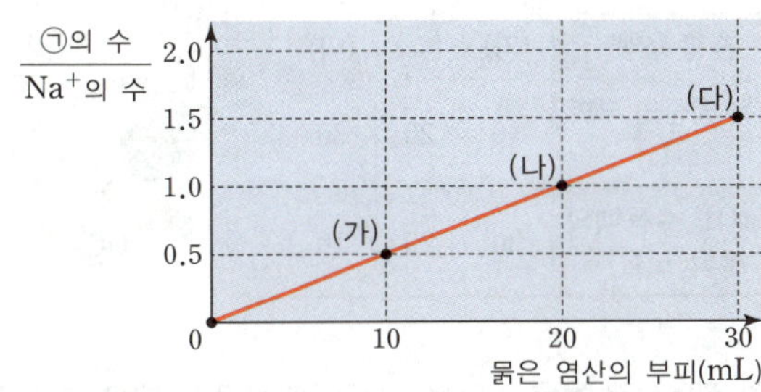

이에 대한 설명으로 옳은 것만을 보기 에서 있는 대로 고른 것은? (단, 혼합 전 묽은 염산과 $NaOH$ 수용액의 온도는 같다.)

보기

ㄱ. ㉠은 OH^-이다.

ㄴ. 혼합 용액의 온도는 (나) > (다)이다.

ㄷ. 혼합 용액 속 전체 이온 수비는 (가) : (다) = 2 : 3이다.

① ㄱ   ② ㄴ   ③ ㄱ, ㄷ

④ ㄴ, ㄷ   ⑤ ㄱ, ㄴ, ㄷ

239

그림은 H_2SO_4 수용액 10 mL와 묽은 염산(HCl) 10 mL 속에 들어 있는 이온을 모형으로 나타낸 것이다.

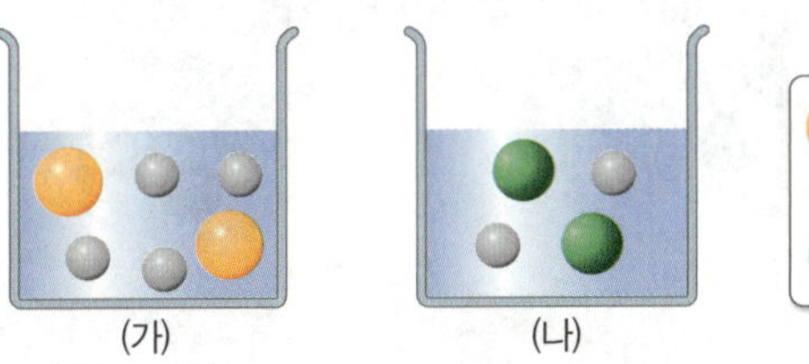

(가)와 (나)에 동일한 $NaOH$ 수용액을 넣어 중화 반응시킬 때, 이에 대한 설명으로 옳은 것만을 보기 에서 있는 대로 고른 것은?

보기

ㄱ. 중화점까지 생성된 물의 양은 (가)에서가 (나)에서보다 많다.

ㄴ. 중화점까지 넣어 준 $NaOH$ 수용액의 부피는 (가)에서가 (나)에서보다 크다.

ㄷ. 중화점에서 혼합 용액 속 전체 이온 수는 (나)에서가 (가)에서보다 크다.

① ㄱ   ② ㄷ   ③ ㄱ, ㄴ

④ ㄴ, ㄷ   ⑤ ㄱ, ㄴ, ㄷ

STEP 2 학교 기출 문제로 내신 대비하기

고빈출
240

표는 묽은 염산(HCl)과 수산화 나트륨($NaOH$) 수용액의 부피를 달리하여 혼합한 용액 (가)~(다)를, 그림은 (가)의 이온 모형을 나타낸 것이다. 혼합 전 각 용액의 온도는 서로 같다.

혼합 용액	(가)	(나)	(다)
묽은 염산의 부피 (mL)	10	20	30
$NaOH$ 수용액의 부피(mL)	30	20	10

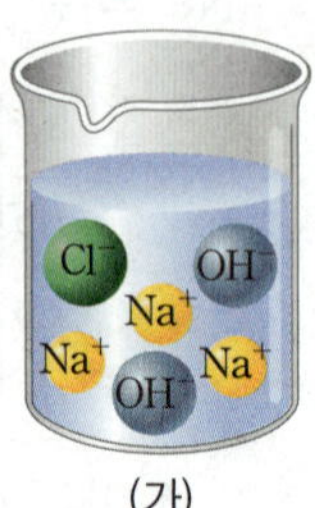
(가)

이에 대한 설명으로 옳은 것만을 보기 에서 있는 대로 고른 것은?

보기
ㄱ. (가)에 마그네슘을 넣으면 수소 기체가 발생한다.
ㄴ. 생성된 물의 양은 (나)에서가 (다)에서의 2배이다.
ㄷ. (다)에 $NaOH$ 수용액 20 mL를 넣은 용액의 액성은 중성이다.

① ㄱ   ② ㄴ   ③ ㄱ, ㄷ
④ ㄴ, ㄷ   ⑤ ㄱ, ㄴ, ㄷ

241 · 서술형

그림은 수산화 칼륨(KOH) 수용액 100 mL와 수산화 칼슘($Ca(OH)_2$) 수용액 100 mL에 각각 묽은 염산(HCl) 50 mL를 넣는 모습을 나타낸 것이다.

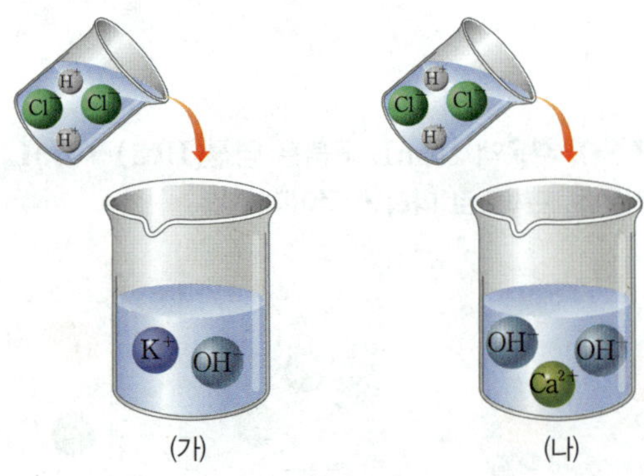
(가)   (나)

(1) (가)와 (나)에서 생성되는 물의 양을 비교하고, 그렇게 생각한 까닭을 서술하시오.

(2) (가)와 묽은 염산의 혼합 용액을 완전히 중화시키기 위해 추가로 넣어 주어야 할 용액의 종류와 부피를 쓰고, 그 까닭을 서술하시오.

242 · 서술형

그림은 주기율표의 일부를 나타낸 것이다.

주기＼족	1	2	13	14	15	16	17	18
1	A							
2						C		
3	B						D	

화합물 AD 수용액과 BCA 수용액의 반응을 화학 반응식으로 나타내는 과정을 A~D를 이용하여 서술하시오. (단, A~D는 임의의 원소 기호이다.)

243

그림은 묽은 염산(HCl) 10 mL와 $NaOH$ 수용액 10 mL에 들어 있는 이온을 모형으로 나타낸 것이다. ●과 ■은 모두 양이온이다.

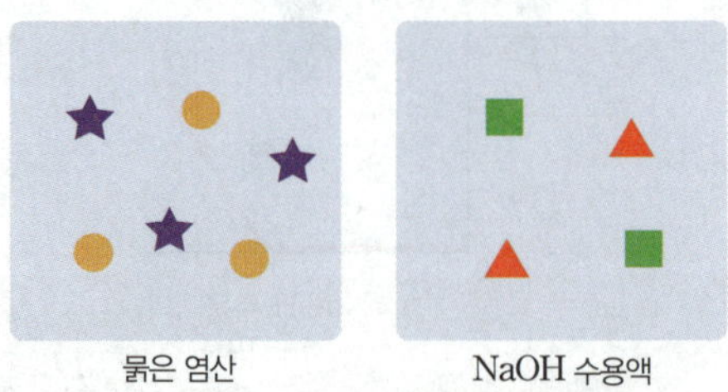
묽은 염산 $NaOH$ 수용액

묽은 염산 10 mL와 $NaOH$ 수용액 20 mL를 혼합한 용액에 대한 설명으로 옳은 것만을 보기 에서 있는 대로 고른 것은?

보기
ㄱ. 산성 용액이다.
ㄴ. 이온 수비는 ★ : ▲ = 3 : 1이다.
ㄷ. 생성된 물 분자 수는 ★의 수와 같다.

① ㄱ   ② ㄴ   ③ ㄱ, ㄷ
④ ㄴ, ㄷ   ⑤ ㄱ, ㄴ, ㄷ

☆고빈출
244 • 서술형
난이도 상

표는 25 ℃ HCl 수용액과 25 ℃ NaOH 수용액을 부피를 다르게 하여 혼합한 용액 (가)~(다)에 대한 자료이다. 혼합 전 각 용액의 온도는 같다.

혼합 용액	수용액의 부피(mL)		이온의 종류	최고 온도 (℃)
	HCl 수용액	NaOH 수용액		
(가)	10	10	㉠	t_1
(나)	10	20	Na^+, Cl^-	t_2
(다)	20	30	㉡	

(1) t_1과 t_2를 비교하시오.

(2) ㉠과 ㉡에 들어 있는 이온의 종류를 비교하여 서술하시오.

245 • 서술형
난이도 상

표는 HCl 수용액과 NaOH 수용액을 혼합한 용액 (가)와 (나)에 대한 자료이다.

혼합 용액		(가)	(나)
혼합 전 부피 (mL)	HCl 수용액	V	$2V$
	NaOH 수용액	$3V$	V
혼합 용액에 들어 있는 양이온 모형			

(1) (가)와 (나)의 액성을 쓰고, 그 까닭을 서술하시오.

(2) (가)와 (나)에서 생성된 물 분자 수비를 구하는 과정을 서술하시오.

3 생활 속 중화 반응의 이용

246

다음은 생활 속에서 화학 반응을 이용한 사례이다.

산성화된 토양에 석회 가루(CaO)를 뿌려 주면 토양 속에서 ㉠ 이/가 일어나서 토양의 산성화를 막을 수 있다.

이에 대한 설명으로 옳은 것만을 보기 에서 있는 대로 고른 것은?

보기
ㄱ. '산화·환원 반응'은 ㉠으로 적절하다.
ㄴ. ㉠이 일어날 때 물이 생성된다.
ㄷ. 위산이 과다하여 속이 쓰릴 때 제산제를 먹는 것은 이 반응과 같은 원리이다.

① ㄱ   ② ㄴ   ③ ㄱ, ㄷ
④ ㄴ, ㄷ   ⑤ ㄱ, ㄴ, ㄷ

247

다음은 중화 반응이 일상 생활에서 이용되는 여러 가지 사례이다.

○ 김치가 너무 시어 ㉠소다를 넣었다.
○ 생선의 비린내를 없애기 위해 ㉡레몬즙을 뿌려 준다.
○ 아침에 일어나 속이 쓰릴 때 ㉢제산제를 먹는다.
○ 벌에 쏘였을 때 ㉣암모니아수를 바른다.
○ 비누로 감아 뻣뻣해진 머리를 ㉤식초 탄 물로 헹군다.

㉠~㉤을 각각 물에 녹인 수용액에 대한 설명으로 옳은 것만을 보기 에서 있는 대로 고른 것은?

보기
ㄱ. 수용액에 마그네슘을 넣었을 때 기체가 발생하는 물질은 두 가지이다.
ㄴ. 수용액에 전류를 흘려주었을 때 전류가 흐르는 물질은 세 가지이다.
ㄷ. 수용액에 페놀프탈레인 용액을 넣었을 때 붉은색을 띠는 물질은 세 가지이다.

① ㄴ   ② ㄷ   ③ ㄱ, ㄴ
④ ㄱ, ㄷ   ⑤ ㄴ, ㄷ

05 물질 변화에서 에너지 출입

1 물질 변화와 에너지 출입 자료❶ 자료❷

(1) 물리 변화와 에너지 출입

① **물리 변화**: 상태 변화와 같이 물질을 이루는 입자의 종류가 변하지 않고 물질의 성질이 유지되는 변화이다.

② **물리 변화가 일어날 때 에너지가 출입**한다.
  예 여름철 소나기가 내리기 전에는 수증기가 물로 액화하면서 열에너지를 방출하여 날씨가 후덥지근하다.

(2) 화학 변화와 에너지 출입

① **화학 변화**: 연소 반응, 중화 반응 등 물질을 이루는 원자들이 재배열하여 새로운 물질이 생성되는 변화이다.

② **화학 변화가 일어날 때 에너지가 출입**한다. 화학 반응이 일어나면 반응물과 생성물의 에너지 차이만큼 에너지가 출입한다.
  예 나무가 연소할 때 주변으로 열에너지를 방출하여 주변의 온도가 높아진다.

(3) 물질 변화와 에너지 출입
물질 변화가 일어날 때 **에너지를 방출하면 주변의 온도가 높아지고**, **에너지를 흡수하면 주변의 온도가 낮아진다.**

구분	에너지를 방출하는 반응 (발열 반응이야~)	에너지를 흡수하는 반응 (흡열 반응이야~)
에너지 변화		
주변 온도 변화	반응물의 에너지가 생성물의 에너지보다 커서 감소한 에너지만큼을 주변으로 방출하여 주변의 온도가 높아진다.	생성물의 에너지가 반응물보다 커서 증가한 에너지만큼을 주변으로부터 흡수하여 주변의 온도가 낮아진다.
예	산화 칼슘과 물이 반응할 때 열에너지를 방출한다.	질산 암모늄과 수산화 바륨이 반응할 때 열에너지를 흡수한다.

자료 분석 | 화학 반응에서 에너지의 출입

구분	(가)	(나)
반응 전	20 ℃	20 ℃
반응 후	16 ℃	25 ℃

1 (가)에서는 온도가 낮아졌으므로 열에너지를 흡수하는 반응이 일어났다. → 수산화 바륨과 염화 암모늄이 반응하면 에너지를 흡수하여 주변의 온도가 낮아진다.

2 (나)에서는 온도가 높아졌으므로 열에너지를 방출하는 반응이 일어났다. → 염화 칼슘이 물에 녹는 반응이 일어나면 에너지를 방출하여 주변의 온도가 높아진다.

2 물질 변화에서 출입하는 에너지의 이용 자료❸ 자료❹

(1) 에너지를 방출하는 반응의 이용

① 생명체는 세포호흡으로 발생하는 에너지를 생명 활동에 이용한다.

② 연료가 연소할 때 방출하는 열에너지를 이용하여 난방, 음식 조리, 교통수단 등에 이용한다.

③ 손난로를 흔들면 철 가루가 공기 중의 산소와 반응하면서 열에너지를 방출하여 따뜻해진다.

④ 과수원에서 개화 시기에 과일나무에 물을 뿌리면 물이 얼음으로 응고할 때 열에너지를 방출하므로 냉해를 예방할 수 있다.

⑤ 도로에 눈이 쌓였을 때 염화 칼슘을 뿌리면 염화 칼슘이 물에 용해되면서 열에너지를 방출하여 눈이 녹는다.

(2) 열에너지를 흡수하는 반응의 이용

① 신선식품을 배달할 때 얼음주머니를 같이 넣으면 얼음이 물로 용해되면서 흡수하는 열에너지로 인해 낮은 온도가 유지된다.

② 식물이 빛에너지를 흡수하여 광합성을 하면 포도당과 산소가 생성되는데, 생성된 포도당은 생명을 유지하는 양분으로 사용된다.

③ 냉찜질 팩 속의 질산 암모늄이 물에 용해될 때 열에너지를 흡수하므로 차가워진다.

④ 뜨거워진 바닷물로 인하여 태풍의 발생 횟수가 늘어난다.
  → 바닷물이 열에너지를 흡수하여 수증기가 되면 많은 구름이 생성되면서 태풍이 만들어질 수 있는 확률이 높아지기 때문

⑤ 아이스크림을 포장할 때 드라이아이스를 넣으면 드라이아이스가 고체에서 기체로 승화할 때 열에너지를 흡수하여 아이스크림이 녹지 않는다.

⑥ 제빵 소다를 넣어 빵을 구우면 탄산수소 나트륨이 열에너지를 흡수하여 분해되고, 이산화 탄소 기체가 발생하여 빵 반죽이 부풀어 오른다.

(3) 가열 장치 없이 음식을 조리하는 방법: 발열 반응을 이용

• **산화 칼슘(CaO)과 물의 반응**: 물(H_2O)과 산화 칼슘(CaO)이 반응하면 수산화 칼슘 수용액이 되고 열에너지를 방출한다. 이때 온도가 100 ℃ 이상으로 상승하므로 주의한다.

$$CaO + H_2O \longrightarrow Ca(OH)_2$$

• 반응 용기에서 물과 산화 칼슘을 반응시킨다.
• 조리 용기에 음식을 넣고 반응 용기에서 방출하는 열에너지를 이용하여 음식을 조리한다.

다음 자료에 대한 설명으로 옳은 것은 ○표, 옳지 않은 것은 ✕표 하시오.

자료 ❶ 생활 속 에너지 출입
동아, 미래엔, 비상, 지학사, 천재

다음은 생활 주변에서 관찰할 수 있는 현상이다.

> (가) 철이 녹슨다.
> (나) 얼음이 녹아 물이 된다.
> (다) 메테인과 같은 연료가 연소한다.

248 (가)에서 반응이 일어날 때 에너지를 방출한다. ○/✕

249 (나)에서 얼음은 물로 융해하면서 에너지를 방출한다. ○/✕

250 (다)에서 반응이 일어날 때 주변의 온도가 높아진다. ○/✕

251 (가)~(다) 중 물리 변화는 한 가지이다. ○/✕

252 물질 변화가 일어날 때는 에너지가 출입한다. ○/✕

자료 ❷ 물질 변화와 에너지 출입
동아, 미래엔, 비상, 지학사, 천재

다음은 생활에서 에너지 출입을 이용하는 사례이다.

> (가) 여름날 도로에 물을 뿌리면 시원해진다.
> (나) 과수원에서 개화 시기에 과일나무에 물을 뿌려 냉해를 예방한다.
> (다) 제빵 소다를 넣어 빵을 굽는다.
> (라) 도로에 눈이 쌓였을 때 염화 칼슘을 뿌린다.

253 (가)에서는 에너지를 흡수하는 반응이 일어난다. ○/✕

254 (나)에서 반응이 일어나면 주변의 온도가 높아진다. ○/✕

255 (다)에서는 탄산수소 나트륨이 에너지를 방출하는 반응이 일어난다. ○/✕

256 (라)에서 일어나는 반응은 산화 칼슘이 물에 녹는 반응과 에너지 출입 방향과 같다. ○/✕

257 (가)~(라) 중 화학 변화는 한 가지이다. ○/✕

자료 ❸ 물질 변화와 에너지 출입
동아, 미래엔, 비상, 지학사, 천재

다음은 생명과 지구 현상에서 에너지 출입에 대한 내용이다.

> (가) 식물의 엽록체에서 광합성이 일어난다.
> (나) 생명체의 마이토콘드리아에서 세포호흡이 일어난다.
> (다) 수증기가 응결되어 구름이 된다.
> (라) 바닷물이 증발하여 수증기가 된다.

258 (가)에서는 에너지를 흡수한다. ○/✕

259 (나)에서 방출한 에너지를 생명 활동에 이용한다. ○/✕

260 (다)에서 수증기는 에너지를 흡수한다. ○/✕

261 (라)에서는 에너지를 흡수하는 반응이 일어난다. ○/✕

262 태풍은 바다에서 태양 에너지를 흡수하여 증발한 수증기가 물로 응결되는 과정에서 열에너지를 방출하며 발달한다. ○/✕

자료 ❹ 손난로와 냉찜질 팩
동아, 미래엔, 비상, 지학사, 천재

그림은 손난로와 냉찜질 팩을 나타낸 것이다.

(가)   (나)

263 (가)는 철 가루와 산소의 반응을 이용한다. ○/✕

264 (나)에서 일어나는 반응은 주변의 에너지를 흡수한다. ○/✕

265 (가)와 (나)에서 일어나는 반응은 에너지 출입 방향이 같다. ○/✕

266 질산 암모늄이 물에 녹는 반응을 이용하면 (나)를 만들 수 있다. ○/✕

267 질산 암모늄과 수산화 바륨의 반응은 (가)와 에너지 출입 방향이 같다. ○/✕

STEP 2 학교 기출 문제로 내신 대비하기

1 물질 변화와 에너지 출입

268

다음은 반응 (가)~(다)에 대한 자료이다.

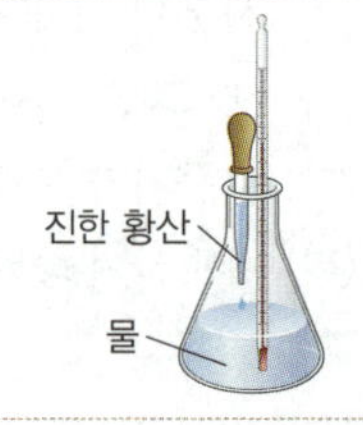

(가) 뷰테인을 연소시켜 물을 끓였다.	(나) 질산 암모늄을 물에 용해시켰더니 용액의 온도가 낮아졌다.	(다) 진한 황산을 물에 용해시켰더니 용액의 온도가 높아졌다.

(가)~(다) 중 열에너지를 방출하는 반응만을 있는 대로 고른 것은?

① (가) 　② (나) 　③ (다)
④ (가), (나) 　⑤ (가), (다)

[269~270] 다음은 생활 주변에서 관찰할 수 있는 몇 가지 현상이다.

> (가) 손 소독제를 바르고 나면 시원해진다.
> (나) 뷰테인과 같은 연료를 연소시켜 음식을 조리한다.
> (다) 반딧불이의 몸에서 빛이 난다.
> (라) 물에 얼음을 넣었더니 시원해졌다.

269

(가)~(라) 중 에너지를 흡수하는 현상만을 있는 대로 고른 것은?

① (가), (나) 　② (가), (라) 　③ (나), (다)
④ (나), (라) 　⑤ (다), (라)

270 서술형

(나)에서 나타나는 에너지의 출입 방향과 같은 현상의 예를 한 가지 서술하시오.

271

난이도 상

다음은 수산화 바륨과 염화 암모늄의 반응에 대한 실험이다.

> [실험 과정]
> (가) 수산화 바륨 수화물 40 g과 염화 암모늄 20 g을 삼각 플라스크에 함께 넣는다.
> (나) 얇은 나무판의 중앙에 약간의 물을 떨어뜨린다.
> (다) 물을 떨어뜨린 부분에 (가)의 삼각 플라스크를 올려놓은 후 잘 저어 준다.
>
> [실험 결과]
> ○ 그림과 같이 삼각 플라스크 밑바닥의 ㉠물이 얼어 삼각 플라스크와 나무판이 달라붙었다.

이에 대한 설명으로 옳은 것만을 보기 에서 있는 대로 고른 것은?

> 보기
> ㄱ. 삼각 플라스크 내부에서는 열에너지를 흡수하는 반응이 일어난다.
> ㄴ. ㉠이 일어날 때 열에너지를 방출한다.
> ㄷ. (다)의 반응에서 물질의 에너지는 반응물이 생성물보다 크다.

① ㄱ 　② ㄷ 　③ ㄱ, ㄴ
④ ㄴ, ㄷ 　⑤ ㄱ, ㄴ, ㄷ

272

다음은 마그네슘의 반응과 관련된 설명이다.

> (가) 마그네슘을 공기 중에서 연소시켰다.
> (나) 마그네슘을 묽은 염산이 들어 있는 시험관에 넣었더니 수소 기체가 발생하였고 수용액의 온도가 높아졌다.

(가)와 (나)의 공통점으로 옳은 것만을 보기 에서 있는 대로 고른 것은?

> 보기
> ㄱ. 열에너지를 방출하는 반응이 일어난다.
> ㄴ. 산화·환원 반응이 일어난다.
> ㄷ. 반응 후 생성물이 모두 기체이다.

① ㄱ 　② ㄴ 　③ ㄷ
④ ㄱ, ㄴ 　⑤ ㄴ, ㄷ

273

그림은 2개의 비커에 각각 25 °C의 물 100 g을 넣고 A와 B를 1 g씩 각각 모두 녹인 후 수용액의 온도를 측정하는 것을 나타낸 것이다. (가)와 (나)에서 온도는 각각 27 °C, 22 °C이었다.
이에 대한 설명으로 옳은 것만을 보기 에서 있는 대로 고른 것은?

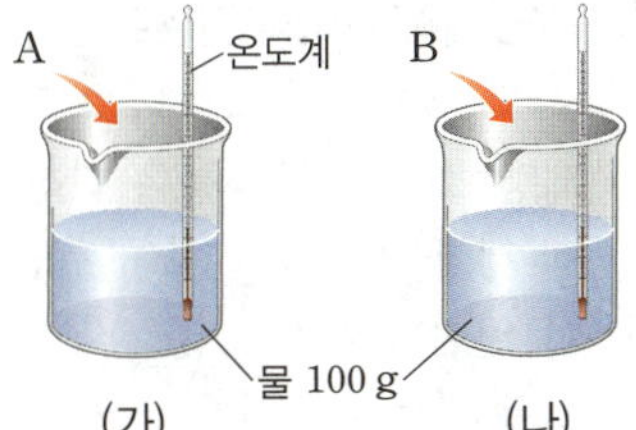

보기

ㄱ. A가 물에 용해되는 반응은 열에너지를 방출하는 반응이다.
ㄴ. (나)에서 흡열 반응이 일어난다.
ㄷ. 같은 질량이 용해될 때 출입하는 열에너지는 A가 B보다 크다.

① ㄱ   ② ㄷ   ③ ㄱ, ㄴ
④ ㄴ, ㄷ   ⑤ ㄱ, ㄴ, ㄷ

274

다음은 학생 A의 실험 보고서이다.

[가설]
○   ⊙

[실험 과정]
(가) 그림과 같이 간이 열량계에 묽은 염산(HCl) 100 mL를 넣고 온도를 측정한다.
(나) (가)의 수용액에 수산화 나트륨(NaOH) 수용액 100 mL를 넣고 반응시킨 후 온도를 측정한다.

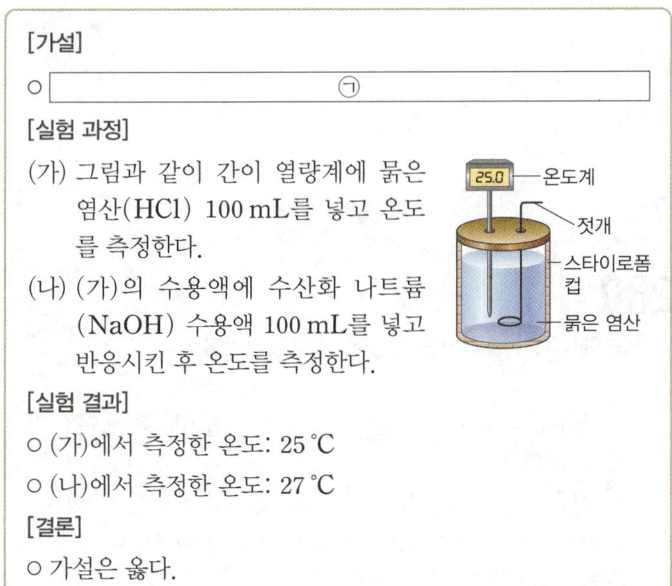

[실험 결과]
○ (가)에서 측정한 온도: 25 °C
○ (나)에서 측정한 온도: 27 °C
[결론]
○ 가설은 옳다.

학생 A의 실험 과정, 실험 결과 및 결론이 타당할 때, ⊙으로 가장 적절한 것은?

① 산이 물에 용해되면 에너지를 방출한다.
② 염기가 물에 용해되면 에너지를 흡수한다.
③ 산화·환원 반응이 일어나면 에너지를 흡수한다.
④ 중화 반응이 일어나면 에너지를 방출한다.
⑤ 수용액에 들어 있는 전체 이온 수가 증가하면 에너지를 방출한다.

275 서술형

난이도 상

다음은 질산 암모늄과 관련된 실험이다.

[실험 과정]
(가) 열량계에 20 °C의 물 100 g을 넣는다.
(나) (가)의 열량계에 질산 암모늄 1 g을 넣고 모두 용해시킨다.
(다) 수용액의 최저 온도를 측정한다.
[실험 결과]
○ (다)에서 측정한 온도: 18 °C

(1) 질산 암모늄이 물에 용해되는 반응의 에너지 출입 방향을 쓰시오.

(2) 20 °C의 물 200 g으로 과정 (가)~(다)를 반복하였을 때, 수용액의 최저 온도는 어떻게 될 것인지 예측하여 서술하시오.

276

다음은 물질 X가 물에 용해될 때 에너지가 출입하는 방향을 알아보기 위해 학생 A가 수행한 실험이다.

[실험 과정 및 결과]
(가) 물 100 g을 준비하고, 물의 온도를 측정하였더니 22 °C이었다.
(나) 물질 X 1 g을 (가)의 물에 모두 녹인 후 용액의 최고 온도를 측정하였더니 25 °C이었다.

물질 X 용해 반응에서 에너지의 출입 방향과, 학생 A가 사용한 실험 장치로 가장 적절한 것을 보기 에서 옳게 골라 짝 지은 것은?

보기

	에너지의 출입 방향	실험 장치
①	흡수	ㄱ
②	흡수	ㄴ
③	방출	ㄱ
④	방출	ㄴ
⑤	방출	ㄷ

2 물질 변화에서 출입하는 에너지의 이용

고빈출
277

다음은 우리 주변에서 일어나는 두 가지 현상이다.

○ 가스레인지에서 ㉠메테인이 연소하여 물을 끓일 수 있다.
○ 식물은 ㉡광합성을 통해 영양분을 스스로 얻을 수 있다.

이에 대한 설명으로 옳은 것만을 보기 에서 있는 대로 고른 것은?

보기

ㄱ. ㉠은 에너지를 흡수하는 반응이다.
ㄴ. ㉡에서 에너지는 생성물이 반응물보다 크다.
ㄷ. ㉠과 ㉡은 모두 산화·환원 반응이다.

① ㄱ　　　　② ㄴ　　　　③ ㄷ
④ ㄱ, ㄴ　　　⑤ ㄴ, ㄷ

고빈출
278

다음은 발열 도시락과 냉찜질 팩에 대한 자료이다.

발열 도시락 속 발열 팩에 들어 있는 ㉠산화 칼슘(CaO)과 물이 반응하면 음식을 데울 수 있다.

냉찜질 팩을 주무르면 분리막이 터지면서 ㉡질산 암모늄이 물과 반응하여 차가워진다.

이에 대한 설명으로 옳은 것만을 보기 에서 있는 대로 고른 것은?

보기

ㄱ. ㉠은 에너지를 방출하는 반응이다.
ㄴ. ㉡이 일어날 때 주변의 온도가 낮아진다.
ㄷ. 물질의 용해 반응은 모두 에너지를 방출하는 반응이다.

① ㄱ　　　　② ㄷ　　　　③ ㄱ, ㄴ
④ ㄴ, ㄷ　　　⑤ ㄱ, ㄴ, ㄷ

279 **서술형**

난이도 **상**

다음은 제빵 소다와 관련된 설명이다.

제빵 소다의 주성분은 탄산수소 나트륨($NaHCO_3$)이다. 빵에 제빵 소다를 넣어 구우면 탄산수소 나트륨의 ㉠분해 반응이 일어나면서 ___㉡___ 이/가 발생하여 밀가루 반죽이 점차 부풀어 오르게 된다.

(1) ㉡을 쓰시오.

____

(2) ㉠의 반응에서 열에너지의 출입 방향을 쓰고, 이와 같은 방향의 에너지 출입이 나타나는 자연 현상의 예를 한 가지 서술하시오.

____

____

280

다음은 에너지가 출입하는 반응에 대한 설명이다.

○ ㉠산화 칼슘(CaO)과 물(H_2O)의 반응을 이용하여 음식을 데울 수 있다.
○ ㉡철(Fe)의 산화 반응을 이용하여 손난로를 만들 수 있다.
○ ㉢질산 암모늄(NH_4NO_3)의 용해 반응이 일어나면 주변의 온도가 낮아진다.

이에 대한 설명으로 옳은 것만을 보기 에서 있는 대로 고른 것은?

보기

ㄱ. ㉠에서는 에너지를 방출하는 반응이 일어난다.
ㄴ. ㉡에서 철은 공기 중의 산소와 반응한다.
ㄷ. ㉢을 이용하여 냉각 팩을 만들 수 있다.

① ㄱ　　　　② ㄷ　　　　③ ㄱ, ㄴ
④ ㄴ, ㄷ　　　⑤ ㄱ, ㄴ, ㄷ

281

다음은 물질 변화에서 출입하는 에너지를 이용하는 생활 속 사례이다.

> (가) 아이스크림 상자에 드라이아이스를 넣으면 드라이아이스가 승화하면서 상자 안의 온도가 　ㄱ　.
>
> (나) 겨울철 도로에 쌓인 눈에 염화 칼슘을 뿌리면 염화 칼슘이 용해되면서 눈이 녹게 된다.
>
> (다) 손 소독제를 손바닥에 바르면 손 소독제가 　ㄴ　 하면서 손바닥이 시원해진다.

이에 대한 설명으로 옳은 것만을 〈보기〉에서 있는 대로 고른 것은?

> **보기**
>
> ㄱ. '높아진다'는 ㄱ으로 적절하다.
>
> ㄴ. '증발'은 ㄴ으로 적절하다.
>
> ㄷ. (가)~(다) 중 에너지를 방출하는 반응은 한 가지이다.

① ㄱ   ② ㄷ   ③ ㄱ, ㄴ
④ ㄴ, ㄷ   ⑤ ㄱ, ㄴ, ㄷ

282 · 서술형

다음은 가열 장치 없이 음식을 조리하는 방법에 대한 설명이다.

> 반응 용기의 발열체 안에는 산화 칼슘(CaO)이 들어 있어 물을 붓고 조리 용기를 올려놓으면 조리 용기의 온도를 높일 수 있으므로 조리 용기에서 음식을 조리할 수 있다.

반응 용기에서 일어나는 반응을 화학 반응식으로 나타내고, 에너지의 출입 방향을 서술하시오.

283

고빈출   난이도 상

다음은 지구에서 일어나는 기상 현상에 대한 설명이다.

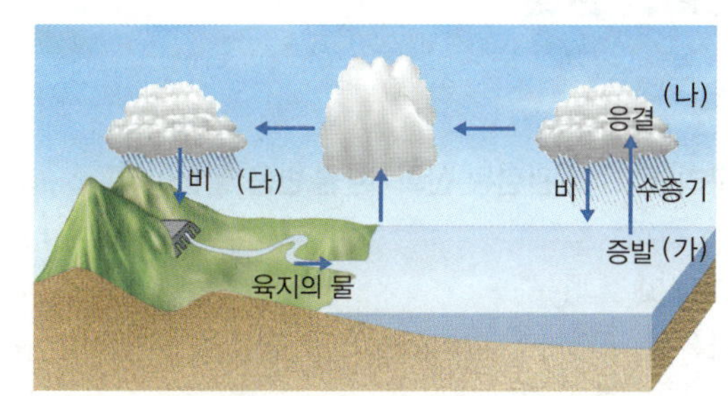

○ (가)에서 바다의 물이 증발한다.
○ (나)에서 공기 중의 수증기가 응결하여 구름이 형성된다.
○ (다)에서 구름 속의 빗방울이 모여 육지에 비로 내린다.

이에 대한 설명으로 옳은 것만을 〈보기〉에서 있는 대로 고른 것은?

> **보기**
>
> ㄱ. (가)에서 물은 에너지를 흡수한다.
>
> ㄴ. (나)에서 주변의 온도는 높아진다.
>
> ㄷ. (가)~(다)를 통해 지구의 물이 순환하게 된다.

① ㄱ   ② ㄴ   ③ ㄱ, ㄷ
④ ㄴ, ㄷ   ⑤ ㄱ, ㄴ, ㄷ

284

고빈출   난이도 상

다음은 에너지 출입이 있는 자연 현상이다.

> (가) 수증기가 응결하여 구름이 된다.
> (나) 식물이 광합성을 한다.
> (다) 생명체가 세포호흡을 한다.
> (라) 물이 증발해 수증기가 된다.

(가)~(라) 중 에너지를 방출하는 반응의 가짓수와 산화·환원 반응의 가짓수를 옳게 짝 지은 것은?

	에너지를 방출하는 반응	산화·환원 반응
①	1	1
②	2	2
③	2	3
④	3	2
⑤	3	3

03 산화와 환원

285

다음은 구리(Cu)와 관련된 산화·환원 반응 실험이다.

[실험 과정 및 결과]
(가) 붉은색 구리판을 알코올램프의 겉불꽃에 넣으면 구리판의 색이 검게 변한다.
$$2Cu + O_2 \longrightarrow 2CuO$$
(나) (가)에서 검게 변한 구리판을 알코올램프의 속불꽃에 넣으면 구리판이 다시 붉게 변한다.
$$CuO + CO \longrightarrow Cu + CO_2$$

이에 대한 설명으로 옳은 것만을 보기 에서 있는 대로 고른 것은?

보기
ㄱ. (나)에서 CO는 산화된다.
ㄴ. (가)와 (나)에서 환원된 물질에는 모두 금속 원소가 포함되어 있다.
ㄷ. (나)는 산소의 이동으로 산화·환원 반응을 설명할 수 없다.

① ㄱ
② ㄴ
③ ㄱ, ㄷ
④ ㄴ, ㄷ
⑤ ㄱ, ㄴ, ㄷ

286

다음은 서로 다른 금속 A, B를 이용한 실험이다.

[실험 과정 및 결과]
(가) 묽은 염산 10 mL에 금속 A를 넣었더니 기체가 발생하였다.
(나) A^{2+}이 들어 있는 수용액에 금속 B를 넣었더니 금속이 석출되었다.

이에 대한 설명으로 옳은 것만을 보기 에서 있는 대로 고른 것은? (단, A, B는 임의의 원소 기호이다.)

보기
ㄱ. (가)에서 수용액에 들어 있는 총 이온 수는 감소한다.
ㄴ. (나)에서 A^{2+}은 전자를 얻어 환원된다.
ㄷ. 묽은 염산에 금속 B를 넣으면 H^+은 전자를 얻어 환원된다.

① ㄱ
② ㄷ
③ ㄱ, ㄴ
④ ㄴ, ㄷ
⑤ ㄱ, ㄴ, ㄷ

287

✔최다 오답

그림 (가)는 묽은 염산 50 mL에 아연판을 넣었을 때의 입자 모형을, (나)는 (가)에서 반응이 일어날 때 시간에 따른 수소 기체의 부피를 나타낸 것이다. t_2에서 아연판이 남아 있다.

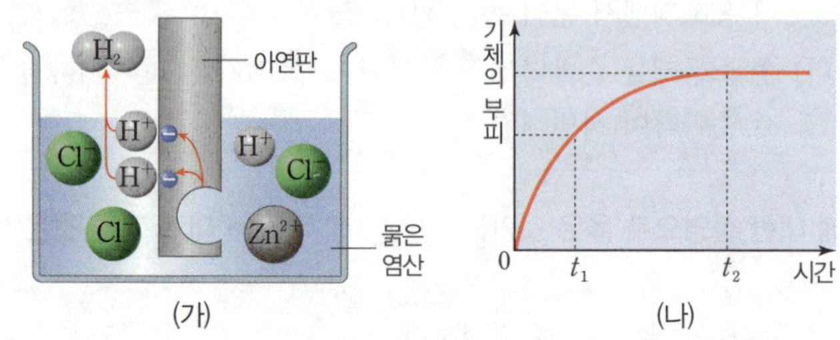

이에 대한 설명으로 옳은 것만을 보기 에서 있는 대로 고른 것은?

보기
ㄱ. $\dfrac{\text{음이온 수}}{\text{양이온 수}}$ 는 t_2에서가 t_1에서보다 크다.
ㄴ. t_2 이후 아연판의 질량은 감소한다.
ㄷ. t_2 이후의 수용액에 BTB 용액을 넣으면 노란색으로 변한다.

① ㄱ
② ㄴ
③ ㄱ, ㄷ
④ ㄴ, ㄷ
⑤ ㄱ, ㄴ, ㄷ

288

그림 (가)는 황산 구리(Ⅱ)($CuSO_4$) 수용액에 아연(Zn)을 넣었을 때, (나)는 질산 은($AgNO_3$) 수용액에 구리(Cu)를 넣었을 때의 모습을 모형으로 나타낸 것이다.

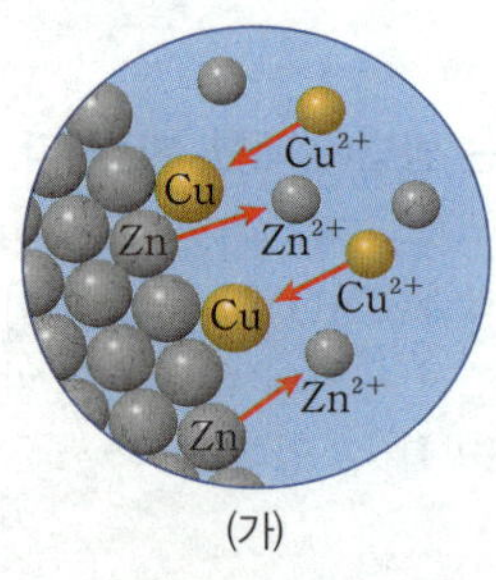

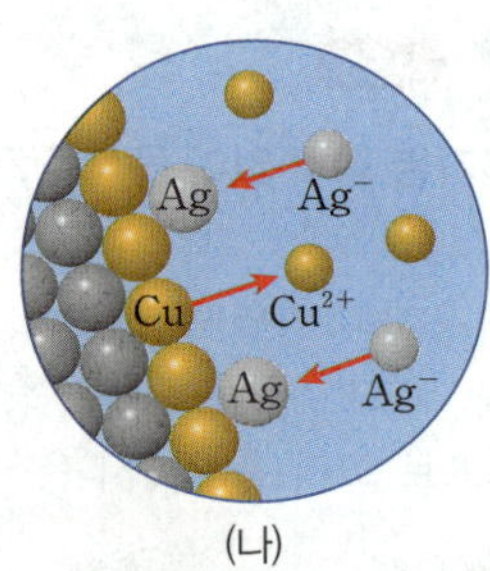

이에 대한 설명으로 옳은 것만을 보기 에서 있는 대로 고른 것은?

보기
ㄱ. 아연은 은보다 산화되기 쉽다.
ㄴ. (가), (나)에서 반응이 일어날 때 수용액 속 전체 이온 수는 모두 감소한다.
ㄷ. 산화되는 물질 1 개가 반응할 때 이동한 전자 수는 (나)에서가 (가)에서보다 많다.

① ㄱ
② ㄴ
③ ㄱ, ㄷ
④ ㄴ, ㄷ
⑤ ㄱ, ㄴ, ㄷ

289

그림은 금속 X 이온이 들어 있는 수용액에 금속 Y와 Z를 순서대로 넣었을 때 수용액 속에 존재하는 금속 양이온만을 모형으로 나타낸 것이다.

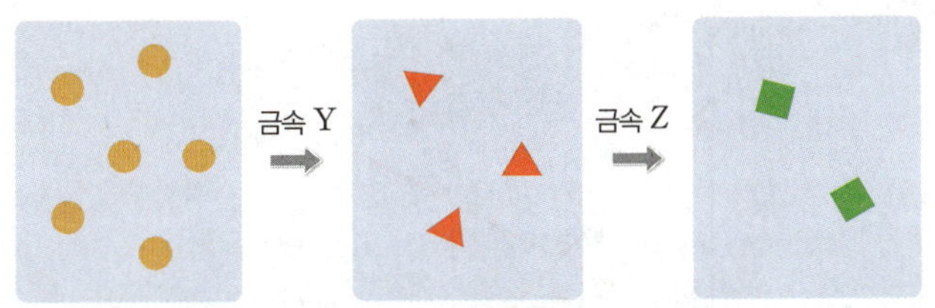

이에 대한 설명으로 옳은 것만을 보기 에서 있는 대로 고른 것은? (단, X~Z는 임의의 원소 기호이고, X~Z 이온의 전하는 각각 $+1$~$+3$ 중 하나이다.)

보기
ㄱ. ■의 전하는 $+1$이다.
ㄴ. 금속 Y를 넣었을 때 ●은 환원된다.
ㄷ. 금속 Z를 ●이 들어 있는 수용액에 넣으면 ●은 환원된다.

① ㄱ　　　　② ㄴ　　　　③ ㄱ, ㄷ
④ ㄴ, ㄷ　　　⑤ ㄱ, ㄴ, ㄷ

04 산과 염기의 중화 반응

290

그림은 산 또는 염기 수용액 (가)와 (나)에 들어 있는 이온을 입자 모형으로 나타낸 것이다. (가)와 (나)는 각각 묽은 염산(HCl)과 수산화 칼슘($Ca(OH)_2$) 수용액 중 하나이다.

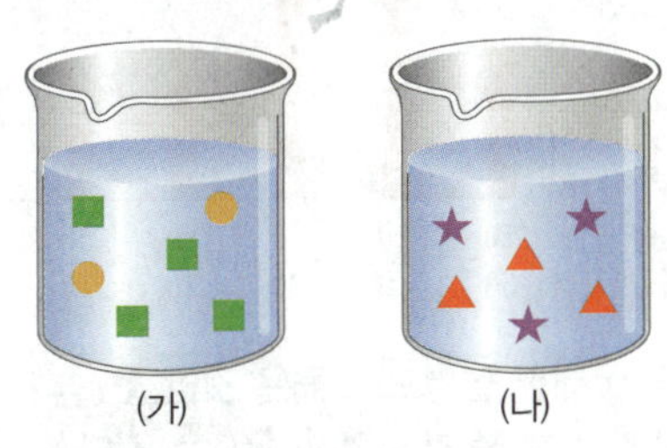

(가)　　　　(나)

이에 대한 설명으로 옳은 것만을 보기 에서 있는 대로 고른 것은?

보기
ㄱ. ●의 전하는 $+2$이다.
ㄴ. (가)는 붉은색 리트머스 종이를 푸르게 변화시킨다.
ㄷ. (나)는 마그네슘과 반응하여 수소 기체를 발생시킨다.

① ㄱ　　　　② ㄷ　　　　③ ㄱ, ㄴ
④ ㄴ, ㄷ　　　⑤ ㄱ, ㄴ, ㄷ

291

다음은 X 수용액에 달걀 껍데기를 넣었을 때 일어나는 반응의 화학 반응식이다.

$$CaCO_3 + 2\boxed{\ X\ } \longrightarrow CaCl_2 + H_2O + CO_2$$

표는 X 수용액에 세 가지 실험을 했을 때 실험 결과에 대한 자료이다.

실험	실험 결과
마그네슘 리본과 반응	㉠
페놀프탈레인 용액의 색 변화	㉡
푸른색 리트머스 종이의 색 변화	㉢

이에 대한 설명으로 옳은 것만을 보기 에서 있는 대로 고른 것은?

보기
ㄱ. X는 HCl이다.
ㄴ. '수소 기체 발생'은 ㉠으로 적절하다.
ㄷ. '붉은색으로 변함'은 ㉡과 ㉢으로 모두 적절하다.

① ㄱ　　　　② ㄷ　　　　③ ㄱ, ㄴ
④ ㄴ, ㄷ　　　⑤ ㄱ, ㄴ, ㄷ

292

그림은 25 °C에서 부피가 50 mL인 수용액 (가)~(다)의 이온 모형을 나타낸 것이다. (가)~(다)는 각각 묽은 염산(HCl), 수산화 나트륨($NaOH$) 수용액, 수산화 칼륨(KOH) 수용액 중 하나이다.

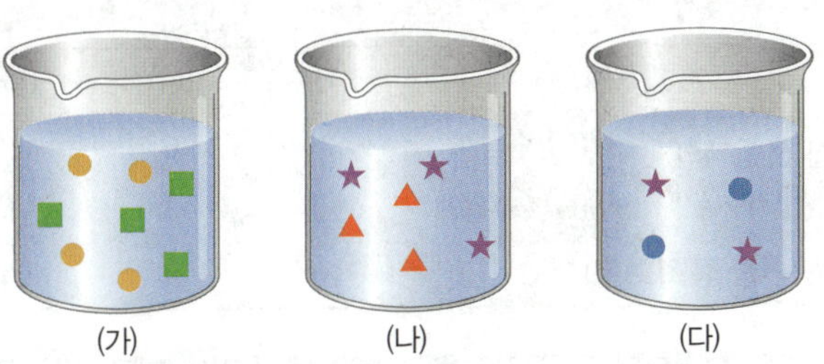

(가)　　　　(나)　　　　(다)

이에 대한 설명으로 옳은 것만을 보기 에서 있는 대로 고른 것은?

보기
ㄱ. ★은 OH^-이다.
ㄴ. (가), (나), (다)를 모두 혼합한 용액은 염기성이다.
ㄷ. (나)와 (다)를 모두 중화시키기 위해 필요한 묽은 염산의 부피비는 (나) : (다) $= 3 : 2$이다.

① ㄱ　　　　② ㄴ　　　　③ ㄱ, ㄷ
④ ㄴ, ㄷ　　　⑤ ㄱ, ㄴ, ㄷ

293

난이도 상

표는 묽은 염산(HCl)과 수산화 나트륨($NaOH$) 수용액의 부피를 달리하여 혼합한 후 용액의 최고 온도를 측정한 결과이다.

혼합 용액		A	B	C	D	E
혼합 전 용액의 부피(mL)	묽은 염산	25	20	15	10	5
	NaOH 수용액	5	10	15	20	25
최고 온도(℃)		27	29	31	29	27

이에 대한 설명으로 옳은 것만을 보기 에서 있는 대로 고른 것은? (단, 혼합 전 각 용액의 온도는 같다.)

보기
ㄱ. $\dfrac{Na^+의\ 수}{Cl^-의\ 수}$는 D에서가 B에서의 4배이다.
ㄴ. 생성된 물 분자의 수는 C에서가 A에서의 3배이다.
ㄷ. A에서와 E에서의 전체 이온 수는 같다.

① ㄱ   ② ㄴ   ③ ㄱ, ㄷ
④ ㄴ, ㄷ   ⑤ ㄱ, ㄴ, ㄷ

294

난이도 상

표는 HCl 수용액과 $NaOH$ 수용액의 부피를 달리하여 혼합한 용액 (가)~(다)에 대한 자료이다. (가)~(다)는 각각 산성, 중성, 염기성 중 하나이다.

혼합 용액		(가)	(나)	(다)
혼합 전 용액의 부피(mL)	HCl 수용액	2	6	8
	NaOH 수용액	10	6	4
혼합 후 최고 온도(℃)		22	26	24

이에 대한 설명으로 옳은 것만을 보기 에서 있는 대로 고른 것은? (단, 혼합 전 수용액의 온도는 모두 같다.)

보기
ㄱ. (나)는 중성이다.
ㄴ. 생성된 물 분자 수는 (다)에서가 (가)에서의 4배이다.
ㄷ. $\dfrac{(가)의\ 전체\ 이온\ 수}{(다)의\ 전체\ 이온\ 수} = \dfrac{5}{4}$이다.

① ㄱ   ② ㄴ   ③ ㄱ, ㄷ
④ ㄴ, ㄷ   ⑤ ㄱ, ㄴ, ㄷ

295

난이도 상

그림은 일정한 양의 수산화 칼륨(KOH) 수용액에 묽은 황산(H_2SO_4)을 조금씩 첨가할 때 혼합 용액에 존재하는 OH^-과 SO_4^{2-}의 수를 나타낸 것이다.

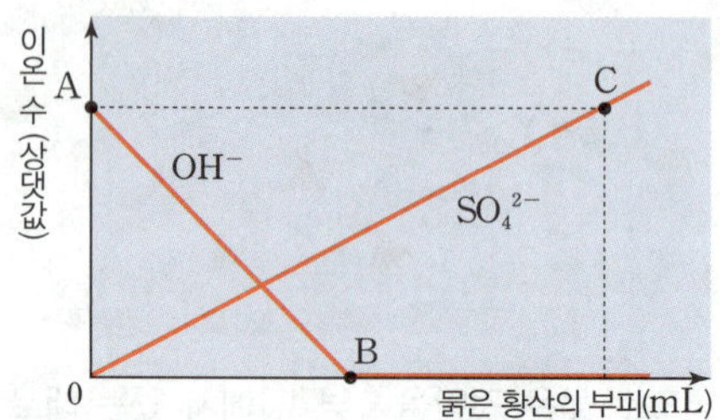

A~C에 해당하는 용액에 대한 설명으로 옳은 것만을 보기 에서 있는 대로 고른 것은?

보기
ㄱ. C에 해당하는 용액은 중성이다.
ㄴ. 전체 이온 수는 A에서가 B에서보다 크다.
ㄷ. A에 들어 있는 OH^- 수와 C에 들어 있는 H^+ 수는 같다.

① ㄱ   ② ㄴ   ③ ㄱ, ㄷ
④ ㄴ, ㄷ   ⑤ ㄱ, ㄴ, ㄷ

✔최다 오답
296

그림은 묽은 염산(HCl)과 수산화 나트륨($NaOH$) 수용액을 서로 다른 부피로 혼합했을 때, 생성된 물 분자 수를 상댓값으로 나타낸 것이다.

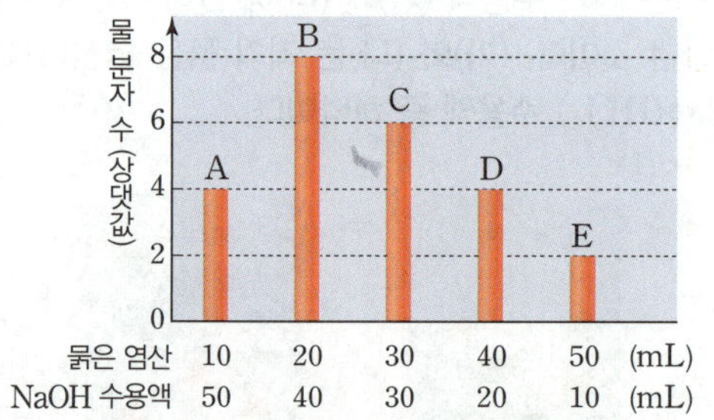

혼합 용액 A~E에 대한 설명으로 옳은 것만을 보기 에서 있는 대로 고른 것은? (단, 혼합 전 각 용액의 온도는 같다.)

보기
ㄱ. 혼합 용액의 온도는 B가 가장 높다.
ㄴ. 혼합 용액 속 전체 이온 수는 C가 가장 크다.
ㄷ. 혼합 용액에 마그네슘을 넣었을 때 수소 기체가 발생하는 용액은 한 가지이다.

① ㄱ   ② ㄷ   ③ ㄱ, ㄴ
④ ㄴ, ㄷ   ⑤ ㄱ, ㄴ, ㄷ

297

난이도 **상**

그림은 묽은 염산 30 mL에 NaOH 수용액을 조금씩 가할 때, NaOH 수용액의 부피에 따른 혼합 용액 속 두 가지 이온 ㉠, ㉡의 수를, (나)는 NaOH 수용액 10 mL를 가했을 때 혼합 용액 1 mL에 들어 있는 이온을 모형으로 나타낸 것이다.

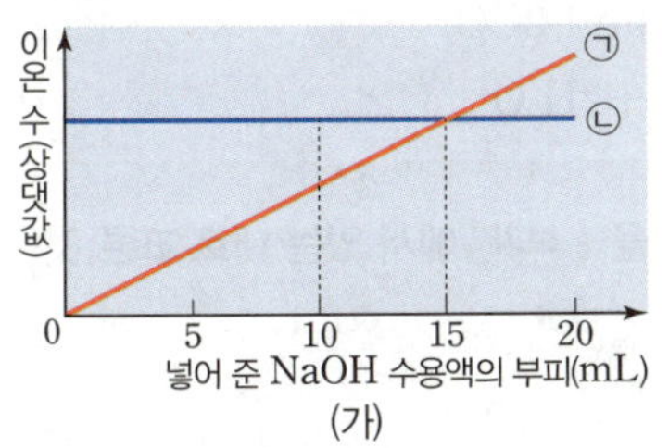

(가)

(나)

이에 대한 설명으로 옳은 것만을 보기 에서 있는 대로 고른 것은?

보기

ㄱ. ㉡은 (나)의 ●이다.

ㄴ. NaOH 수용액 5 mL를 넣었을 때 혼합 용액 속 이온 수 비는 ● : ▲ =3 : 2이다.

ㄷ. 혼합 용액 속 전체 이온 수는 NaOH 수용액 15 mL를 넣었을 때가 10 mL를 넣었을 때보다 크다.

① ㄱ ② ㄷ ③ ㄱ, ㄴ

④ ㄴ, ㄷ ⑤ ㄱ, ㄴ, ㄷ

298

그림은 일정량의 묽은 염산(HCl)에 수산화 칼륨(KOH) 수용액을 첨가할 때, 첨가한 KOH 수용액의 부피에 대한 혼합 용액 속에 존재하는 이온 X와 Y의 수를 각각 나타낸 것이다.

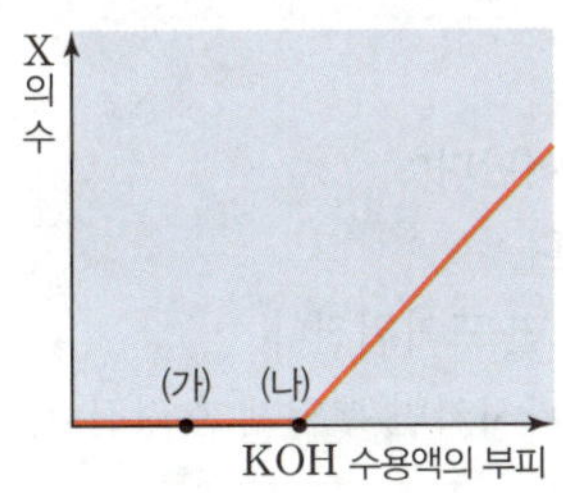

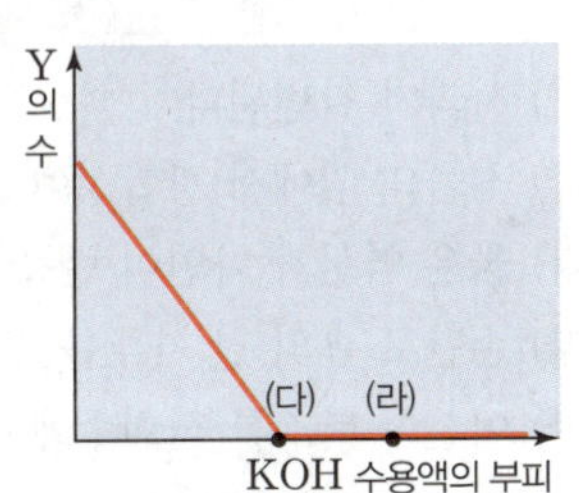

이에 대한 설명으로 옳은 것만을 보기 에서 있는 대로 고른 것은?

보기

ㄱ. X는 K^+이다.

ㄴ. (가)와 (라)에 들어 있는 Cl^- 수는 같다.

ㄷ. (나)와 (다)에서 생성된 물 분자 수는 같다.

① ㄱ ② ㄴ ③ ㄱ, ㄷ

④ ㄴ, ㄷ ⑤ ㄱ, ㄴ, ㄷ

299

그림은 산 H_2A 수용액 10 mL와 염기 BOH 수용액 10 mL를 혼합한 용액의 1 mL에 들어 있는 이온 수(상댓값)를 나타낸 것이다. 모형 1개는 이온 수 N을 나타낸다.

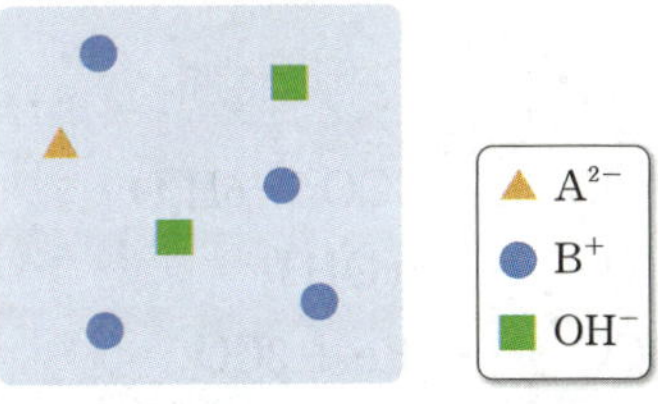

이에 대한 설명으로 옳은 것만을 보기 에서 있는 대로 고른 것은?

보기

ㄱ. 혼합 용액에 BTB 용액을 넣으면 파란색을 띤다.

ㄴ. 10 mL에 들어 있는 전체 이온 수는 BOH 수용액이 H_2A 수용액의 4배이다.

ㄷ. H_2A 수용액 15 mL와 BOH 수용액 5 mL를 혼합했을 때 혼합 용액의 액성은 산성이다.

① ㄱ ② ㄴ ③ ㄱ, ㄷ

④ ㄴ, ㄷ ⑤ ㄱ, ㄴ, ㄷ

300

다음은 일상생활에서 중화 반응을 이용한 사례이다. ㉠~㉢은 각각 석회(CaO), 레몬즙, 식초 중 하나이다.

○ 산성화된 토양에 ㉠ 를 뿌린다.

○ 비린내 나는 생선에 ㉡ 을 뿌린다.

○ 비누로 머리를 감은 후 ㉢ 를 떨어뜨린 물에 헹군다.

㉠~㉢에 대한 설명으로 옳은 것만을 보기 에서 있는 대로 고른 것은?

보기

ㄱ. ㉠의 수용액에는 수소 이온이 존재한다.

ㄴ. ㉡의 수용액은 마그네슘과 반응하여 수소 기체를 발생시킨다.

ㄷ. ㉠의 수용액에 ㉢의 수용액을 넣으면 중화 반응이 일어난다.

① ㄱ ② ㄴ ③ ㄱ, ㄷ

④ ㄴ, ㄷ ⑤ ㄱ, ㄴ, ㄷ

05 물질 변화에서 에너지 출입

301

다음은 생활 주변에서 일어나는 화학 반응 (가)~(다)의 화학 반응식이다.

> (가) $C_6H_{12}O_6 + 6O_2 \longrightarrow 6CO_2 + 6H_2O$
> (나) $CaO + H_2O \longrightarrow Ca(OH)_2$
> (다) $Fe_2O_3 + 3CO \longrightarrow 2Fe + 3CO_2$

이에 대한 설명으로 옳은 것만을 보기 에서 있는 대로 고른 것은?

> **보기**
> ㄱ. (가)가 일어날 때 에너지를 흡수한다.
> ㄴ. (나)를 이용하여 동물 전염병인 구제역을 예방할 수 있다.
> ㄷ. (가)~(다)는 모두 산화·환원 반응이다.

① ㄱ 　　　　② ㄴ 　　　　③ ㄱ, ㄷ
④ ㄴ, ㄷ 　　　⑤ ㄱ, ㄴ, ㄷ

302

다음은 자연과 인류의 역사에 큰 변화를 가져온 화학 반응이다.

> (가) 이산화 탄소＋물 $\longrightarrow$ 포도당＋ ⬚ ㉠
> (나) 화석 연료＋ ⬚ ㉠ $\longrightarrow$ 물＋이산화 탄소
> (다) 산화 철(Ⅲ)＋일산화 탄소 $\longrightarrow$ ⬚ ㉡ ＋이산화 탄소

이에 대한 설명으로 옳은 것만을 보기 에서 있는 대로 고른 것은?

> **보기**
> ㄱ. ㉠은 산소이다.
> ㄴ. (나) 반응이 일어날 때 열에너지를 방출한다.
> ㄷ. (가)~(다)는 모두 산소가 관여하는 반응이다.

① ㄱ 　　　　② ㄷ 　　　　③ ㄱ, ㄴ
④ ㄴ, ㄷ 　　　⑤ ㄱ, ㄴ, ㄷ

303

다음은 자연과 인류의 역사에 큰 변화를 가져온 화학 반응 (가)~(다)의 화학 반응식이다.

> (가) $6CO_2 + 6H_2O \longrightarrow C_6H_{12}O_6 + 6O_2$
> (나) $Fe_2O_3 + 3CO \longrightarrow 2Fe + 3CO_2$
> (다) $CH_4 + 2O_2 \longrightarrow CO_2 + 2H_2O$

이에 대한 설명으로 옳은 것만을 보기 에서 있는 대로 고른 것은?

> **보기**
> ㄱ. (가)는 세포호흡이다.
> ㄴ. (나)에서 철 이온은 전자를 얻는다.
> ㄷ. (다)는 열에너지를 방출하는 반응이다.

① ㄱ 　　　　② ㄴ 　　　　③ ㄱ, ㄷ
④ ㄴ, ㄷ 　　　⑤ ㄱ, ㄴ, ㄷ

304

다음은 생활 속에서 일어나는 반응 (가)~(마)에 대한 설명이다.

> (가) 사과가 갈변된다.
> (나) 식물의 잎에서 광합성이 일어난다.
> (다) 묽은 염산과 아연이 반응한다.
> (라) 손난로 속의 철 가루를 흔들면 뜨거워진다.
> (마) 이산화 탄소를 석회수에 통과시키면 뿌옇게 흐려진다.

이에 대한 설명으로 옳은 것만을 보기 에서 있는 대로 고른 것은?

> **보기**
> ㄱ. 산화·환원 반응은 세 가지이다.
> ㄴ. 산화·환원 반응이 일어나면 에너지가 주변으로 방출된다.
> ㄷ. (나)와 (다)에서는 모두 기체가 발생한다.

① ㄱ 　　　　② ㄷ 　　　　③ ㄱ, ㄴ
④ ㄴ, ㄷ 　　　⑤ ㄱ, ㄴ, ㄷ

305

다음은 구리의 산화·환원 반응에 관한 실험이다.

[실험 과정]
(가) 도가니에 구리 가루를 넣고 충분히 가열한다.
(나) (가)의 생성물과 탄소 가루를 섞어 시험관에 넣고 가열한
후, 발생한 기체를 석회수에 통과시킨다.

[실험 결과]
○ (가)에서 구리 가루의 색이 붉은색에서 검은색으로 변했다.
○ (나)에서 시험관 속 검은색 가루가 다시 붉게 변하고 비커
속의 석회수가 뿌옇게 흐려졌다.

(나)의 시험관에서 일어나는 반응을 화학 반응식으로 나타내고, (나)
의 석회수가 뿌옇게 흐려지는 까닭을 서술하시오.

306

난이도 상

다음은 금속 A~C의 산화·환원 반응 실험이다.

[실험 과정]
○ 비커 Ⅰ과 Ⅱ에 각각 A^{2+}이
들어 있는 수용액, B^{2+}이 들
어 있는 수용액을 넣고 Ⅰ에
는 금속 B를, Ⅱ에는 금속 C
를 넣어 반응시킨다.

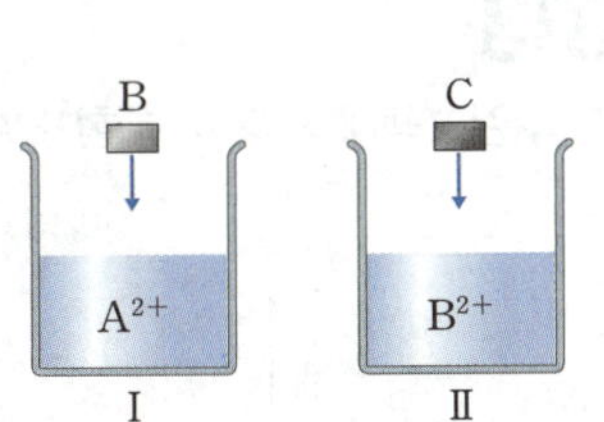

[실험 결과]
○ 반응 후 각 비커의 수용액에 들어 있는 양이온의 종류

비커	Ⅰ	Ⅱ
양이온의 종류	B^{2+}	C^{3+}

비커 Ⅰ과 Ⅱ에서 양이온 수의 변화를 화학 반응식과 함께 서술하시
오. (단, A~C는 임의의 원소 기호이고, 물과 음이온은 반응에 참여
하지 않는다.)

307

난이도 상

그림은 수산화 칼륨(KOH) 수용액 10 mL에 묽은 염산(HCl)을
10 mL씩 넣었을 때, 수용액 (가)와 (나)에 들어 있는 양이온을 모형
으로 나타낸 것이다.

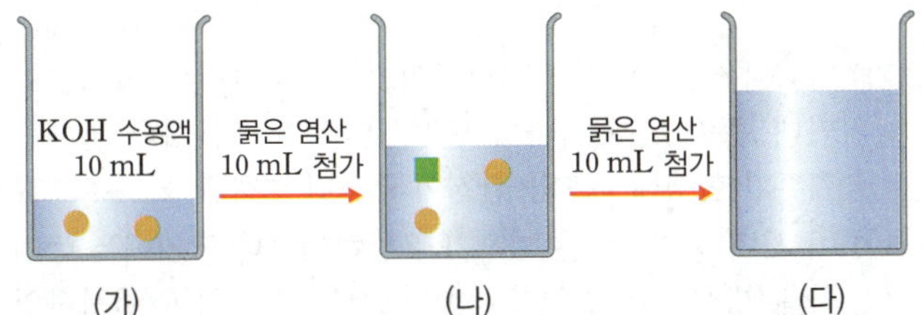

(다)에 들어 있는 양이온의 모형과 개수를 쓰고, 그 까닭을 서술하시오.

308

난이도 상

표는 HCl 수용액과 NaOH 수용액의 부피를 달리하여 혼합한 용액
(가)~(다)에 대한 자료이다. 혼합 전 각 용액의 온도는 같고, (가)와
(나)의 액성은 서로 다르다.

혼합 용액	혼합 전 용액의 부피(mL)		전체 이온 수
	HCl 수용액	NaOH 수용액	
(가)	40	40	$12N$
(나)	20	60	$12N$
(다)	20	30	aN

(가)~(다)의 최고 온도를 비교하고, a를 구하는 과정과 답을 서술하
시오.

309

다음은 엽록체와 마이토콘드리아에서 일어나는 반응을 순서 없이 나
타낸 것이다.

(가) $C_6H_{12}O_6 + 6O_2 \longrightarrow 6CO_2 + 6H_2O$

(나) $6CO_2 + 6H_2O \longrightarrow C_6H_{12}O_6 + 6O_2$

(가)와 (나)에 해당하는 반응을 쓰고, 반응이 일어날 때 에너지 출입
을 각각 서술하시오.

종간고사 대비

단원 종합 문제로 만점 완성하기

310

다음은 서로 다른 지질 시대 (가)와 (나)의 주요 특징을 나타낸 것이다.

> (가) 바다에서는 어류가 번성하였고, 육지에서는 양서류와 거대 곤충, 양치식물이 번성하였으며, 이 시대 말에는 기후가 한랭해지는 등 환경이 급격히 변하였다.
>
> (나) 이 시대 중기까지는 기후가 온난하였으나 말기에는 여러 차례 빙하기가 있었다. 바다에서는 화폐석이 번성하였고, 육지에서는 매머드가 번성하였다.

이에 대한 설명으로 옳은 것만을 보기 에서 있는 대로 고른 것은?

보기

> ㄱ. (가)의 초기에 최초의 다세포 생물이 출현하였다.
> ㄴ. (나)에 히말라야산맥이 형성되었다.
> ㄷ. 생물종의 수는 (가)가 (나)보다 적었다.

① ㄱ   ② ㄴ   ③ ㄱ, ㄷ
④ ㄴ, ㄷ   ⑤ ㄱ, ㄴ, ㄷ

311 고빈출

그림 (가)~(다)는 서로 다른 지질 시대의 생물 화석을 나타낸 것이다.

(가) 암모나이트   (나) 화폐석   (다) 삼엽충

이에 대한 설명으로 옳은 것만을 보기 에서 있는 대로 고른 것은?

보기

> ㄱ. (가)와 (나)가 번성한 사이의 시기에 오존층이 형성되었다.
> ㄴ. 번성 시기가 가장 늦었던 것은 (나)이다.
> ㄷ. (다)가 멸종한 시기에 지구는 초대륙을 이루고 있었다.

① ㄱ   ② ㄴ   ③ ㄱ, ㄷ
④ ㄴ, ㄷ   ⑤ ㄱ, ㄴ, ㄷ

312

난이도 상

그림 (가)와 (나)는 중생대와 신생대의 지구 평균 기온을 순서 없이 나타낸 것이다.

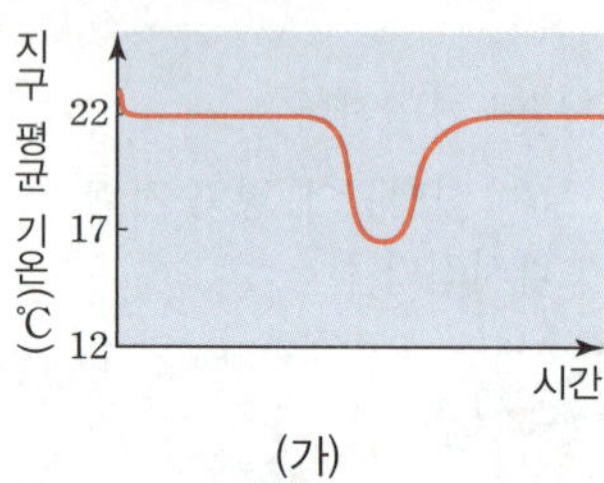
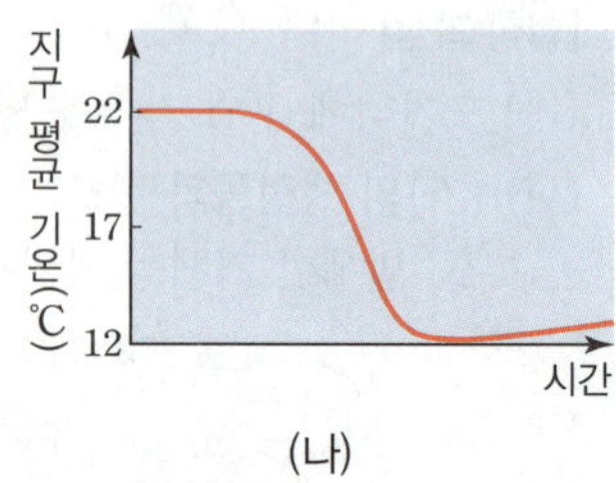

이에 대한 설명으로 옳은 것만을 보기 에서 있는 대로 고른 것은?

보기

> ㄱ. 대기 중 이산화 탄소의 평균 농도는 (가)가 (나)보다 낮았다.
> ㄴ. (가) 시기의 육지에서는 겉씨식물이 번성하였다.
> ㄷ. 대서양의 면적은 (가)보다 (나)에서 넓었다.

① ㄱ   ② ㄴ   ③ ㄱ, ㄷ
④ ㄴ, ㄷ   ⑤ ㄱ, ㄴ, ㄷ

313 최다 오답

난이도 상

그림은 고생대 시작 이후 현재까지 대륙 수의 변화를 나타낸 것이다.

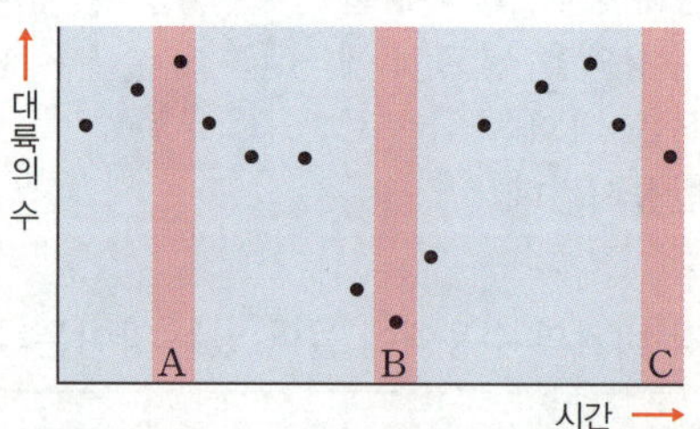

이에 대한 설명으로 옳은 것만을 보기 에서 있는 대로 고른 것은?

보기

> ㄱ. 얕은 바다의 총 면적은 A 시기가 B 시기보다 좁다.
> ㄴ. B 시기에 판게아가 형성되었다.
> ㄷ. 어류가 출현하였던 때는 B와 C 사이 시기이다.

① ㄱ   ② ㄴ   ③ ㄱ, ㄷ
④ ㄴ, ㄷ   ⑤ ㄱ, ㄴ, ㄷ

314

그림 (가)~(다)는 다윈의 진화설에 의한 기린의 진화 과정을 나타낸 것이다.

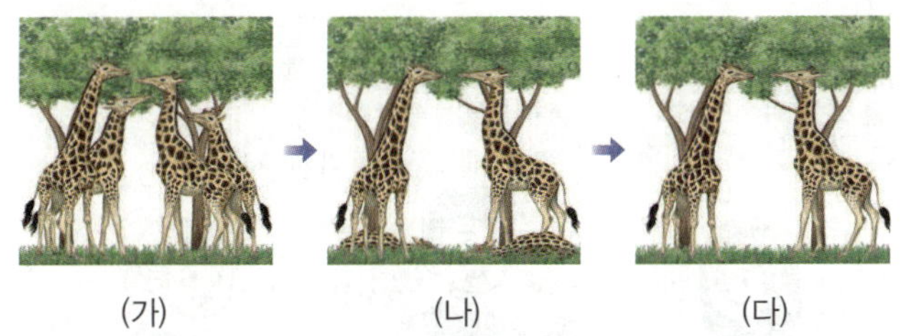

(가)   (나)   (다)

이에 대한 설명으로 옳은 것만을 [보기]에서 있는 대로 고른 것은?

보기
ㄱ. (가)에서 목이 짧은 기린과 목이 긴 기린은 유전적으로 동일하다.
ㄴ. (다)에서 나타난 결과는 자연선택에 의한 것이다.
ㄷ. 서식 환경에서 목이 긴 기린이 목이 짧은 기린보다 생존에 유리하였다.

① ㄱ   ② ㄴ   ③ ㄱ, ㄷ
④ ㄴ, ㄷ   ⑤ ㄱ, ㄴ, ㄷ

315

그림 (가)~(다)는 갈라파고스 제도의 서로 다른 섬에 살고 있는 핀치를 나타낸 것이다. (가)~(다)는 죽은 나무 속 벌레를 먹는 핀치, 크고 딱딱한 씨앗을 먹는 핀치, 선인장 열매를 먹는 핀치를 순서 없이 나타낸 것이고, 크고 딱딱한 씨앗을 먹을수록 부리의 모양은 두껍고 크며, 벌레를 먹는 핀치의 부리는 뾰족하고 가늘다.

(가)   (나)   (다)

이에 대한 설명으로 옳은 것만을 [보기]에서 있는 대로 고른 것은?

보기
ㄱ. (가)는 죽은 나무 속 벌레를 먹는 핀치이다.
ㄴ. (가)~(다)의 조상 종은 부리의 모양이 모두 동일하다.
ㄷ. (가)~(다)의 부리 모양의 차이를 나타나게 한 요인은 먹이 환경이다.

① ㄱ   ② ㄷ   ③ ㄱ, ㄴ
④ ㄴ, ㄷ   ⑤ ㄱ, ㄴ, ㄷ

316

그림은 한 종으로 이루어진 어떤 세균 집단의 진화 과정을 나타낸 것이다. ㉠과 ㉡은 '항생제 A에 내성이 없는 세균'과 '항생제 A에 내성이 있는 세균'을 순서 없이 나타낸 것이고, ⓐ는 돌연변이와 생식세포의 다양한 조합 중 하나이다.

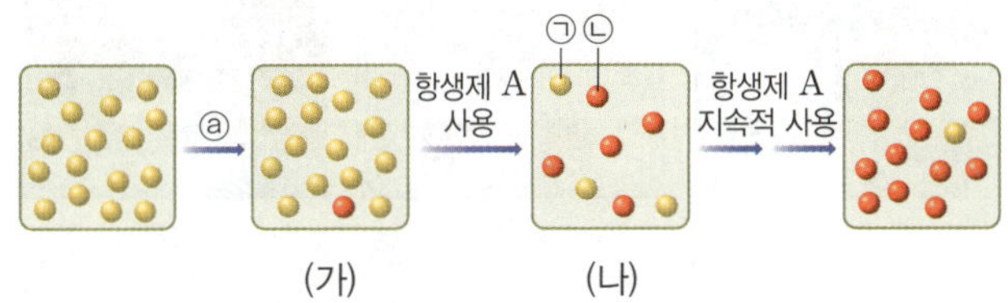

이 과정에 대한 설명으로 옳은 것만을 [보기]에서 있는 대로 고른 것은? (단, 외부와의 개체 출입은 없다.)

보기
ㄱ. ⓐ는 돌연변이이다.
ㄴ. ㉡은 '항생제 A에 내성이 있는 세균'이다.
ㄷ. (가) → (나) 과정에서 자연선택이 일어났다.

① ㄱ   ② ㄷ   ③ ㄱ, ㄴ
④ ㄴ, ㄷ   ⑤ ㄱ, ㄴ, ㄷ

317

다음은 혹파리 집단에서 일어난 자연선택에 대한 자료이다.

• 혹파리 유충은 식물에 혹이 만들어지게 하고 이 혹 안에서 산다.
• 혹의 크기는 혹파리가 가진 유전자의 영향을 받는다.
• 딱따구리는 혹 안의 혹파리 유충을 먹는다.
• 딱따구리는 큰 혹 안의 혹파리 유충을 주로 먹기 때문에 딱따구리가 있으면 혹파리 집단에서 식물 혹의 평균 크기가 작아지는 경향이 나타난다.

이에 대한 설명으로 옳은 것만을 [보기]에서 있는 대로 고른 것은?

보기
ㄱ. 혹의 크기는 변이가 있다.
ㄴ. 시간이 지날수록 혹파리 집단의 혹 크기의 다양성은 증가한다.
ㄷ. 크기가 작은 혹일수록 크기가 큰 혹보다 혹파리 유충의 생존에 유리하다.

① ㄱ   ② ㄴ   ③ ㄱ, ㄷ
④ ㄴ, ㄷ   ⑤ ㄱ, ㄴ, ㄷ

STEP 4

단원 종합 문제로 **만점 완성하기**

318

그림 (가)~(다)는 생물 다양성의 세 가지 의미를 나타낸 것이다. (가)~(다)는 각각 생태계다양성, 유전적 다양성, 종다양성을 순서 없이 나타낸 것이다.

 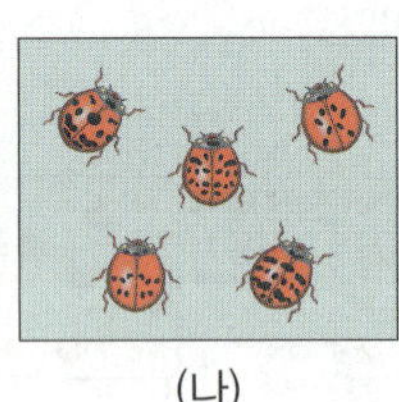 

(가)   (나)   (다)

이에 대한 설명으로 옳은 것만을 [보기]에서 있는 대로 고른 것은?

[보기]
ㄱ. (가)가 높을수록 생태계가 안정적으로 유지된다.
ㄴ. (나)가 높을수록 환경이 급격히 변할 때 멸종될 확률이 높아진다.
ㄷ. (다)가 높을수록 (가)는 높아지지만 (나)는 낮아진다.

① ㄱ   ② ㄴ   ③ ㄱ, ㄷ
④ ㄴ, ㄷ   ⑤ ㄱ, ㄴ, ㄷ

319

그림은 무당벌레 집단 A를, 표는 생물다양성의 세 가지 의미를 나타낸 것이다. (가)~(다)는 종다양성, 생태계다양성, 유전적 다양성을 순서 없이 나타낸 것이다. A를 구성하는 무당벌레는 모두 같은 종에 속한다.

집단 A

요소	의미
(가)	한 지역에 서식하는 생물종의 다양한 정도를 의미한다.
(나)	한 지역에 존재하는 생태계의 종류가 다양함을 의미한다.
(다)	동일한 생물종의 개체들 사이에서 형질이 다르게 나타나는 것을 의미한다.

이에 대한 설명으로 옳은 것만을 [보기]에서 있는 대로 고른 것은?

[보기]
ㄱ. A에서 무당벌레의 딱지날개 무늬가 다른 것은 (가)에 해당한다.
ㄴ. (나)는 생태계를 구성하는 생물과 환경 사이의 상호 작용에 관한 다양성을 포함한다.
ㄷ. 도로를 건설할 때 생태통로를 설치하면 (다)를 직접적으로 높일 수 있다.

① ㄱ   ② ㄴ   ③ ㄱ, ㄷ
④ ㄴ, ㄷ   ⑤ ㄱ, ㄴ, ㄷ

320

다음은 생물다양성과 생물다양성의 보전 방안에 대한 학생들의 발표 내용이다.

발표한 내용이 옳은 학생만을 있는 대로 고른 것은?

① A   ② B   ③ A, C
④ B, C   ⑤ A, B, C

고빈출
321

다음은 세 가지 반응의 산화·환원 반응식이다.

> (가) $Mg + 2HCl \longrightarrow MgCl_2 + H_2$
> (나) $2CuO + C \longrightarrow 2Cu + CO_2$
> (다) $2CO + O_2 \longrightarrow 2CO_2$

(가)~(다)에서 환원되는 물질을 옳게 짝 지은 것은?

	(가)	(나)	(다)
①	Mg	CuO	CO
②	Mg	C	O_2
③	HCl	CuO	CO
④	HCl	C	O_2
⑤	HCl	CuO	O_2

322

그림은 질산 은($AgNO_3$) 수용액에 철(Fe)못을 담갔을 때 일어나는 반응을 모형으로 나타낸 것이다.

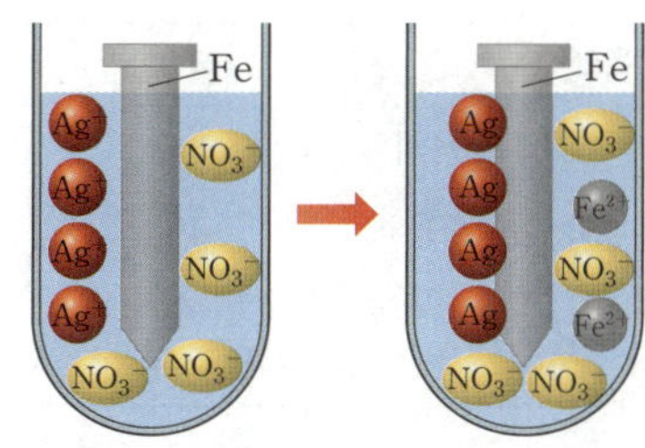

이에 대한 설명으로 옳은 것만을 보기 에서 있는 대로 고른 것은?

> **보기**
> ㄱ. 은 이온은 전자를 얻는다.
> ㄴ. 철은 산화된다.
> ㄷ. 수용액 속 $\dfrac{\text{음이온 수}}{\text{양이온 수}}$ 는 반응 전이 반응 후보다 크다.

① ㄱ   ② ㄷ   ③ ㄱ, ㄴ
④ ㄴ, ㄷ   ⑤ ㄱ, ㄴ, ㄷ

✔최다 오답
323

그림은 철의 제련 과정 (가)와 철의 부식 과정 (나)를 나타낸 것이다.

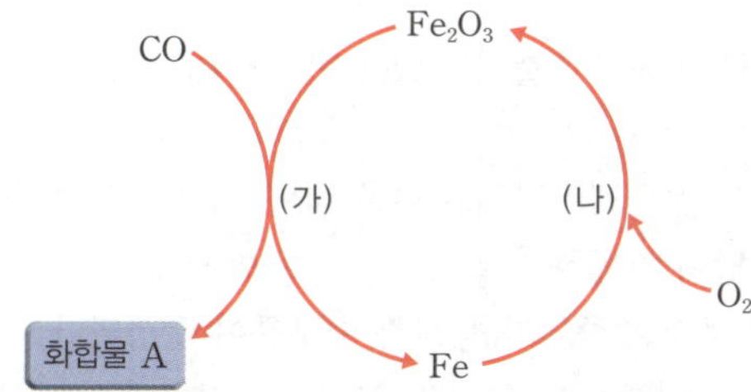

이에 대한 설명으로 옳은 것만을 보기 에서 있는 대로 고른 것은?

> **보기**
> ㄱ. A는 공유 결합 물질이다.
> ㄴ. (나)에서는 에너지가 주변으로 방출된다.
> ㄷ. (가)와 (나)는 모두 산화·환원 반응이다.

① ㄱ   ② ㄷ   ③ ㄱ, ㄴ
④ ㄴ, ㄷ   ⑤ ㄱ, ㄴ, ㄷ

324

그림은 약 40억 년 전부터 현재까지 대기 중 두 가지 기체의 농도를 나타낸 것이다. ㉠과 ㉡은 각각 이산화 탄소와 산소 중 하나이고, (가)에서부터 광합성이 시작되었다.

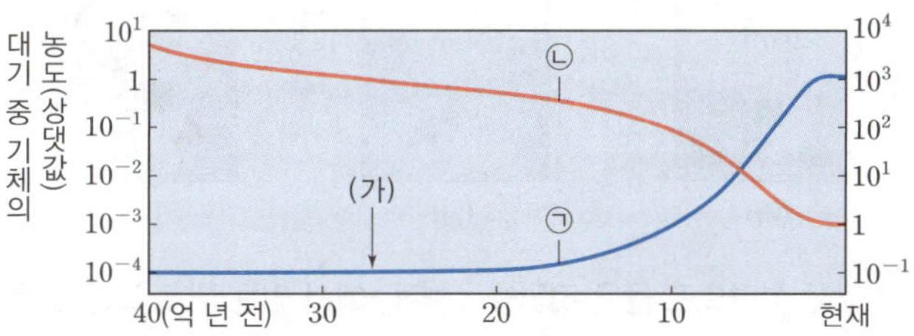

이에 대한 설명으로 옳은 것만을 보기 에서 있는 대로 고른 것은?

> **보기**
> ㄱ. ㉠은 이산화 탄소이다.
> ㄴ. (가)에서부터 시작된 화학 반응에서 ㉡은 반응물이다.
> ㄷ. (가)에서부터 시작된 반응은 산화·환원 반응이다.

① ㄱ   ② ㄴ   ③ ㄱ, ㄷ
④ ㄴ, ㄷ   ⑤ ㄱ, ㄴ, ㄷ

325

다음은 산화 구리(II)와 탄소(C)의 반응에 관한 실험이다. 석회수는 수산화 칼슘($Ca(OH)_2$) 수용액이다.

> [실험 과정 및 결과]
> 그림과 같이 시험관에 검은색의 산화 구리(II)와 탄소(C) 가루를 넣고 가열하였더니, 시험관 속에 ㉠붉은색의 물질이 생성되었고, 비커 속 ㉡석회수는 뿌옇게 흐려졌다.

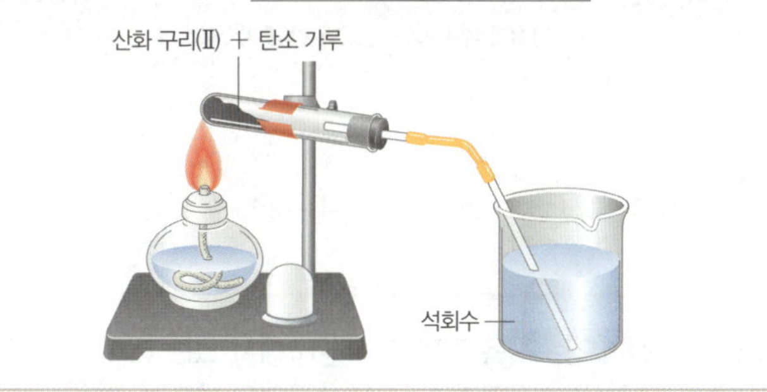

이에 대한 설명으로 옳은 것만을 보기 에서 있는 대로 고른 것은?

> **보기**
> ㄱ. ㉠은 구리(Cu)이다.
> ㄴ. 비커에서는 중화 반응이 일어난다.
> ㄷ. 반응이 일어날 때 시험관에서는 이온 수가 감소한다.

① ㄱ   ② ㄴ   ③ ㄱ, ㄷ
④ ㄴ, ㄷ   ⑤ ㄱ, ㄴ, ㄷ

STEP
4
단원 종합 문제로 만점 완성하기

326

그림은 산 HA 수용액 20 mL에 염기 BOH 수용액을 10 mL씩 넣었을 때, 수용액 속 이온을 모형으로 나타낸 것이다.

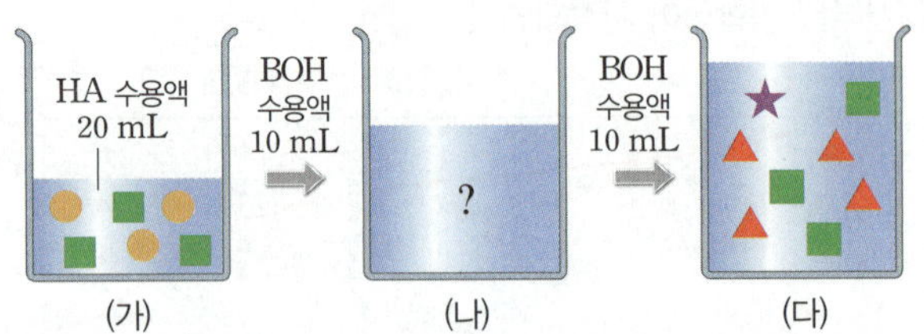

이에 대한 설명으로 옳은 것만을 보기 에서 있는 대로 고른 것은?

보기

ㄱ. ★은 OH^-이다.
ㄴ. (나)에 BTB 용액을 넣으면 파란색으로 변한다.
ㄷ. 수용액 속 총 이온 수비는 (나) : (다)=2 : 3이다.

① ㄱ   ② ㄴ   ③ ㄷ
④ ㄱ, ㄴ   ⑤ ㄱ, ㄷ

327

난이도 상

표는 HCl 수용액과 NaOH 수용액의 부피를 달리하여 혼합한 수용액 (가)~(라)에 대한 자료이다.

혼합 용액	혼합 전 수용액의 부피(mL)		생성된 물 분자 수
	HCl 수용액	NaOH 수용액	
(가)	10	30	$2N$
(나)	30	50	$5N$
(다)	50	10	N
(라)	50	30	xN

이에 대한 설명으로 옳은 것만을 보기 에서 있는 대로 고른 것은? (단, 혼합 전 HCl 수용액과 NaOH 수용액의 온도는 같다.)

보기

ㄱ. $x=5$이다.
ㄴ. 같은 부피에 들어 있는 전체 이온 수는 HCl 수용액이 NaOH 수용액의 2배이다.
ㄷ. (가)~(라) 중 최고 온도가 가장 높은 것은 (나)이다.

① ㄱ   ② ㄴ   ③ ㄷ
④ ㄱ, ㄴ   ⑤ ㄴ, ㄷ

328

난이도 상

표는 HCl 수용액과 NaOH 수용액의 부피를 달리하여 혼합한 용액 (가), (나)에 대한 자료이다.

혼합 용액		(가)	(나)
혼합 전 용액의 부피(mL)	HCl 수용액	30	V
	NaOH 수용액	40	20
혼합 용액의 이온 수비		$\dfrac{Cl^- \text{수}}{OH^- \text{수}}=3$	$\dfrac{Na^+ \text{수}}{H^+ \text{수}}=\dfrac{1}{3}$

이에 대한 설명으로 옳은 것만을 보기 에서 있는 대로 고른 것은?

보기

ㄱ. (가)와 (나)를 혼합한 용액은 산성이다.
ㄴ. $V=60$이다.
ㄷ. 생성된 물 분자 수는 (나)>(가)이다.

① ㄱ   ② ㄴ   ③ ㄱ, ㄷ
④ ㄴ, ㄷ   ⑤ ㄱ, ㄴ, ㄷ

329

다음은 자연에서 에너지 출입이 있는 반응에 대한 설명이다.

(가) 아미노산이 펩타이드 결합을 하여 단백질을 형성한다.
(나) 포도당이 결합하여 글리코젠으로 변한다.
(다) 공기 중의 수증기가 응결하여 구름이 형성된다.

이에 대한 설명으로 옳은 것만을 보기 에서 있는 대로 고른 것은?

보기

ㄱ. 단백질의 원자들은 공유 결합을 형성하고 있다.
ㄴ. (가)~(다) 중 에너지를 흡수하는 반응은 한 가지이다.
ㄷ. (가)~(다) 중 촉매가 반응을 빠르게 하는 것은 두 가지이다.

① ㄱ   ② ㄴ   ③ ㄱ, ㄷ
④ ㄴ, ㄷ   ⑤ ㄱ, ㄴ, ㄷ

330

그림 (가)와 (나)는 서로 다른 지질 시대의 수륙 분포를 나타낸 것이다.

(가)   (나)

수륙 분포가 (가)에서 (나)로 변하는 동안 지구 기후는 어떻게 변하였는지 서술하시오.

331

표는 생물다양성의 세 가지 의미를 나타낸 것이다. (가)~(다)는 종다양성, 생태계다양성, 유전적 다양성을 순서 없이 나타낸 것이다.

요소	의미
(가)	동일한 생물종의 개체들 사이에서 형질이 다르게 나타나는 것을 의미한다.
(나)	한 지역에 서식하는 생물종의 다양한 정도를 의미한다.
(다)	한 지역에 존재하는 생태계의 종류가 다양함을 의미한다.

(1) (가)~(다)가 무엇인지 각각 쓰시오.

(2) (다)가 높아질수록 (가)와 (나)는 어떻게 변하는지 쓰고, 그렇게 판단한 까닭을 서술하시오.

332

그림은 황화 은(Ag_2S)과 알루미늄(Al)을 반응시켜 은(Ag)을 얻는 과정의 일부를 나타낸 것이다. 이 반응에서 환원되는 물질과 산화되는 물질을 각각 쓰고, 그 까닭을 설명하시오.

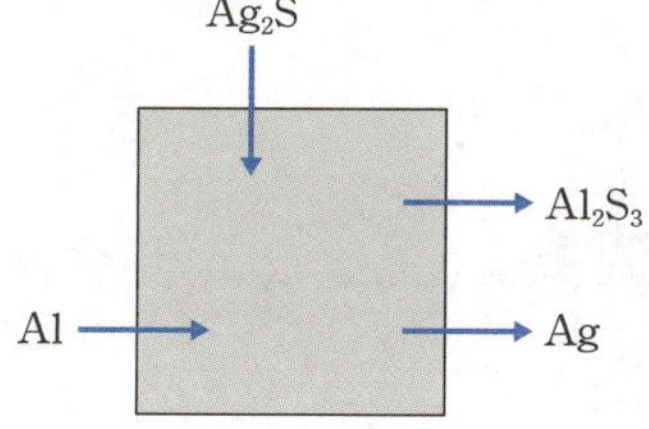

333

표는 HCl 수용액 V mL에 NaOH 수용액의 부피를 달리하여 혼합한 용액 (가)~(다)에 대한 자료이다.

혼합 용액		(가)	(나)	(다)
혼합 전 용액의 부피(mL)	HCl 수용액	V	V	V
	NaOH 수용액	30	60	20
페놀프탈레인 용액을 넣었을 때의 색		붉은색	붉은색	㉠
혼합 용액에 존재하는 모든 이온 수의 비		3 : 2 : 1	3 : 2 : 1	㉡

㉠과 ㉡을 각각 쓰고, ㉡을 구하는 과정을 서술하시오.

334

다음은 생석회와 소석회에 대한 설명이다.

> ㉠생석회는 탄산 칼슘($CaCO_3$)이 주성분인 석회석을 가열하여 만든 산화 칼슘(CaO)으로, 주로 건설 현장에서 습기 제거나 철을 만드는 과정에서 사용되며, 물과 반응하여 열을 발생시킨다.
> 소석회는 생석회에 물을 더해 얻은 수산화 칼슘($Ca(OH)_2$)으로, 벽돌이나 시멘트를 만드는 데 쓰이거나 ㉡농업에서 토양의 산도를 조절하는 데 사용된다.
> 이와 같이 생석회와 소석회는 각각 건설, 산업, 농업 등 다양한 분야에서 중요한 역할을 하는 물질이다.

(1) ㉠이 생성될 때와 물과 반응할 때의 에너지 출입을 각각 서술하시오.

(2) 소석회가 ㉡의 용도로 사용되는 까닭을 서술하시오.

II

환경과 에너지

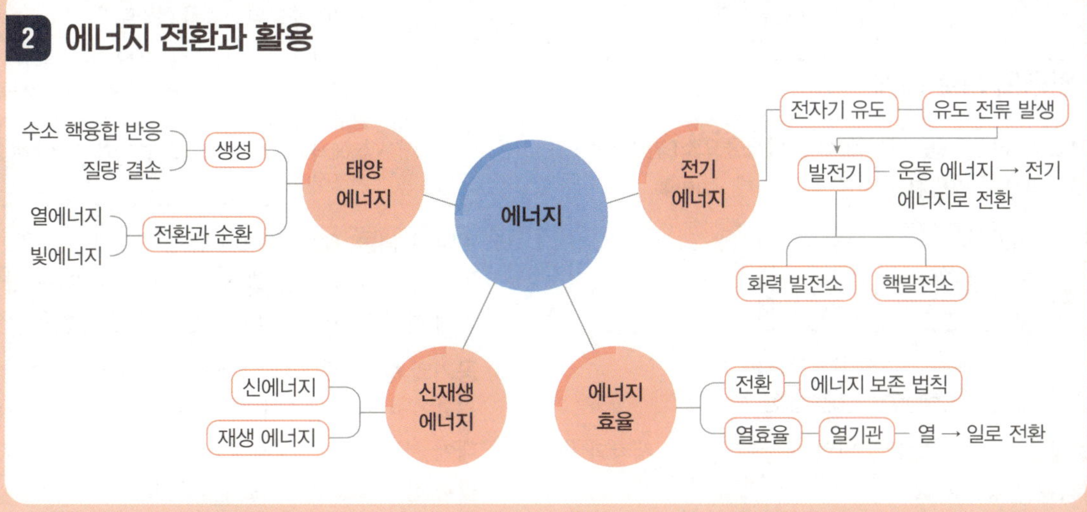

1 생태계와 환경 변화

2 에너지 전환과 활용

06 생태계의 구성요소와 환경

1 생태계를 구성하는 요소

(1) **생태계**: 생물과 환경이 서로 영향을 주고받으며 살아가는 체계

★(2) **생태계의 구성 단계**: 생태계는 개체 → 개체군 → 군집 → 생태계의 위계적인 구성 단계를 이루고 있다. (자료①)

  ① **개체**: 독립된 하나의 생명체
  ② **개체군**: 일정한 지역에서 함께 생활하는 같은 종의 생물 무리
    ➡ 한 종의 생물 개체가 모여 개체군을 이룬다.
  ③ **군집**: 일정한 지역에서 서로 관계를 형성하고 생활하는 여러 개체군의 무리 ➡ 여러 개체군이 모여 군집을 이룬다.

생태계의 구성 단계

(3) **생태계의 구성요소**: 비생물요소와 생물요소로 구성된다.

  ① **비생물요소**: 빛, 온도, 물, 공기, 토양 등 생물을 둘러싸고 있는 모든 환경 요인이다. ➡ 생물의 생존과 생활에 필요한 물질과 장소를 제공하며 생태계를 유지한다.
  ② **생물요소**: 생태계에 존재하는 모든 생물이다. ➡ 유기물을 얻는 방식에 따라 생산자, 소비자, 분해자로 구분된다. (자료②)

생산자	광합성으로 생명활동에 필요한 양분을 스스로 만드는 생물 예 녹색 식물, 해조류, 식물 플랑크톤 등
소비자	다른 생물을 먹이로 하여 양분을 얻는 생물 예 초식동물, 육식동물, 동물 플랑크톤 등
분해자	다른 생물의 배설물이나 죽은 생물을 분해하여 양분을 얻는 생물 예 버섯, 세균, 곰팡이 등

2 생물과 환경의 상호 관계

(1) **생태계 구성요소의 상호작용**: 생물요소와 비생물요소(환경)는 서로 영향을 주고받으며 밀접한 관계를 맺고 있다. (자료③)

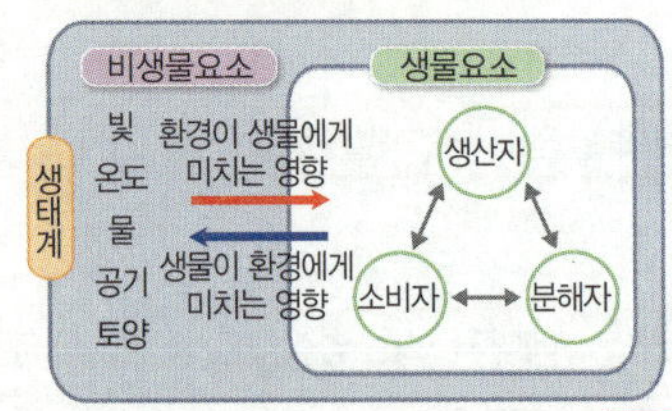

★(2) **빛과 생물**: 빛의 세기와 일조시간, 빛의 파장은 생물의 생장과 분포, 생활 방식에 영향을 준다.

└ 빛의 파장에 따라 해조류의 분포가 달라진다.
└ 햇빛이 실제로 내리쬐는 시간

① **빛의 세기** (자료④)
  • 소나무와 같이 빛이 충분한 환경에서 잘 자라는 식물이 있고, 밤나무와 같이 빛이 약한 환경에서도 잘 자라는 식물이 있다.
  • 빛의 세기가 강한 곳에 서식하는 식물의 잎은 울타리조직이 발달하여 두꺼운 반면, 빛의 세기가 약한 곳에 서식하는 식물의 잎은 일반적으로 얇고 넓다. 하나의 식물에서도 강한 빛을 받는 잎이 약한 빛을 받는 잎보다 두껍다.

② **일조시간**
  • 꾀꼬리, 종달새, 말 등은 일조시간이 길어지는 봄에 번식하고, 송어, 노루, 사슴 등은 일조시간이 짧아지는 가을에 번식한다.
  • 시금치, 무, 붓꽃 등은 일조시간이 길어지는 늦봄이나 초여름에 꽃이 피고, 국화, 도꼬마리, 코스모스는 일조시간이 짧아지는 늦여름이나 가을에 꽃이 핀다.

★(3) **온도와 생물**: 온도는 생물의 물질대사에 영향을 준다.

동물	• 정온동물 중 추운 지방에 사는 동물은 깃털이나 털이 발달되어 있고, 피하 지방층이 두꺼워 몸에서 열이 방출되는 것을 막는다. 정온동물의 겨울잠도 동물이 온도에 적응한 예이다. • 기온이 낮은 지역에 서식하는 정온동물일수록 몸집이 커지고 몸 말단부가 작아진다. ➡ 단위 부피에 대한 체표면적의 비율이 낮아져 열손실이 줄어든다. 예 북극여우는 사막여우에 비해 몸집이 크고 몸의 말단부가 작다. • 양서류나 파충류와 같은 변온동물은 겨울이 되면 체온이 낮아져 물질대사 속도가 느려지므로 겨울잠을 잔다.
식물	• 툰드라에 사는 털송이풀은 잎이나 꽃에 털이 나 있어 체온이 낮아지는 것을 막는다. • 낙엽수는 기온이 낮아지면 잎의 엽록소가 파괴되어 단풍이 들게 되고, 잎을 떨어뜨리며 겨울눈을 만든다.

(4) **물과 생물**: 물은 생물이 생명 현상을 유지하는 데 반드시 필요하다.

동물	• 건조한 사막에 사는 도마뱀과 같은 파충류는 몸 표면이 비늘로 덮여 있고, 곤충은 몸 표면이 키틴질로 되어 있으며, 새의 알은 단단한 껍질로 싸여 있어 수분의 손실을 막는다. • 건조한 환경에 사는 낙타나 캥거루쥐는 고농도의 오줌을 배설하여 수분의 손실을 줄인다.
식물	• 건조한 지역에 서식하는 선인장은 뿌리가 발달해 있고, 줄기에 많은 양의 물을 저장하며, 잎이 가시로 변해 수분의 증발을 막는다. • 물에서 서식하는 연꽃의 줄기와 뿌리에는 공기가 통하는 통기조직이 발달되어 있다.

(5) **토양과 생물**: 토양은 여러 땅속 생물과 수많은 미생물이 서식하는 터전을 제공한다. 예 지렁이와 두더지는 토양에 공기가 잘 통하게 하여 토양에 서식하는 생물이 살기 좋은 환경을 만든다.

(6) **공기와 생물**: 공기에는 생물의 호흡에 필요한 산소와 광합성의 원료인 이산화 탄소가 포함되어 있다. 예 산소가 희박한 고산지대에 사는 사람은 평지에 사는 사람보다 혈액 속 적혈구의 수가 많아 산소를 효율적으로 운반한다.

다음 자료에 대한 설명으로 옳은 것은 ○표, 옳지 않은 것은 ✕표 하시오.

자료 ❶ 생태계의 구성 단계
동아, 미래엔, 비상, 지학사, 천재

그림은 생태계의 구성 단계를 나타낸 것이다. (가)와 (나)는 각각 군집과 개체군 중 하나이다.

335 (가)는 군집이다. ○/✕

336 (가)는 동일한 종의 개체들로 구성된다. ○/✕

337 (나)는 일정 지역에 사는 여러 생물종으로 구성된다. ○/✕

338 생태계는 각 개체군을 구성하는 여러 생물종들만이 서로 영향을 주고받으며 살아가는 체계이다. ○/✕

자료 ❷ 생물요소
동아, 미래엔, 비상, 지학사, 천재

표는 생물요소와 각 생물요소의 예를 나타낸 것이다. (가)와 (나)는 각각 생산자와 소비자 중 하나이다.

생물요소	예
분해자	세균, 곰팡이 등
(가)	녹색 식물, 해조류 등
(나)	초식동물, 육식동물 등

339 (가)는 광합성을 통해 스스로 양분을 만든다. ○/✕

340 (나)는 소비자이다. ○/✕

341 버섯은 (가)에 해당한다. ○/✕

342 식물 플랑크톤은 분해자에 해당한다. ○/✕

343 (가)에서 (나)로 유기물의 형태로 에너지가 이동한다. ○/✕

자료 ❸ 생태계 구성요소의 상호작용
동아, 미래엔, 비상, 지학사, 천재

그림은 생태계를 구성하는 요소들 사이의 관계를 나타낸 것이다. (가)와 (나)는 각각 생물요소와 비생물요소 중 하나이다.

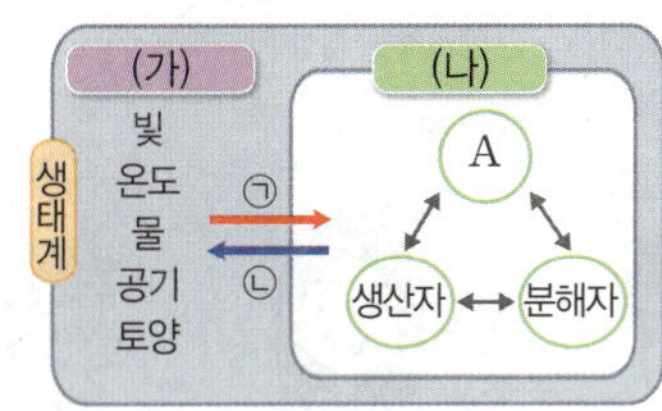

344 (가)는 생물의 생존 및 생활에 필요한 물질과 장소를 제공하며 생태계를 유지한다. ○/✕

345 (나)는 생물요소이다. ○/✕

346 동물 플랑크톤은 A에 해당한다. ○/✕

347 A는 다른 생물을 먹이로 하여 양분을 얻는다. ○/✕

348 기온이 낮아지면 단풍나무의 잎이 붉게 변하는 것은 ㉡에 해당한다. ○/✕

자료 ❹ 생물과 환경의 상호 관계
비상, 지학사, 천재

그림은 하나의 식물에서 서로 다른 부위에 형성된 두 가지 잎의 단면을 나타낸 것이다. (가)와 (나)는 강한 빛을 받는 잎과 약한 빛을 받는 잎을 순서 없이 나타낸 것이다.

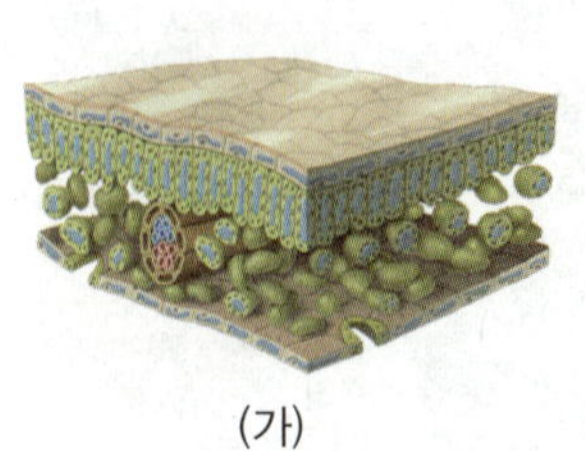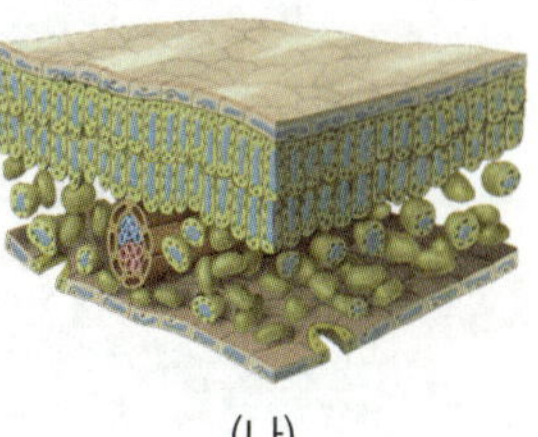

(가) (나)

349 (가)는 약한 빛을 받는 잎이다. ○/✕

350 (나)는 (가)보다 잎이 얇고 넓다. ○/✕

351 (나)는 (가)보다 울타리조직이 발달되어 있다. ○/✕

352 (가)와 (나)에서 잎의 두께 차이에 영향을 준 환경 요인은 온도이다. ○/✕

353 (가)와 (나) 중 빛의 세기가 강한 곳에 서식하는 식물의 잎은 (가)이다. ○/✕

STEP 2 학교 기출 문제로 **내신 대비하기**

1 생태계를 구성하는 요소

354

그림은 생태계에 대한 학생들의 대화이다.

설명한 내용이 옳은 학생만을 있는 대로 고른 것은?

① A   ② C   ③ A, B
④ A, C   ⑤ B, C

★고빈출
355

그림은 어떤 연못 생태계를 나타낸 것이다.

이에 대한 설명으로 옳은 것만을 보기 에서 있는 대로 고른 것은?

보기

ㄱ. 연못 생태계는 생물요소로만 구성된다.
ㄴ. 버섯과 검정말은 모두 분해자에 해당한다.
ㄷ. 오리, 개구리, 붕어가 모여 군집을 구성한다.

① ㄱ   ② ㄷ   ③ ㄱ, ㄴ
④ ㄴ, ㄷ   ⑤ ㄱ, ㄴ, ㄷ

356

그림은 생태계를 구성하는 요소 중 생물요소를 나타낸 것이다.

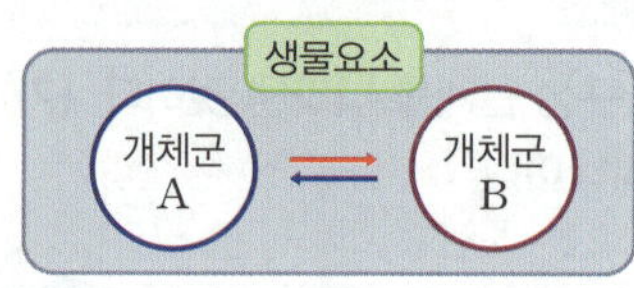

이에 대한 설명으로 옳은 것만을 보기 에서 있는 대로 고른 것은?

보기

ㄱ. 개체군 A는 동일한 종으로 구성된다.
ㄴ. 개체군 A와 B가 모여 군집을 이룬다.
ㄷ. 분해자는 생물요소에 해당한다.

① ㄱ   ② ㄴ   ③ ㄱ, ㄷ   ④ ㄴ, ㄷ   ⑤ ㄱ, ㄴ, ㄷ

★고빈출
357

다음은 어떤 생태계를 구성하는 생물들을 3개의 집단으로 구분한 것이다.

(가) 세균, 곰팡이, 버섯
(나) 녹색 식물, 조류, 식물 플랑크톤
(다) 독수리, 늑대, 여우, 토끼

이에 대한 설명으로 옳은 것만을 보기 에서 있는 대로 고른 것은?

보기

ㄱ. (가)에 의해 분해된 물질들은 환경으로 되돌아간다.
ㄴ. 동물 플랑크톤은 (나)에 해당한다.
ㄷ. (가)~(다)를 구분하는 기준은 서식지의 종류이다.

① ㄱ   ② ㄴ   ③ ㄷ   ④ ㄱ, ㄴ   ⑤ ㄴ, ㄷ

★고빈출
358

그림은 생태계를 구성하는 요소 사이의 상호 관계를 나타낸 것이다.

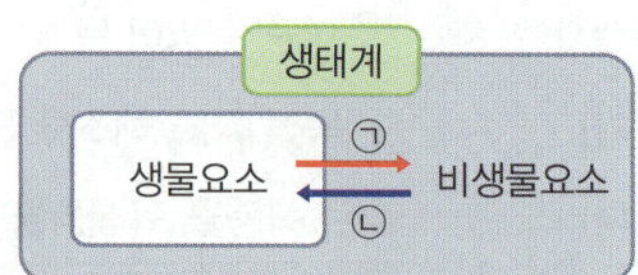

이에 대한 설명으로 옳은 것만을 보기 에서 있는 대로 고른 것은?

보기

ㄱ. 강수량은 비생물요소에 해당한다.
ㄴ. 생물요소는 여러 개체군들이 모여 구성된다.
ㄷ. 식물의 광합성이 공기 중의 이산화 탄소 농도에 영향을 주는 것은 ㉡에 해당한다.

① ㄱ   ② ㄷ   ③ ㄱ, ㄴ   ④ ㄴ, ㄷ   ⑤ ㄱ, ㄴ, ㄷ

359 서술형

난이도 상

그림은 어떤 연못 생태계를 나타낸 것이다.

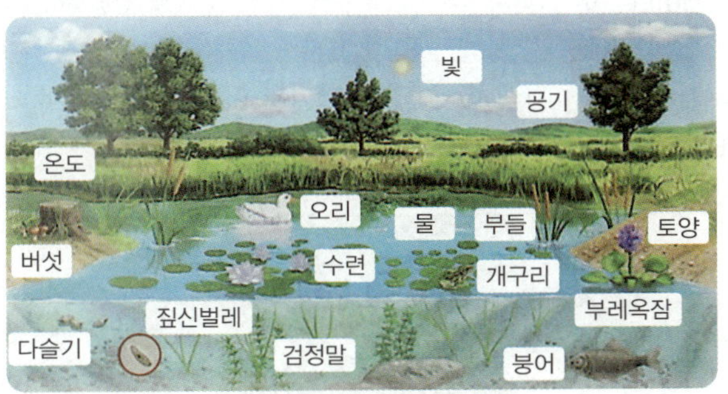

(1) 위 연못 생태계에서 비생물요소를 모두 쓰시오.

(2) 위 연못 생태계에서 생물요소를 생산자, 소비자, 분해자로 구분하여 서술하시오.

(3) 물과 수련 사이에 일어나는 상호작용의 예를 서술하시오.

---

2 생물과 환경의 상호 관계

고빈출
360

생태계를 구성하는 요소 사이의 상호 관계를 나타낸 것이다. 남세균은 빛을 흡수하여 광합성을 한다.

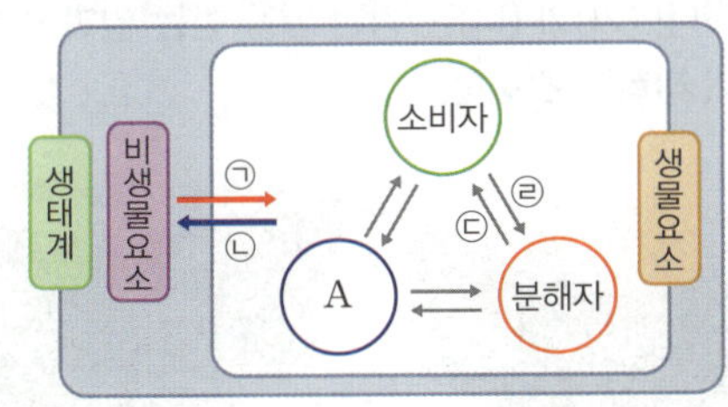

이에 대한 설명으로 옳은 것만을 보기 에서 있는 대로 고른 것은?

보기

ㄱ. 남세균은 A에 해당한다.
ㄴ. 지의류에 의해 암석의 풍화가 촉진되어 토양이 형성되는 것은 ㉠에 해당한다.
ㄷ. 콩과식물이 뿌리혹박테리아로부터 질소를 공급받는 것은 ㉢에 해당한다.

① ㄱ　　　② ㄷ　　　③ ㄱ, ㄴ
④ ㄴ, ㄷ　　　⑤ ㄱ, ㄴ, ㄷ

361

그림은 생태계를 구성하는 요소들 사이의 관계를 나타낸 것이다.

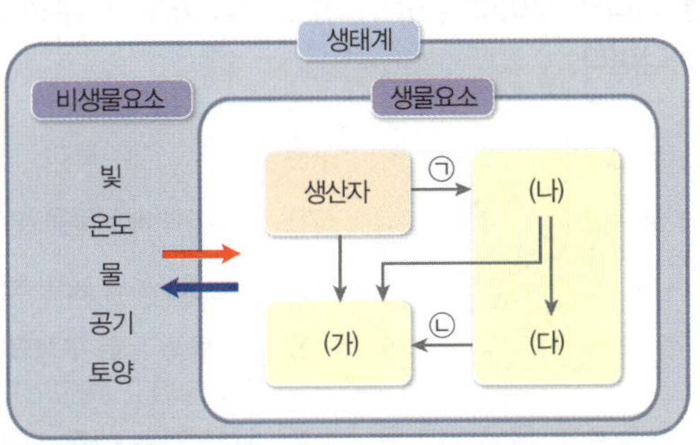

이에 대한 설명으로 옳은 것만을 보기 에서 있는 대로 고른 것은? (단, → 는 유기물의 이동을 나타낸다.)

보기

ㄱ. (가)는 먹이사슬의 가장 하위 단계에 위치한다.
ㄴ. ㉠에서 유기물은 먹이사슬을 통해 상위 영양단계로 이동한다.
ㄷ. ㉡에서 유기물은 주로 생물의 사체 형태로 이동한다.

① ㄱ　　　② ㄷ　　　③ ㄱ, ㄴ
④ ㄴ, ㄷ　　　⑤ ㄱ, ㄴ, ㄷ

362

그림 (가)는 생태계를 구성하는 요소 사이의 관계를, (나)는 빛의 파장에 따른 해조류의 분포를 나타낸 것이다. A와 B는 각각 분해자와 생산자 중 하나이다.

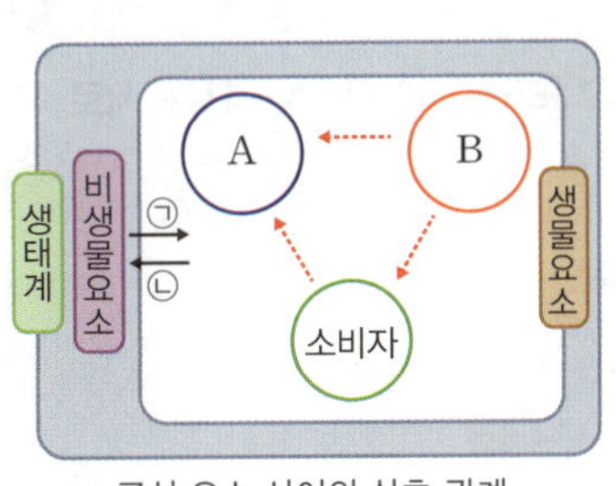

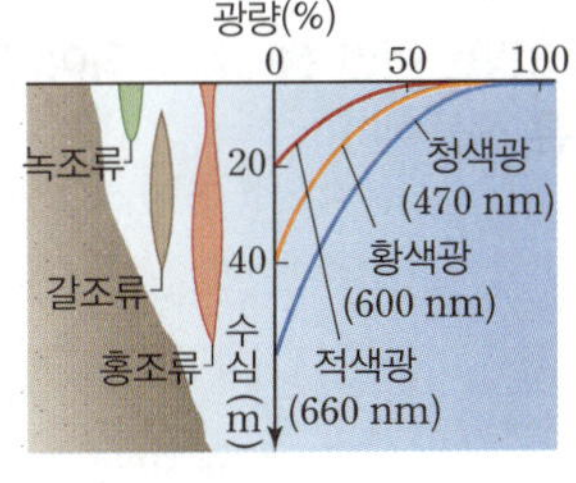

→ 구성 요소 사이의 상호 관계
┈▶ 탄소의 이동

(가)　　　　(나)

이에 대한 설명으로 옳은 것만을 보기 에서 있는 대로 고른 것은?

보기

ㄱ. A는 생산자이다.
ㄴ. 해조류는 B에 해당한다.
ㄷ. (나)는 ㉠의 예에 해당한다.

① ㄱ　　　② ㄷ　　　③ ㄱ, ㄴ
④ ㄴ, ㄷ　　　⑤ ㄱ, ㄴ, ㄷ

363

난이도 상

그림은 생태계를 구성하는 요소 사이의 상호 관계를, 표는 (가)~(다)의 특징을 나타낸 것이다. (가)~(다)는 각각 개체군, 분해자, 비생물요소 중 하나이다.

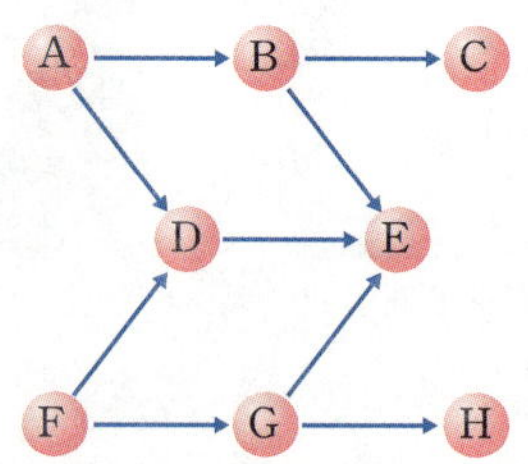

구분	특징
(가)	사체와 배설물을 분해한다.
(나)	물, 빛, 온도 등이 해당한다.
(다)	식물종 A로 구성되어 있다.

이에 대한 설명으로 옳은 것만을 보기 에서 있는 대로 고른 것은?

보기
ㄱ. 식물 플랑크톤은 (가)에 해당한다.
ㄴ. (가)가 (나)에 영향을 주는 것은 ⓐ에 해당한다.
ㄷ. 숲을 구성하는 양수와 음수가 모여 (다)를 구성한다.

① ㄱ   ② ㄴ   ③ ㄱ, ㄷ
④ ㄴ, ㄷ   ⑤ ㄱ, ㄴ, ㄷ

364

난이도 상

그림은 어떤 생태계의 먹이 관계를 나타낸 것이다. A~H는 서로 다른 생물이다.

이에 대한 설명으로 옳은 것만을 보기 에서 있는 대로 고른 것은?

보기
ㄱ. 생산자는 A와 F이다.
ㄴ. 소비자는 모두 6종이다.
ㄷ. 최종 소비자는 C, E, H이다.

① ㄱ   ② ㄷ   ③ ㄱ, ㄴ
④ ㄴ, ㄷ   ⑤ ㄱ, ㄴ, ㄷ

365

다음은 어떤 비생물요소가 잎의 단면 구조에 영향을 미친 결과를 나타낸 것이다.

동일한 식물이라도 A는 울타리조직이 발달하여 잎이 두꺼운 반면, B는 울타리조직이 발달하지 못하여 얇고 넓다.

이와 같은 결과가 나타나게 하는 비생물요소의 영향에 대한 사례로 옳은 것은?

① 곤충은 몸 표면이 키틴질로 덮여 있다.
② 온대 지방의 낙엽수는 가을이 되면 단풍이 든다.
③ 사막여우는 북극여우보다 귀가 크고 몸집이 작다.
④ 사슴은 낮의 길이가 짧아지는 가을에 번식을 한다.
⑤ 선인장은 저수조직이 발달되어 있고, 잎은 가시로 되어 있다.

366 서술형

그림은 하나의 식물에서 서로 다른 부위에 형성된 두 가지 잎의 단면을 나타낸 것이다. (가)와 (나)는 강한 빛을 받는 잎과 약한 빛을 받는 잎을 순서 없이 나타낸 것이다.

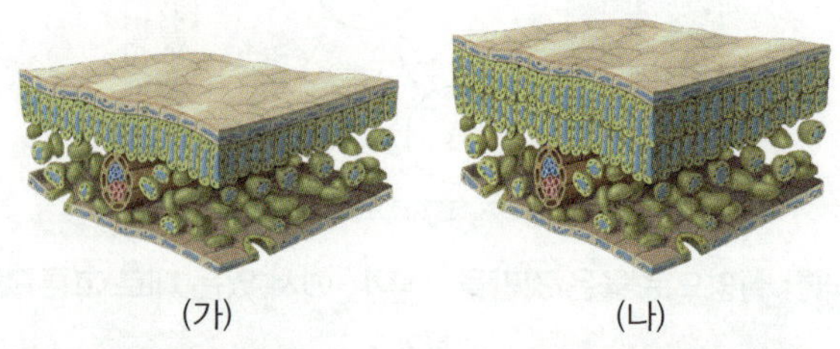

(가)   (나)

(1) (가)와 (나) 중 강한 빛을 받는 잎과 약한 빛을 받는 잎을 구분하여 쓰시오.

(2) (가)와 (나)를 비교하여 차이점을 서술하시오.

367

온도가 생물에게 영향을 미쳐 나타나는 현상만을 〔보기〕에서 있는 대로 고른 것은?

──── 보기 ────
ㄱ. 낙엽수는 가을이 되면 단풍이 든다.
ㄴ. 곤충은 몸 표면이 키틴질로 되어 있다.
ㄷ. 파충류의 알은 단단한 껍데기로 싸여 있다.
ㄹ. 북극여우는 사막여우보다 몸집이 크고 귀가 작다.
ㅁ. 일조시간이 길어지거나 짧아지는 변화에 따라 꽃이 피는 시기, 새가 알을 낳는 시기가 정해진다.

① ㄱ, ㄹ   ② ㄴ, ㄷ   ③ ㄱ, ㄴ, ㅁ
④ ㄱ, ㄷ, ㄹ   ⑤ ㄴ, ㄹ, ㅁ

369 · 서술형

그림은 서로 다른 지역에 서식하는 여우를 나타낸 것이다.

북극여우   사막여우

사는 지역에 따라 여우의 귀와 몸집의 크기가 차이나는 까닭을 생태계의 비생물요소와 관련지어 서술하시오.

____

____

368

난이도 상

표는 서식지에 따른 펭귄의 평균 몸 길이를, 그림은 사막여우와 북극여우의 모습을 나타낸 것이다.

종명	서식지 (위도)	몸 길이 (cm)
갈라파고스펭귄	약 0°	50
로열펭귄	약 45°	70
황제펭귄	남극	115

사막여우   북극여우

이에 대한 설명으로 옳은 것만을 〔보기〕에서 있는 대로 고른 것은?

──── 보기 ────
ㄱ. 사막여우가 북극여우보다 몸집이 작다.
ㄴ. 펭귄과 여우의 몸 길이와 모양의 차이는 모두 온도에 적응한 예이다.
ㄷ. 갈라파고스펭귄이 황제펭귄보다 몸 길이에 대한 몸의 말단부의 비율이 크다.

① ㄱ   ② ㄷ   ③ ㄱ, ㄴ
④ ㄴ, ㄷ   ⑤ ㄱ, ㄴ, ㄷ

370

난이도 상

그림은 바다의 깊이에 따른 해조류의 분포와 도달하는 빛의 파장과 양을 나타낸 것이다.

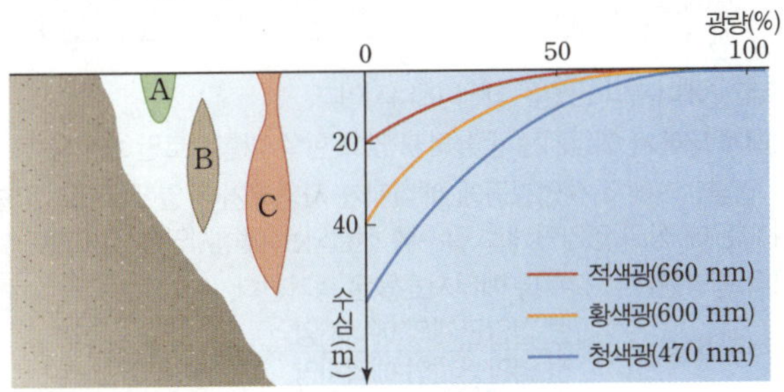

이에 대한 설명으로 옳은 것만을 〔보기〕에서 있는 대로 고른 것은?

──── 보기 ────
ㄱ. A는 광합성을 할 때 적색광만 이용한다.
ㄴ. 파장이 짧은 빛일수록 깊은 수심에 도달한다.
ㄷ. 수심 40 m보다 깊은 곳에 서식하는 해조류는 청색광보다 적색광을 더 많이 이용한다.

① ㄱ   ② ㄴ   ③ ㄷ
④ ㄱ, ㄴ   ⑤ ㄴ, ㄷ

07 생태계평형

1 먹이 관계와 생태피라미드

(1) **먹이 관계**: 생태계에서 생물들은 먹이 관계로 연결되어 있다. **자료❶**

  ① **먹이사슬**: 생산자로부터 최종 소비자까지 먹고 먹히는 관계를 사슬 모양으로 나타낸 것

  ★② **먹이그물**: 여러 개의 먹이사슬이 그물처럼 복잡하게 서로 얽혀 있는 것

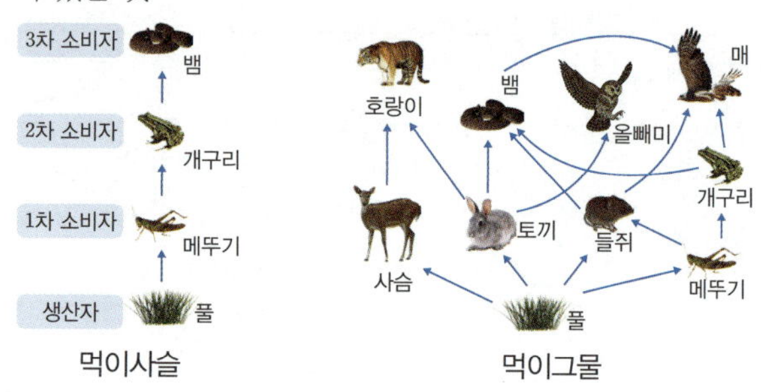

(2) **생태계에서의 에너지 흐름**

  ① 생태계에서 에너지는 먹이사슬을 따라 하위 영양단계에서 상위 영양단계로 이동한다.

  ★② 상위 영양단계로 갈수록 전달되는 에너지양은 감소한다.

자료 분석 **생태계에서의 에너지 흐름** **자료❷**

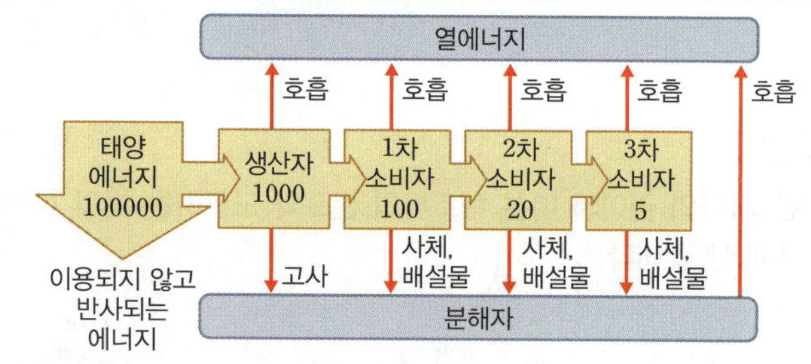

1 생태계 에너지의 근원은 태양 에너지이다.

2 생태계 내에서 에너지는 순환하지 않고 한쪽 방향으로만 흐른다.

3 각 영양단계에서 생명활동에 에너지가 사용되거나 열에너지로 방출되기 때문에 상위 영양단계로 갈수록 전달되는 에너지양은 감소한다.

4 상위 영양단계로 갈수록 에너지효율은 증가한다.

$$\text{에너지효율}(\%) = \frac{\text{현 영양단계의 에너지양}}{\text{전 영양단계의 에너지양}} \times 100$$

(3) **생태피라미드**: 먹이사슬에서 각 영양단계의 에너지양, 개체수, 생체량을 하위 영양단계부터 쌓아 올린 것이 생태피라미드이다.

  ➜ 상위 영양단계로 갈수록 줄어드는 피라미드 형태를 나타낸다.

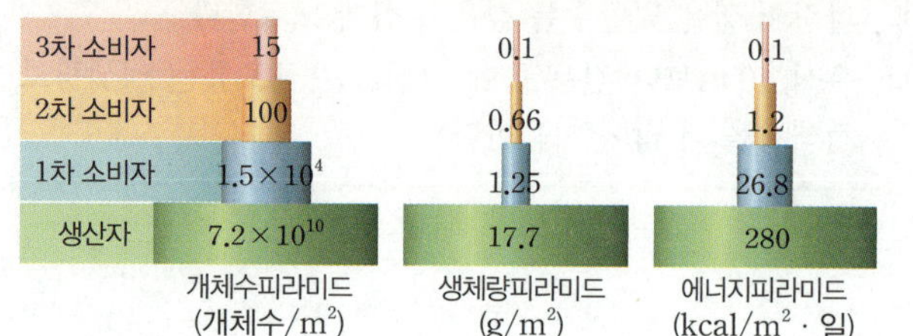

2 생태계평형

(1) **생태계평형**

  ① 생태계를 구성하는 생물의 종류, 개체수, 물질의 양, 에너지 흐름이 안정되게 유지되는 상태이다.

  ★② 먹이 관계가 복잡할수록 생태계평형이 잘 유지된다. **자료❸**

★(2) **생태계평형이 회복되는 과정**: 1차 소비자 증가 ➜ 생산자 감소, 2차 소비자 증가 ➜ 2차 소비자 증가에 의해 1차 소비자 감소 ➜ 1차 소비자 감소에 의해 생산자 증가, 2차 소비자 감소 ➜ 생태계평형이 회복된다. **자료❹**

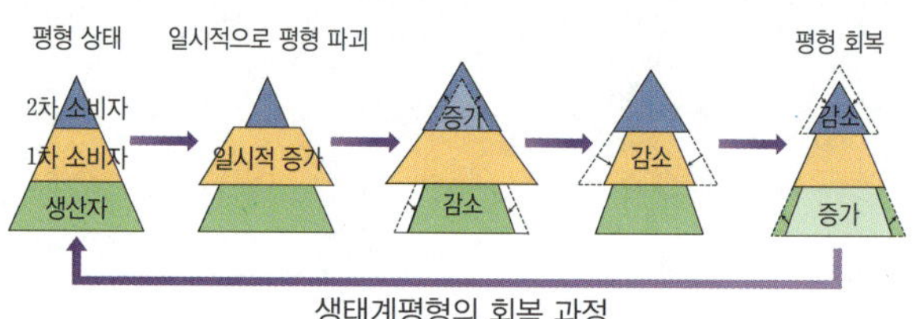

3 환경 변화와 생태계

★(1) **생태계평형을 파괴하는 환경 변화**: 생태계가 스스로 회복할 수 있는 한계를 넘어서는 환경 변화가 일어나면 생태계에서 생물의 서식지와 먹이 관계가 파괴되어 생태계평형이 깨진다.

  ① **자연재해**: 가뭄, 산불, 산사태, 지진, 태풍, 화산 폭발, 홍수 등으로 생물의 서식지가 사라지고 먹이 관계가 파괴되어 생태계평형이 깨진다.

  ② **인간의 활동**: 인구의 증가와 도시화 등으로 인한 인간의 활동은 급격한 환경 변화를 일으켜 생태계평형을 깨뜨린다.

무분별한 벌목	생물의 서식지가 줄어 숲의 생태계가 파괴되고, 토양이 쉽게 침식된다.
환경오염	• 대기오염: 지구의 기후가 변화하면서 생물 서식지가 변하거나 생물의 멸종이 일어나기도 한다. • 수질오염: 생활 하수, 축산 폐수 속 유기물이 용존산소량을 감소시키고, 공장 폐수 속 산성 물질이나 중금속이 수생 생물의 생존을 위협한다. • 토양오염: 농약이나 비료에 의해 토양이 오염된다.
무분별한 포획과 남획	생물의 개체수를 감소시켜 생물의 멸종을 일으킨다.
외래종의 유입	천적이 없는 외래종이 생태계에 적응하게 되면 개체수가 폭발적으로 증가하여 토종 생물을 위협한다.

유기물에 의해 하천의 플랑크톤이 급격히 증가하므로 용존산소량이 감소한다.

(2) **생태계 보전을 위한 노력**: 생태계가 파괴되면 회복되는 데 오랜 시간이 필요하므로 자원 절약, 생태통로 설치, 도시 숲 또는 공원 조성, 하천 복원 등을 통해 생태계평형을 유지하기 위해 노력해야 한다.

살포된 농약이나 비료는 토양을 오염시키고, 작물에 흡수되어 작물을 먹이로 하는 조류나 포유류 등의 생존에 영향을 준다.

다음 자료에 대한 설명으로 옳은 것은 ○표, 옳지 않은 것은 ✕표 하시오.

자료 ① 먹이 관계
동아, 미래엔, 비상, 지학사, 천재

그림은 생태계 (가)와 (나)에서의 먹이 관계를 나타낸 것이다. (가)와 (나)는 각각 먹이그물과 먹이사슬 중 하나이다.

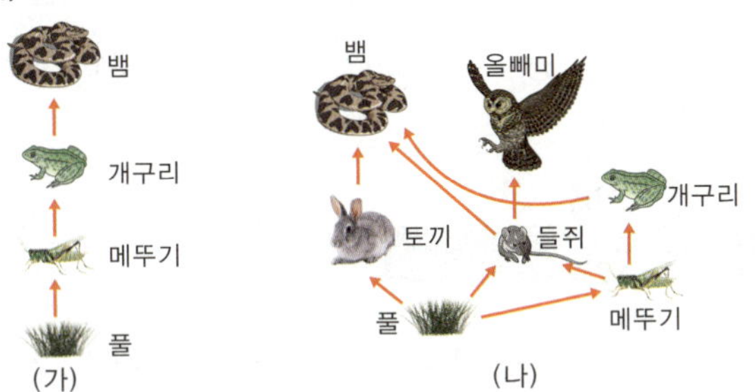

371 (가)는 먹이그물이다.   ○/✕

372 (가)와 (나)에서 모두 뱀은 항상 3차 소비자에 해당한다.   ○/✕

373 (나)에서 토끼와 메뚜기는 모두 1차 소비자에 해당한다.   ○/✕

374 환경 변화로 메뚜기가 사라질 때 생태계평형은 (나)에서가 (가)에서보다 잘 유지된다.   ○/✕

자료 ② 생태계 내에서의 에너지 흐름
동아, 미래엔, 비상, 지학사, 천재

그림은 생태계 내에서의 에너지 흐름을 나타낸 것이다.

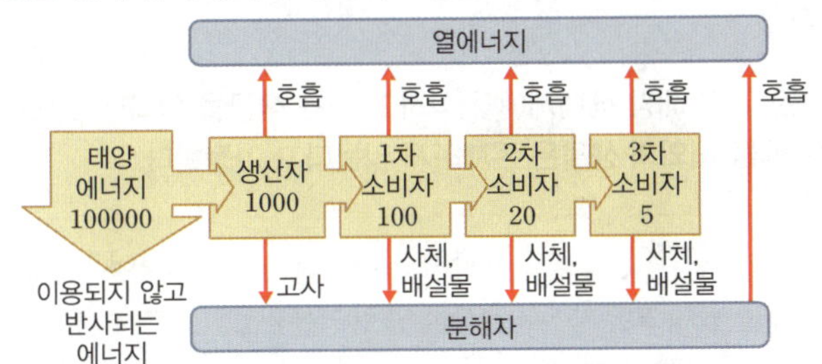

375 생태계로 유입되는 에너지의 근원은 태양 에너지이다.   ○/✕

376 생태계를 구성하는 각 영양단계에서 일부 에너지는 열에너지로 방출된다.   ○/✕

377 상위 영양단계로 갈수록 전달되는 에너지양은 감소한다.   ○/✕

378 생태계 내에서 에너지는 순환한다.   ○/✕

자료 ③ 먹이 관계와 생태계평형
비상

그림은 어떤 생태계에서 눈신토끼와 스라소니 개체군의 개체수 변동을 나타낸 것이다. A와 B는 각각 눈신토끼와 스라소니 개체군 중 하나이다.

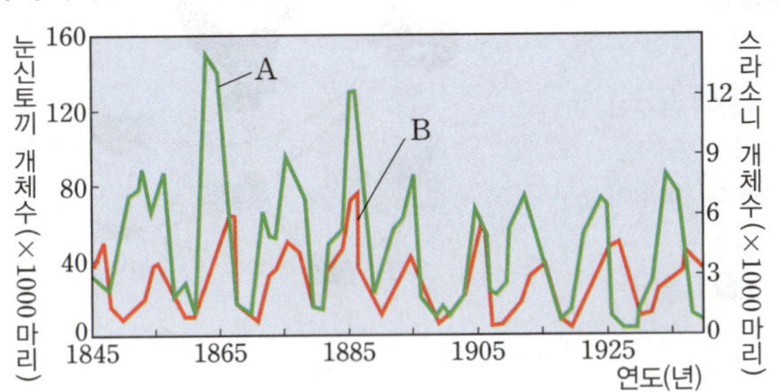

379 눈신토끼와 스라소니는 모두 소비자에 해당한다.   ○/✕

380 A는 눈신토끼 개체군이다.   ○/✕

381 먹이사슬을 통해 B에서 A로 에너지가 이동한다.   ○/✕

382 스라소니 개체군의 개체수가 감소하면 눈신토끼 개체군의 개체수도 감소한다.   ○/✕

383 군집을 구성하는 개체군 사이의 먹이 관계는 각 개체군의 개체수 변화에 영향을 미친다.   ○/✕

자료 ④ 생태계평형의 회복 과정
동아, 미래엔, 비상, 지학사, 천재

그림은 안정된 생태계의 개체수피라미드를 나타낸 것이다. ㉠~㉢은 생산자, 1차 소비자, 2차 소비자를 순서 없이 나타낸 것이다.

384 ㉠은 생산자이다.   ○/✕

385 상위 영양단계로 갈수록 개체수는 증가한다.   ○/✕

386 먹이사슬을 통해 ㉢에서 ㉡으로 유기물이 이동한다.   ○/✕

387 어떤 요인에 의해 1차 소비자가 증가하면 ㉢의 개체수는 감소하고 ㉠의 개체수는 증가한다.   ○/✕

388 안정된 생태계는 어떤 요인에 의해 일시적으로 생태계평형이 깨지더라도 시간이 지나면 평형을 회복한다.   ○/✕

학교 기출 문제로 내신 대비하기

1 먹이 관계와 생태피라미드

389
그림은 생태계 (가)와 (나)의 먹이 관계를 나타낸 것이다.

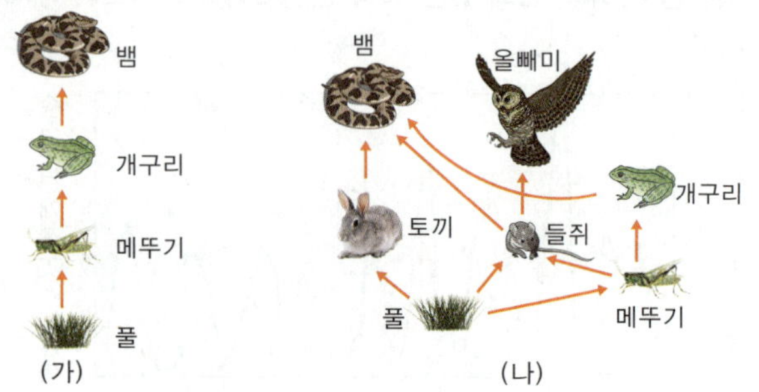

이에 대한 설명으로 옳은 것만을 〈보기〉에서 있는 대로 고른 것은?

〈보기〉
ㄱ. (가)에서 풀이 가진 에너지는 모두 메뚜기에게 전달된다.
ㄴ. (가)와 (나)에서 뱀은 모두 3차 소비자이다.
ㄷ. (가)와 (나)에서 모두 메뚜기가 사라지면 개구리가 사라질 것이다.

① ㄱ   ② ㄷ   ③ ㄱ, ㄴ
④ ㄴ, ㄷ   ⑤ ㄱ, ㄴ, ㄷ

390
그림은 여러 생물의 먹이 관계를 나타낸 것이다.

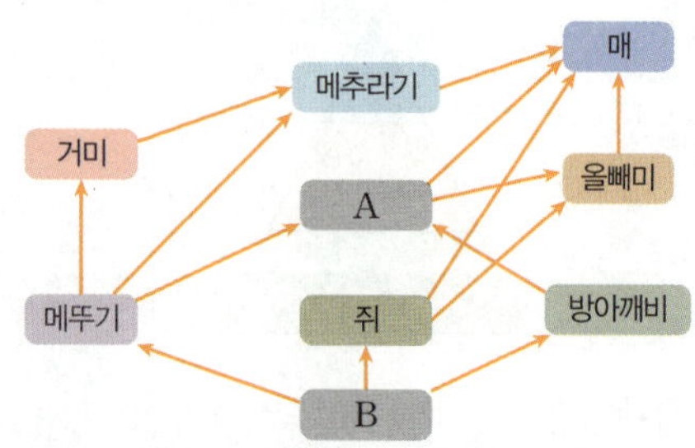

이에 대한 설명으로 옳은 것만을 〈보기〉에서 있는 대로 고른 것은?

〈보기〉
ㄱ. A는 2차 소비자이다.
ㄴ. B는 무기물로부터 스스로 양분을 합성한다.
ㄷ. 쥐가 사라지면 이 생태계는 파괴되어 사라진다.

① ㄱ   ② ㄷ   ③ ㄱ, ㄴ
④ ㄴ, ㄷ   ⑤ ㄱ, ㄴ, ㄷ

391
그림은 어떤 안정된 생태계에서 A~D의 에너지양을 나타낸 생태피라미드이고, 표는 이 생태계를 구성하는 각 영양단계의 에너지양을 나타낸 것이다. A~D는 각각 생산자, 1차 소비자, 2차 소비자, 3차 소비자 중 하나이고, I~IV는 A~D를 순서 없이 나타낸 것이다.

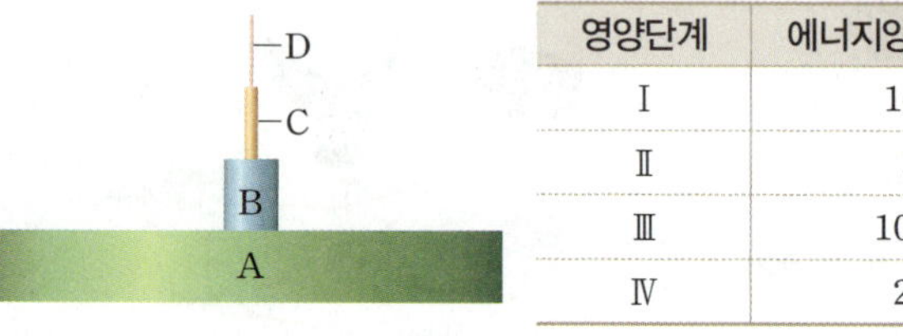

영양단계	에너지양(상댓값)
I	100
II	5
III	1000
IV	20

이에 대한 설명으로 옳은 것만을 〈보기〉에서 있는 대로 고른 것은?

〈보기〉
ㄱ. I 은 B이다.
ㄴ. C의 에너지는 모두 D로 전달된다.
ㄷ. II의 개체수가 증가하면 C의 개체수도 일시적으로 증가한다.

① ㄱ   ② ㄷ   ③ ㄱ, ㄴ
④ ㄴ, ㄷ   ⑤ ㄱ, ㄴ, ㄷ

392
난이도 상

다음은 어떤 해양 생태계에 서식하고 있는 생물을 나타낸 것이다. 제시된 생물 이외의 생물은 존재하지 않는다고 가정한다.

- 상어
- 멸치
- 오징어
- 동물 플랑크톤
- 식물 플랑크톤

이에 대한 설명으로 옳은 것만을 〈보기〉에서 있는 대로 고른 것은?

〈보기〉
ㄱ. 멸치가 사라져도 이 생태계는 유지된다.
ㄴ. 이 생태계에서 가장 낮은 영양단계는 식물 플랑크톤이다.
ㄷ. 멸치에 있는 에너지의 일부가 오징어로 이동한다.

① ㄱ   ② ㄷ   ③ ㄱ, ㄴ
④ ㄴ, ㄷ   ⑤ ㄱ, ㄴ, ㄷ

393

그림은 초원 생태계의 개체수피라미드를 나타낸 것이다.

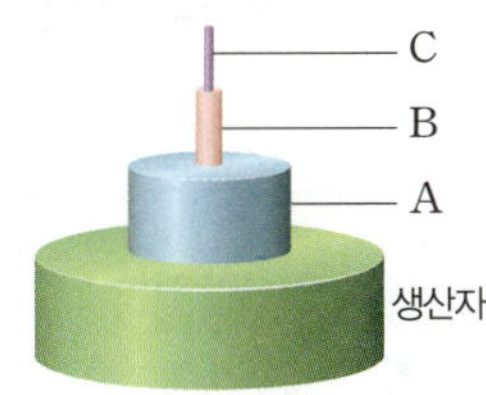

이에 대한 설명으로 옳은 것만을 **보기**에서 있는 대로 고른 것은?

보기

ㄱ. 생물요소를 역할에 따라 세 종류로 구분할 때 A, B, C는 모두 동일한 종류에 해당한다.
ㄴ. 에너지는 생산자 → A → B → C로 이동한다.
ㄷ. 생체량피라미드는 일반적으로 위 그림과 달리 역피라미드 형태를 나타낸다.

① ㄱ　　　　② ㄷ　　　　③ ㄱ, ㄴ
④ ㄴ, ㄷ　　　⑤ ㄱ, ㄴ, ㄷ

394

난이도 **상**

그림은 A~C 생태계의 에너지피라미드를 나타낸 것이다. A~C는 각각 초원, 삼림, 해양 생태계 중 하나이다.

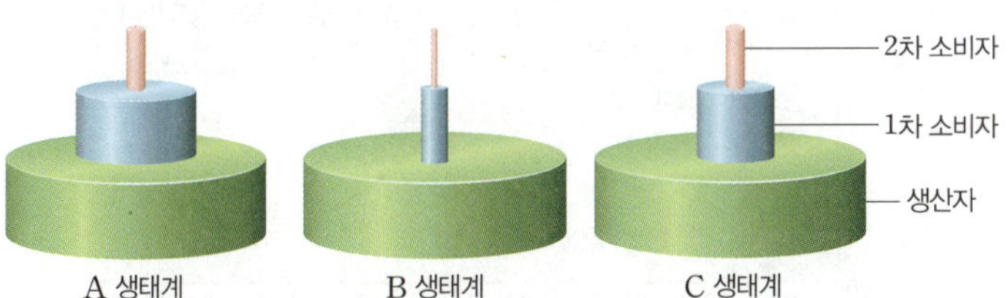

이에 대한 설명으로 옳은 것만을 **보기**에서 있는 대로 고른 것은? (단, 에너지피라미드에서 각 영양단계의 에너지양은 상대적으로 나타낸 것이다.)

보기

ㄱ. 1차 소비자의 에너지효율이 가장 높은 것은 A 생태계이다.
ㄴ. B 생태계는 에너지의 대부분이 생산자에 저장되어 있다.
ㄷ. 모든 생태계에서 상위 영양단계로 갈수록 에너지양이 감소한다.

① ㄱ　　　　② ㄴ　　　　③ ㄱ, ㄴ
④ ㄱ, ㄷ　　　⑤ ㄱ, ㄴ, ㄷ

395 고빈출

그림은 어떤 안정된 생태계의 에너지 흐름을 나타낸 것이다. A~C는 각각 생산자, 1차 소비자, 2차 소비자 중 하나이며, 에너지양은 상댓값이다.

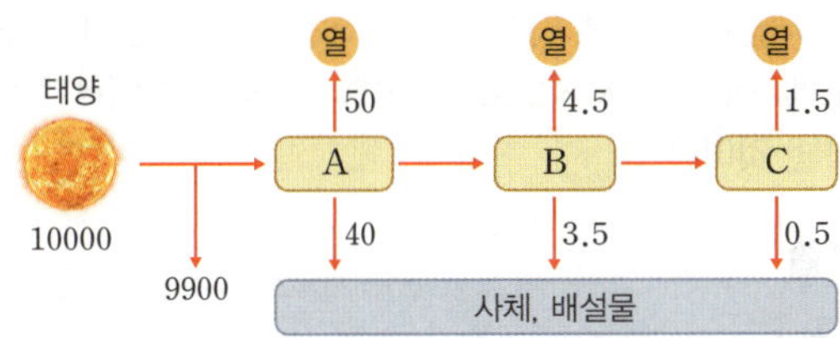

이에 대한 설명으로 옳은 것만을 **보기**에서 있는 대로 고른 것은?

보기

ㄱ. A는 빛에너지를 화학 에너지로 전환한다.
ㄴ. A에서 B로 이동한 에너지양은 B에서 C로 이동한 에너지양보다 많다.
ㄷ. 에너지는 순환하지 않고 한 방향으로만 흐른다.

① ㄱ　　　　② ㄷ　　　　③ ㄱ, ㄴ
④ ㄴ, ㄷ　　　⑤ ㄱ, ㄴ, ㄷ

396 서술형

그림은 어떤 안정된 생태계의 에너지 흐름을 나타낸 것이다. A와 B는 각각 1차 소비자와 생산자 중 하나이다.

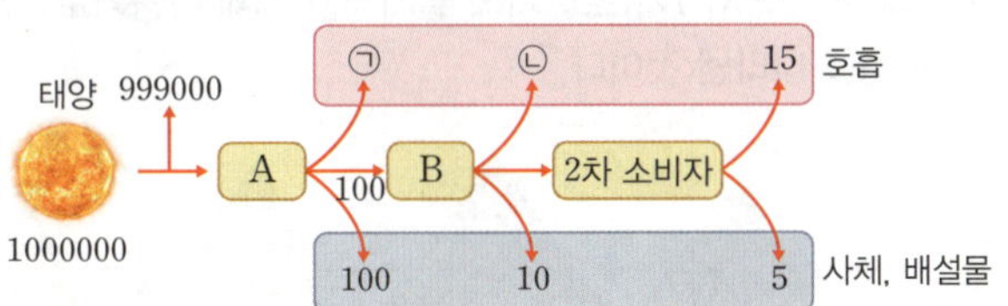

(1) A와 B가 각각 무엇인지 쓰시오.

(2) ㉠과 ㉡의 값을 계산하는 과정과 함께 서술하시오.

(3) 생태계 내에서 나타나는 에너지 흐름의 특성을 서술하시오.

STEP 2 학교 기출 문제로 **내신 대비하기**

2 생태계평형

397

난이도 상

생태계는 어느 한 영양단계의 개체수가 일시적으로 증가하거나 감소하여도 긴 세월이 지나면 다시 평형 상태를 이루게 된다. 그림은 1차 소비자의 개체수가 일시적으로 증가했다가 평형에 이르기까지의 과정을 나타낸 것이다.

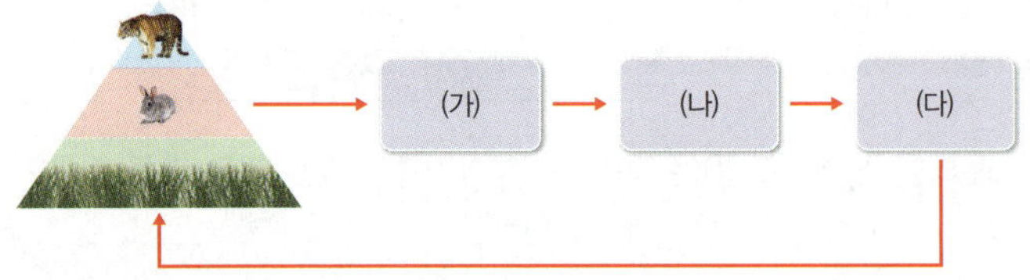

(가)~(다)에 해당하는 것을 보기 에서 골라 옳게 짝 지은 것은?

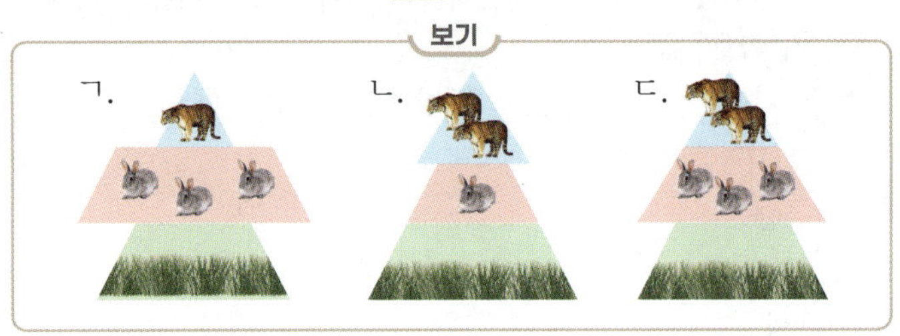

	(가)	(나)	(다)		(가)	(나)	(다)
①	ㄱ	ㄴ	ㄷ	②	ㄱ	ㄷ	ㄴ
③	ㄴ	ㄷ	ㄱ	④	ㄷ	ㄱ	ㄴ
⑤	ㄷ	ㄴ	ㄱ				

398

그림은 생태계 A에서 1차 소비자의 일시적인 개체수 증가로 나타나는 변화 과정을 나타낸 것이다.

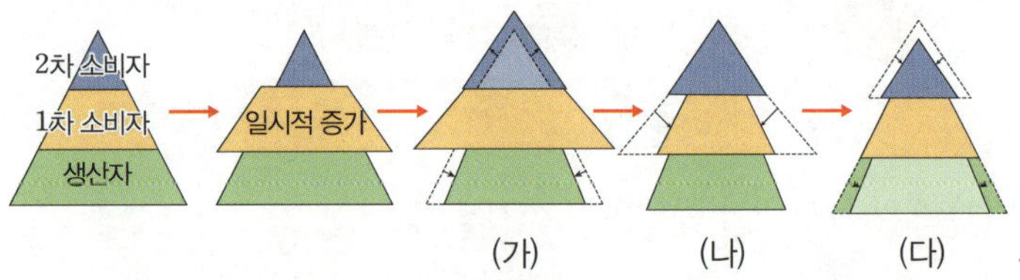

이에 대한 설명으로 옳은 것만을 보기 에서 있는 대로 고른 것은?

보기
ㄱ. (가)에서 1차 소비자의 개체수 증가로 인해 2차 소비자의 개체수가 증가한다.
ㄴ. (나)에서 포식자 증가로 인해 1차 소비자의 개체수가 감소한다.
ㄷ. 생태계평형은 주로 먹이사슬에 의해 유지된다.

① ㄱ 　　② ㄴ 　　③ ㄱ, ㄷ
④ ㄴ, ㄷ 　　⑤ ㄱ, ㄴ, ㄷ

399

그림은 어떤 생태계에서 눈신토끼와 눈신토끼를 먹고사는 스라소니 개체군의 개체수 변동을 나타낸 것이다. A와 B는 각각 눈신토끼와 스라소니 개체군 중 하나이다.

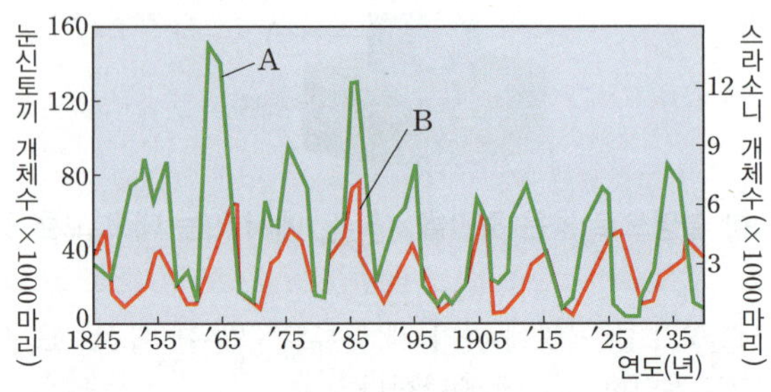

이에 대한 설명으로 옳은 것만을 보기 에서 있는 대로 고른 것은?

보기
ㄱ. A는 2차 소비자이다.
ㄴ. A의 개체수가 감소하면 B의 개체수가 감소한다.
ㄷ. 먹이 관계에 의해 A에서 B로 에너지가 전달된다.

① ㄱ 　　② ㄷ 　　③ ㄱ, ㄴ
④ ㄴ, ㄷ 　　⑤ ㄱ, ㄴ, ㄷ

400

다음은 카이바브 고원의 사슴 수 변화에 대한 설명이다.

1905년 미국 정부는 카이바브 고원에 서식하는 사슴을 보호하기 위해 그 지역 생태계의 포식자인 늑대와 퓨마의 사냥을 허용하였다. 그림은 그 이후 카이바브 고원에서 사슴의 개체수 변화를 나타낸 것이다.

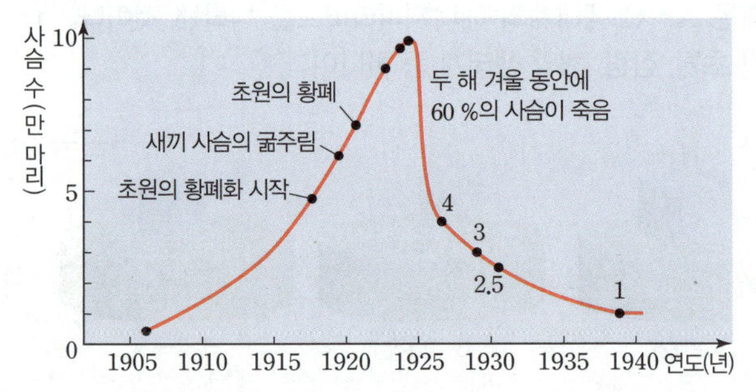

이에 대한 설명으로 옳은 것만을 보기 에서 있는 대로 고른 것은?

보기
ㄱ. 1920년까지 사슴의 개체수가 증가한 것은 포식자의 개체수가 감소하였기 때문이다.
ㄴ. 초원이 황폐화된 것은 사슴의 개체수가 급격하게 증가하였기 때문이다.
ㄷ. 인간의 인위적인 간섭은 생태계평형을 파괴할 수 있다.

① ㄱ 　　② ㄷ 　　③ ㄱ, ㄴ
④ ㄴ, ㄷ 　　⑤ ㄱ, ㄴ, ㄷ

401

난이도 상

다음은 생물 A~C가 먹이사슬을 이루고 있는 어떤 생태계에서 한 생물의 개체수가 일시적으로 변했을 때 먹이 관계에 의한 나머지 두 생물의 개체수 변화를 나타낸 것이다. A~C는 각각 생산자, 1차 소비자, 2차 소비자 중 하나이다.

○ C의 개체수가 감소하면 B의 개체수도 감소한다.
○ A의 개체수가 증가하면 B와 C의 개체수도 모두 증가한다.

이에 대한 설명으로 옳은 것만을 〈보기〉에서 있는 대로 고른 것은?

보기
ㄱ. C는 1차 소비자이다.
ㄴ. B는 가장 상위 영양단계에 해당한다.
ㄷ. 평형을 이룬 상태에서는 A가 가진 에너지양보다 B가 가진 에너지양이 많다.

① ㄱ   ② ㄷ   ③ ㄱ, ㄴ
④ ㄴ, ㄷ   ⑤ ㄱ, ㄴ, ㄷ

---

3 환경 변화와 생태계

402

그림은 생태계평형을 파괴하는 인간의 활동을 나타낸 것이다.

도로 공사로 훼손된 삼림   수질오염   밀렵

다음은 그림을 보고 생태계 보전을 위해 인간이 할 수 있는 노력에 대해 학생들이 나눈 대화이다.

○ 학생 A: 밀렵 활동 금지법을 만들어서 엄격하게 처벌해야 해.
○ 학생 B: 하천 복원 등을 통해 평형이 파괴된 생태계를 되살려야 해.
○ 학생 C: 도로나 댐 등을 건설할 때 생태통로를 설치해 서식지의 단절을 막아야 해.

대화 내용 중 옳은 말을 한 학생들만 있는 대로 고른 것은?

① A   ② C   ③ A, B
④ B, C   ⑤ A, B, C

---

403 고빈출

표는 생태계평형을 파괴하는 환경 변화의 요인 (가), (나)와 각 요인의 예를 나타낸 것이다. (가)와 (나)는 인간의 활동과 자연재해를 순서 없이 나타낸 것이다.
이에 대한 설명으로 옳은 것만을 〈보기〉에서 있는 대로 고른 것은?

요인	예
(가)	⊙토양오염, 무분별한 벌목 등
(나)	지진, 홍수, 화산 폭발 등

보기
ㄱ. (가)는 인간의 활동이다.
ㄴ. ⊙의 오염원은 지구 온난화를 심화시킨다.
ㄷ. 수질오염은 (나)의 예에 해당한다.

① ㄱ   ② ㄷ   ③ ㄱ, ㄴ   ④ ㄴ, ㄷ   ⑤ ㄱ, ㄴ, ㄷ

404

다음은 생태계평형을 깨뜨리는 인간의 활동을 나타낸 것이다.

(가) 대기오염   (나) 무분별한 벌목
(다) 무분별한 포획과 남획

이에 대한 설명으로 옳은 것만을 〈보기〉에서 있는 대로 고른 것은?

보기
ㄱ. 과도한 화석 연료의 사용은 (가)의 원인 중 하나이다.
ㄴ. (나)로 인해 생물의 서식지가 감소한다.
ㄷ. (다)는 생물의 개체수를 증가시켜 생물다양성을 높인다.

① ㄱ   ② ㄷ   ③ ㄱ, ㄴ   ④ ㄴ, ㄷ   ⑤ ㄱ, ㄴ, ㄷ

---

405 서술형

다음은 생태계평형을 깨뜨리는 환경 변화를 나타낸 것이다.

(가) 홍수로 인한 산사태
(나) 개발을 위한 무분별한 벌목
(다) 화석 연료의 사용으로 인한 대기오염

(1) (가)~(다)는 각각 인간의 활동과 자연재해 중 무엇에 해당하는지 구분하여 쓰시오.

(2) (나)와 (다)에 의해 각각 발생할 수 있는 환경 변화에 대해 서술하시오.

08 지구 환경과 인간 생활

1 온실 효과와 지구 온난화

(1) **지구의 복사 평형**: 지구는 태양 복사 에너지 흡수량과 지구 복사 에너지 방출량이 같다. ➡ 연평균 기온이 일정하게 유지된다.

(2) **온실 효과**: 대기 중 온실 기체는 태양 복사는 잘 통과시키고, 지구 복사는 대부분 흡수했다가 지표로 재복사하여 대기가 없을 때보다 지구 평균 기온을 높게 유지시키는 효과 **자료①**

— 주로 파장이 짧은 가시광선 형태
— 주로 파장이 긴 적외선 형태

(3) ★**지구 열수지**: 복사 평형 상태에 있는 지구에서 지표, 대기, 우주 간에 나타나는 열출입 관계 **자료②**

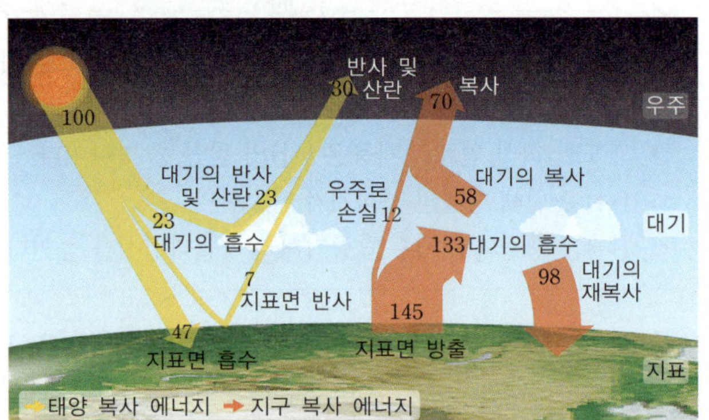

우주	• 태양 복사로 지구로 들어오는 에너지 100 • 대기와 지표에서 반사되는 에너지 30 • 대기와 지표에서 우주로 방출되는 에너지 70
대기	• 태양으로부터 흡수 23＋지표로부터 흡수 133＝156 • 우주로 방출 58＋지표로 재복사 98＝156
지표	• 태양으로부터 흡수 47＋대기로부터 흡수 98＝145 • 우주로 직접 방출 12＋대기로 방출 133＝145

(4) **지구 온난화**: 대기 중 온실 기체의 양이 증가하면서 온실 효과가 강화되어 지구의 평균 기온이 높아지는 현상 **자료③**

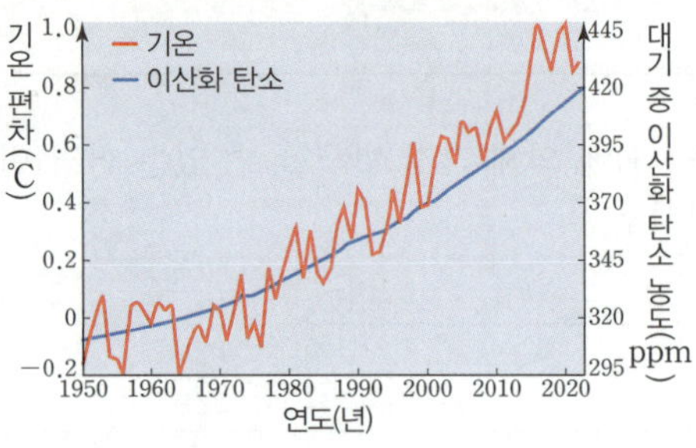

① **원인**: 인간의 활동으로 인한 대기 중의 온실 기체(이산화 탄소 등)의 농도 증가

② **지구 온난화에 따른 지구 열수지 변동**: 온실 효과가 강화되어 지표는 더 높은 온도에서 복사 평형을 이룬다.

③ **지구 온난화가 지구 환경 변화에 미치는 영향**
- 대륙 빙하의 융해와 해수의 열팽창으로 해수면이 상승 ➡ 빙하 면적 감소, 해안가 저지대 침수 등
- 생태계 변화, 기상 이변의 횟수와 강도 증가

— 대기에서 흡수되는 지구 복사 에너지량이 증가하여 지표로 재복사되는 에너지량이 증가하기 때문이다.

2 지구 환경 변화와 인간 생활

(1) **대기 대순환**: 위도에 따른 에너지 불균형과 지구 자전에 의해 생기는 지구 전체의 순환으로, 3 개의 순환이 나타난다. **자료④**

(2) ★**엘니뇨**: 태평양 적도 부근의 동태평양 해역의 표층 수온이 평년보다 높은 상태로 일정 기간 지속되는 현상

① **엘니뇨의 발생 원인**: 무역풍의 약화로 인한 표층 해수의 흐름 변화로 발생 —엘니뇨는 수년마다 불규칙하게 발생한다.

자료 분석 평상시와 엘니뇨 시기의 특징 **자료⑤**

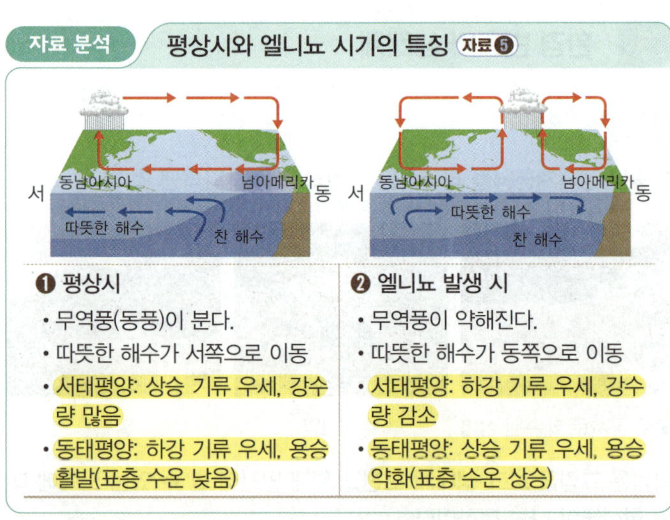

❶ 평상시
- 무역풍(동풍)이 분다.
- 따뜻한 해수가 서쪽으로 이동
- 서태평양: 상승 기류 우세, 강수량 많음
- 동태평양: 하강 기류 우세, 용승 활발(표층 수온 낮음)

❷ 엘니뇨 발생 시
- 무역풍이 약해진다.
- 따뜻한 해수가 동쪽으로 이동
- 서태평양: 하강 기류 우세, 강수량 감소
- 동태평양: 상승 기류 우세, 용승 약화(표층 수온 상승)

② **엘니뇨가 미치는 영향**: 대기와 해양의 상호작용을 통해 지구 곳곳에서 기상 이변과 환경 변화를 일으킨다.

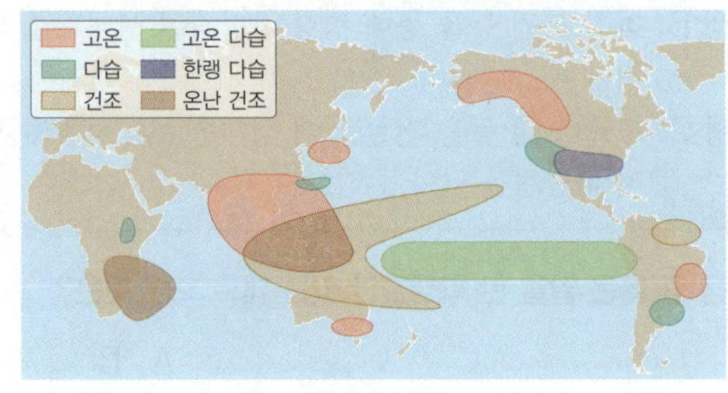

엘니뇨(12 월~2 월)가 세계 기후에 미치는 영향

(3) **사막화**: 강수량 감소로 사막 주변 지역의 토지가 황폐해지면서 사막으로 변해가는 현상 ➡ 사막화 현상은 사막 인근 지역에서 주로 나타나며, 사막화가 진행되면서 사막의 면적이 증가한다. **자료 ❻**

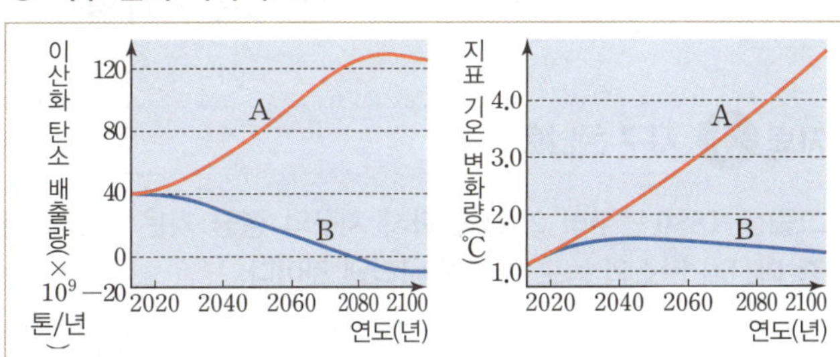

사막과 사막화 지역

원인	• 대기 대순환의 변화로 인한 강수량 감소 • 과잉 경작, 과잉 방목, 삼림 파괴 등으로 인한 기후 변화
피해	• 생태계 파괴 • 물 부족, 식량 생산량 감소, 황사 발생 증가 • 중국과 몽골 지역의 사막화로 우리나라의 황사 발생 빈도 증가
대책	• 과도한 방목과 경작 억제, 삼림 벌채 규제, 숲 조성 • 국가 간 협력

(4) **지구의 미래와 환경 변화 대처 방안**

① **기후 변화 시나리오**

- A는 온실 기체 감축 노력을 하지 않은 경우이고, B는 온실 기체 감축에 적극 노력한 경우이다.
- A: 2081년~2100년에 지표면 온도는 현재보다 약 3.6 ℃ 상승
- B: 2081년~2100년에 지표면 온도는 현재와 비슷하게 유지

② **지구의 미래**: 현재 추세로 온실 기체를 배출하면 생물다양성 감소, 물 부족과 식량난, 기상 재해 증가, 감염병 확산 등이 예측된다.

③ **지구 환경 변화의 대처 방안**

개인적 노력	대중교통 이용, 일회용품 사용 제한, 친환경 제품 사용 등
사회·국가적 노력	탄소 배출량 감축, 지속가능한 에너지 개발 등

STEP 1 ○/✕ 문제로 5종 교과서 핵심 자료 보기

정답 및 해설 40쪽

다음 자료에 대한 설명으로 옳은 것은 ○표, 옳지 <u>않은</u> 것은 ✕표 하시오.

자료 ❶ 온실 효과

미래엔, 천재, 동아

그림은 달 표면과 지구 표면의 복사 평형을 나타낸 것이다.

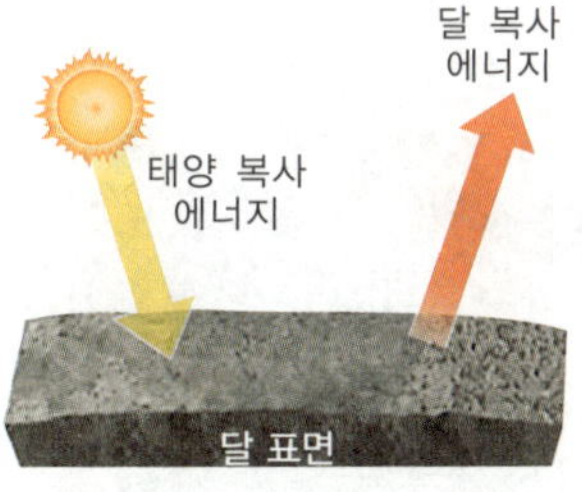

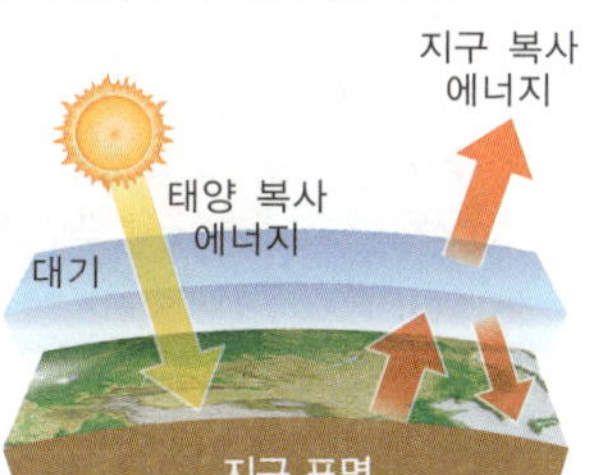

406 달 표면은 일정한 온도를 유지하지 못한다. ○/✕

407 달 표면과 지구 표면은 온도가 같다. ○/✕

408 지구 대기는 태양 복사 에너지보다 지구 복사 에너지를 잘 흡수한다. ○/✕

409 지구 대기는 흡수한 에너지 중 일부를 지표로 재복사한다. ○/✕

410 온실 효과가 나타나는 것은 지구이다. ○/✕

411 만약 지구에 대기가 존재하지 않았다면 지구 평균 기온은 지금보다 낮았을 것이다. ○/✕

자료 ❷ 지구 열수지

미래엔, 비상, 천재, 동아, 지학사

그림은 지구에 들어오는 태양 복사 에너지량을 100이라고 하였을 때, 지구 열수지를 나타낸 것이다.

412 지구에 입사하는 태양 복사 중 30 %는 반사한다. ○/✕

413 지구는 태양으로부터 흡수하는 에너지량보다 우주로 방출하는 에너지량이 많다. ○/✕

414 대기 중 온실 기체의 농도가 증가하면 대기에서 지표로 재복사하는 에너지량이 감소한다. ○/✕

415 태양 복사 에너지는 지표면보다 대기에서 더 많이 흡수한다. ○/✕

다음 자료에 대한 설명으로 옳은 것은 ○표, 옳지 <u>않은</u> 것은 X표 하시오.

자료 ❸ 지구 온난화
미래엔, 동아

그림은 1880 년부터 2021 년까지 지구의 평균 기온 편차와 대기 중 이산화 탄소의 농도 변화를 나타낸 것이다.

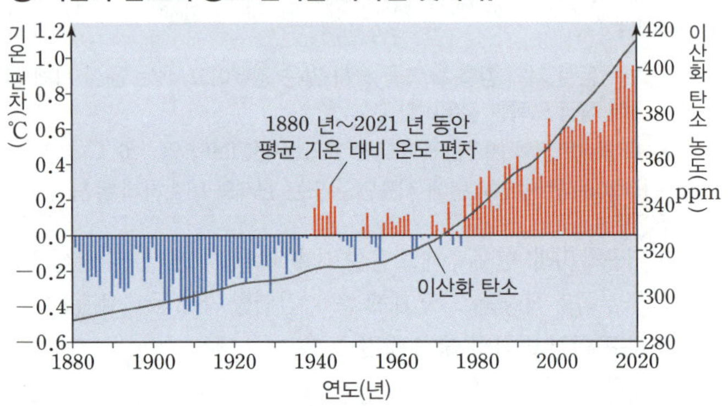

416 이 기간 동안 대기 중 이산화 탄소 농도는 계속 증가하였다. ○/X

417 1880 년~1950 년 사이에는 지구의 평균 기온이 대체로 하강하였다. ○/X

418 대기 중 이산화 탄소의 농도 변화는 1900 년대 초반보다 2000 년대 초반이 크다. ○/X

419 지구의 평균 기온과 대기 중 이산화 탄소의 농도는 대체로 반비례한다. ○/X

자료 ❹ 대기 대순환
미래엔, 동아, 천재, 지학사

그림은 북반구의 대기 대순환 모형을 나타낸 것이다.

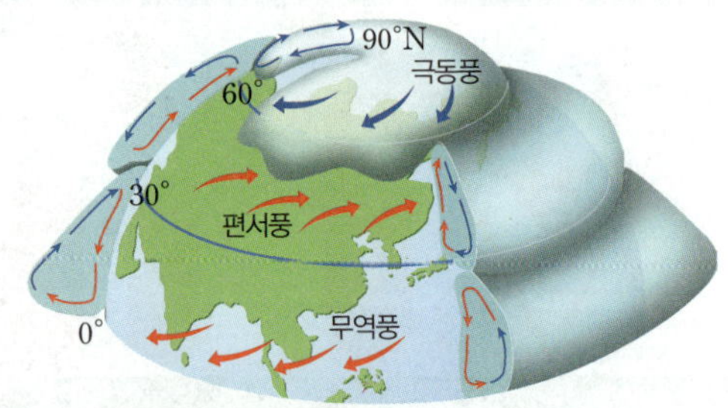

420 북반구에서 3 개의 대기 순환이 나타난다. ○/X

421 위도 0°~30° 사이에서 무역풍이 분다. ○/X

422 위도 30° 부근에서 상승 기류가 활발하다. ○/X

423 위도 30°~60° 사이에서 편서풍이 분다. ○/X

424 대기 대순환은 저위도에서 고위도로 에너지를 수송하는 역할을 한다. ○/X

자료 ❺ 엘니뇨
미래엔, 비상, 천재, 동아, 지학사

그림은 평상시와 엘니뇨 시기의 적도 부근 태평양 해역의 대기와 해수의 순환을 순서 없이 나타낸 것이다.

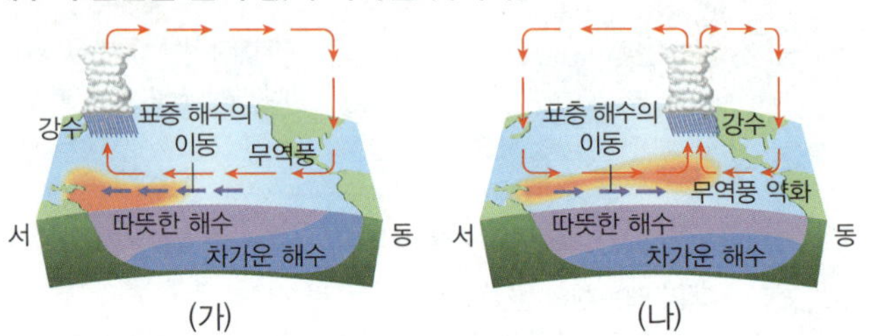

425 적도 부근 동태평양 해역의 용승은 (가)보다 (나)일 때 약하다. ○/X

426 적도 부근 동태평양의 기압은 (가)보다 (나)일 때 낮다. ○/X

427 (나)는 (가)보다 무역풍의 세기가 약하다. ○/X

428 (나)는 (가)보다 적도 부근 동태평양 해역의 표층 수온이 높다. ○/X

429 (나)는 (가)보다 적도 부근 서태평양 해역의 따뜻한 해수층의 두께가 두껍다. ○/X

자료 ❻ 사막화
미래엔, 비상, 천재, 동아, 지학사

그림은 사막 지역과 사막화 지역을 나타낸 것이다.

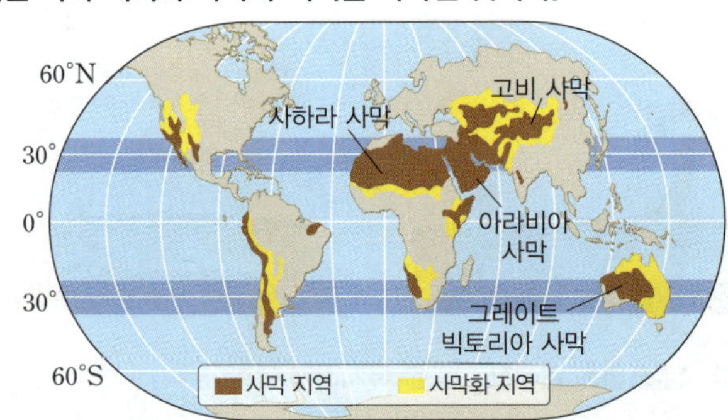

430 사막은 대부분 적도 부근에 분포한다. ○/X

431 사막화 지역은 주로 사막 주변에 분포한다. ○/X

432 위도 30° 부근에서는 건조한 날씨가 나타난다. ○/X

433 사막화 현상은 자연적 요인에 의해서만 발생한다. ○/X

434 사막화가 진행되는 지역에서는 생물이 서식하기 어렵다. ○/X

435 사막은 (강수량−증발량)의 값이 0보다 작은 지역이다. ○/X

STEP 2 학교 기출 문제로 내신 대비하기

1 온실 효과와 지구 온난화

436

온실 기체에 대한 설명으로 옳지 **않은** 것은?

① 온실 효과를 일으키는 기체이다.
② 수증기, 이산화 탄소, 메테인 등이 있다.
③ 지구 온난화를 일으키는 주요 원인 물질이다.
④ 온실 기체는 주로 지구 복사 에너지보다 태양 복사 에너지를 잘 흡수한다.
⑤ 최근 들어 온실 기체가 증가하는 주요 원인은 화석 연료의 사용량 증가이다.

437

지구 온난화에 의한 현상과 거리가 먼 것은?

① 태풍의 발생 빈도가 증가한다.
② 화산 활동과 지진의 발생 횟수가 증가한다.
③ 해수면이 높아져 해안가의 침수 현상이 나타난다.
④ 대기 대순환의 변화가 나타난다.
⑤ 수온 변화로 해양 생태계에 급격한 변화가 나타난다.

438 ★고빈출

그림 (가)와 (나)는 각각 대기가 없을 때와 대기가 있을 때의 지구의 복사 평형을 나타낸 것이다. (단, 대기와 지표에 의한 반사는 고려하지 않는다.)

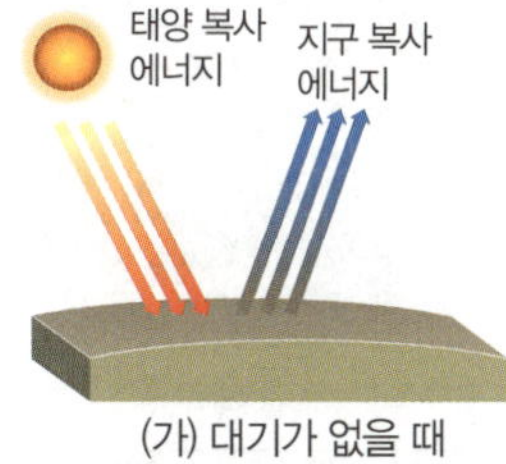
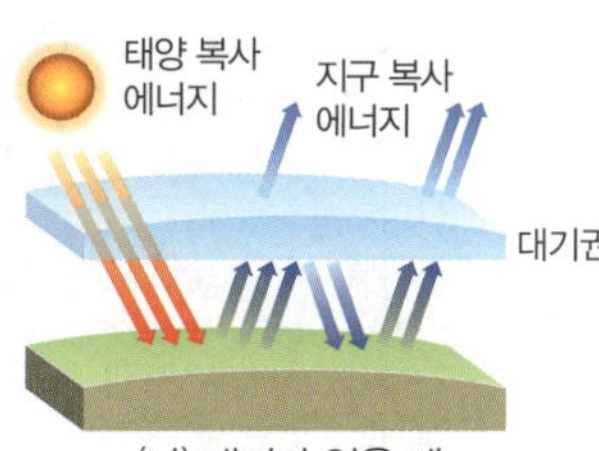

이에 대한 설명으로 옳은 것만을 보기 에서 있는 대로 고른 것은?

보기
ㄱ. 지표면의 온도는 (가)보다 (나)일 때 높다.
ㄴ. 우주로 방출되는 지구 복사 에너지량은 (가)가 (나)보다 많다.
ㄷ. 지표면이 방출하는 에너지량은 (가)와 (나)에서 같다.

① ㄱ   ② ㄴ   ③ ㄱ, ㄷ
④ ㄴ, ㄷ   ⑤ ㄱ, ㄴ, ㄷ

439

다음은 온실 효과를 알아보기 위한 실험 과정이다.

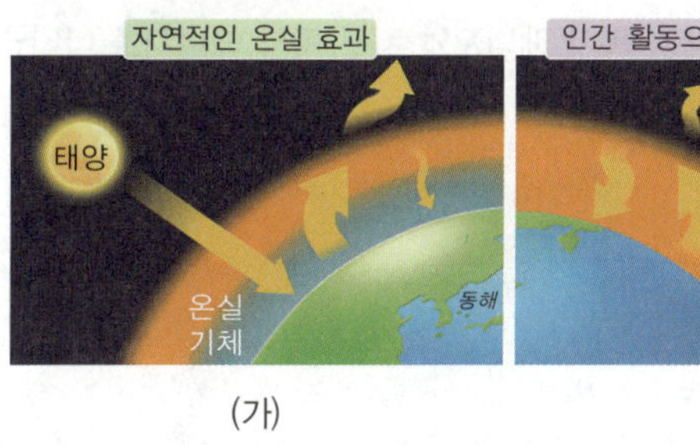

(가) 페트병 A와 B에 물을 절반 정도 채우고, 페트병 B에만 발포 비타민을 넣는다.
(나) 페트병 A와 B에 디지털 온도계를 설치한다.
(다) 전등에서 20 cm 떨어진 곳에 페트병을 놓고 전등을 켠다.
(라) 10 분 후, ㉠A와 B가 일정한 온도가 되었을 때, 온도를 비교한다.

이에 대한 설명으로 옳은 것만을 보기 에서 있는 대로 고른 것은?

보기
ㄱ. ㉠은 복사 평형 상태에 해당한다.
ㄴ. (라)에서 측정한 A와 B의 온도는 같다.
ㄷ. (라)에서 페트병이 방출하는 에너지량은 B가 A보다 많다.

① ㄱ   ② ㄴ   ③ ㄱ, ㄷ
④ ㄴ, ㄷ   ⑤ ㄱ, ㄴ, ㄷ

440 ●서술형

그림 (가)와 (나)는 자연적인 온실 효과와 인간 활동으로 강화된 온실 효과를 나타낸 것이다.

(1) (가)와 (나)에서 지표면 온도를 비교하여 부등호로 나타내시오.

(2) (가)와 (나)에서 지표면 온도가 차이나는 까닭을 온실 기체와 관련지어 서술하시오.

441

그림은 지구에 입사하는 태양 복사 에너지량을 100이라고 하였을 때, 지구 열수지를 나타낸 것이다.

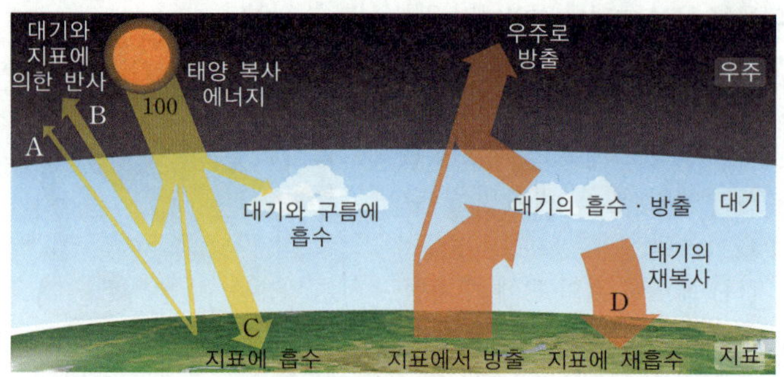

이에 대한 설명으로 옳은 것만을 보기 에서 있는 대로 고른 것은?

보기
ㄱ. 지구의 반사율은 A+B이다.
ㄴ. 지표면이 흡수하는 에너지량은 C > D이다.
ㄷ. 지표면이 흡수하는 복사 에너지의 파장은 C가 D보다 길다.

① ㄱ ② ㄴ ③ ㄱ, ㄷ
④ ㄴ, ㄷ ⑤ ㄱ, ㄴ, ㄷ

442

그림은 위도에 따른 태양 복사 에너지와 지구 복사 에너지를 나타낸 것이다.

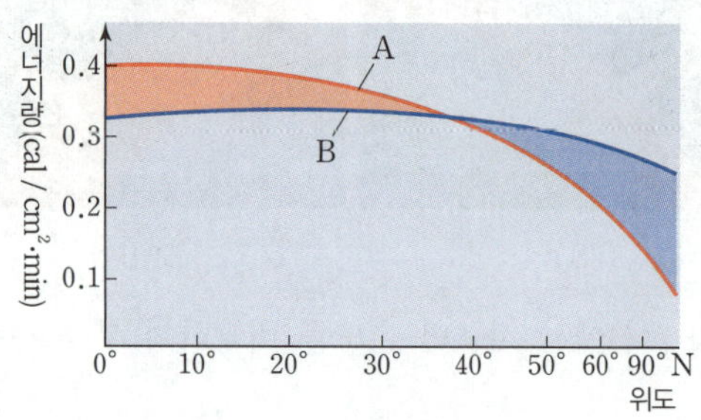

이에 대한 설명으로 옳지 <u>않은</u> 것은?

① A는 태양 복사 에너지이다.
② 위도 약 38° 이하인 지역은 에너지 과잉 상태이다.
③ 지표면이 방출하는 에너지량은 저위도보다 고위도에서 많다.
④ 열에너지는 저위도에서 고위도로 이동한다.
⑤ 지구는 전체적으로 에너지 평형 상태이다.

443

그림은 지구의 평균 기온과 이산화 탄소의 평균 농도 변화를 나타낸 것이다.

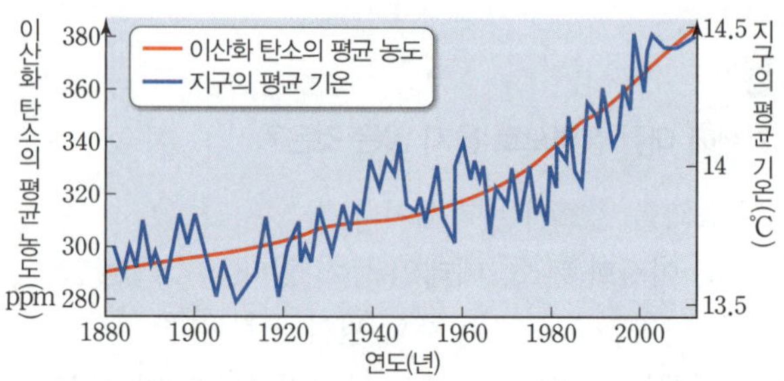

이에 대한 설명으로 옳은 것만을 보기 에서 있는 대로 고른 것은?

보기
ㄱ. 이산화 탄소의 평균 농도가 증가하면 지구의 평균 기온은 높아진다.
ㄴ. 이 기간 동안 해수면의 높이는 상승하였을 것이다.
ㄷ. 빙하 면적의 변화는 1960 년 이전보다 이후에 더 크게 나타날 것이다.

① ㄱ ② ㄷ ③ ㄱ, ㄴ
④ ㄴ, ㄷ ⑤ ㄱ, ㄴ, ㄷ

444

그림은 최근 북반구 어느 지역에서 측정한 대기 중 이산화 탄소 농도 변화를 나타낸 것이다.

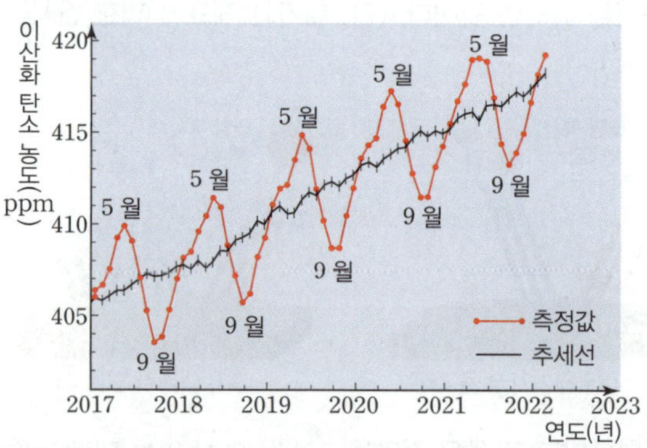

이에 대한 설명으로 옳은 것만을 보기 에서 있는 대로 고른 것은?

보기
ㄱ. 이산화 탄소의 농도는 증가하는 추세이다.
ㄴ. 여름철이 겨울철보다 이산화 탄소의 농도가 낮다.
ㄷ. 이 기간 동안 지구의 평균 기온은 높아졌을 것이다.

① ㄱ ② ㄴ ③ ㄱ, ㄷ
④ ㄴ, ㄷ ⑤ ㄱ, ㄴ, ㄷ

445

그림은 1960년을 기준으로 나타낸 전 세계 빙하의 총 부피 변화량이다.

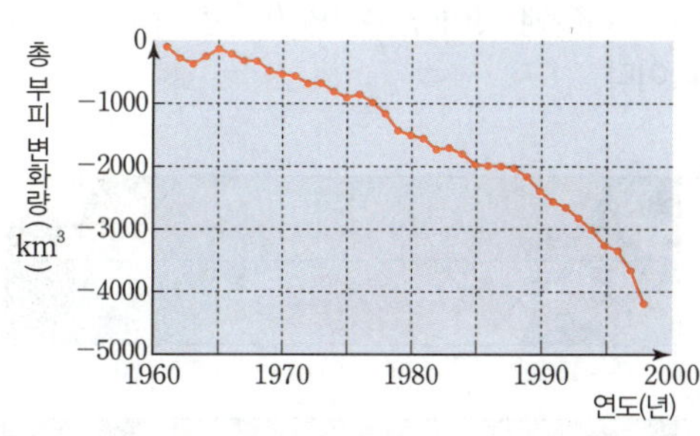

이에 대한 설명으로 옳은 것만을 보기 에서 있는 대로 고른 것은?

> **보기**
> ㄱ. 지구의 평균 기온이 상승하고 있을 것이다.
> ㄴ. 이 기간 동안 해수면이 상승했을 것이다.
> ㄷ. 극지방의 반사율이 점점 증가했을 것이다.

① ㄱ   ② ㄷ   ③ ㄱ, ㄴ
④ ㄴ, ㄷ   ⑤ ㄱ, ㄴ, ㄷ

446 ●서술형

그림은 2000년을 기준으로 지구 온난화에 따른 해수면의 높이 변화를 나타낸 것이다.

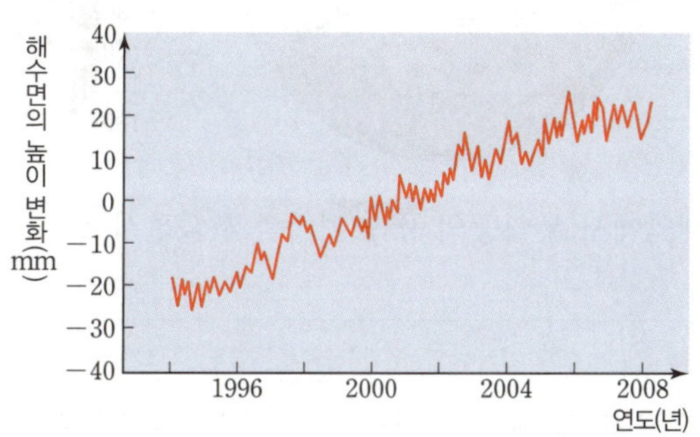

이 기간 동안 연간 해수면 상승률을 구하고, 해수면이 상승한 직접적인 원인을 두 가지 서술하시오.

☆고빈출 447

그림은 지구 온난화의 영향을 나타낸 것이다.

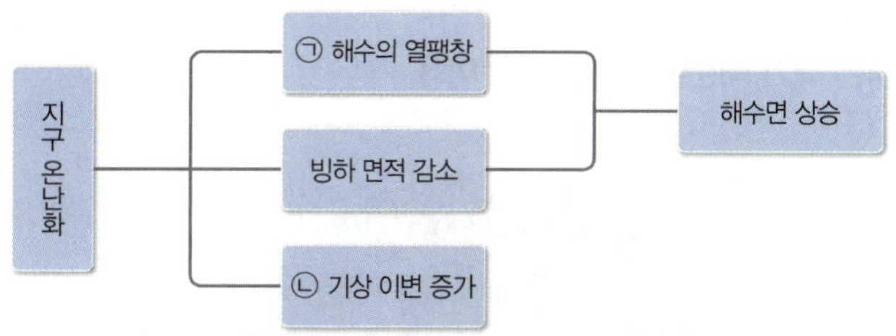

이에 대한 설명으로 옳은 것만을 보기 에서 있는 대로 고른 것은?

> **보기**
> ㄱ. ㉠의 원인은 해수의 온도 상승이다.
> ㄴ. 태풍 발생 비율 증가는 ㉡의 예가 된다.
> ㄷ. 지구 온난화는 극지방의 반사율을 감소시킨다.

① ㄱ   ② ㄴ   ③ ㄱ, ㄷ
④ ㄴ, ㄷ   ⑤ ㄱ, ㄴ, ㄷ

448

그림은 대기 중 CO_2 증가로 인한 지구 환경 변화 과정의 일부를 나타낸 것이다.

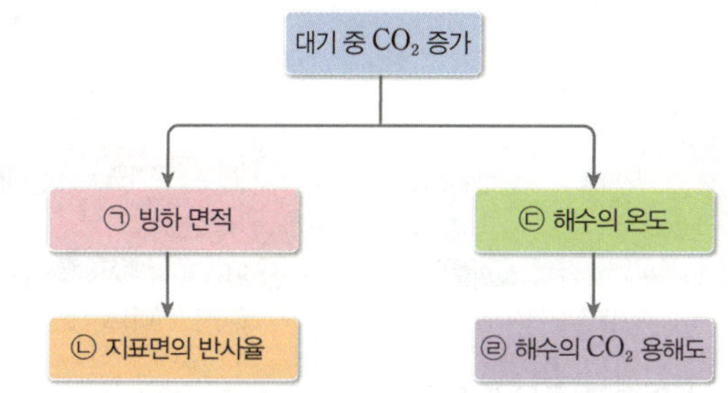

㉠~㉣ 중 증가하는 것과 감소하는 것을 옳게 짝 지은 것은?

	증가	감소
①	㉡	㉠, ㉢, ㉣
②	㉢	㉠, ㉡, ㉣
③	㉠, ㉢	㉡, ㉣
④	㉡, ㉢	㉠, ㉣
⑤	㉢, ㉣	㉠, ㉡

2 지구 환경 변화와 인간 생활

449

그림은 대기 대순환을 나타낸 것이다.

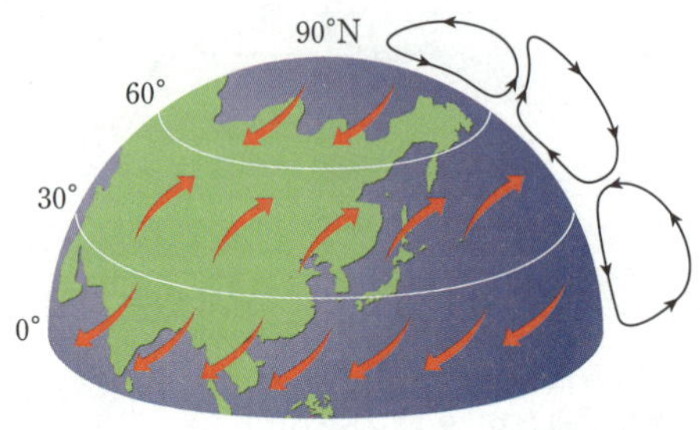

이에 대한 설명으로 옳은 것만을 「보기」에서 있는 대로 고른 것은?

ㄱ. 위도 0°~30° 사이에서는 무역풍이 분다.
ㄴ. 위도 30° 부근에서는 하강 기류가 나타난다.
ㄷ. 대기 대순환은 위도에 따른 에너지 불균형과 지구의 자전에 의해 발생한다.

① ㄱ　　　　② ㄴ　　　　③ ㄱ, ㄷ
④ ㄴ, ㄷ　　　⑤ ㄱ, ㄴ, ㄷ

고빈출
450

그림 (가)와 (나)는 태평양 적도 부근 해역에서 평상시와 엘니뇨가 발생했을 때의 모습을 순서 없이 나타낸 것이다.

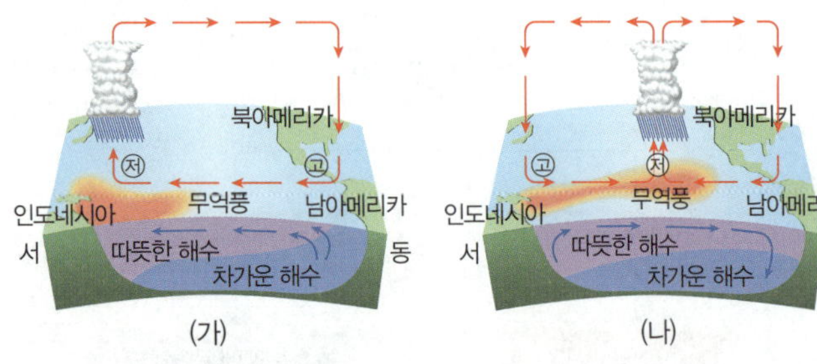

이에 대한 설명으로 옳은 것은?

① (가)는 엘니뇨가 발생했을 때의 모습이다.
② 무역풍의 세기는 (가)보다 (나)일 때 강하다.
③ 남아메리카 연안의 표층 수온은 (가)보다 (나)일 때 높다.
④ 인도네시아 연안에서 홍수가 발생할 확률은 (가)보다 (나)일 때 높다.
⑤ 남아메리카 연안의 따뜻한 해수층의 두께는 (가)보다 (나)일 때 얇아진다.

고빈출
451

그림 (가)와 (나)는 서로 다른 두 시기에 태평양 적도 부근 해역의 표층 수온 분포를 나타낸 것이다. (가)와 (나)는 각각 평상시와 엘니뇨 시기 중 하나이다.

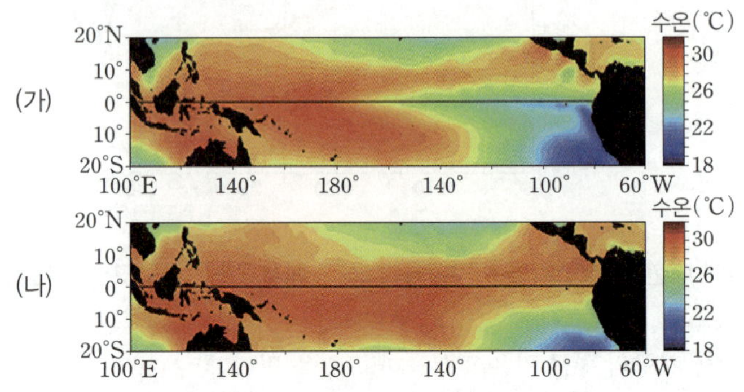

이에 대한 설명으로 옳은 것만을 「보기」에서 있는 대로 고른 것은?

ㄱ. (가)는 평상시이다.
ㄴ. 무역풍의 세기는 (가)보다 (나)에서 강하다.
ㄷ. 동태평양 적도 부근 해역에서 용승은 (가)보다 (나)에서 활발하다.

① ㄱ　　　　② ㄴ　　　　③ ㄱ, ㄷ
④ ㄴ, ㄷ　　　⑤ ㄱ, ㄴ, ㄷ

452 서술형　　　　난이도 상

그림은 엘니뇨 시기에 관측한 해수면의 높이 편차를 나타낸 것이다. 편차는 (관측값−평년값)이다.

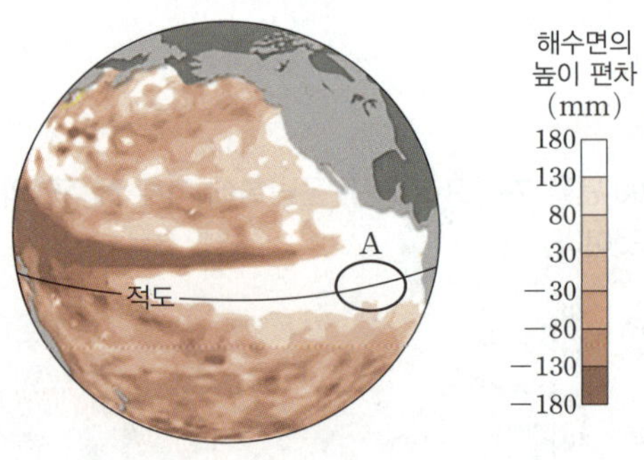

(1) A 해역에서 무역풍의 풍속 편차를 서술하시오.

(2) 이 시기에 인도네시아 연안에서 강수량 편차에 대해 서술하시오.

453

그림은 엘니뇨가 발생했을 때 예상되는 기상 변화(12 월~2 월)를 나타낸 것이다.

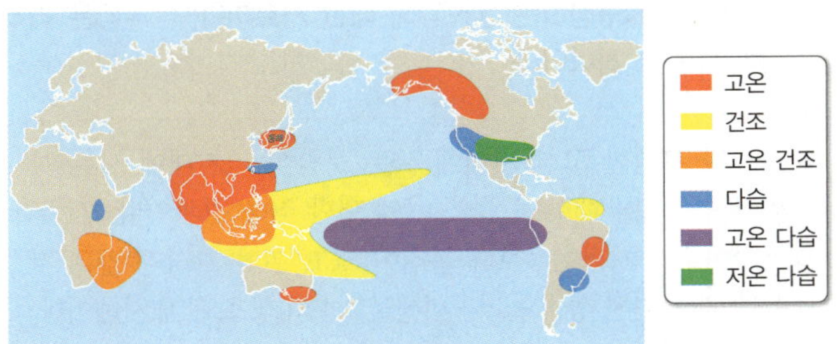

이에 대한 설명으로 옳은 것만을 보기 에서 있는 대로 고른 것은?

보기

ㄱ. 서태평양 적도 부근 해역에서 동풍 계열의 바람이 평상시보다 강하다.

ㄴ. 동태평양 적도 부근 해역은 평상시보다 강수량이 증가한다.

ㄷ. 우리나라에서는 평년보다 강한 한파가 자주 발생한다.

① ㄱ ② ㄴ ③ ㄱ, ㄷ
④ ㄴ, ㄷ ⑤ ㄱ, ㄴ, ㄷ

454

그림은 위도 30°N 부근에 위치한 어느 지역에서 진행되고 있는 현상을 나타낸 것이다.

산림 벌채	농경지 확장	과잉 방목

이 지역에서 나타날 수 있는 현상에 대한 설명으로 옳은 것만을 보기 에서 있는 대로 고른 것은?

보기

ㄱ. 사막화 현상

ㄴ. 먼지 발생량 증가

ㄷ. 지표면의 평균 반사율 감소

① ㄱ ② ㄴ ③ ㄱ, ㄷ
④ ㄴ, ㄷ ⑤ ㄱ, ㄴ, ㄷ

455 · 서술형

그림은 사막과 사막화 지역의 분포를 나타낸 것이다.

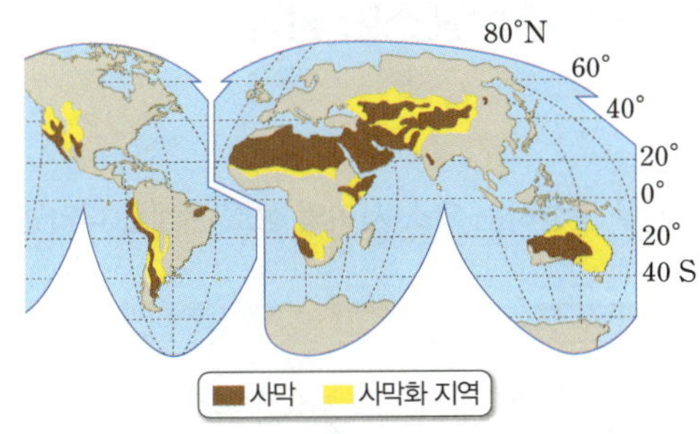

사막과 사막화 지역이 위도 30° 부근에 주로 분포하는 까닭을 대기 대순환과 관련지어 서술하시오.

456

그림 (가)와 (나)는 시나리오 A와 B에 따른 전 지구의 지표면 온도와 전 지구 강수량 변화를 나타낸 것이다.

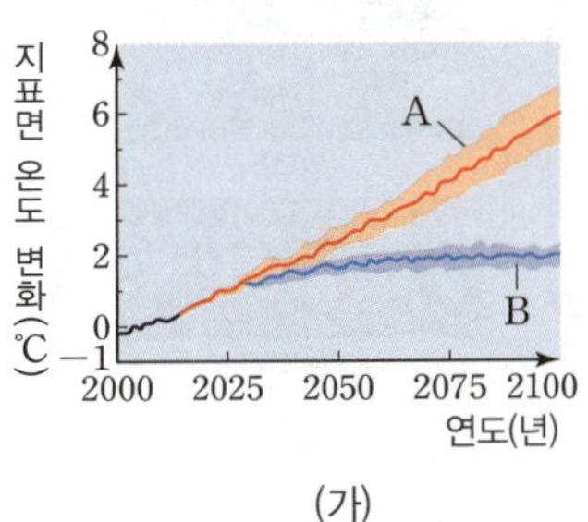

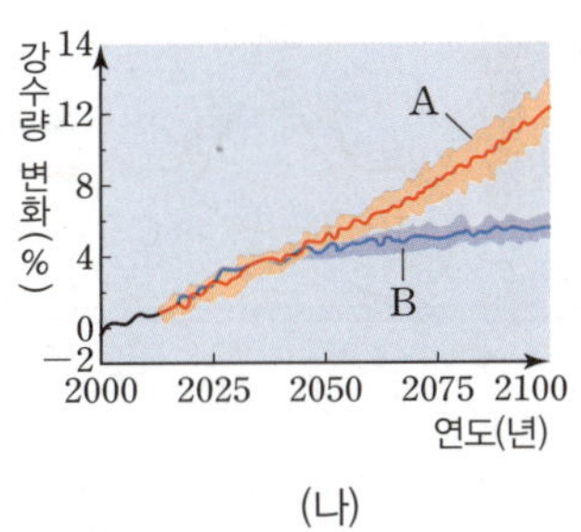

2050 년~2100 년 동안 A와 B에서 예상되는 현상을 옳게 비교한 것만을 보기 에서 있는 대로 고른 것은?

보기

ㄱ. 지구의 평균 해수면은 A보다 B에서 높다.

ㄴ. 지구의 연평균 증발량은 A보다 B에서 적다.

ㄷ. 이산화 탄소의 평균 배출량은 A보다 B에서 많다.

① ㄱ ② ㄴ ③ ㄷ
④ ㄱ, ㄴ ⑤ ㄱ, ㄷ

STEP 3 수능 유형 문제로 만점 도전하기

06 생태계의 구성요소와 환경

457

그림은 생태계를 구성하는 요소 사이의 상호 관계를 나타낸 것이다.

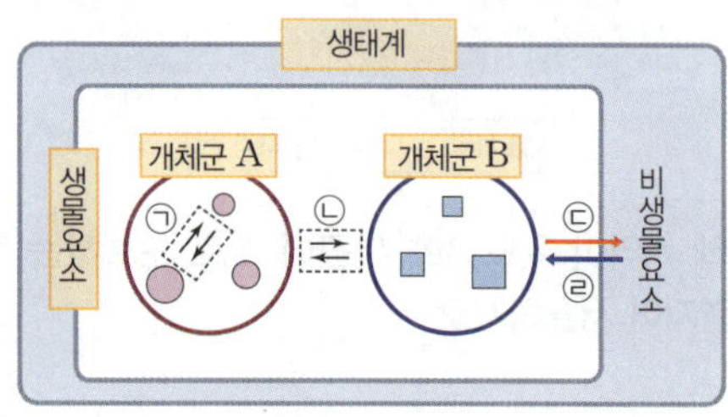

이에 대한 설명으로 옳은 것만을 「보기」에서 있는 대로 고른 것은?

보기
ㄱ. 곰팡이는 생물요소에 속한다.
ㄴ. 개체군 A와 개체군 B는 각각 동일한 생물종으로 구성된다.
ㄷ. ㉠~㉣ 중 사슴이 낮의 길이가 짧아지는 가을에 번식을 시작하는 것은 ㉣에 해당한다.

① ㄱ   ② ㄴ   ③ ㄱ, ㄷ
④ ㄴ, ㄷ   ⑤ ㄱ, ㄴ, ㄷ

458

난이도 **상**

그림 (가)는 생태계를 구성하는 요소들 사이의 관계를, (나)는 어떤 식물 X에서 양엽과 음엽의 단면 구조를 나타낸 것이다. A~C는 각각 분해자, 생산자, 소비자 중 하나이며, X는 B에 속한다.

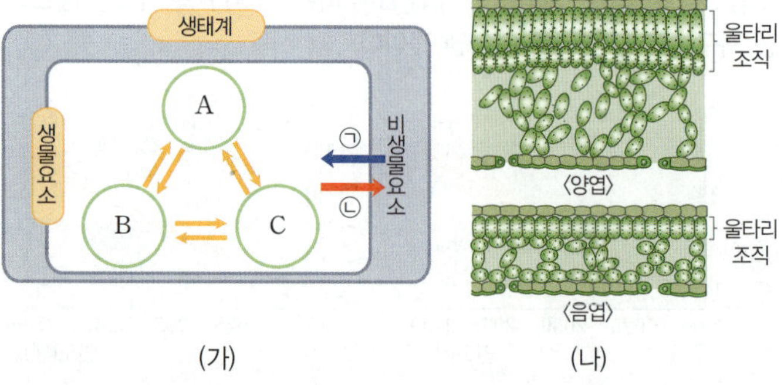

이에 대한 설명으로 옳은 것만을 「보기」에서 있는 대로 고른 것은?

보기
ㄱ. B는 생산자이다.
ㄴ. (나)에서 양엽과 음엽의 두께가 다르게 나타나는 것은 ㉡에 해당한다.
ㄷ. (나)에서 울타리조직의 두께 차이에 영향을 준 환경 요인은 온도이다.

① ㄱ   ② ㄴ   ③ ㄱ, ㄴ
④ ㄱ, ㄷ   ⑤ ㄴ, ㄷ

459

✔최다 오답

다음은 생태계를 구성하는 ㉠~㉢에 대한 자료이다. ㉠~㉢은 각각 공기, 물, 온도 중 하나이다.

○ 산소가 부족한 고산 지대에 사는 사람이 저지대에 사는 사람보다 적혈구가 많은 것은 ㉠에 대한 적응 결과이다.
○ 북극여우가 사막여우보다 몸집이 크고 귀와 꼬리가 짧은 것은 ㉡과 관련된 생물요소와 비생물요소의 상호 관계 사례이다.
○ 선인장의 잎이 가시로 변한 것은 ㉢과 관련된 생물요소와 비생물요소의 상호 관계 사례이다.

이에 대한 설명으로 옳은 것만을 「보기」에서 있는 대로 고른 것은?

보기
ㄱ. ㉠은 공기이다.
ㄴ. 파충류의 몸 표면이 비늘로 덮여 있는 것은 ㉡과 관련된 사례이다.
ㄷ. 연꽃이 호흡을 돕기 위해 줄기에 공기가 흐르는 조직이 발달해 있는 것은 ㉢과 관련된 사례이다.

① ㄱ   ② ㄷ   ③ ㄱ, ㄴ
④ ㄱ, ㄷ   ⑤ ㄴ, ㄷ

460

표는 생태계를 구성하는 요소 A~C에서 특성 ㉠~㉢의 유무를, 자료는 ㉠~㉢을 순서 없이 나타낸 것이다. A~C는 각각 분해자, 생산자, 1차 소비자 중 하나이다.

요소	㉠	㉡	㉢
A	?	ⓐ	×
B	×	?	×
C	○	○	?

(○: 있음, ×: 없음)

특성(㉠~㉢)
• 먹이 관계를 형성한다.
• 무기물로부터 유기물을 합성한다.
• 단위체가 뉴클레오타이드인 물질이 있다.

이에 대한 설명으로 옳은 것만을 「보기」에서 있는 대로 고른 것은?

보기
ㄱ. ⓐ는 '×'이다.
ㄴ. ㉠은 '먹이 관계를 형성한다.'이다.
ㄷ. C는 생산자이다.

① ㄱ   ② ㄴ   ③ ㄱ, ㄷ
④ ㄴ, ㄷ   ⑤ ㄱ, ㄴ, ㄷ

461

난이도 상

그림은 안정된 생태계 (가)와 (나)에서 일어나는 에너지의 흐름을, 표는 A와 D를 각각 구성하는 생물종 ㉠~㉤의 개체수 비율을 나타낸 것이다. A~G는 각각 생산자, 소비자, 분해자 중 하나이다.

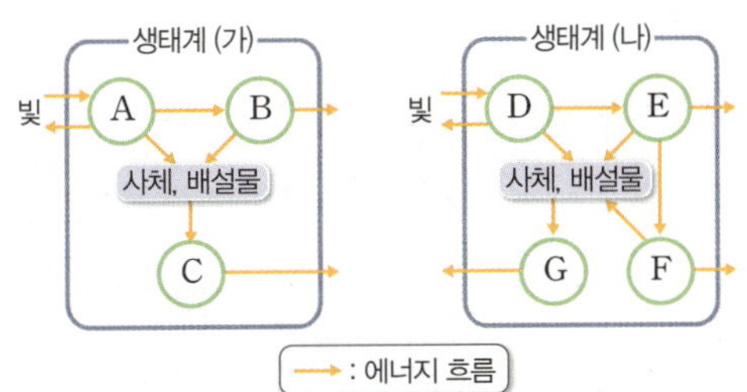

생물종		㉠	㉡	㉢	㉣	㉤
개체수 비율(%)	A	27	19	22	17	15
	D	57	21	0	16	6

이에 대한 설명으로 옳은 것만을 보기 에서 있는 대로 고른 것은? (단, A와 D의 서식 면적은 동일하며, ㉠~㉤ 이외의 다른 생물종은 고려하지 않는다.)

보기
ㄱ. 생산자의 종다양성은 (가)에서가 (나)에서보다 낮다.
ㄴ. (나)에서 에너지양은 D>E>F이다.
ㄷ. A~G는 모두 호흡에서 발생된 열에너지를 방출한다.

① ㄱ   ② ㄴ   ③ ㄱ, ㄷ
④ ㄴ, ㄷ   ⑤ ㄱ, ㄴ, ㄷ

462

그림은 생태계를 구성하는 요소 중 생물요소에서 물질의 이동을, 자료는 생물 ㉠과 ㉡ 사이의 상호작용을 나타낸 것이다. A~C는 분해자, 생산자, 소비자를 순서 없이 나타낸 것이고, ㉠과 ㉡은 각각 콩과식물과 뿌리혹박테리아 중 하나이다.

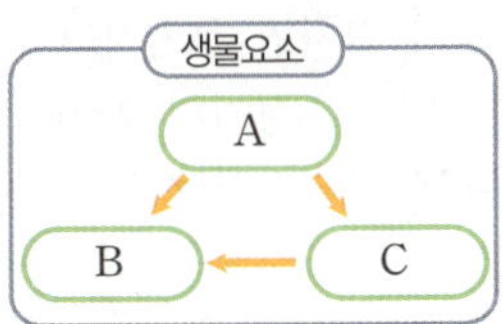

㉠은 ㉡에게 질소 화합물을 제공하고, ㉡은 ㉠에게 양분을 제공한다.

이에 대한 설명으로 옳은 것만을 보기 에서 있는 대로 고른 것은?

보기
ㄱ. ㉠은 C에 해당한다.
ㄴ. ㉡은 뿌리혹박테리아이다.
ㄷ. B는 다른 생물의 배설물이나 죽은 생물을 분해한다.

① ㄱ   ② ㄷ   ③ ㄱ, ㄴ
④ ㄴ, ㄷ   ⑤ ㄱ, ㄴ, ㄷ

463

그림은 빛 조건 I과 II를, 표는 I과 II에서 식물 A의 개화 여부를 나타낸 것이다. A는 붓꽃과 코스모스 중 하나이고, I과 II는 각각 붓꽃과 코스모스가 개화하는 조건 중 하나이다. 붓꽃은 늦봄이나 초여름에 개화하고, 코스모스는 늦여름이나 가을에 개화한다. ⓐ는 종 A가 개화하는 데 필요한 최소한의 '연속적인 빛 없음' 기간이다.

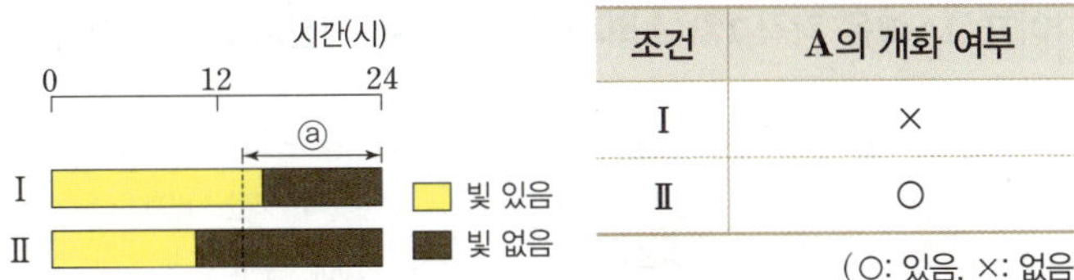

조건	A의 개화 여부
I	×
II	○

(○: 있음, ×: 없음)

이에 대한 설명으로 옳은 것만을 보기 에서 있는 대로 고른 것은? (단, 제시된 조건 이외는 고려하지 않는다.)

보기
ㄱ. A는 코스모스이다.
ㄴ. I과 같은 조건에서 꽃이 피는 식물에는 개나리가 있다.
ㄷ. A의 개화 여부와 가장 관련 깊은 비생물요소는 빛의 파장이다.

① ㄱ   ② ㄷ   ③ ㄱ, ㄴ
④ ㄴ, ㄷ   ⑤ ㄱ, ㄴ, ㄷ

464

자료는 생태계를 구성하는 요소 ㉠~㉢의 특징을, 표는 ㉠~㉢의 예를 나타낸 것이다. ㉠~㉢은 분해자, 생산자, 소비자를 순서 없이 나타낸 것이다. ⓐ~ⓒ는 각각 버섯, 동물 플랑크톤, 검정말 중 하나이다.

○ ㉠과 ㉡은 먹이사슬을 형성한다.
○ ㉡과 ㉢은 스스로 양분을 합성하지 못한다.

요소	예
㉠	ⓐ
㉡	ⓑ
㉢	ⓒ

이에 대한 설명으로 옳은 것만을 보기 에서 있는 대로 고른 것은?

보기
ㄱ. ⓐ는 광합성을 한다.
ㄴ. ⓑ는 동물 플랑크톤이다.
ㄷ. ㉡에서 ㉢으로 유기물을 통해 탄소가 이동한다.

① ㄱ   ② ㄷ   ③ ㄱ, ㄴ
④ ㄴ, ㄷ   ⑤ ㄱ, ㄴ, ㄷ

07 생태계평형

465

그림 (가)는 어떤 생태계에서 탄소가 순환하는 과정의 일부를, (나)는 이 생태계에서 각 영양단계의 에너지양을 상댓값으로 나타낸 생태피라미드를 나타낸 것이다. A~C는 각각 분해자, 생산자, 소비자 중 하나이고, I~III은 각각 1차 소비자, 3차 소비자, 생산자 중 하나이다.

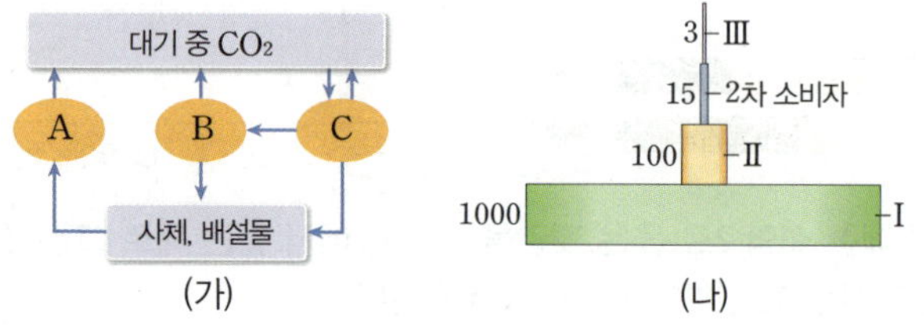

이에 대한 설명으로 옳은 것만을 보기 에서 있는 대로 고른 것은?

보기
ㄱ. I은 A이다.
ㄴ. C에서 B로 유기물이 이동한다.
ㄷ. 하위 영양단계의 에너지는 모두 상위 영양단계로 전달된다.

① ㄱ   ② ㄴ   ③ ㄱ, ㄷ
④ ㄴ, ㄷ   ⑤ ㄱ, ㄴ, ㄷ

466

그림은 어떤 안정된 생태계에서 일어나는 물질과 에너지의 이동 경로를 나타낸 것이다. (가)~(라)는 각각 분해자, 생산자, 1차 소비자, 2차 소비자 중 하나이고, A와 B는 각각 물질의 이동 경로와 에너지의 이동 경로 중 하나이다.

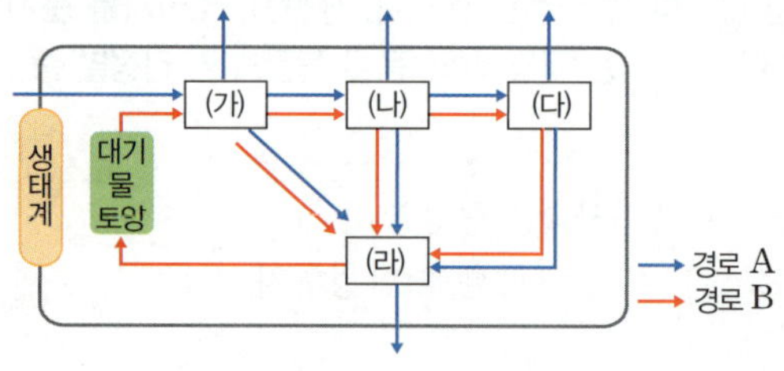

이에 대한 설명으로 옳은 것만을 보기 에서 있는 대로 고른 것은?

보기
ㄱ. 곰팡이는 (라)에 해당한다.
ㄴ. B에 의해 물질이 이동한다.
ㄷ. 에너지 이동은 모두 세포호흡을 통해 방출된 열에너지 형태로 일어난다.

① ㄱ   ② ㄷ   ③ ㄱ, ㄴ
④ ㄴ, ㄷ   ⑤ ㄱ, ㄴ, ㄷ

467

그림은 어떤 지역에서 일정 기간 동안 매년 가을에 목본 식물, 눈신토끼, 스라소니 개체군의 생체량을 조사하여 나타낸 것이다. A~C는 각각 눈신토끼, 목본 식물, 스라소니 중 하나이며, 3 종류의 개체군은 먹이사슬을 이룬다.

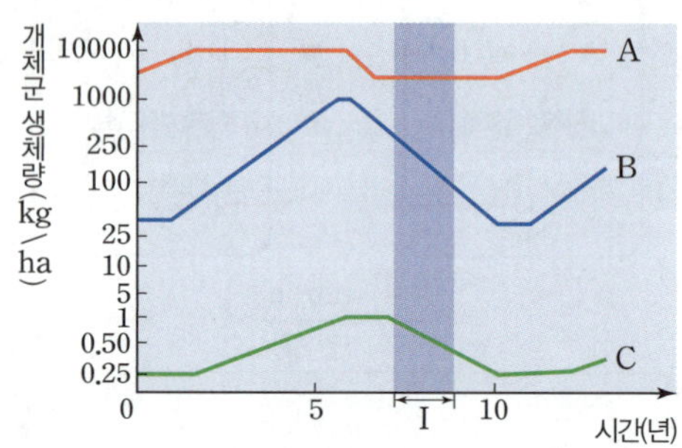

이에 대한 설명으로 옳은 것만을 보기 에서 있는 대로 고른 것은?

보기
ㄱ. A는 스라소니이다.
ㄴ. 에너지는 A → B → C 순으로 이동한다.
ㄷ. 구간 I에서 C의 감소는 C의 포식자의 수가 증가하기 때문이다.

① ㄱ   ② ㄴ   ③ ㄷ
④ ㄱ, ㄴ   ⑤ ㄱ, ㄷ

468

다음은 하와이 주변의 얕은 바다에 서식하는 오징어 A에 대한 자료이다.

오징어 A는 주로 밤에 활동하는데, 달빛이 비치면 그림자가 생겨 포식자 B의 눈에 잘 띄게 된다. 하지만 오징어의 몸에 사는 발광 세균이 달빛과 비슷한 빛을 내면 그림자가 사라져 B에게 쉽게 발견되지 않는다.

이에 대한 설명으로 옳은 것만을 보기 에서 있는 대로 고른 것은?

보기
ㄱ. 발광 세균은 분해자에 해당한다.
ㄴ. A와 B는 같은 개체군에 속한다.
ㄷ. A를 제거하면 B의 개체수가 일시적으로 증가한다.

① ㄱ   ② ㄷ   ③ ㄱ, ㄴ
④ ㄴ, ㄷ   ⑤ ㄱ, ㄴ, ㄷ

08 지구 환경과 인간 생활

469

그림 (가)와 (나)는 대기의 유무에 따른 지구 열수지를 나타낸 것이다.

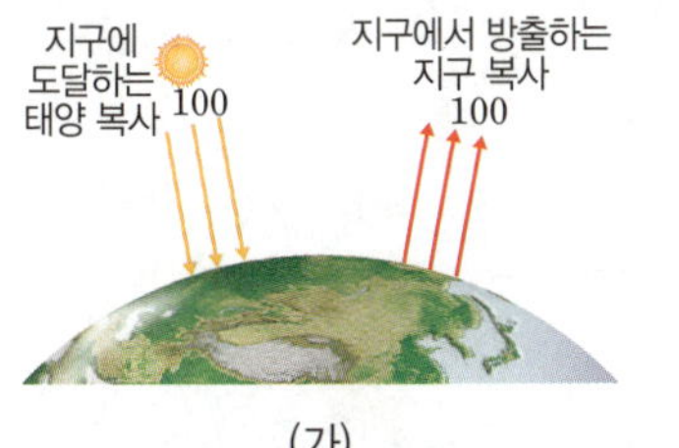
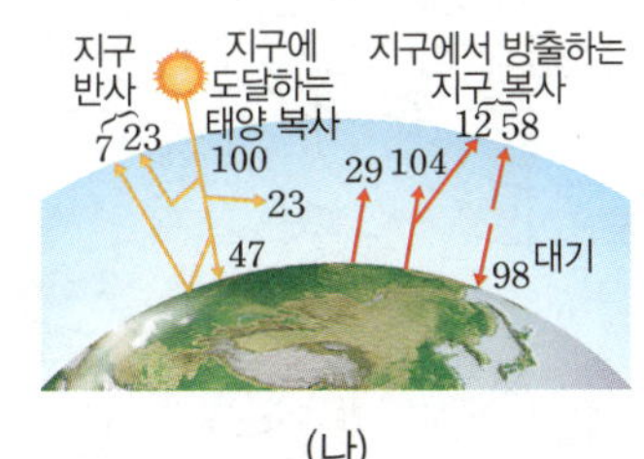

이에 대한 설명으로 옳은 것만을 보기 에서 있는 대로 고른 것은?

보기

ㄱ. (가)의 경우 지구의 온도가 일정하게 유지되지 않는다.

ㄴ. 지표면이 흡수하는 태양 복사는 (가)가 (나)보다 많다.

ㄷ. 지구에서 우주로 방출하는 지구 복사는 (가)가 (나)보다 적다.

① ㄱ ② ㄴ ③ ㄷ
④ ㄱ, ㄴ ⑤ ㄱ, ㄷ

470

난이도 (상)

그림은 북반구에서 위도에 따른 지구 복사 에너지 방출량과 열에너지 이동량을 나타낸 것이다.

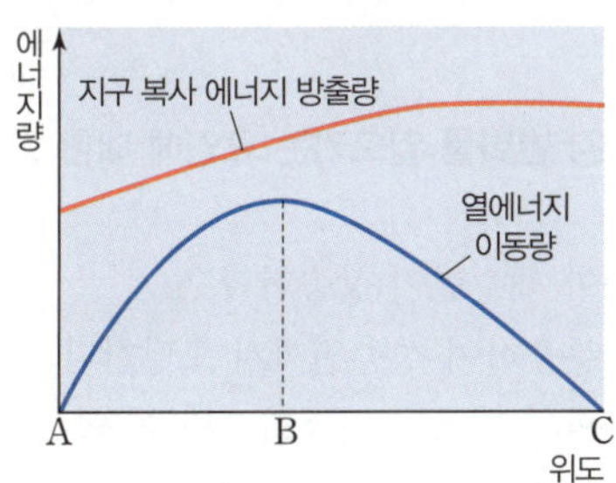

이에 대한 설명으로 옳은 것만을 보기 에서 있는 대로 고른 것은?

보기

ㄱ. 위도는 A가 C보다 높다.

ㄴ. B에서 열에너지는 A 방향으로 이동한다.

ㄷ. 태양 복사 에너지 흡수량과 지구 복사 에너지 방출량의 차가 가장 큰 곳은 B이다.

① ㄱ ② ㄷ ③ ㄱ, ㄴ
④ ㄴ, ㄷ ⑤ ㄱ, ㄴ, ㄷ

471

그림은 북반구의 대기 대순환 모형을 나타낸 것이다.

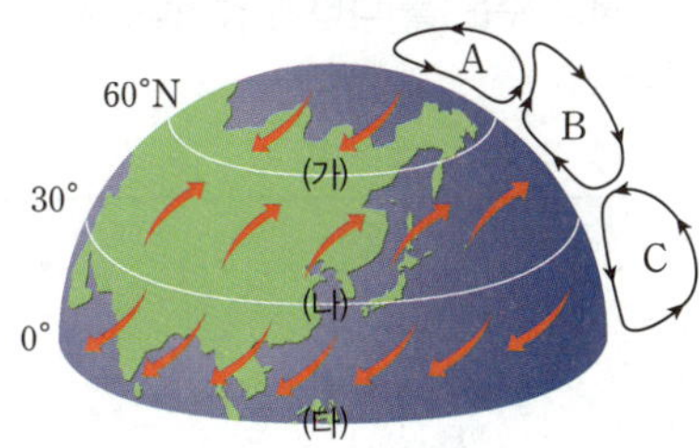

이에 대한 설명으로 옳은 것만을 보기 에서 있는 대로 고른 것은?

보기

ㄱ. (나) 지역은 주변보다 기압이 낮다.

ㄴ. B 순환은 가열과 냉각에 의해 형성된 열적 순환이다.

ㄷ. (가)~(다) 중에서 남북 간의 온도 차는 (가) 부근에서 가장 크다.

① ㄱ ② ㄴ ③ ㄷ
④ ㄱ, ㄷ ⑤ ㄴ, ㄷ

472

그림은 동태평양 적도 부근 해역의 수온 편차(관측값−기준값)를 나타낸 것이다.

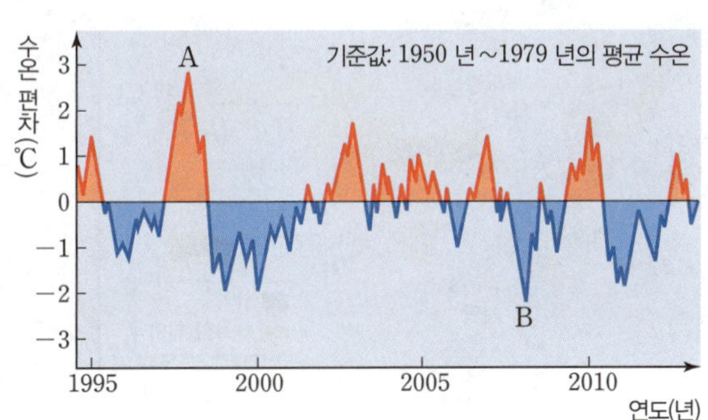

이에 대한 설명으로 옳은 것만을 보기 에서 있는 대로 고른 것은?

보기

ㄱ. A 시기에 엘니뇨가 발생하였다.

ㄴ. 무역풍의 풍속은 A 시기보다 B 시기에 빨랐다.

ㄷ. 동태평양 연안에서 용승 현상은 A 시기보다 B 시기에 활발하였다.

① ㄱ ② ㄴ ③ ㄱ, ㄷ
④ ㄴ, ㄷ ⑤ ㄱ, ㄴ, ㄷ

473

난이도 상

그림은 적도 부근 해역에서 서태평양과 동태평양의 표층 수온 차(서태평양 수온−동태평양 수온)를 나타낸 것이다. A, B, C 중 한 시기만 엘니뇨 시기이다.

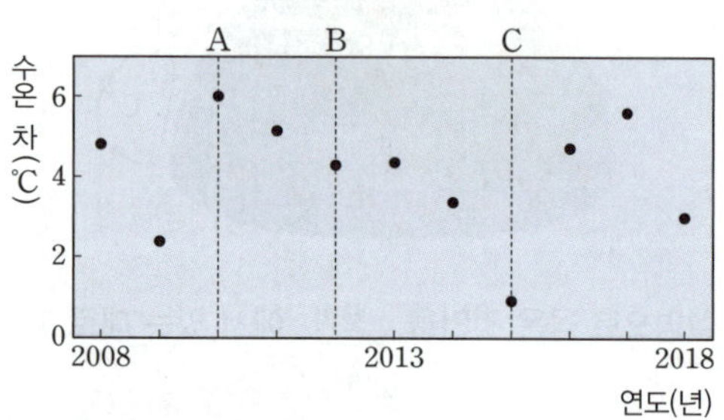

이에 대한 설명으로 옳은 것만을 보기 에서 있는 대로 고른 것은?

보기

ㄱ. 엘니뇨 시기는 A이다.
ㄴ. 동태평양 적도 부근 해역의 해수면 높이는 A보다 C일 때 높다.
ㄷ. 서태평양에서 가뭄과 산불 피해는 B보다 C 시기에 빈번하다.

① ㄱ ② ㄷ ③ ㄱ, ㄴ
④ ㄴ, ㄷ ⑤ ㄱ, ㄴ, ㄷ

✔ 최다 오답
474

그림은 사막과 사막화 지역의 분포와 연 증발량 및 강수량의 상댓값을 나타낸 것이다.

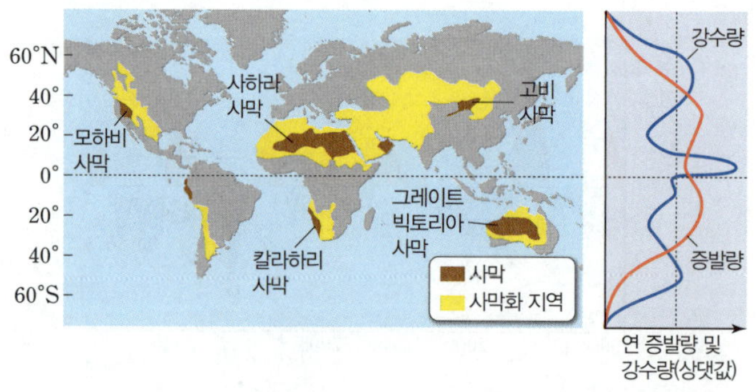

이에 대한 설명으로 옳은 것만을 보기 에서 있는 대로 고른 것은?

보기

ㄱ. 사막과 사막화 지역은 대체로 증발량보다 강수량이 많다.
ㄴ. 과잉 경작, 벌채 등은 사막화 지역의 확대를 가속시킨다.
ㄷ. 사막화가 진행되면 지표의 물이 지하로 이동하여 지하수량이 증가한다.

① ㄱ ② ㄴ ③ ㄱ, ㄷ
④ ㄴ, ㄷ ⑤ ㄱ, ㄴ, ㄷ

475

그림은 대기 중 이산화 탄소량이 현재의 두 배가 되었을 때 예상되는 기온 편차(예상 기온−평균 기온)를 나타낸 것이다.

이에 대한 설명으로 옳은 것만을 보기 에서 있는 대로 고른 것은?

보기

ㄱ. 기온 상승은 북반구가 남반구보다 크다.
ㄴ. 극 지역의 반사율은 현재보다 증가한다.
ㄷ. 극 지역과 적도 지역의 연평균 기온 차는 현재보다 감소한다.

① ㄱ ② ㄴ ③ ㄱ, ㄷ
④ ㄴ, ㄷ ⑤ ㄱ, ㄴ, ㄷ

476

다음은 지구의 환경 변화를 일으키는 요인에 대한 설명이다.

(가) 빙하가 녹아 해수면이 상승한다.
(나) 화산재가 분출하여 성층권까지 도달한다.
(다) 대기 대순환의 변화로 사막화 지역이 확대된다.

(가)~(다)에 대한 설명으로 옳은 것만을 보기 에서 있는 대로 고른 것은?

보기

ㄱ. (가)는 지표가 흡수하는 태양 복사 에너지량을 증가시킨다.
ㄴ. (나)는 지구의 반사율을 증가시킨다.
ㄷ. (다)가 진행될수록 하강 기류가 우세해진다.

① ㄱ ② ㄷ ③ ㄱ, ㄴ
④ ㄴ, ㄷ ⑤ ㄱ, ㄴ, ㄷ

477

마른 멸치를 물에 불린 후 위를 분리하고 위 속의 내용물을 꺼내어 현미경으로 관찰하였더니 여러 종류의 동물 플랑크톤을 관찰할 수 있었다.

(1) 다음 생물들을 먹이사슬로 나타내시오. (단, 오징어의 위 속 내용물에서 멸치가 확인되었다.)

> 멸치, 오징어, 동물 플랑크톤, 식물 플랑크톤, 상어

(2) (1)의 생물로 이루어진 해양 생태계에서 멸치의 개체수가 갑자기 증가하였다고 가정하면 이때 오징어와 동물 플랑크톤의 개체수는 어떻게 변화할지 예측하여 서술하시오. (단, 주어진 종과 조건 이외에는 고려하지 않는다.)

478

다음은 카이바브 고원 생태계에 대한 자료이다.

미국의 카이바브 고원에서 사슴을 보호하기 위해 1905 년부터 사슴의 포식자인 늑대를 사냥하기 시작하였다. 그 결과 1905 년~1920 년대 초반에는 ㉠사슴의 개체수가 급격히 증가하였다. 그러나 1920 년대 초반 이후부터는 초원의 생산량 변화로 인해 ㉡사슴의 개체수가 급격하게 감소하였다.
그림은 카이바브 고원 생태계에서 늑대, 사슴, 초원의 풀의 개체수 변화를 나타낸 것이다. A와 B는 각각 사슴과 초원의 풀 중 하나이다.

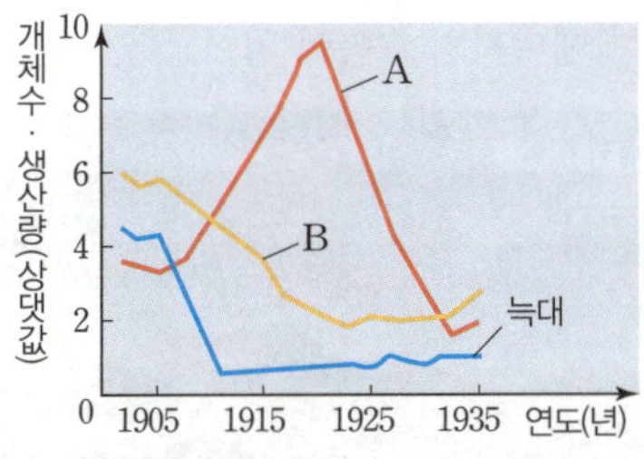

A와 B에 해당하는 생물은 무엇인지 쓰고, ㉠과 ㉡의 변화가 일어난 까닭을 각각 서술하시오.

479

그림은 평상시보다 무역풍이 약해졌을 때 태평양 적도 부근 해역의 연직 단면을 나타낸 것이다.

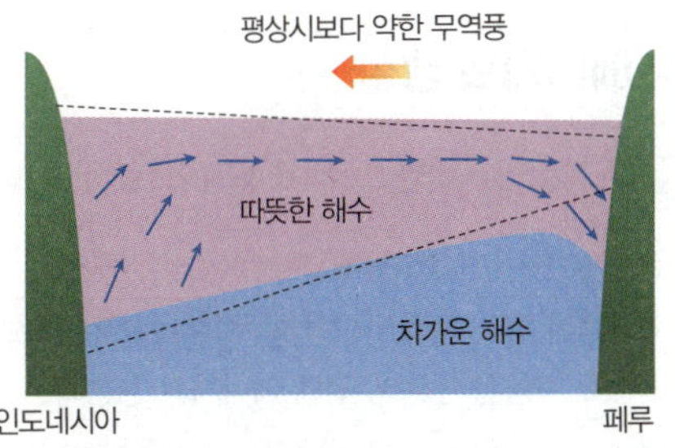

이 시기에 적도 부근 동태평양과 서태평양의 표층 수온과 평균 기압은 평상시와 비교하여 어떠한지 서술하시오.

480  난이도 상

그림은 1993 년부터 2022 년까지 전 세계 평균 해수면 높이 변화와 10 년 단위 해수면 상승률을 나타낸 것이다.

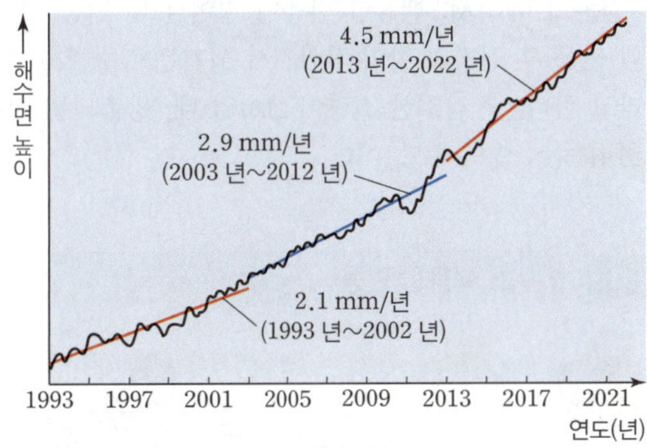

(1) 이 기간 동안 전 세계 해수면 높이는 몇 mm 상승했는지 구하시오.

(2) 평균 해수면이 상승하는 주요 원인 두 가지를 서술하시오.

09 태양 에너지의 생성과 전환

1 태양 에너지의 생성

(1) **태양**: 대부분 수소와 헬륨으로 구성되어 있으며 핵, 복사층, 대류층으로 구분한다. 초고온 상태이기 때문에 수소 원자는 원자핵과 전자가 분리된 플라스마 상태로 존재한다.

핵	• 온도가 약 1500만 K로 초고온인 태양의 중심부 • 수소 핵융합 반응에 의해 에너지가 생성되는 부분
복사층	핵에서 생성된 에너지가 복사에 의해 바깥쪽으로 이동
대류층	복사층 바깥에서 에너지가 대류에 의해 표면으로 이동

(2) **태양 에너지 생성**: 태양의 중심부에서 일어나는 **수소 핵융합 반응**으로 태양 에너지가 생성된다. ➡ 수소 원자핵 4 개가 융합하여 헬륨 원자핵 1 개가 만들어질 때 감소한 질량만큼 태양 에너지가 생성된다. 자료❶ 자료❷

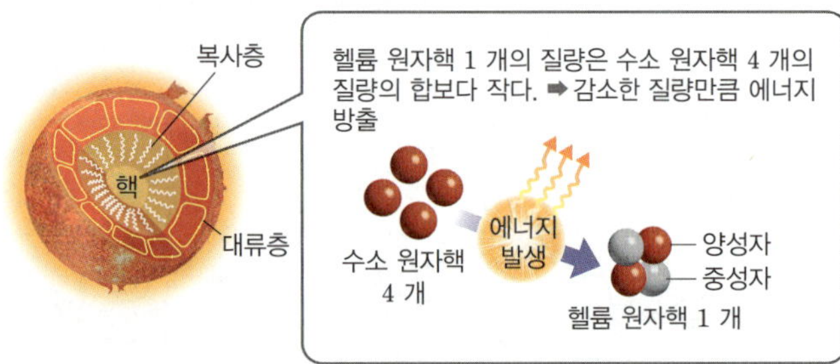

태양 중심부에서 일어나는 수소 핵융합 반응

(3) **태양 에너지의 방출**: 중심부에서 수소 핵융합 반응으로 생성된 태양 에너지의 일부가 지구에 도달하여 자연 현상, 생명 활동 등의 주된 에너지로 쓰인다.

(4) **질량 결손과 에너지**: 핵융합 반응이 일어날 때 반응 전 질량의 합보다 반응 후 질량의 합이 작아져서 생기는 질량 차를 질량 결손이라고 한다. ➡ 감소한 질량이 Δm일 때, 방출되는 에너지는 $E = \Delta mc^2$ (c: 빛의 속도)이다.

자료 분석 수소 핵융합 반응

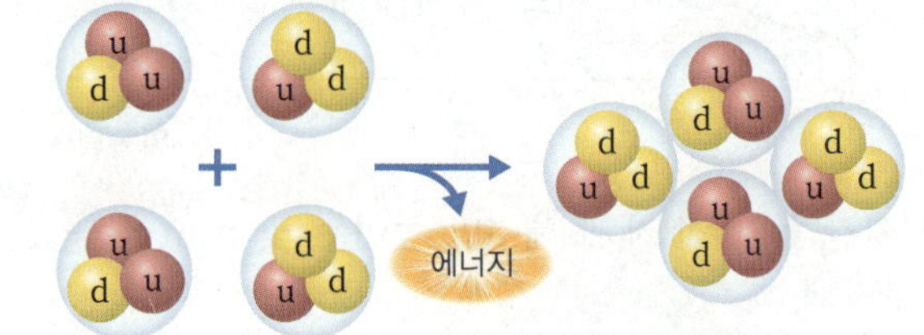

• 양성자의 질량: 1.0073 u   • 중성자의 질량: 1.0087 u
• 양성자 2 개와 중성자 2 개의 질량 합: $(1.0073 \text{ u} + 1.0087 \text{ u}) \times 2$
  $= 4.0320 \text{ u}$
• 헬륨 원자핵의 질량: 4.0015 u
➡ 헬륨 원자핵이 만들어질 때 반응 전후 질량의 차가 존재하며, 핵융합 반응 후 질량이 감소한 만큼 에너지가 발생한다.

2 태양 에너지의 전환

(1) **태양 에너지의 전환**

① 태양에서 생성되는 에너지의 $\dfrac{1}{20억}$ 정도가 지구에 도달한다.

② 지구에 도달한 **태양 에너지는 열에너지, 운동 에너지, 화학 에너지 등 다양한 형태의 에너지로 전환**되어 지구 환경과 지구의 모든 생명체에 영향을 준다.

구분	에너지 전환
바람	태양의 열에너지 → 바람의 운동 에너지
태양광 발전	태양의 빛에너지 → 전기 에너지
광합성	태양의 빛에너지 → 식물의 화학 에너지

(2) **태양 에너지의 전환과 활용** 자료❸

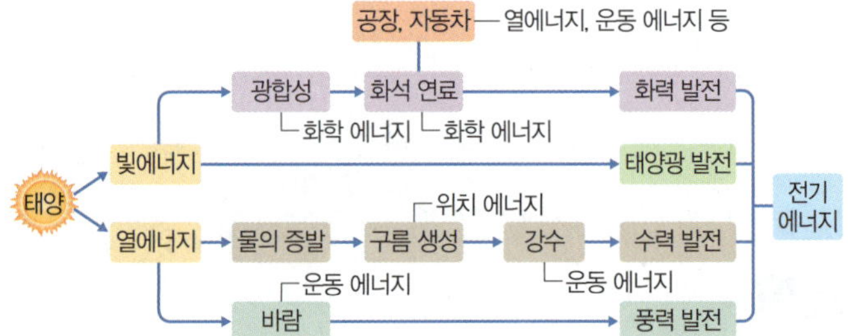

3 지구시스템에서 태양 에너지의 흐름

(1) **태양 에너지의 흐름**: 태양 에너지의 전환은 연속적인 과정으로 일어나며, 에너지 흐름을 일으킨다. 자료❹

① **물의 순환**: 태양의 열에너지에 의해 물이 순환하는 과정에서 다양한 에너지 흐름이 일어난다.

② **탄소의 순환**: 태양의 빛에너지에 의해 탄소가 순환하는 과정에서 다양한 에너지의 흐름이 일어난다.

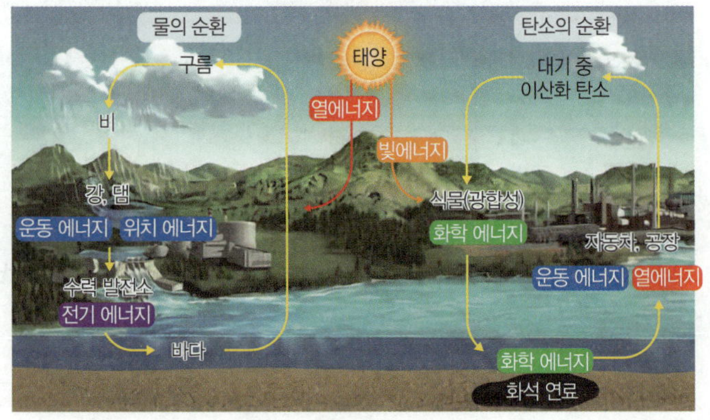

태양 에너지의 흐름

다음 자료에 대한 설명으로 옳은 것은 ○표, 옳지 않은 것은 ✕표 하시오.

자료 ① 태양의 구조

미래엔, 동아

그림은 태양의 내부를 나타낸 것이다.

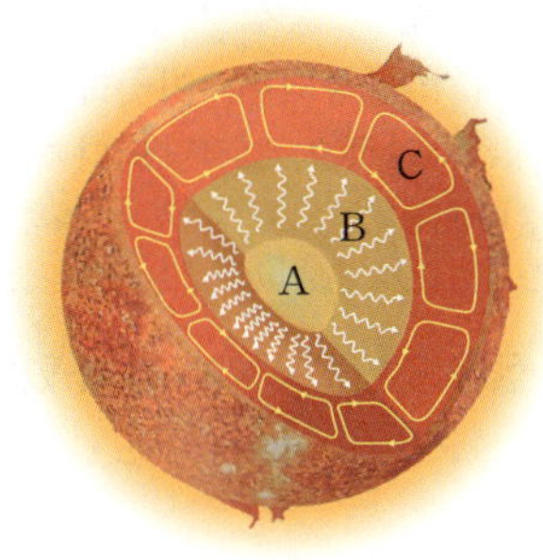

481 A는 태양 중심부의 핵이다. ○/✕

482 복사에 의한 에너지 이동은 B보다 C에서 활발하다. ○/✕

483 A~C 모두 대부분 수소와 헬륨으로 이루어져 있다. ○/✕

484 수소 핵융합 반응은 A에서 일어난다. ○/✕

485 A~C 중 온도가 가장 높은 곳은 C이다. ○/✕

486 A에서 수소는 플라즈마 상태로 존재한다. ○/✕

자료 ② 수소 핵융합 반응

미래엔, 천재, 지학사, 동아

그림은 수소 핵융합 반응을 모식적으로 나타낸 것이다.

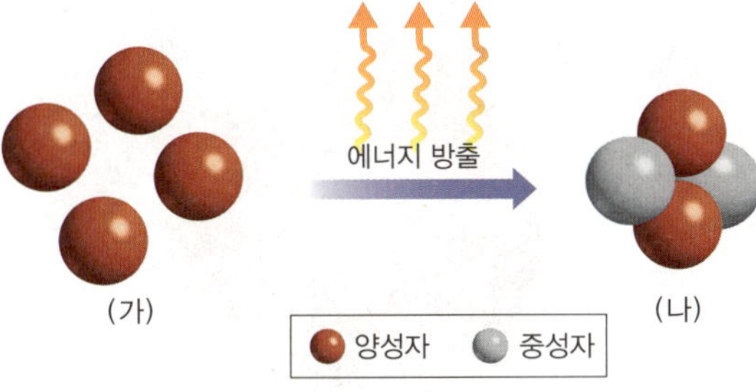

487 수소 원자핵 4개가 융합하여 헬륨 원자핵 1개를 만드는 과정이다. ○/✕

488 (가)의 질량은 (나)의 질량보다 작다. ○/✕

489 (가)와 (나)의 질량 차이는 에너지로 전환된다. ○/✕

490 태양 표면 부근의 고온 영역에서 일어나는 핵융합 반응이다. ○/✕

491 지구에 도달하는 태양 에너지량의 약 20억 배가 이러한 과정으로 생성된다. ○/✕

자료 ③ 태양 에너지의 전환

미래엔, 비상, 천재, 지학사, 동아

그림은 지구에서 일어나는 태양 에너지의 전환을 나타낸 것이다.

492 ㉠은 운동 에너지이다. ○/✕

493 A와 B는 태양 빛에너지가 이용된다. ○/✕

494 B와 C에서 태양 에너지는 위치 에너지로 저장된다. ○/✕

495 D에서 태양 에너지는 자동차를 움직이는 운동 에너지로 전환된다. ○/✕

496 태양 에너지는 지구의 자연 현상과 생명 활동 과정에서 다양한 형태의 에너지로 전환된다. ○/✕

자료 ④ 태양 에너지의 흐름

비상

그림은 지구에 도달한 태양 에너지의 흐름을 나타낸 것이다.

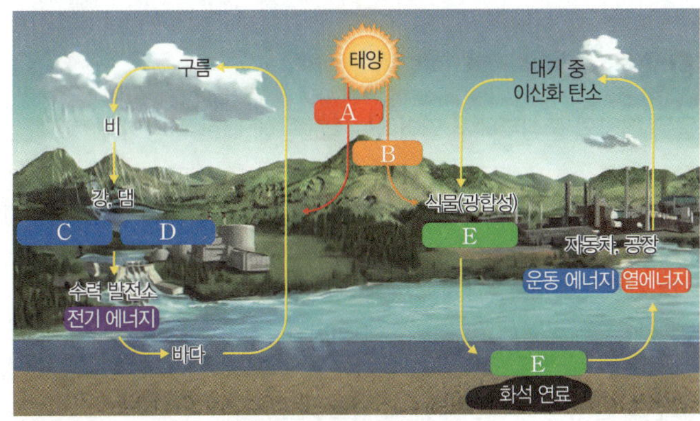

497 A는 빛에너지이고, B는 열에너지이다. ○/✕

498 C와 D를 합쳐 역학적 에너지라고 한다. ○/✕

499 E는 화학 에너지이다. ○/✕

500 화석 연료는 태양 에너지를 근원으로 일어나는 현상이다. ○/✕

STEP 2 학교 기출 문제로 내신 대비하기

1 태양 에너지의 생성

501

태양 에너지에 대한 설명으로 옳은 것은?

① 태양은 대부분 산소로 이루어져 있다.
② 태양의 중심부는 저온의 액체 상태로 존재한다.
③ 태양에서 핵융합 반응은 태양의 중심부에서 일어난다.
④ 태양 에너지는 헬륨의 핵분열 반응을 통해 생성된다.
⑤ 태양의 핵융합 반응 과정에서 생성된 헬륨 원자핵의 질량은 반응 전 수소 원자핵 4 개의 질량의 합보다 크다.

502

태양에서 일어나는 수소 핵융합 반응에 대한 설명으로 옳은 것만을 보기 에서 있는 대로 고른 것은?

── 보기 ──
ㄱ. 수소 핵융합 반응 후 헬륨 원자핵이 생성된다.
ㄴ. 초고온, 초고압 상태에서 반응이 일어난다.
ㄷ. 핵융합 과정에서 발생하는 에너지는 질량 증가에 의한 것이다.

① ㄱ   ② ㄴ   ③ ㄷ
④ ㄱ, ㄴ   ⑤ ㄱ, ㄷ

503

다음은 태양의 중심부에서 일어나는 핵반응에 대한 설명이다.

태양의 중심부는 초고온의 플라스마 상태이다. 태양의 중심부에서 4 개의 수소 원자핵이 (㉠)하여 1 개의 (㉡) 원자핵을 생성하는 과정에서 에너지를 방출하게 되는데, 이때 발생하는 에너지는 (㉢)에 의한 에너지이다.

㉠~㉢에 들어갈 것으로 옳게 짝 지은 것은?

	㉠	㉡	㉢
①	융합	헬륨	질량 결손
②	융합	우라늄	질량 증가
③	융합	산소	질량 결손
④	분열	헬륨	질량 증가
⑤	분열	우라늄	질량 결손

504

다음은 태양에 대한 설명이다.

태양은 표면 온도가 약 6000 K, 중심부의 온도가 약 (㉠) K이다. 태양의 중심부에서는 ㉡수소 핵융합 반응이 일어나 에너지가 생성되며, 이곳에서 생성된 에너지는 (㉢)의 형태로 바깥쪽으로 전달되다가 (㉣)의 형태로 태양 표면에 도달한다.

이에 대한 설명으로 옳은 것만을 보기 에서 있는 대로 고른 것은?

── 보기 ──
ㄱ. ㉠은 '100만'이다.
ㄴ. ㉡ 과정에서 태양의 질량은 계속 감소한다.
ㄷ. ㉢은 '복사', ㉣은 '대류'이다.

① ㄱ   ② ㄷ   ③ ㄱ, ㄴ
④ ㄴ, ㄷ   ⑤ ㄱ, ㄴ, ㄷ

505

그림은 태양의 내부 구조를 나타낸 것이다.

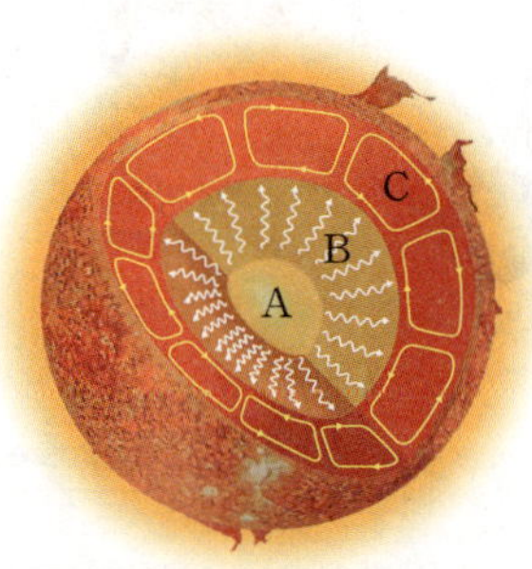

이에 대한 설명으로 옳은 것만을 보기 에서 있는 대로 고른 것은?

── 보기 ──
ㄱ. A의 압력은 매우 높다.
ㄴ. 핵융합 반응은 C에서 일어난다.
ㄷ. 핵융합 반응으로 태양 내부의 수소의 양은 일정하게 유지된다.

① ㄱ   ② ㄴ   ③ ㄷ
④ ㄱ, ㄴ   ⑤ ㄱ, ㄷ

★고빈출
506

그림은 어느 핵융합 반응을 나타낸 것이다.

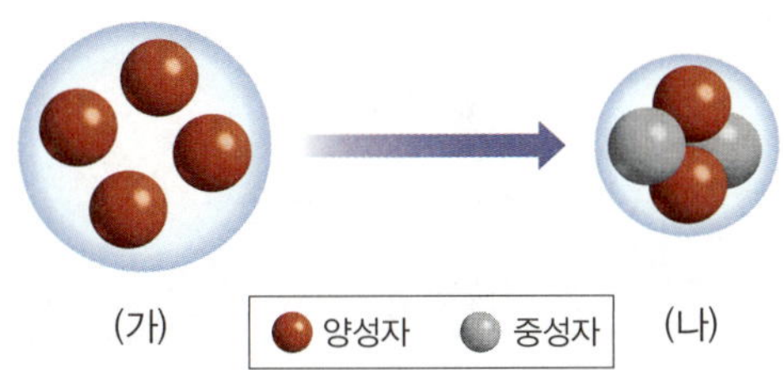

이에 대한 설명으로 옳은 것만을 〔보기〕에서 있는 대로 고른 것은?

〔보기〕
ㄱ. 질량은 (가)가 (나)보다 크다.
ㄴ. 시간이 지남에 따라 헬륨의 양은 감소한다.
ㄷ. (가) → (나) 과정에서 에너지가 방출된다.

① ㄱ　　　　② ㄴ　　　　③ ㄱ, ㄷ
④ ㄴ, ㄷ　　　⑤ ㄱ, ㄴ, ㄷ

★고빈출
507

그림은 태양이 에너지를 방출하는 과정에서 일어나는 핵반응을 나타낸 것이다.

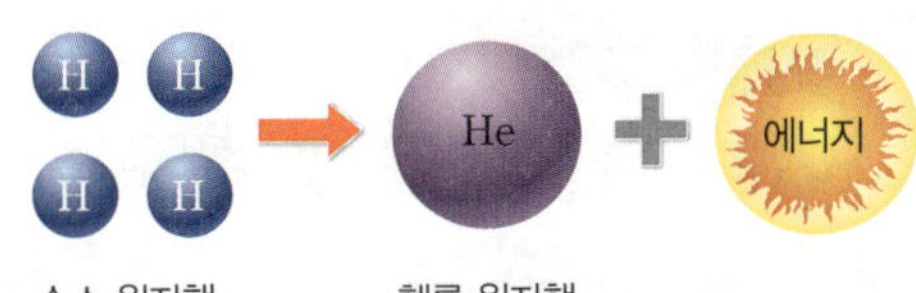

이에 대한 설명으로 옳은 것만을 〔보기〕에서 있는 대로 고른 것은?

〔보기〕
ㄱ. 수소 핵융합 반응이다.
ㄴ. 태양의 중심부에서 일어난다.
ㄷ. 원자핵 질량의 총합은 핵반응 전과 핵반응 후가 같다.

① ㄱ　　　　② ㄷ　　　　③ ㄱ, ㄴ
④ ㄴ, ㄷ　　　⑤ ㄱ, ㄴ, ㄷ

★고빈출
508 ●서술형

그림은 태양의 내부에서 일어나는 핵융합 반응을 나타낸 것이다.

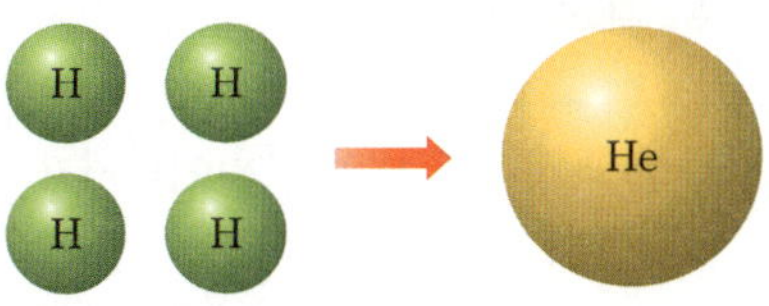

이러한 핵융합 반응이 일어나는 장소를 태양의 내부 구조와 관련지어 쓰고, 이 과정에서 에너지가 발생하는 까닭을 서술하시오.

____

____

2　태양 에너지의 전환

509

지구에서 일어나는 태양 에너지의 전환과 순환에 대한 설명으로 옳은 것만을 〔보기〕에서 있는 대로 고른 것은?

〔보기〕
ㄱ. 태양 에너지는 지구에서 사용하는 거의 모든 에너지의 근원이다.
ㄴ. 태양의 핵융합 과정에서 방출하는 에너지는 모두 지구에 도달한다.
ㄷ. 생명체의 유해는 오랜 기간 땅에 묻혀 화석 연료가 된다.

① ㄱ　　　　② ㄴ　　　　③ ㄷ
④ ㄱ, ㄴ　　　⑤ ㄱ, ㄷ

510

지구에서 일어나는 태양 에너지의 전환에 대한 설명으로 옳은 것만을 보기 에서 있는 대로 고른 것은?

보기
ㄱ. 식물의 광합성 과정에서 태양의 빛에너지가 화학 에너지로 전환된다.
ㄴ. 구름이 생성되는 과정에서 태양의 열에너지가 위치 에너지로 전환된다.
ㄷ. 태양광 발전은 태양의 열에너지를 전기 에너지로 전환한다.

① ㄱ ② ㄴ ③ ㄷ
④ ㄱ, ㄴ ⑤ ㄱ, ㄷ

511

그림 (가)는 식물의 광합성을, (나)는 바람이 부는 모습을 나타낸 것이다.

(가)   (나)

이에 대한 설명으로 옳은 것만을 보기 에서 있는 대로 고른 것은?

보기
ㄱ. (가)는 태양 에너지가 최종적으로 화학 에너지의 형태로 식물의 양분으로 저장된다.
ㄴ. (나)는 태양 에너지에 의한 지표면 가열 단계를 거쳐 일어난다.
ㄷ. (가)와 (나)의 근원 에너지는 모두 태양 에너지이다.

① ㄱ ② ㄷ ③ ㄱ, ㄴ
④ ㄴ, ㄷ ⑤ ㄱ, ㄴ, ㄷ

512

다음은 태양 에너지가 전환된 에너지와 각 에너지에 의한 현상을 나타낸 것이다.

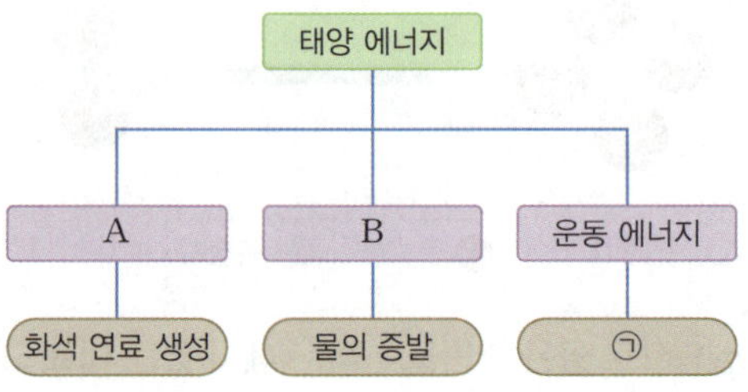

이에 대한 설명으로 옳은 것만을 보기 에서 있는 대로 고른 것은?

보기
ㄱ. A는 열에너지이다.
ㄴ. B는 물의 위치 에너지를 증가시키는 데 이용되었다.
ㄷ. '파도 발생'은 ㉠에 해당한다.

① ㄱ ② ㄷ ③ ㄱ, ㄴ
④ ㄴ, ㄷ ⑤ ㄱ, ㄴ, ㄷ

513

그림은 태양 에너지가 전환되어 발전에 이용되는 과정을 나타낸 것이다.

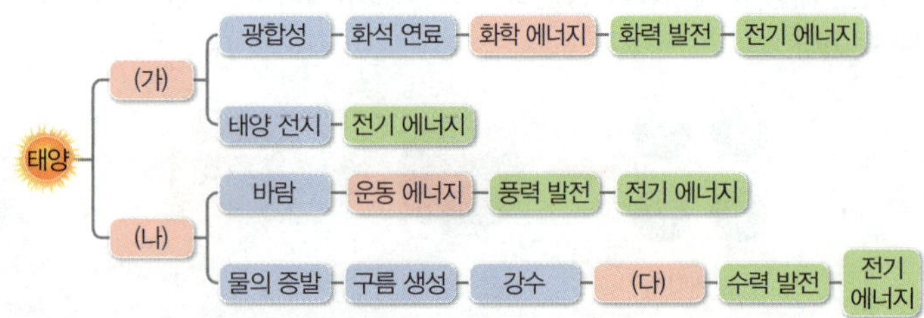

(가)~(다)에 들어갈 에너지를 옳게 짝 지은 것은?

	(가)	(나)	(다)
①	빛에너지	열에너지	위치 에너지
②	빛에너지	열에너지	화학 에너지
③	열에너지	빛에너지	위치 에너지
④	열에너지	빛에너지	화학 에너지
⑤	열에너지	빛에너지	핵에너지

3 지구시스템에서 태양 에너지의 흐름

514 고빈출

그림은 태양 에너지에 의해 일어나는 물의 순환을 나타낸 것이다.

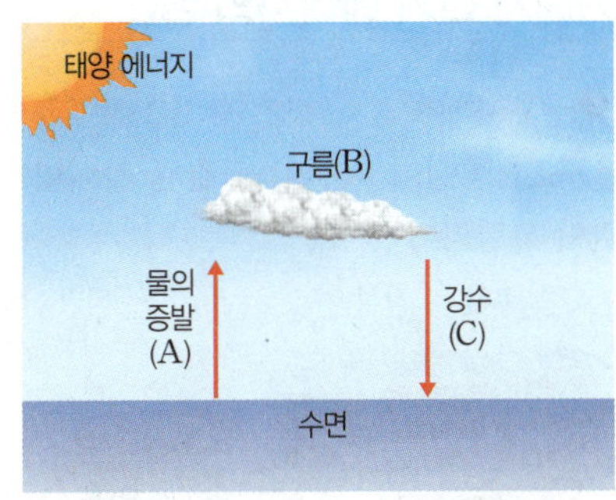

이에 대한 설명으로 옳은 것만을 〈보기〉에서 있는 대로 고른 것은?

보기
ㄱ. A는 태양 에너지가 열에너지로 전환되어 일어난다.
ㄴ. B의 생성 과정에서 대기 중의 열에너지가 물에 흡수된다.
ㄷ. B → C 과정에서 빗방울의 운동 에너지는 감소한다.

① ㄱ 　　② ㄷ 　　③ ㄱ, ㄴ
④ ㄴ, ㄷ 　　⑤ ㄱ, ㄴ, ㄷ

515

태양 에너지에 의해 지구에서 일어나는 물과 대기의 순환에 대한 설명으로 옳은 것만을 〈보기〉에서 있는 대로 고른 것은?

보기
ㄱ. 물이 순환하는 동안 지구에서는 에너지가 지구 전체에 분산된다.
ㄴ. 공기가 태양 에너지를 흡수하면 기압 차이에 의해 바람이 분다.
ㄷ. 물이 태양 에너지를 흡수하면 수증기가 되어 상승했다가 비나 눈의 형태로 다시 지표로 되돌아간다.

① ㄱ 　　② ㄷ 　　③ ㄱ, ㄴ
④ ㄴ, ㄷ 　　⑤ ㄱ, ㄴ, ㄷ

516 서술형

다음은 태양 에너지가 전환되어 물의 순환을 일으키는 여러 에너지를 나타낸 것이다.

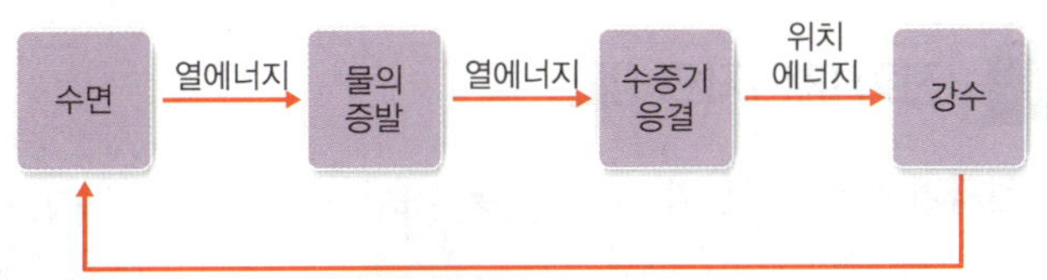

위의 순환에서 각 에너지의 흡수와 방출 또는 증가와 감소 과정에 대해 서술하시오.

____

____

517

그림은 태양 에너지에 의해 일어나는 탄소의 순환을 나타낸 것이다.

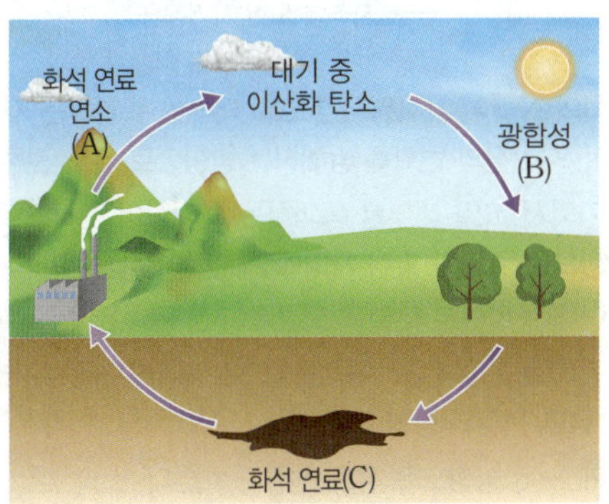

이에 대한 설명으로 옳은 것만을 〈보기〉에서 있는 대로 고른 것은?

보기
ㄱ. A는 화학 에너지가 열에너지로 전환되는 과정이다.
ㄴ. B에서 태양 에너지는 운동 에너지로 전환된다.
ㄷ. B → C 과정에서 태양 에너지는 지권에 저장된다.

① ㄱ 　　② ㄴ 　　③ ㄱ, ㄷ
④ ㄴ, ㄷ 　　⑤ ㄱ, ㄴ, ㄷ

10 발전과 전기 에너지

1 전기 에너지의 생산

★(1) **전자기 유도**: 그림과 같이 코일 근처에서 자석을 움직이면 코일을 통과하는 자기장이 변하면서 전류가 흐른다. 이와 같이 코일을 통과하는 자기장이 변하면 코일에 전류가 흐르는데, 이러한 현상을 전자기 유도라고 한다. (자료❶)

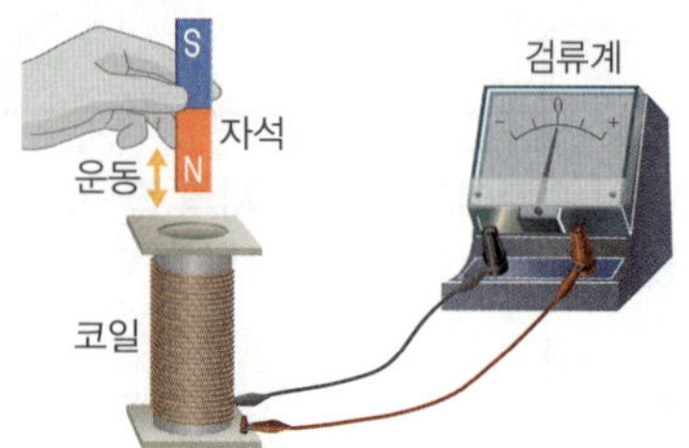

① **유도 전류**: 전자기 유도에 의해 코일에 흐르는 전류
② **전자기 유도에서 에너지 전환**: 자석의 운동 에너지가 코일에서 전기 에너지로 전환된다.

> 운동 에너지 → 전기 에너지

(2) **패러데이 전자기 유도 법칙** (자료❷)

① **유도 전류의 방향**: 코일에는 자기장의 변화를 방해하는 방향으로 유도 전류가 흐른다.

★ **자료 분석❶** 유도 전류의 방향 알아보기

1 코일에 자석의 N극이 가까워지면 코일 내부를 통과하는 자기장의 세기가 증가하며, 자기장의 변화를 방해하는 방향으로 유도 전류가 흐른다.
2 자석이 다가와서 코일 내부를 통과하는 자기장이 변하므로, 자석을 밀어내는 방향으로 코일과 자석 사이에 자기력이 작용한다. → 척력!
3 자석을 밀어내야 하므로 코일의 오른쪽이 N극이 된다.
4 오른손을 감아쥐고 엄지를 N극 방향으로 세우면, 네 손가락이 돌아가는 방향이 유도 전류의 방향이다.
5 p → 검류계 → q 방향으로 유도 전류가 흐른다.

② **유도 전류의 세기**: 같은 시간 동안 코일을 통과하는 자기장이 더 많이 변할수록, 코일을 많이 감을수록 유도 전류의 세기가 크다. 따라서 다음과 같은 경우에 유도 전류의 세기가 증가한다.

자료 분석❷ 유도 전류의 세기를 증가시키기 위한 방법

1 자석을 더 빨리 움직인다.
2 더 센 자석을 사용한다. (자석을 같은 극끼리 겹쳐서 사용한다.)
3 코일을 더 많이 감는다.

2 발전기에서 전기 에너지의 생산

(1) **발전기** (자료❸) 전자기 유도를 이용해 전기를 생산하는 장치야~
① **발전기의 구조**: 중심에 터빈이 연결된 자석이 있고, 자석 바깥에 코일이 고정되어 있다.

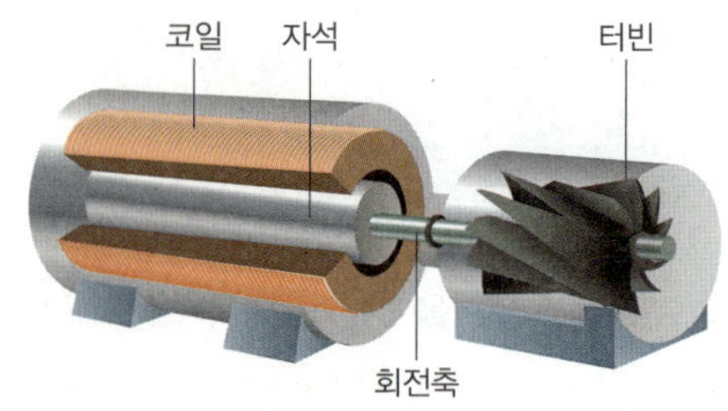

② **발전기의 원리**: 자석이 회전하면 코일 내부를 통과하는 자기장이 변한다. 따라서 전자기 유도 현상에 의해 코일에 유도 전류가 흐른다.
③ **발전기에서의 에너지 전환**: 터빈에 연결된 자석이 회전하면서 운동 에너지가 전기 에너지로 전환된다.

자료 분석❸ 코일이 회전하는 발전기 (자료❹)

1 [그림 1]과 같이 고정되어 있는 자석 사이에서 코일이 회전하면, 코일 면을 통과하는 자기장이 변한다. 따라서 전자기 유도 현상에 의해 코일에 유도 전류가 흐른다.
2 [그림 1]에서 코일 면을 통과하는 자기장이 [그림 2] 방향으로 증가한다. 따라서 [그림 3]과 같이 [그림 2]의 화살표 반대 방향으로 엄지가 향하도록 오른손을 감아쥐면, 네 손가락이 돌아가는 방향이 유도 전류의 방향이다.
3 [그림 1]에서 코일에는 시계 방향으로 유도 전류가 흐른다.

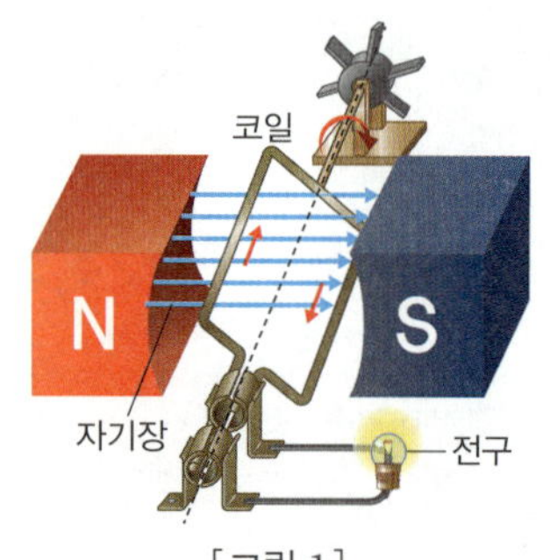

(2) **화력 발전과 핵발전**

① **화력 발전**: 석유, 석탄, 천연 가스 등과 같은 화석 연료를 연소시켜 전력을 생산하는 발전 (자료❺)

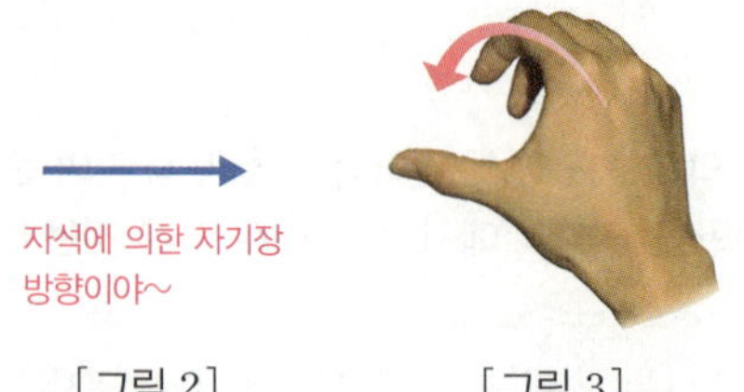

② **핵발전**: 우라늄 등과 같은 핵연료의 핵분열을 이용하여 전력을 생산하는 발전 (자료❻)

③ 화력 발전과 핵발전에서의 에너지 전환
• 발전소에서 발전 과정

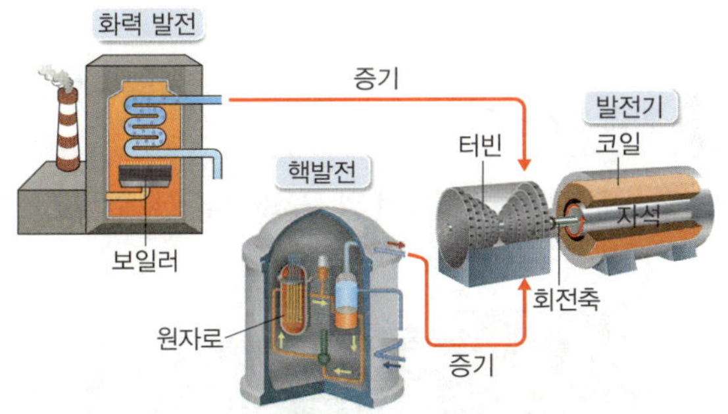

• 발전소에서 에너지 전환

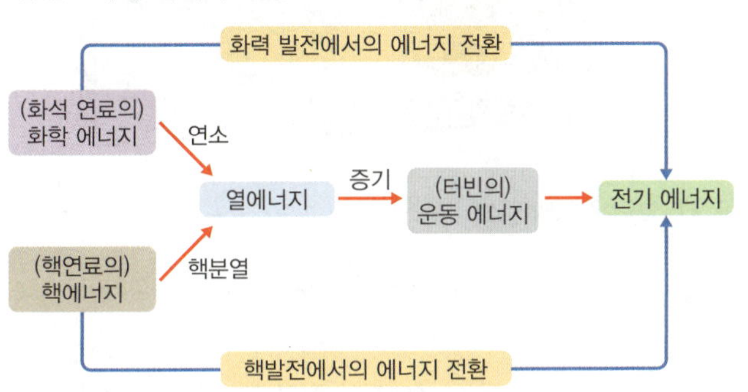

• 화석 연료에는 화학 에너지의 형태로 에너지가 저장되어 있다.
• 원자로: 핵발전에서 핵분열이 일어나는 장소. 원자로는 핵연료의 핵분열이 지속적이고 안정적으로 유지되도록 제어하는 역할을 한다.

④ 화력 발전과 핵발전의 장단점

	화력 발전	핵발전
장점	• 발전소 건설 비용이 저렴하고, 건설 기간이 짧다. • 에너지 공급의 안정성이 높다. • 전력 수요에 빠르게 대처할 수 있다.	• 적은 양의 연료로 대량의 전력을 생산할 수 있다. • 연료비가 저렴하다. • 온실가스를 거의 배출하지 않는다.
단점	• 대기 오염 및 수질 오염 물질을 배출한다. • 온실가스를 배출한다. • 자원이 고갈될 수 있다.	• 방사성 폐기물 처리가 어렵다. • 방사능이 유출될 경우 큰 피해로 이어질 수 있다. • 자원이 고갈될 수 있다. • 발전소 건설 장소에 제한이 있다.

STEP 1 O/X 문제로 5종 교과서 핵심 자료 보기

정답 및 해설 50쪽

다음 자료에 대한 설명으로 옳은 것은 ○표, 옳지 않은 것은 ✕표 하시오.

자료 ❶ 전자기 유도 실험 동아, 미래엔, 비상, 지학사, 천재

그림과 같이 장치하고 코일에 자석을 가까이 하거나 멀리 하면서 검류계의 눈금을 관찰한다.

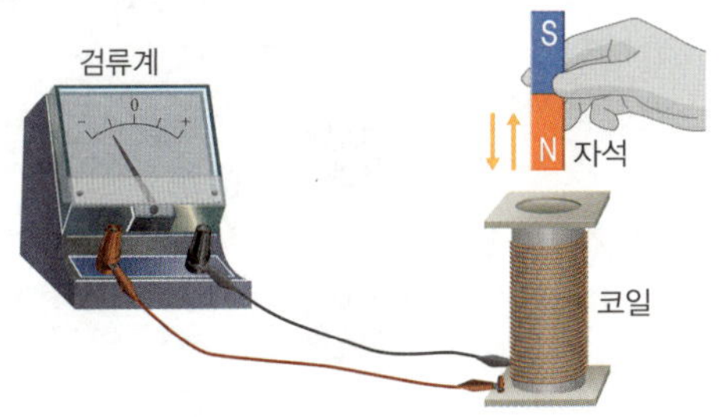

518 자석을 움직이면 운동 에너지가 전기 에너지로 전환된다. ○/✕

519 자석의 S극을 가까이 할 때와 N극을 멀리 할 때, 검류계 바늘은 반대 방향으로 움직인다. ○/✕

520 자석 2개를 같은 극끼리 겹쳐서 실험하면, 검류계의 바늘이 더 많이 움직인다. ○/✕

자료 ❷ 유도 전류의 방향 동아, 미래엔, 비상, 지학사, 천재

그림과 같이 고정되어 있는 코일로부터 멀어지는 방향으로 자석을 운동시켰다.

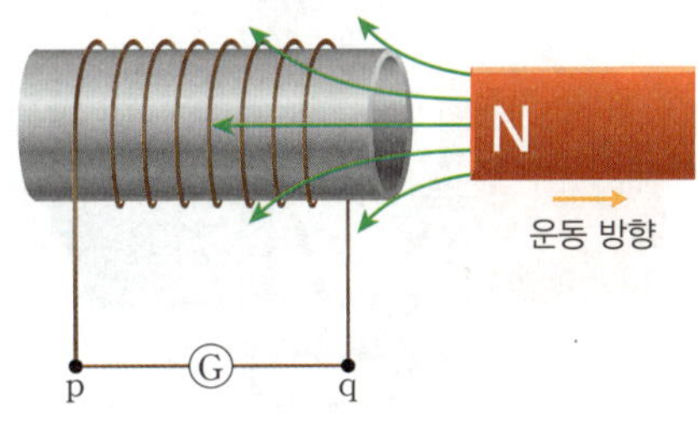

521 코일을 통과하는 자기장의 세기가 감소한다. ○/✕

522 코일의 오른쪽이 N극이 된다. ○/✕

523 코일과 자석 사이에는 서로 밀어내는 방향으로 자기력이 작용한다. ○/✕

524 p → Ⓖ → q 방향으로 유도 전류가 흐른다. ○/✕

다음 자료에 대한 설명으로 옳은 것은 ○표, 옳지 않은 것은 ✕표 하시오.

자료 3 발전기의 구조와 원리

미래엔, 천재

그림과 같이 발전기는 터빈에 연결된 자석과 자석을 둘러싼 고정된 코일로 이루어져 있다.

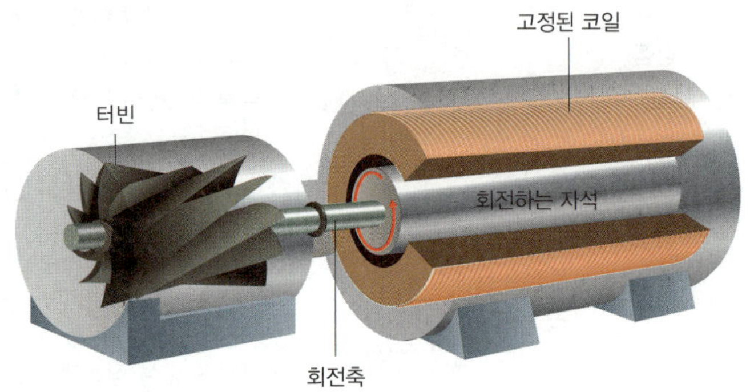

525 발전기는 정전기 유도 현상을 이용한다. ○/✕

526 터빈에 연결된 자석이 회전하면 코일을 통과하는 자기장이 변한다. ○/✕

527 발전기에서는 운동 에너지가 전기 에너지로 전환된다. ○/✕

자료 4 코일이 회전하는 발전기

동아, 지학사

그림은 점선으로 표시된 회전축을 코일이 시계 방향으로 회전하는 것을 나타낸 것이다.

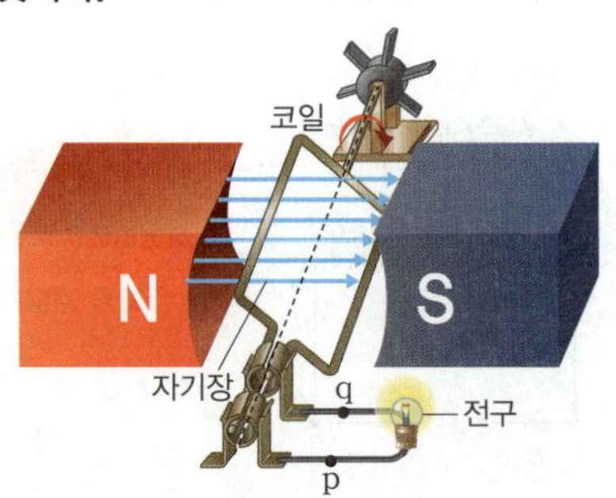

528 코일이 회전하면서 코일의 단면을 통과하는 자기장이 변한다. ○/✕

529 그림의 순간 코일의 단면을 통과하는 자기장이 증가하고 있다. ○/✕

530 그림의 순간 p→전구→q 방향으로 유도 전류가 흐른다. ○/✕

자료 5 화력 발전소의 구조

미래엔, 비상, 지학사, 천재

그림은 화력 발전소 또는 핵발전소의 구조를 나타낸 것이다.

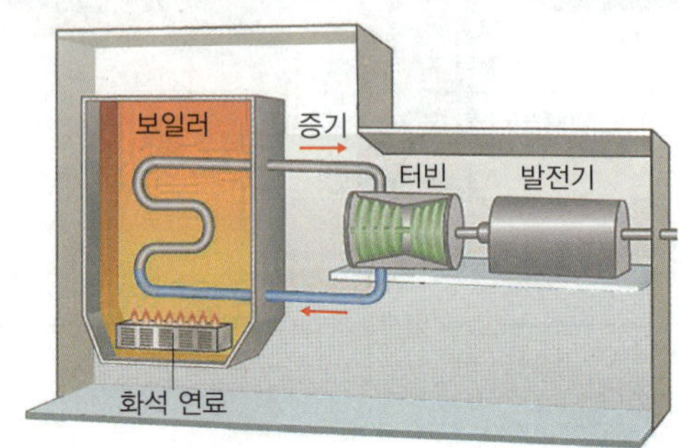

531 그림은 핵발전소의 구조이다. ○/✕

532 화석 연료에는 핵에너지의 형태로 에너지가 저장되어 있다. ○/✕

533 발전기에서는 운동 에너지가 전기 에너지로 전환된다. ○/✕

자료 6 핵발전에서의 에너지 생성

천재

그림은 핵발전에서 일어나는 핵반응을 나타낸 것이다.

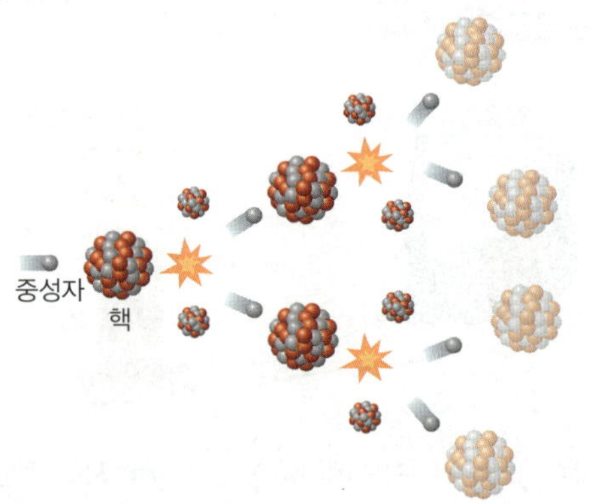

534 핵발전에서는 핵융합을 이용한다. ○/✕

535 전체 질량이 증가한다. ○/✕

536 핵발전 과정에서 방사성 폐기물이 발생한다. ○/✕

STEP 2 학교 기출 문제로 **내신 대비하기**

1 전기 에너지의 생산

537

그림과 같이 장치하고 코일 근처에서 자석을 움직이면 코일에 전류가 흐른다.

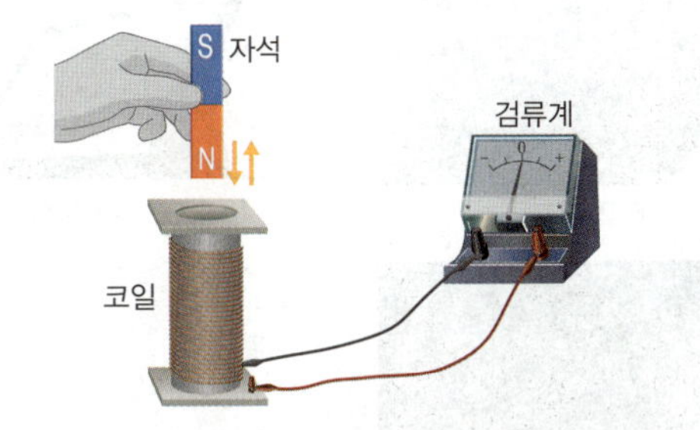

이에 대한 설명으로 옳은 것만을 보기 에서 있는 대로 고른 것은?

보기
ㄱ. 정전기 유도 현상이다.
ㄴ. 코일에 흐르는 전류를 유도 전류라고 한다.
ㄷ. 코일을 통과하는 자기장의 변화를 방해하는 방향으로 전류가 흐른다.

① ㄱ ② ㄷ ③ ㄱ, ㄴ
④ ㄴ, ㄷ ⑤ ㄱ, ㄴ, ㄷ

538

그림과 같이 장치하고 코일 근처에서 자석을 움직이면 코일에 전류가 흐른다.

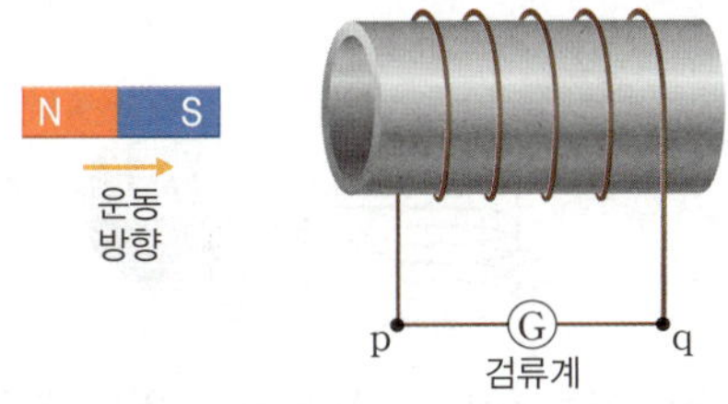

이에 대한 설명으로 옳은 것만을 보기 에서 있는 대로 고른 것은?

보기
ㄱ. 코일의 오른쪽 끝은 N극이 된다.
ㄴ. 코일에는 q→ⓖ→p 방향으로 전류가 흐른다.
ㄷ. 자석과 코일 사이에는 서로 당기는 방향으로 자기력이 작용한다.

① ㄱ ② ㄷ ③ ㄱ, ㄴ
④ ㄴ, ㄷ ⑤ ㄱ, ㄴ, ㄷ

539

전자기 유도에 대한 설명으로 옳은 것만을 보기 에서 있는 대로 고른 것은?

보기
ㄱ. 단위 시간당 코일을 통과하는 자기장의 변화가 클수록 유도 전류의 세기는 작다.
ㄴ. 유도 전류는 코일을 통과하는 자기장의 변화를 방해하는 방향으로 흐른다.
ㄷ. 자석이 코일 내부에 정지해 있을 때 유도 전류의 세기는 일정하다.

① ㄱ ② ㄴ ③ ㄷ
④ ㄱ, ㄴ ⑤ ㄴ, ㄷ

⭐고빈출
540

그림 (가), (나)는 검류계가 연결된 코일에 자석을 각각 멀리 하거나 가까이 하는 모습을 나타낸 것이다.

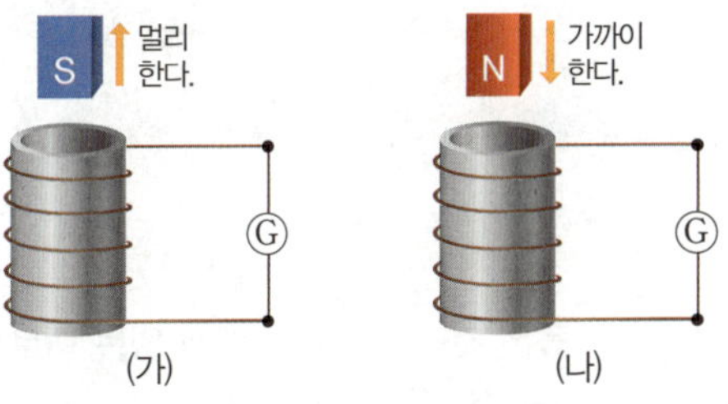

이에 대한 설명으로 옳은 것만을 보기 에서 있는 대로 고른 것은?

보기
ㄱ. (가)에서 자석과 코일 사이에는 서로 당기는 자기력이 작용한다.
ㄴ. (나)에서 코일을 통과하는 자기장은 증가한다.
ㄷ. 검류계에 흐르는 전류의 방향은 (가)에서와 (나)에서가 서로 반대이다.

① ㄱ ② ㄷ ③ ㄱ, ㄴ
④ ㄴ, ㄷ ⑤ ㄱ, ㄴ, ㄷ

541

그림은 검류계가 연결된 코일 근처의 p점에서 막대자석을 가만히 잡고 있는 모습을 나타낸 것이다.
이에 대한 설명으로 옳은 것만을 보기 에서 있는 대로 고른 것은?

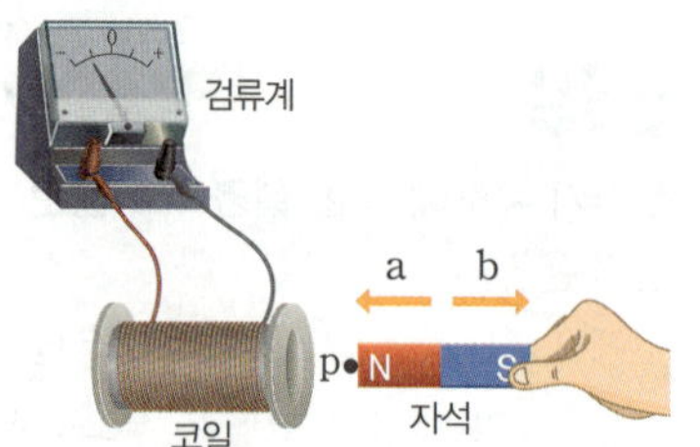

보기

ㄱ. 자석을 p에서 a 방향으로 움직이면, 코일 내부를 통과하는 자기장은 감소한다.
ㄴ. 자석을 p에서 a 방향으로 움직일 때, 자석의 속력이 빠를수록 검류계에 흐르는 유도 전류의 세기는 증가한다.
ㄷ. 검류계 바늘의 회전 방향은 자석이 p에서 a 방향으로 움직일 때와 b 방향으로 움직일 때가 서로 반대이다.

① ㄱ　　　　② ㄷ　　　　③ ㄱ, ㄴ
④ ㄴ, ㄷ　　　⑤ ㄱ, ㄴ, ㄷ

542

난이도 상

그림은 마찰이 없는 수평면에서 원형 도선 P, Q의 중심축을 따라서 일정한 속력으로 운동하는 막대자석을 나타낸 것이다. a, b는 중심축 상의 점이다.

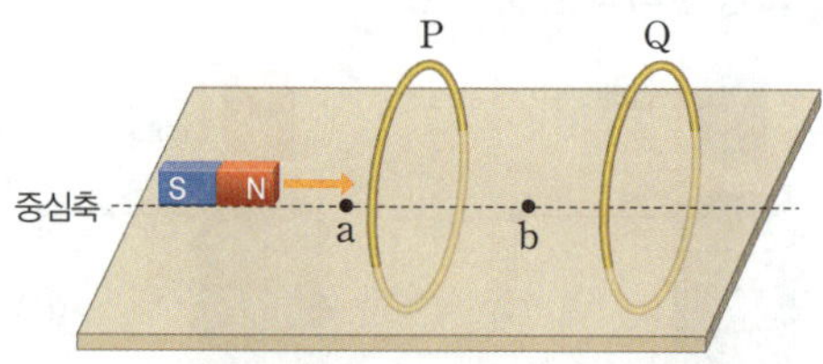

이에 대한 설명으로 옳은 것만을 보기 에서 있는 대로 고른 것은? (단, P와 Q 사이의 상호 작용은 무시한다.)

보기

ㄱ. 자석이 a를 지날 때 유도 전류의 방향은 P에서와 Q에서가 같다.
ㄴ. 자석이 P를 지나 Q를 향해 운동하는 동안 P를 통과하는 자기장은 감소한다.
ㄷ. 자석이 b를 지날 때 자석이 P로부터 받는 자기력의 방향은 Q로부터 받는 자기력의 방향과 같다.

① ㄱ　　　　② ㄷ　　　　③ ㄱ, ㄴ
④ ㄴ, ㄷ　　　⑤ ㄱ, ㄴ, ㄷ

543

일상생활에서 전자기 유도를 이용하는 예로 옳지 <u>않은</u> 것은?

544

그림은 검류계가 연결된 고정된 코일 위에서 자석을 점 A에서 가만히 놓았더니 최저점 O를 지나 점 B까지 운동하는 것을 나타낸 것이다.

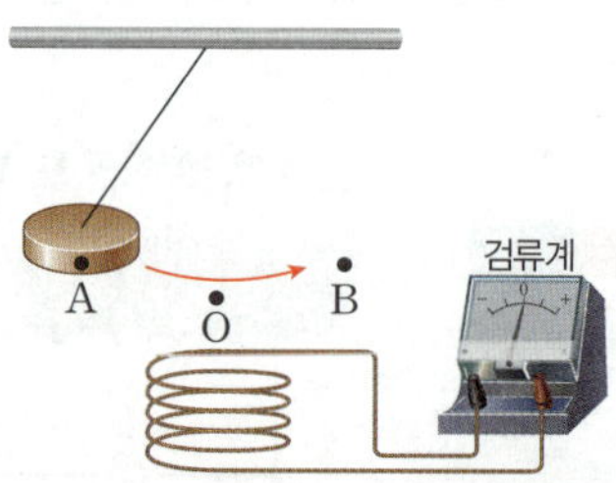

이에 대한 설명으로 옳은 것만을 보기 에서 있는 대로 고른 것은?

보기

ㄱ. 자석의 역학적 에너지는 A에서와 B에서가 같다.
ㄴ. 검류계에 흐르는 전류의 방향은 자석이 A에서 O까지 운동하는 동안과 O에서 B까지 운동하는 동안이 같다.
ㄷ. 자석이 O에서 B까지 운동하는 동안 자석과 코일 사이에는 서로 당기는 자기력이 계속 작용한다.

① ㄱ　　　　② ㄴ　　　　③ ㄷ
④ ㄱ, ㄴ　　　⑤ ㄱ, ㄷ

545

난이도 **상**

다음은 교통 카드의 작동 원리에 대한 설명이다.

> 교통 카드를 단말기에 가까이 가져가면 교통 카드에 (㉠) 전류가 흐른다. 즉, 교통 카드의 IC칩에 (㉠) 전류가 흐르면 교통 카드의 정보가 단말기로 전송된다.

이에 대한 설명으로 옳은 것만을 **보기**에서 있는 대로 고른 것은?

보기

ㄱ. '유도'는 ㉠으로 적절하다.
ㄴ. 교통 카드를 단말기에 가까이 가져가는 동안 코일을 통과하는 자기장은 일정하다.
ㄷ. 교통 카드의 작동 원리는 전자기 유도로 설명할 수 있다.

① ㄱ   ② ㄴ   ③ ㄷ
④ ㄱ, ㄴ   ⑤ ㄱ, ㄷ

546

난이도 **상**

그림과 같이 막대자석이 금속 고리의 중심축을 따라 고리를 통과하여 낙하한다. 점 p, q는 중심축상의 지점이다. 막대자석이 q를 지나는 순간 고리에 유도되는 전류의 방향은 ⓐ이다.
이에 대한 설명으로 옳은 것만을 **보기**에서 있는 대로 고른 것은? (단, 막대자석의 크기는 무시한다.)

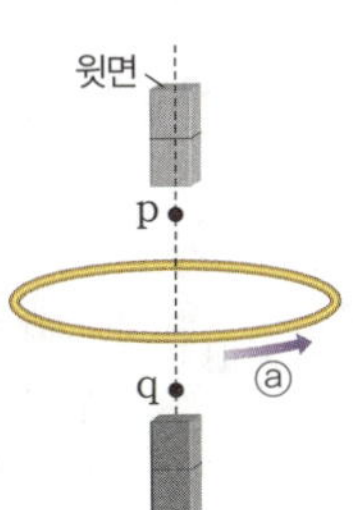

보기

ㄱ. 막대자석의 윗면은 S극이다.
ㄴ. 막대자석이 p를 지나는 순간, 고리에 유도되는 전류의 방향은 ⓐ와 반대이다.
ㄷ. 막대자석이 q를 지나는 순간, 막대자석과 고리 사이에는 서로 당기는 힘이 작용한다.

① ㄱ   ② ㄷ   ③ ㄱ, ㄴ
④ ㄴ, ㄷ   ⑤ ㄱ, ㄴ, ㄷ

547 · 서술형

그림과 같이 장치하고 자석을 운동시키면 코일에 전류가 흐른다.

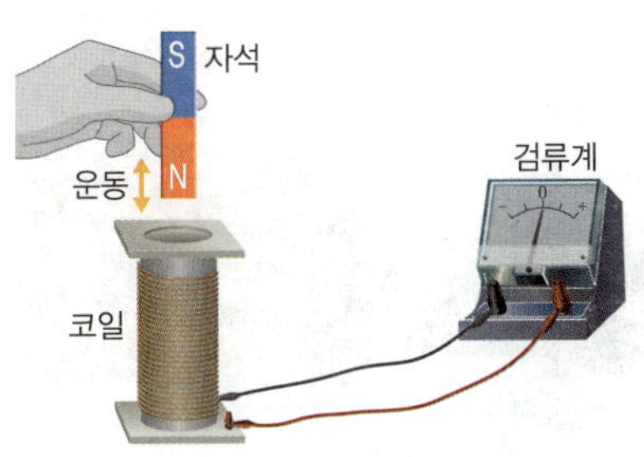

코일에 흐르는 전류의 세기를 증가시키기 위한 방법을 **세 가지** 서술하시오.

____

____

---

2 **발전기에서 전기 에너지의 생산**

548

그림은 간이 발전기의 구조를 나타낸 것으로, 회전축이 회전하면 발광 다이오드(LED)가 깜박인다.

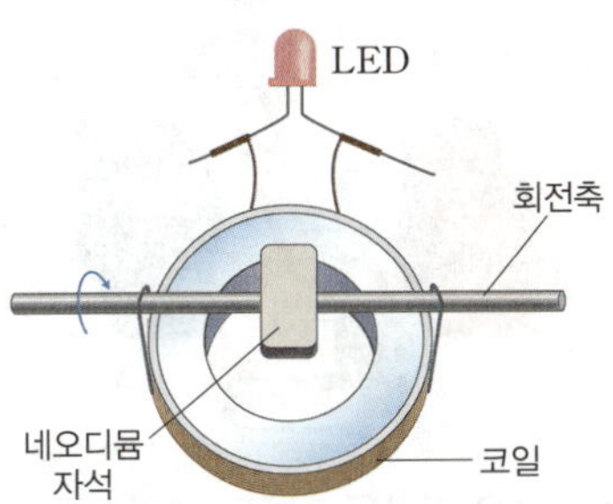

이에 대한 설명으로 옳은 것만을 **보기**에서 있는 대로 고른 것은?

보기

ㄱ. 회전축이 회전하면 코일 내부를 통과하는 자기장이 변한다.
ㄴ. 전자기 유도 현상을 이용한다.
ㄷ. 간이 발전기에서 직류 전류가 만들어진다.

① ㄱ   ② ㄴ   ③ ㄱ, ㄴ
④ ㄱ, ㄷ   ⑤ ㄴ, ㄷ

549

그림은 터빈과 발전기를 나타낸 것이다.

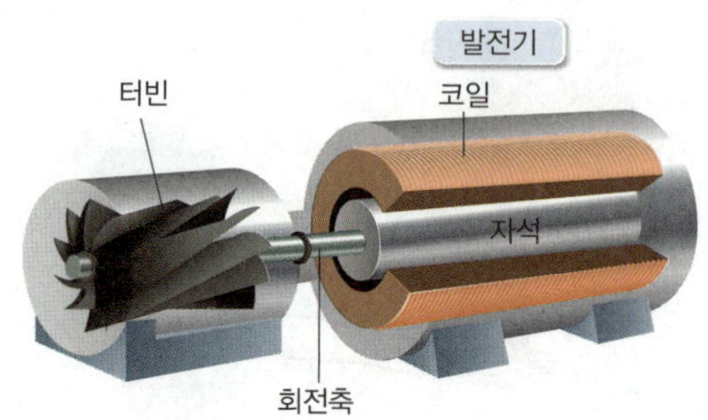

이에 대한 설명으로 옳은 것만을 보기 에서 있는 대로 고른 것은?

보기
ㄱ. 터빈을 회전시키면 코일이 회전한다.
ㄴ. 발전기는 전자기 유도 현상을 이용한다.
ㄷ. 발전기에서 운동 에너지가 전기 에너지로 전환된다.

① ㄱ　　　　② ㄷ　　　　③ ㄱ, ㄴ
④ ㄴ, ㄷ　　　　⑤ ㄱ, ㄴ, ㄷ

551

그림 (가)~(라)는 자석 사이에서 코일이 한 바퀴 회전하는 동안의 코일의 각도를 나타낸 것이다.

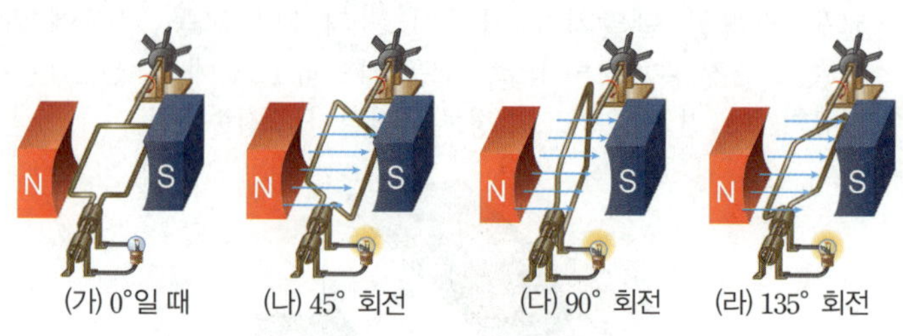

이에 대한 설명으로 옳은 것만을 보기 에서 있는 대로 고른 것은?

보기
ㄱ. (가)→(나) 과정에서 코일을 통과하는 자기장은 증가한다.
ㄴ. 코일에 흐르는 유도 전류의 방향은 (가)→(나) 과정에서와 (다)→(라) 과정에서가 반대 방향이다.
ㄷ. 코일의 회전 속력이 빨라지면 전구에 흐르는 전류의 세기는 증가한다.

① ㄱ　　　　② ㄷ　　　　③ ㄱ, ㄴ
④ ㄴ, ㄷ　　　　⑤ ㄱ, ㄴ, ㄷ

550

그림은 고정된 자석 사이에서 코일이 화살표 방향으로 일정한 주기로 회전하는 발전기의 시간 $t = t_0$일 때의 모습을 나타낸 것이다.

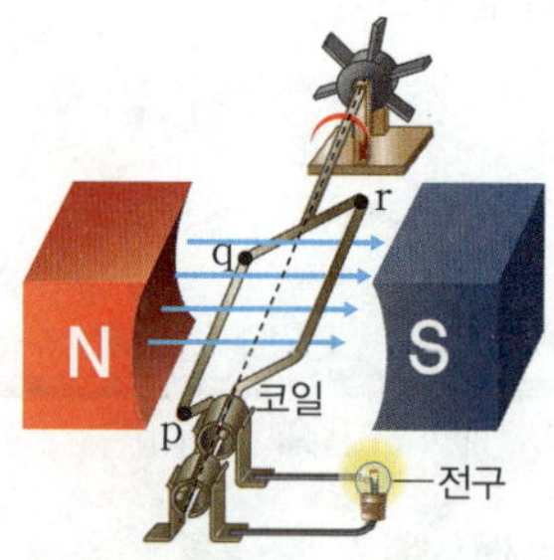

이에 대한 설명으로 옳은 것만을 보기 에서 있는 대로 고른 것은?

보기
ㄱ. $t = t_0$일 때, 코일의 단면을 통과하는 자기장의 세기가 증가한다.
ㄴ. $t = t_0$일 때, p → q → r 방향으로 전류가 흐른다.
ㄷ. 전구에는 직류 전류가 흐른다.

① ㄴ　　　　② ㄷ　　　　③ ㄱ, ㄴ
④ ㄱ, ㄷ　　　　⑤ ㄴ, ㄷ

552

그림은 지구에 매장된 자원을 이용하여 전기를 생산하는 발전 방식 A, B를 나타낸 것이다.

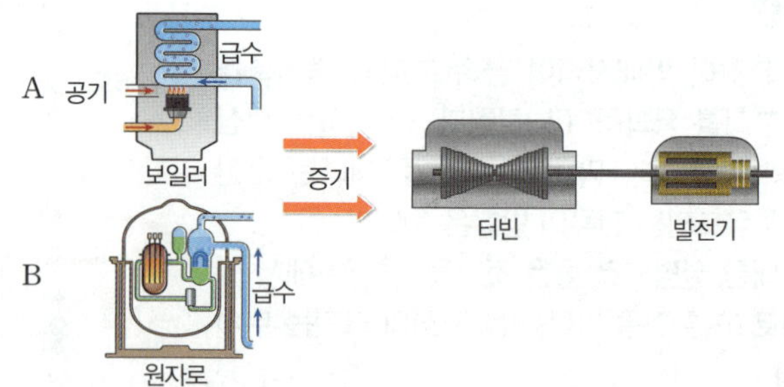

이에 대한 설명으로 옳은 것만을 보기 에서 있는 대로 고른 것은?

보기
ㄱ. B는 핵분열 과정에서 발생하는 열에너지를 이용한다.
ㄴ. B는 태양 에너지를 근원으로 하는 연료를 이용한다.
ㄷ. 발전 과정에서 대기 오염 물질은 A에서가 B에서보다 많이 배출된다.

① ㄱ　　　　② ㄴ　　　　③ ㄷ
④ ㄱ, ㄴ　　　　⑤ ㄱ, ㄷ

553

다음은 화력 발전소에서 전기를 생산하는 과정에 대한 설명이다.

> 화력 발전소에서는 석탄을 연소시켜 물을 끓이고, 이때 발생한 수증기로 터빈을 돌려 발전기에서 전기를 생산한다.

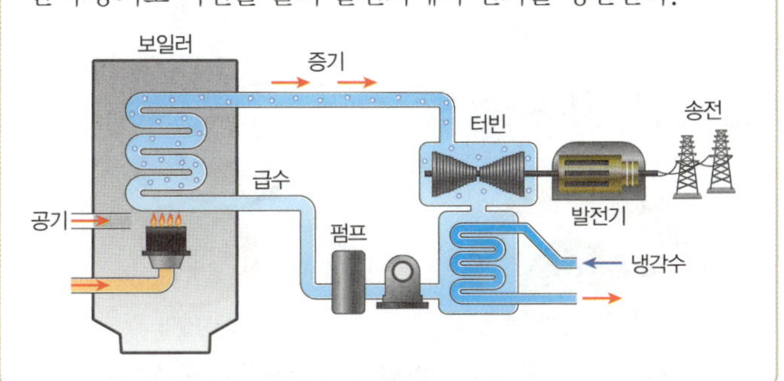

이에 대한 설명으로 옳은 것만을 보기 에서 있는 대로 고른 것은?

> **보기**
> ㄱ. 열에너지는 고온의 물체에서 저온의 물체로 이동한다.
> ㄴ. 발전기에서는 운동 에너지가 전기 에너지로 전환된다.
> ㄷ. 석탄의 화학 에너지의 양은 발전기에서 생산된 전기 에너지의 양과 같다.

① ㄱ   ② ㄴ   ③ ㄷ
④ ㄱ, ㄴ   ⑤ ㄱ, ㄷ

554

그림은 원자로에서 일어나는 핵반응을 나타낸 것이다. 우라늄 235는 입자 **A**와 충돌하여 핵분열이 연쇄적으로 일어나며 에너지를 방출한다.

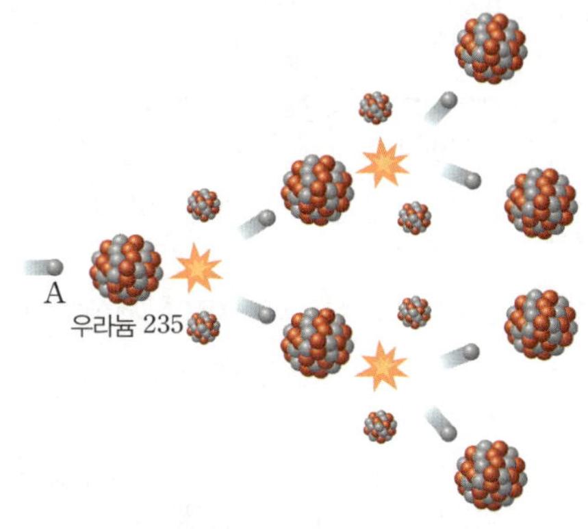

이에 대한 설명으로 옳은 것만을 보기 에서 있는 대로 고른 것은?

> **보기**
> ㄱ. A는 중성자이다.
> ㄴ. 연쇄 반응이 일어나는 과정에서 질량의 총합은 보존된다.
> ㄷ. 핵분열 과정에서 인체에 해로운 방사선이 방출된다.

① ㄱ   ② ㄷ   ③ ㄱ, ㄴ
④ ㄱ, ㄷ   ⑤ ㄴ, ㄷ

555 · 서술형

그림은 증기에 의해 회전하는 터빈과 발전기를 나타낸 것이다.

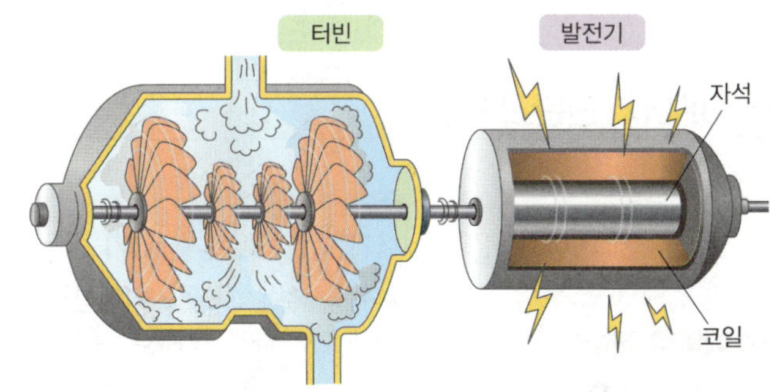

터빈의 운동 에너지에서 전기 에너지가 만들어지는 과정을 서술하시오.

____

____

556

그림은 핵발전소의 구조를 나타낸 것이다.

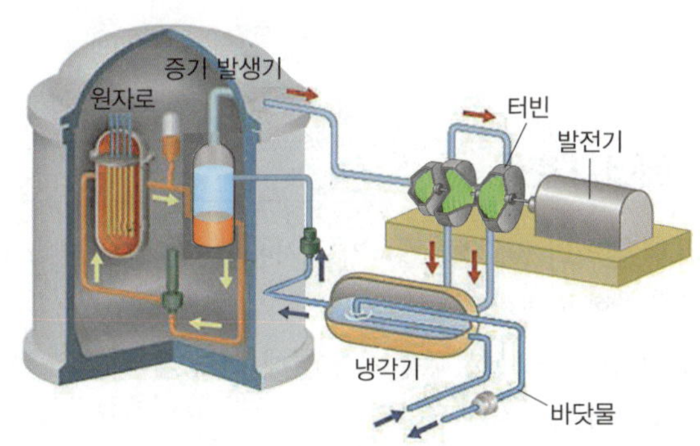

이에 대한 설명으로 옳은 것만을 보기 에서 있는 대로 고른 것은?

> **보기**
> ㄱ. 우라늄이 핵연료로 사용된다.
> ㄴ. 원자로에서 핵분열이 일어난다.
> ㄷ. 핵발전은 온실가스를 거의 배출하지 않는다.

① ㄴ   ② ㄷ   ③ ㄱ, ㄴ
④ ㄱ, ㄷ   ⑤ ㄱ, ㄴ, ㄷ

557 · 서술형

화력 발전소에서 화석 연료로부터 전기 에너지가 만들어질 때까지 에너지 전환 과정을 서술하시오.

____

11 에너지 전환과 효율적 이용

1 에너지 전환과 보존

★**(1) 에너지 전환**

① **여러 가지 에너지**: 운동 에너지, 위치 에너지, 전기 에너지, 화학 에너지, 열에너지, 빛에너지, 소리 에너지, 핵에너지 등

② **에너지 전환**: 에너지는 한 형태에서 다른 형태로 전환될 수 있다. 자료❶

(2) 에너지 보존 법칙: 에너지가 전환될 때, 전환 전 에너지의 총량과 전환 후 에너지의 총량은 항상 같은데, 이를 에너지 보존 법칙이라고 한다.

2 에너지 효율

(1) 에너지 절약의 필요성: 에너지를 사용할 때, 일부 에너지는 사용하지 못하고 버려진다.

① 휴대 전화, 노트북 등을 사용할 때 전기 에너지의 일부가 불필요한 열에너지로 전환된다.

② 자동차가 움직일 때 연료에 저장된 화학 에너지가 자동차의 운동 에너지로 전환되는 과정에서 에너지의 일부는 불필요한 열에너지나 소리 에너지로 전환된다.

★**(2) 에너지 효율**: 공급된 에너지 중에서 유용하게 사용된 에너지의 비율 자료❷

$$\text{에너지 효율(\%)} = \frac{\text{유용하게 사용된 에너지}}{\text{공급한 에너지}} \times 100$$

① 에너지 효율이 높을수록 같은 양의 에너지로 더 큰 효과를 낼 수 있다.

② 에너지 효율이 높을수록 같은 효과를 얻기 위해 사용되는 에너지의 양이 적다.

(3) 에너지 효율을 높이기 위한 노력

① 백열등이나 형광등 대신 LED등을 사용한다.

② 전기 자동차나 하이브리드 자동차는 브레이크가 작동할 때 운동 에너지가 전기 에너지로 전환되어 배터리에 저장되므로 내연기관 자동차보다 에너지 효율이 높다.

---

③ **열병합 발전**은 버려지는 열을 난방에 이용하므로 화력 발전보다 에너지 효율이 높다.

[에너지 소비 효율 등급] 자료❸
작은 숫자를 가리킬수록 에너지 효율이 높아 에너지를 절약할 수 있다.

[에너지 절약 마크]
에너지를 절약하는 제품 또는 사업장, 단체에 부착된다.

3 신재생 에너지

(1) 신재생 에너지: 신에너지와 재생 에너지를 합쳐 부르는 말로, 친환경적이고 재생이 가능한 에너지이다.

① **신에너지**: 수소, 연료 전지, 석탄의 액화 및 가스화 등을 이용한 에너지

② **재생 에너지**: 태양광, 태양열, 풍력, 수력, 해양, 지열, 바이오, 폐기물 등을 이용한 에너지

★**(2) 신재생 에너지의 활용** 자료❹

종류	특징
풍력 발전	바람의 운동 에너지로 발전기를 돌려 전기 에너지를 생산한다.
태양광 발전	태양 전지를 이용하여 빛에너지를 직접 전기 에너지로 전환한다.
태양열 발전	거울과 같은 반사판을 이용하여 열에너지를 전기 에너지로 전환한다.
연료 전지	연료가 가진 화학 에너지를 전기 에너지로 전환한다.
수력 발전	높은 곳에서 낮은 곳으로 흐르는 물로 터빈을 돌려 전기 에너지를 생산한다.
조력 발전	밀물과 썰물 때 발생하는 해수면의 높이 차를 이용하여 전기 에너지를 생산한다.
파력 발전	파도가 칠 때 생기는 공기 흐름을 이용하여 전기 에너지를 생산한다.
수소 에너지	수소를 연소하거나 연료 전지 형태로 만들어 사용한다.
지열 에너지	땅속의 열을 이용하여 난방을 하거나 전기 에너지를 생산한다.
바이오 에너지	농작물, 나무, 음식물 쓰레기 등을 이용한 에너지이다.
폐기물 에너지	폐기물 매립장에서 발생하는 가스 또는 소각할 때 발생하는 열을 이용한다.

다음 자료에 대한 설명으로 옳은 것은 ○표, 옳지 <u>않은</u> 것은 ✕표 하시오.

자료 ❶ 휴대 전화에서의 에너지 전환
미래엔, 지학사

그림은 휴대 전화를 구성하는 부품 또는 휴대 전화의 작동 과정의 일부를 나타낸 것이다.

558 ㉠에서는 전기 에너지가 빛에너지로 전환된다.   ○/✕

559 ㉡이 일어날 때, 화학 에너지가 전기 에너지로 전환된다.   ○/✕

560 ㉢을 사용할 때, 전기 에너지가 소리 에너지로 전환된다.   ○/✕

561 ㉣을 사용할 때, 소리 에너지가 전기 에너지로 전환된다.   ○/✕

자료 ❸ 에너지 소비 효율 등급
미래엔, 비상

그림은 냉장고 A와 B에 표시되어 있는 에너지 소비 효율 등급을 찍은 사진이다.

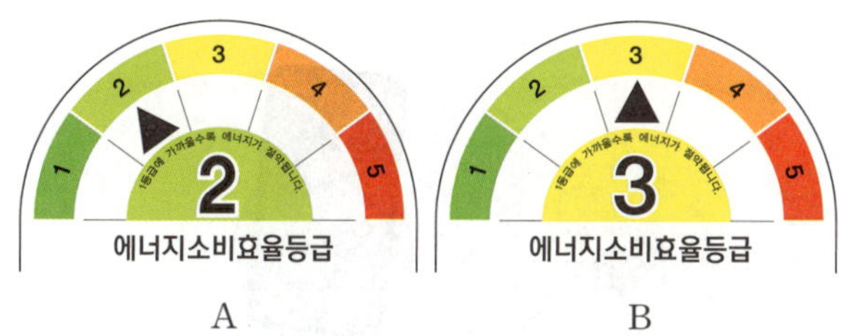

565 에너지 효율은 B가 A보다 높다.   ○/✕

566 A, B의 효과가 같다면, 같은 시간 동안 A가 B보다 더 많은 전기 에너지를 소비한다.   ○/✕

567 A, B가 같은 시간 동안 사용하는 전기 에너지가 같다면, A가 B보다 효과가 우수한 냉장고이다.   ○/✕

자료 ❷ 에너지 효율
동아, 미래엔, 비상, 천재

그림은 각각 내연기관 자동차와 전기 자동차에서의 에너지 흐름을 나타낸 것이다.

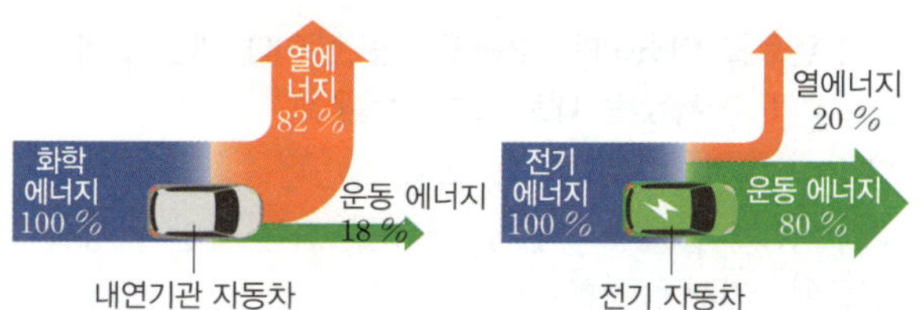

562 에너지 효율은 내연기관 자동차가 전기 자동차보다 높다.   ○/✕

563 전기 자동차의 에너지 효율은 80 %이다.   ○/✕

564 발전 과정에서의 에너지 효율이 40 %라면, 발전 과정까지 고려한 전기 자동차의 에너지 효율은 32 %이다.   ○/✕

자료 ❹ 신재생 에너지의 활용
동아, 비상

그림 (가), (나), (다)는 각각 연료 전지, 핵발전소, 폐기물 에너지를 나타낸 것이다.

568 (가)는 연료의 화학 에너지를 전기 에너지로 전환한다.   ○/✕

569 (나)는 신재생 에너지를 이용한다.   ○/✕

570 (다)를 사용할 때, 온실가스를 배출하지 않는다.   ○/✕

1 에너지 전환과 보존

571

그림과 같이 충전 중인 휴대 전화에 진동 벨이 울리면서 화면이 켜졌다.

이에 대한 설명으로 옳은 것만을 보기 에서 있는 대로 고른 것은?

보기
ㄱ. 충전 과정에서 전기 에너지가 화학 에너지로 전환된다.
ㄴ. 휴대 전화가 진동하면서 전기 에너지가 위치 에너지로 전환된다.
ㄷ. 화면에서 전기 에너지가 빛에너지로 전환된다.

① ㄱ ② ㄴ ③ ㄱ, ㄷ
④ ㄴ, ㄷ ⑤ ㄱ, ㄴ, ㄷ

572

다음은 마이크 A의 작동 원리를 설명한 것이다.

A에 (㉠)가/이 도달하여 진동판을 진동시키면, 자석과 코일의 상대적인 운동이 생긴다. 따라서 (㉡) 현상에 의해 유도 전류가 발생한다.

이에 대한 설명으로 옳은 것만을 보기 에서 있는 대로 고른 것은?

보기
ㄱ. ㉠에는 '소리'가 적절하다.
ㄴ. ㉡에는 '전자기 유도'가 적절하다.
ㄷ. A는 소리 에너지를 전기 에너지로 전환시킨다.

① ㄱ ② ㄷ ③ ㄱ, ㄴ
④ ㄴ, ㄷ ⑤ ㄱ, ㄴ, ㄷ

573

그림은 여러 가지 에너지 전환을 나타낸 것이다.

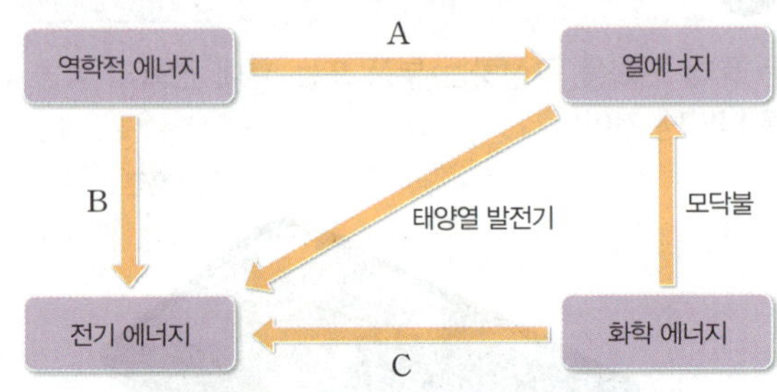

A, B, C의 내용으로 옳은 것만을 보기 에서 있는 대로 고른 것은?

보기
ㄱ. A—마찰
ㄴ. B—태양광 발전기
ㄷ. C—전지

① ㄱ ② ㄴ ③ ㄷ
④ ㄱ, ㄴ ⑤ ㄱ, ㄷ

574

그림은 활주로에서 운동하는 비행기가 속력이 증가하면서 이륙하는 것을 나타낸 것이다.

비행기가 연료를 연소하며 이륙하는 동안, 이에 대한 설명으로 옳은 것만을 보기 에서 있는 대로 고른 것은?

보기
ㄱ. 활주로에서 비행기의 속력이 증가하는 동안 비행사의 운동 에너지는 증가한다.
ㄴ. 연료의 연소 과정에서 화학 에너지는 모두 비행기의 역학적 에너지로 전환된다.
ㄷ. 비행사의 위치 에너지는 비행기가 활주로에 있을 때와 상공에 있을 때가 같다.

① ㄱ ② ㄴ ③ ㄷ
④ ㄱ, ㄴ ⑤ ㄱ, ㄷ

575

그림은 충전식 휴대용 손난로를 나타낸 것이다.

손난로에서 일어나는 에너지 전환의 순서로 가장 적절한 것은?

① 전기 에너지 → 화학 에너지 → 열에너지

② 운동 에너지 → 빛에너지 → 열에너지

③ 열에너지 → 운동 에너지 → 빛에너지

④ 열에너지 → 화학 에너지 → 전기 에너지

⑤ 화학 에너지 → 전기 에너지 → 열에너지

576 ·서술형

그림은 휴대 전화의 작동 과정 및 부품을 나타낸 것이다.

㉠~㉤에서 에너지가 어떻게 전환되는지 서술하시오.

---

2 에너지 효율

🌟고빈출
577

그림은 어떤 내연기관 자동차에 공급한 에너지가 100 %일 때, 공급한 에너지가 어떻게 사용되었는지 나타낸 것이다.

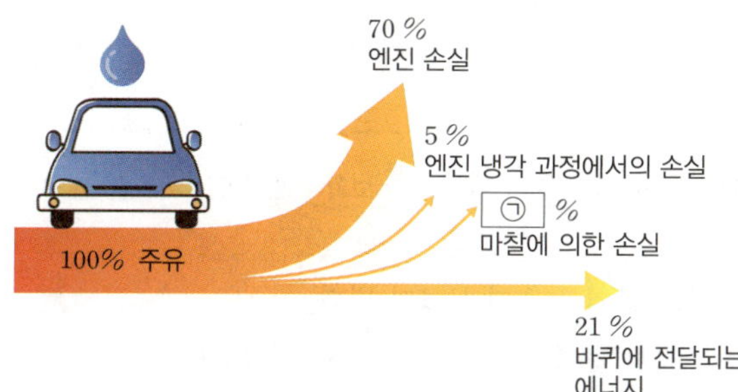

이에 대한 설명으로 옳은 것만을 보기 에서 있는 대로 고른 것은?

보기

ㄱ. ㉠에 알맞은 숫자는 4이다.

ㄴ. 자동차의 에너지 효율은 79 %이다.

ㄷ. 공급하는 에너지를 50 %로 줄이면, 자동차의 에너지 효율이 $\frac{1}{2}$배로 감소한다.

① ㄱ   ② ㄴ   ③ ㄷ

④ ㄱ, ㄴ   ⑤ ㄱ, ㄷ

578

그림은 Q_1의 열(에너지)을 공급받아 W만큼 일을 하면서 Q_2의 열(에너지)을 외부에 방출하는 열기관을 나타낸 것이다.

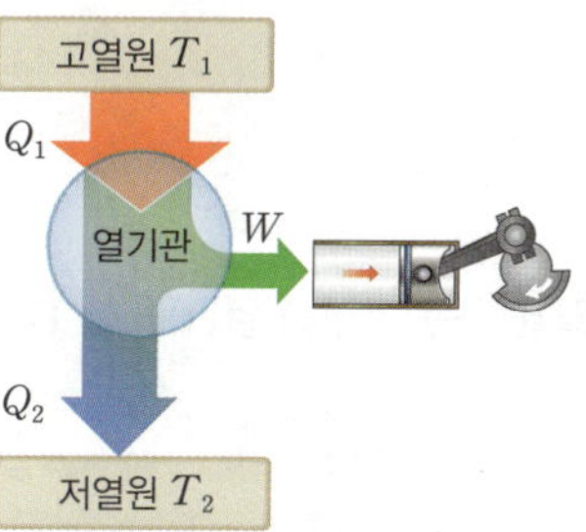

이에 대한 설명으로 옳은 것만을 보기 에서 있는 대로 고른 것은?

보기

ㄱ. 열기관은 열을 일로 전환시킨다.

ㄴ. $W = Q_1 - Q_2$이다.

ㄷ. 열기관의 열(에너지) 효율은 $\frac{W}{Q_1}$이다.

① ㄱ   ② ㄷ   ③ ㄱ, ㄴ

④ ㄴ, ㄷ   ⑤ ㄱ, ㄴ, ㄷ

579

표는 전구 A, B에 공급한 전기 에너지의 양과 전구에서 방출된 빛에너지의 양을 각각 나타낸 것이다. 이때 전구에 공급한 전기 에너지는 빛에너지와 열에너지로만 전환된다.

전구	A	B
공급한 전기 에너지(J)	30	40
빛에너지(J)	20	25

이에 대한 설명으로 옳은 것만을 보기 에서 있는 대로 고른 것은?

보기
- ㄱ. 전구의 밝기는 A가 B보다 밝다.
- ㄴ. 전구에서 발생한 열에너지는 A가 B보다 크다.
- ㄷ. 전구의 효율은 A가 B보다 크다.

① ㄱ   ② ㄴ   ③ ㄷ
④ ㄱ, ㄴ   ⑤ ㄴ, ㄷ

580 서술형

그림은 같은 양의 일을 하는 가상의 열기관 A, B, C를 나타낸 것이다.

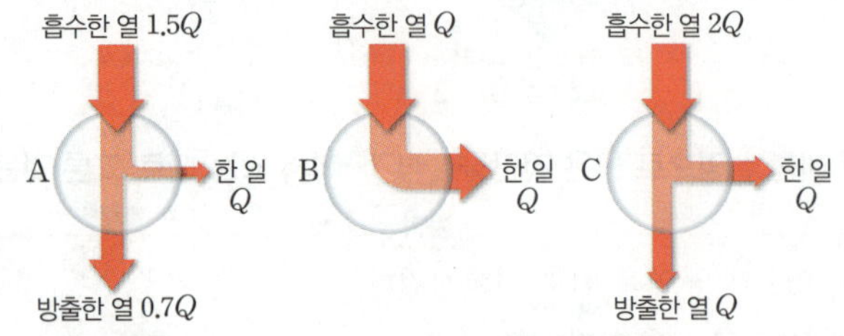

A, B, C 중에서 실현이 불가능한 열기관을 모두 쓰고, 그 까닭을 서술하시오.

____

____

581

그림 (가), (나)는 각각 풍력 발전과 태양광 발전을 나타낸 것이다.

(가)   (나)

이에 대한 설명으로 옳은 것만을 보기 에서 있는 대로 고른 것은?

보기
- ㄱ. (가), (나) 모두 전자기 유도 현상을 이용한다.
- ㄴ. (가)에서는 바람의 운동 에너지가 전기 에너지로 전환된다.
- ㄷ. (나)에서는 열에너지가 전기 에너지로 전환된다.

① ㄱ   ② ㄴ   ③ ㄷ
④ ㄱ, ㄴ   ⑤ ㄴ, ㄷ

582

다음은 연료 전지의 작동 원리를 설명한 것이다.

연료인 ㉠수소가 대기 중의 (㉡)와/과 반응하여 물이 만들어지는 과정에서 전자가 이동하여 전류가 흐른다.

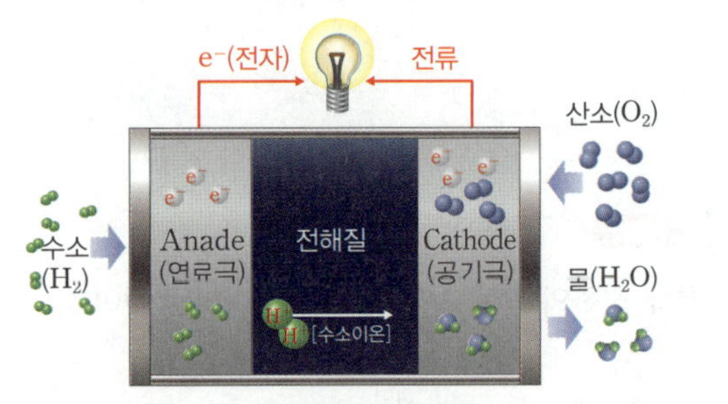

이에 대한 설명으로 옳은 것만을 보기 에서 있는 대로 고른 것은?

보기
- ㄱ. ㉠은 신에너지에 해당한다.
- ㄴ. ㉡에 적절한 원소는 탄소이다.
- ㄷ. 수소 연료 전지가 작동하는 동안 지구 온난화의 원인이 되는 온실가스가 배출된다.

① ㄱ   ② ㄴ   ③ ㄷ
④ ㄱ, ㄴ   ⑤ ㄴ, ㄷ

583 고빈출

다양한 발전 방식을 나타낸 보기 에서 신에너지와 재생 에너지를 골라 옳게 짝 지은 것은?

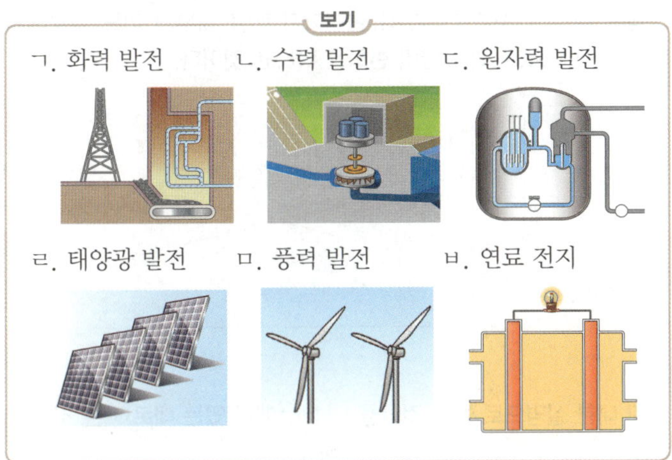

	신에너지	재생 에너지
①	ㄱ, ㄴ, ㄷ	ㄹ, ㅁ, ㅂ
②	ㄱ, ㄴ, ㅁ	ㄷ, ㄹ, ㅂ
③	ㄷ, ㅂ	ㄱ, ㄹ, ㅁ
④	ㅂ	ㄴ, ㄹ, ㅁ
⑤	ㅂ	ㄷ, ㄹ, ㅁ

584

그림은 수력 발전을 나타낸 것이다.

이에 대한 설명으로 옳은 것만을 보기 에서 있는 대로 고른 것은?

① ㄱ   ② ㄴ   ③ ㄷ
④ ㄱ, ㄴ   ⑤ ㄴ, ㄷ

585

다음은 휴대 전화를 충전하는 원리에 대한 설명이다.

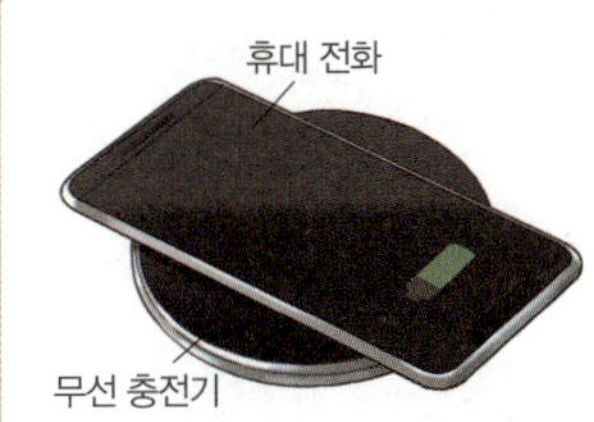

무선 충전기 내부의 코일에 흐르는 전류는 ㉠ 전자기 유도 현상에 의해 휴대 전화 내부의 코일에 유도 전류를 흐르게 하여 배터리를 충전한다.

㉠에 의해 전기 에너지를 생산하는 방식만을 보기 에서 있는 대로 고른 것은?

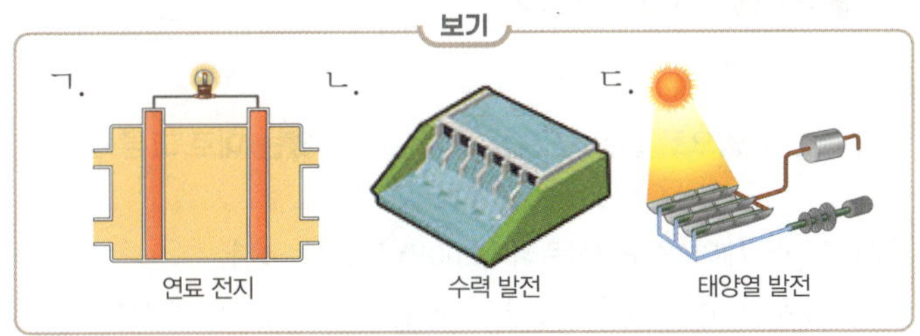

① ㄱ   ② ㄴ   ③ ㄷ
④ ㄱ, ㄴ   ⑤ ㄴ, ㄷ

586 서술형

그림 (가)~(다)는 각각 연료 전지, 핵, 풍력을 이용한 발전을 나타낸 것이다.

(가) 연료 전지 발전   (나) 핵발전   (다) 풍력 발전

(1) (가)~(다) 중에서 신재생 에너지를 이용하는 것을 모두 쓰시오.

(2) (가)~(다)에서 에너지가 어떻게 전환되는지 서술하시오.

STEP 3 수능 유형 문제로 만점 도전하기

09 태양 에너지의 생성과 전환

587

그림은 태양 내부의 구조 A, B, C와 온도 분포를 나타낸 것이다.

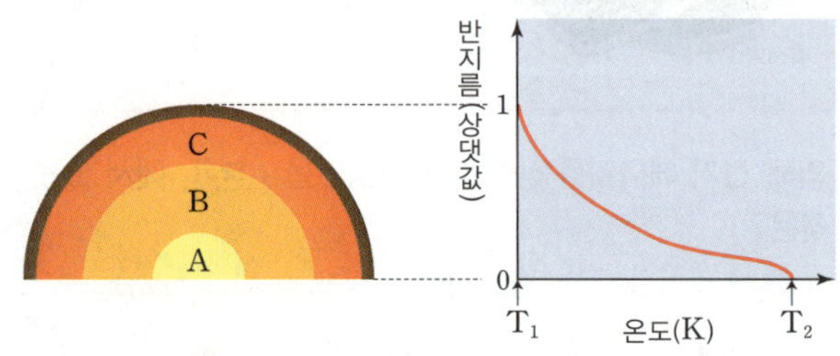

이에 대한 설명으로 옳은 것만을 **보기** 에서 있는 대로 고른 것은?

보기

ㄱ. T_1과 T_2의 온도 차는 약 1000만 K보다 크다.
ㄴ. A에서 수소 원자핵과 전자핵이 분리된 상태로 존재한다.
ㄷ. 태양 내부에서 수소 핵융합 반응이 가장 활발한 곳은 B
이다.

① ㄱ   ② ㄷ   ③ ㄱ, ㄴ
④ ㄴ, ㄷ   ⑤ ㄱ, ㄴ, ㄷ

588

난이도 **상**

그림은 어느 핵융합 반응이 일어나는 과정을 나타낸 것이다.

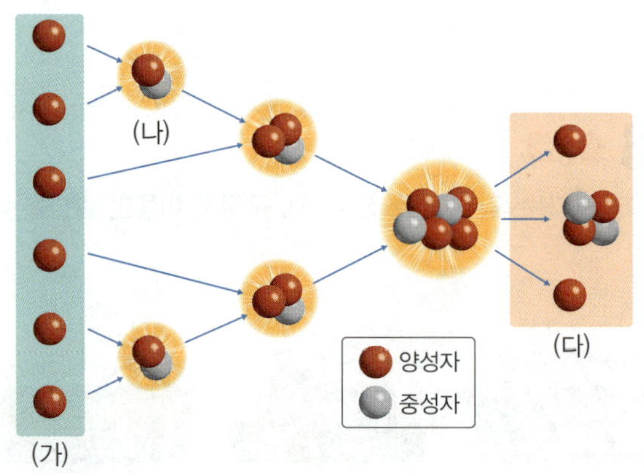

이에 대한 설명으로 옳은 것만을 **보기** 에서 있는 대로 고른 것은?

보기

ㄱ. (가)와 (나)는 수소 원자핵이다.
ㄴ. 4 개의 수소 원자핵이 융합하여 1 개의 헬륨 원자핵을
만든다.
ㄷ. (가)의 총 질량은 (다)의 총 질량보다 크다.

① ㄱ   ② ㄴ   ③ ㄱ, ㄷ
④ ㄴ, ㄷ   ⑤ ㄱ, ㄴ, ㄷ

589

그림은 태양이 생성된 후부터 현재까지 태양 내부의 어느 부분에서 일어난 원소 A, B의 질량비 변화를 나타낸 것이다.

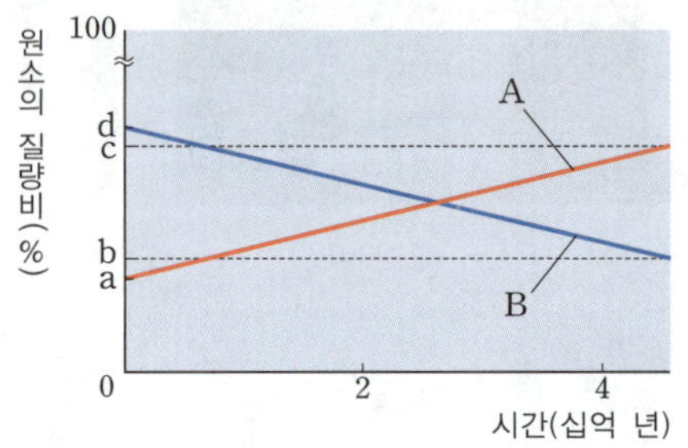

이에 대한 설명으로 옳은 것만을 **보기** 에서 있는 대로 고른 것은?

보기

ㄱ. A는 헬륨이다.
ㄴ. 태양 중심부의 핵에서 일어난 변화이다.
ㄷ. $(c-a)$는 $(d-b)$보다 크다.

① ㄱ   ② ㄷ   ③ ㄱ, ㄴ
④ ㄴ, ㄷ   ⑤ ㄱ, ㄴ, ㄷ

590

그림은 태양 에너지가 여러 가지 에너지로 전환되는 과정의 일부를 나타낸 것이다.

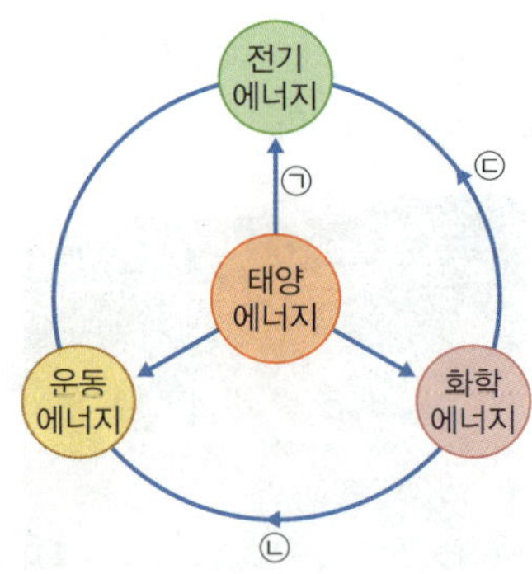

이에 대한 설명으로 옳은 것만을 **보기** 에서 있는 대로 고른 것은?

보기

ㄱ. ㉠에서는 태양의 빛에너지가 전환된다.
ㄴ. ㉡에서는 화석 연료가 연소하여 자동차의 운동 에너지로
전환된다.
ㄷ. '수력 발전'은 ㉢에 해당한다.

① ㄱ   ② ㄷ   ③ ㄱ, ㄴ
④ ㄴ, ㄷ   ⑤ ㄱ, ㄴ, ㄷ

591

그림은 지구에서 태양 에너지가 전환되는 과정의 일부를 나타낸 것이다.

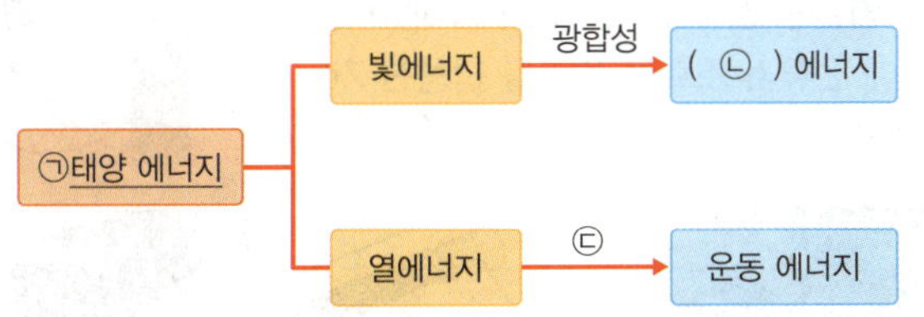

이에 대한 설명으로 옳은 것만을 보기 에서 있는 대로 고른 것은?

보기

ㄱ. ⓒ의 90 % 이상은 태양의 표면에서 생성된다.

ㄴ. ⓒ은 화학 에너지이다.

ㄷ. '바람'은 ⓒ에 해당한다.

① ㄱ   ② ㄴ   ③ ㄱ, ㄷ

④ ㄴ, ㄷ   ⑤ ㄱ, ㄴ, ㄷ

592

다음은 태양 에너지의 생성과 전환에 대해 학생들이 대화하는 모습을 나타낸 것이다.

이에 대한 설명으로 옳은 것만을 보기 에서 있는 대로 고른 것은?

보기

ㄱ. ⓒ은 질량 결손에 의해 일어난다.

ㄴ. ⓒ은 '운동'이다.

ㄷ. 비나 눈 등의 기상 현상을 일으키는 근원 에너지는 태양 에너지이다.

① ㄱ   ② ㄴ   ③ ㄱ, ㄷ

④ ㄴ, ㄷ   ⑤ ㄱ, ㄴ, ㄷ

10 발전과 전기 에너지

593

난이도 상

그림 (가)는 검류계가 연결된 코일에 자석의 N극을 가까이 하는 것을, (나)는 (가)의 코일에 자석의 S극을 가까이 하는 것을 나타낸 것이다.

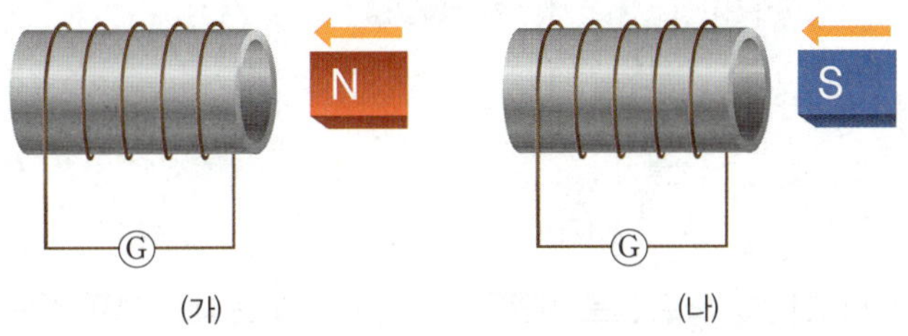

이에 대한 설명으로 옳은 것만을 보기 에서 있는 대로 고른 것은?

보기

ㄱ. (가)에서 코일을 통과하는 자기장은 증가한다.

ㄴ. 검류계에 흐르는 전류의 방향은 (가)에서와 (나)에서가 같다.

ㄷ. 자석이 코일로부터 받는 자기력의 방향은 (가)에서와 (나)에서가 같다.

① ㄱ   ② ㄴ   ③ ㄷ

④ ㄱ, ㄴ   ⑤ ㄱ, ㄷ

594

난이도 상

그림은 시계 반대 방향으로 회전하는 발광 킥보드의 바퀴에서 빛이 방출되는 것을 나타낸 것이다.

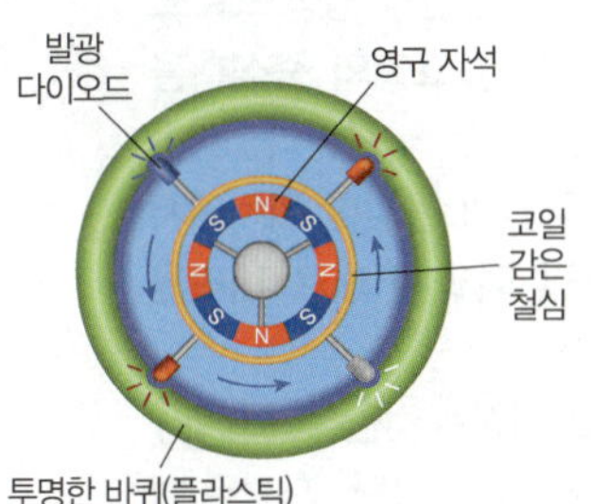

이에 대한 설명으로 옳은 것만을 보기 에서 있는 대로 고른 것은?

보기

ㄱ. 바퀴가 회전하는 동안 코일을 통과하는 자기장은 일정하다.

ㄴ. 코일 내부의 철심은 코일을 통과하는 자기장의 세기를 증가시킨다.

ㄷ. 바퀴가 시계 방향으로 회전하면 바퀴에서는 빛이 방출되지 않는다.

① ㄱ   ② ㄴ   ③ ㄷ

④ ㄱ, ㄴ   ⑤ ㄴ, ㄷ

595

그림 (가)는 고정된 코일의 중심축을 따라 자석을 운동시키는 것을, (나)는 코일의 오른쪽 끝과 자석의 N극 사이의 간격 x를 시간 t에 따라 나타낸 것이다.

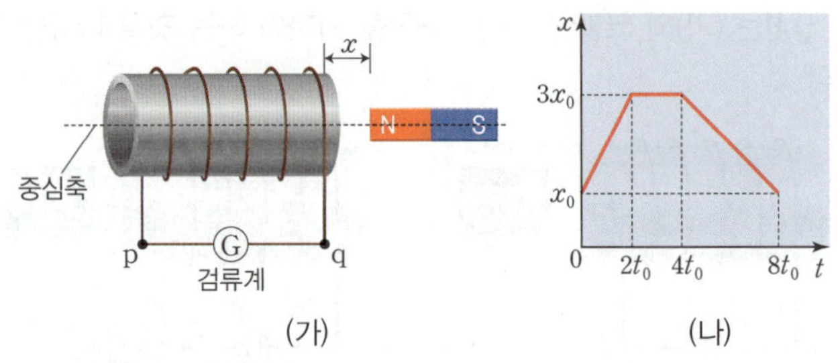

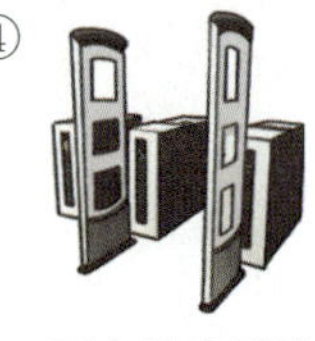

(가) (나)

이에 대한 설명으로 옳은 것만을 보기 에서 있는 대로 고른 것은?

보기

ㄱ. t_0일 때, p → Ⓖ → q 방향으로 전류가 흐른다.
ㄴ. 검류계에 흐르는 전류의 세기는 $3t_0$일 때가 t_0일 때보다 크다.
ㄷ. $6t_0$일 때, 코일과 자석 사이에는 당기는 방향으로 자기력이 작용한다.

① ㄱ   ② ㄷ   ③ ㄱ, ㄴ
④ ㄱ, ㄷ   ⑤ ㄴ, ㄷ

596

그림과 같이 수평면에서 연직 방향으로 쏘아 올린 자석이 고정된 코일의 중심축을 따라 최고점에 도달한 후 낙하한다. a, b는 코일과 최고점 중간의 동일한 위치에서 자석이 위로 올라갈 때와 아래로 내려올 때를 나타낸 것이다.
이에 대한 설명으로 옳은 것만을 보기 에서 있는 대로 고른 것은? (단, 자석은 회전하지 않고, 자석의 크기와 공기 저항은 무시한다.)

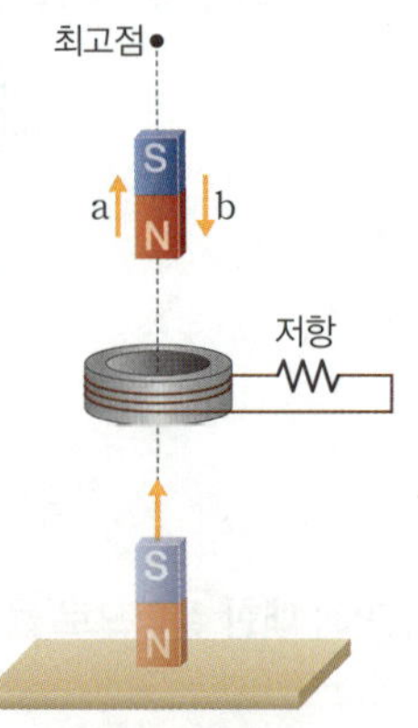

보기

ㄱ. a일 때, 자석에 작용하는 자기력의 방향은 연직 위쪽이다.
ㄴ. a일 때와 b일 때, 저항에 흐르는 전류의 방향은 서로 반대이다.
ㄷ. a일 때와 b일 때, 저항에 흐르는 전류의 세기는 같다.

① ㄱ   ② ㄴ   ③ ㄷ
④ ㄱ, ㄴ   ⑤ ㄴ, ㄷ

597

그림과 같이 코일 속에 막대자석을 넣었다 뺐다 하면서 위 아래로 빠르게 움직였더니 코일에 연결된 검류계의 바늘이 움직였다. 검류계에 전류가 흐르는 원리를 활용한 기구로 옳은 것은?

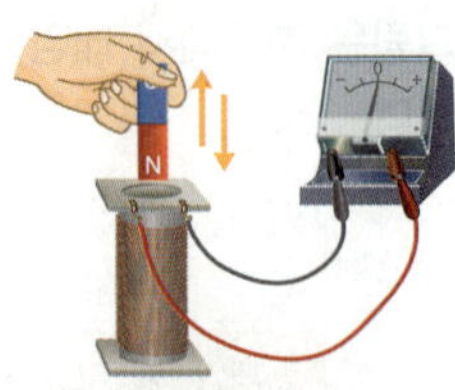

① 
터치패드

② 
스캐너

③ 
스피드 건

④
도난 방지 장치

⑤
가스 경보기

598

난이도 상

그림은 균일한 자기장 속에 놓인 직사각형 도선이 자기장의 방향에 수직인 회전축을 중심으로 화살표 방향으로 회전하는 모습을 나타낸 것이다. 자기장의 방향과 도선이 이루는 면 사이의 각은 θ이고, 점 a, b, c는 도선에 고정된 점이다.
이에 대한 설명으로 옳은 것만을 보기 에서 있는 대로 고른 것은?

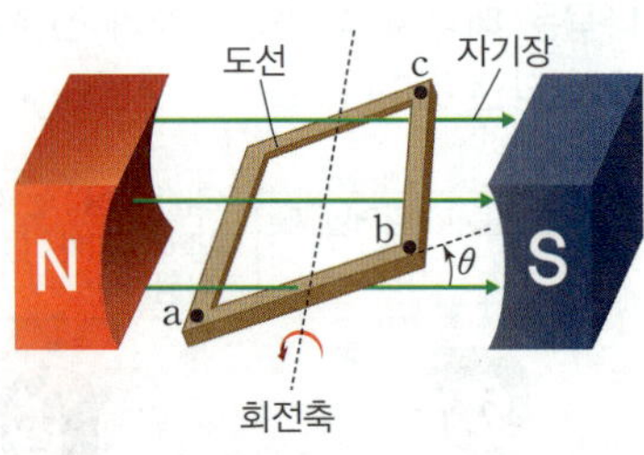

보기

ㄱ. $\theta = 30°$일 때, a → b → c 방향으로 전류가 흐른다.
ㄴ. $\theta = 0°$일 때, 도선이 이루는 면을 통과하는 자기장의 세기가 최대이다.
ㄷ. θ가 $90°$를 지나면서 b와 c 사이에 흐르는 전류의 방향이 바뀐다.

① ㄱ   ② ㄴ   ③ ㄷ
④ ㄱ, ㄷ   ⑤ ㄱ, ㄴ, ㄷ

599

그림은 액화 천연 가스(LNG)를 연료로 하는 발전소의 구조를 나타낸 것이다.

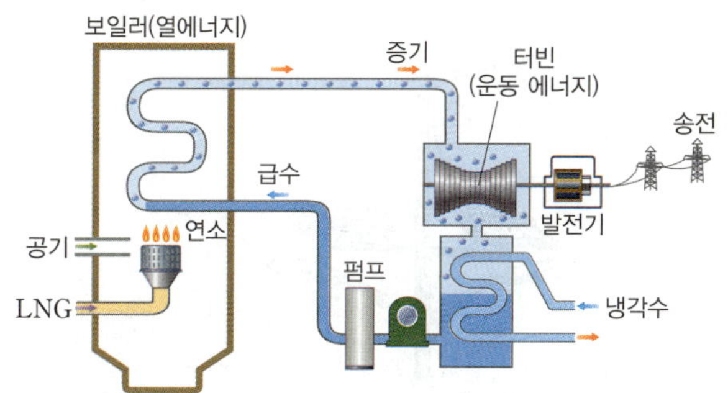

이에 대한 설명으로 옳은 것만을 보기 에서 있는 대로 고른 것은?

보기

ㄱ. 화력 발전에 해당한다.
ㄴ. LNG가 연소하면서 운동 에너지가 열에너지로 전환된다.
ㄷ. 증기의 운동 에너지로 터빈을 회전시킨다.

① ㄱ　　　　② ㄴ　　　　③ ㄷ
④ ㄱ, ㄴ　　　⑤ ㄱ, ㄷ

11 에너지 전환과 효율적 이용

600

난이도 상

그림은 선풍기 A, B를, 표는 A, B가 세기가 각각 I_1, I_2, I_3인 바람을 불게 할 때의 소비 전력을 나타낸 것이다. A, B 각각의 에너지 효율은 일정하다.

구분	바람의 세기		
	I_1	I_2	I_3
A	25 W	35 W	45 W
B	35 W	45 W	55 W

이에 대한 설명으로 옳은 것만을 보기 에서 있는 대로 고른 것은?

보기

ㄱ. 같은 효과를 내기 위해 필요한 에너지는 A가 B보다 많다.
ㄴ. 같은 양의 에너지로 낼 수 있는 효과는 A가 B보다 크다.
ㄷ. 에너지 효율은 B가 A보다 크다.

① ㄱ　　　　② ㄴ　　　　③ ㄱ, ㄴ
④ ㄱ, ㄷ　　　⑤ ㄴ, ㄷ

601

표는 화력 발전소에서 전기를 생산하여 소비지까지 전달하는 과정에서의 에너지 전환 비율을 나타낸 것이다.

구분	비율(%)
화력 발전소에 공급된 화석 연료의 에너지	100
소비지에 공급된 전기 에너지	24
연기로 빠져나간 열에너지	10
소리 에너지	A
냉각수로 빠져나간 열에너지	40
마찰로 빠져나간 열에너지	8
송전선에서 빠져나간 열에너지	5

이에 대한 설명으로 옳은 것만을 보기 에서 있는 대로 고른 것은?

보기

ㄱ. A는 13이다.
ㄴ. 화석 연료가 연소하는 과정에서 화학 에너지가 열에너지로 전환된다.
ㄷ. 화석 연료의 연소 과정에서 환경 오염 물질이 배출된다.

① ㄱ　　　　② ㄷ　　　　③ ㄱ, ㄴ
④ ㄴ, ㄷ　　　⑤ ㄱ, ㄴ, ㄷ

602

그림은 열기관을 모식적으로 나타낸 것이고, 표는 열기관 A, B에 공급한 열량, 한 일, 열효율을 나타낸 것이다.

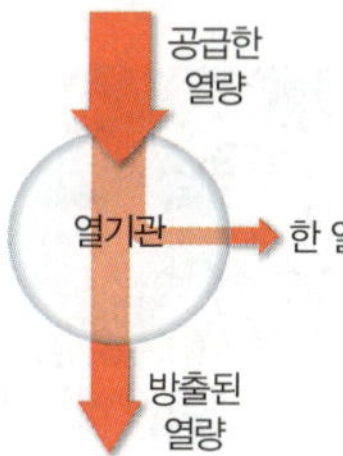

열기관	A	B
공급한 열량(J)	100	120
한 일(J)	(가)	12
열효율(%)	20	(나)

이에 대한 설명으로 옳은 것만을 보기 에서 있는 대로 고른 것은?

보기

ㄱ. (가)는 20이다.
ㄴ. 열효율은 A가 B보다 작다.
ㄷ. 방출된 열량은 A에서가 B에서보다 작다.

① ㄱ　　　　② ㄴ　　　　③ ㄱ, ㄴ
④ ㄱ, ㄷ　　　⑤ ㄴ, ㄷ

603

그림은 철수가 무선 청소기로 청소를 하는 모습을 나타낸 것이다. 청소기를 사용하기 전 청소기에 충전된 전기 에너지는 1500 J이다. 표는 청소기에 충전된 전기 에너지가 전환된 에너지의 종류와 양을 나타낸 것이다.

에너지 종류	에너지 양(J)
청소기 모터의 운동 에너지	1000
소리 에너지	㉠
열에너지	100

㉠과 무선 청소기의 효율을 옳게 짝 지은 것은?

	㉠	효율(%)
①	300	$\dfrac{100}{3}$
②	300	$\dfrac{200}{3}$
③	400	$\dfrac{100}{3}$
④	400	$\dfrac{200}{3}$
⑤	500	$\dfrac{100}{3}$

604

그림은 재생 에너지 생산 시설로, (가)는 태양열 발전, (나)는 태양광 발전, (다)는 풍력 발전을 각각 나타낸 것이다.

(가)　　　　(나)　　　　(다)

이에 대한 설명으로 옳은 것만을 보기 에서 있는 대로 고른 것은?

보기

ㄱ. (가)는 가열된 물의 증기로 터빈을 돌려 전기 에너지를 생산한다.
ㄴ. (나)는 태양의 빛에너지를 이용한다.
ㄷ. (다)는 화력 발전보다 자원이 고갈되기 쉽다.

① ㄱ　　　　② ㄷ　　　　③ ㄱ, ㄴ
④ ㄴ, ㄷ　　　　⑤ ㄱ, ㄴ, ㄷ

605

그림은 풍력 에너지와 태양 에너지를 동시에 이용할 수 있는 발전 장치가 설치된 가로등을 나타낸 것이다.

이에 대한 설명으로 옳은 것만을 보기 에서 있는 대로 고른 것은?

보기

ㄱ. 풍력 발전기는 발전 과정에서 이산화 탄소가 발생하지 않는다.
ㄴ. 맑은 날 태양 전지는 밤보다 낮에 더 많은 전기 에너지를 생산한다.
ㄷ. 풍력 에너지와 태양 에너지는 모두 자원 고갈의 염려가 없다.

① ㄱ　　　　② ㄴ　　　　③ ㄱ, ㄷ
④ ㄴ, ㄷ　　　　⑤ ㄱ, ㄴ, ㄷ

606

그림은 조력 발전을 나타낸 것이다.

이에 대한 설명으로 옳은 것만을 보기 에서 있는 대로 고른 것은?

보기

ㄱ. 하루 종일 발전이 가능하다.
ㄴ. 재생 에너지를 이용한다.
ㄷ. 전자기 유도 현상을 이용한다.

① ㄱ　　　　② ㄴ　　　　③ ㄱ, ㄴ
④ ㄱ, ㄷ　　　　⑤ ㄴ, ㄷ

607

난이도 상

다음은 수소 핵융합 반응에 의해 생성된 에너지량을 계산하는 과정을 나타낸 것이다.

(가) 수소 원자핵 4 개가 융합하여 헬륨 원자핵 1 개가 만들어질 때 감소하는 질량은 0.7 %이다.

(나) 질량 에너지 등가 원리를 적용하여 생성되는 에너지량을 구한다. (단, 빛의 속력은 3×10^8 m/s이다.)

수소 1 kg이 핵융합 반응에 참여할 때, 생성되는 에너지양(J)을 구하는 과정과 답을 쓰시오.

608

그림은 발전기의 구조를 나타낸 것이다. 중심부에 회전하는 자석이 있고, 자석 주위에 코일이 고정되어 있다.

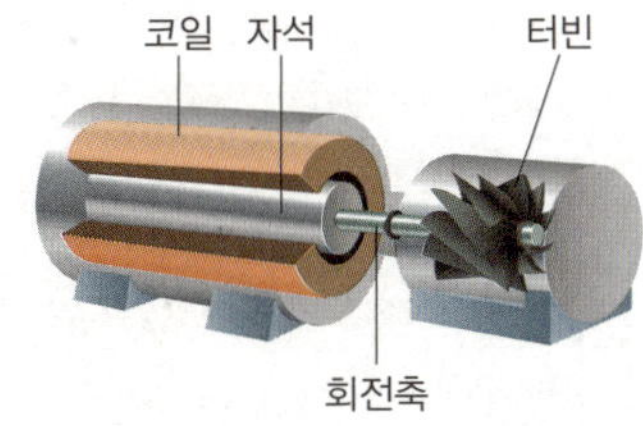

발전기에서 전기 에너지가 만들어지는 원리와 이와 관련 있는 현상을 서술하시오.

609

다음은 핵발전소에서 전기 에너지가 만들어지는 과정에 대한 학생 **A**의 발표 자료이다.

핵발전소에서 전기 에너지가 만들어지는 과정

핵연료에 저장되어 있는 ㉠화학 에너지가 ㉡핵융합에 의해 ㉢열에너지로 전환된다. 열에너지에 의해 물이 끓어 증기가 발생하고, 증기의 ㉣운동 에너지에 의해 터빈이 회전하면, 터빈에 연결된 발전기에서 ㉤정전기 유도 현상에 의해 전기 에너지가 만들어진다.

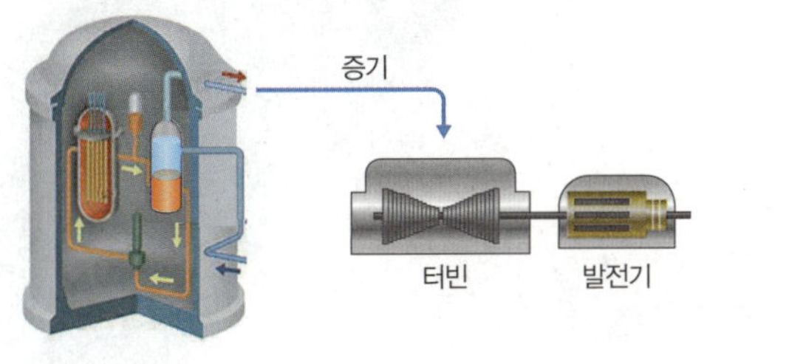

A의 발표 자료의 ㉠~㉤ 중 오류를 모두 찾아 옳게 고쳐 쓰시오.

610

그림은 어떤 전기 자동차에서의 에너지 흐름을 나타낸 것이다.

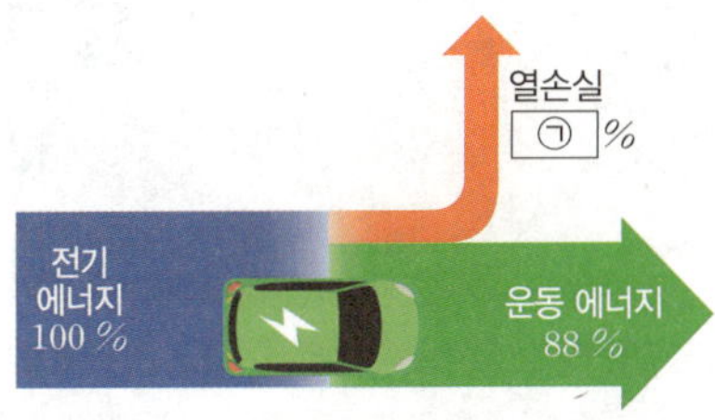

(1) ㉠에 알맞은 숫자를 쓰시오.

(2) 이 전기 자동차의 에너지 효율을 쓰고, 그 과정을 서술하시오.

III

과학과 미래 사회

1 과학 기술의 활용과 윤리

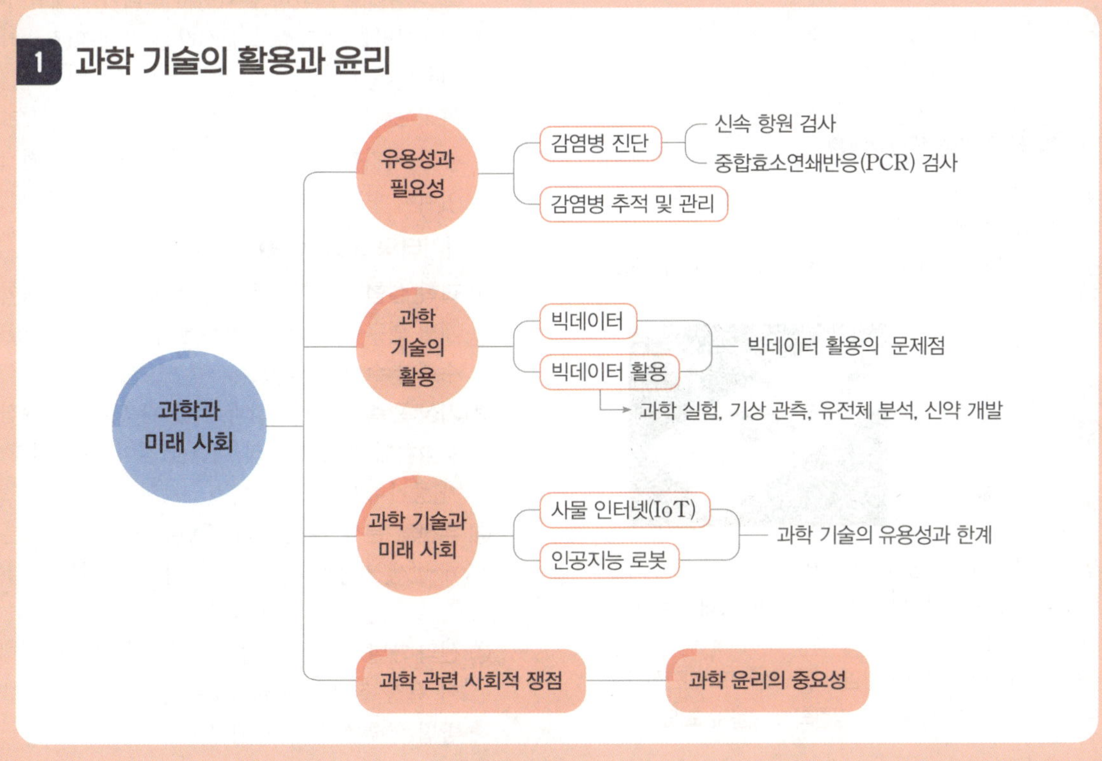

12 과학 기술의 활용

1 과학의 유용성과 필요성

(1) 감염병의 진단

① **감염병의 진단**: 과학 기술이 발전함에 따라 병원체가 가지는 핵산과 단백질을 검출하는 진단 기술이 개발되었고, 감염병을 빠르게 진단하는 것이 가능해졌다. 최근에는 나노바이오 센서를 이용한 감염병 진단 기술 개발되고 있다.

② 핵산과 단백질을 이용한 감염병 진단 기술 자료①

구분	신속 항원 검사	중합효소연쇄반응(PCR) 검사
검사 장비	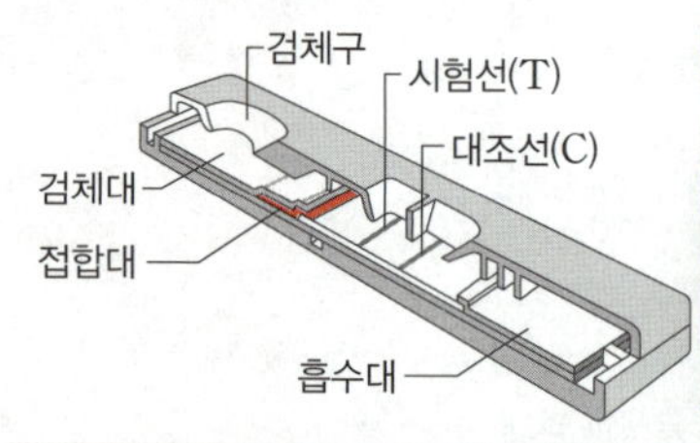	유전자 증폭 검사 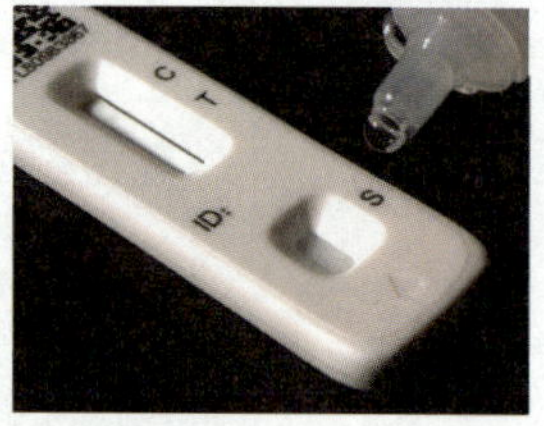 병원체의 모식도
원리	[면역 진단 기술] 항체가 특정 항원(병원체 표면의 단백질)에 결합하는 특징을 활용하는 방식	[분자 진단 기술] 병원체의 유전자가 들어 있는 핵산을 증폭하여 직접 검출하는 방식
특징	진단 시간이 10분 이내로 짧고, 비교적 정확하게 감염 여부를 진단한다.	검사 시간이 4시간 정도로 항원 검사에 비해 시간이 길지만 정확하게 감염 여부를 알려준다.
	감염 여부의 최종 진단은 일반적으로 PCR 검사를 통해 이루어진다.	

 감염병 진단 기술 체험 자료②

(가) 개인용 신속 항원 검사 키트의 윗부분을 떼고 내부 구조를 관찰한다.
(나) 검체를 채취한 다음 검체구에 떨어뜨린다.
(다) 검체가 시험선(T)과 대조선(C)으로 이동하면서 어떤 변화가 일어나는지 관찰한다.

1 키트에는 항체가 들어 있어, 항원-항체 반응을 이용한다.
2 감염병에 감염된 경우 항원의 단백질과 검사 키트 속의 항체가 결합하고 이 물질이 검사선과 만나 색을 낸다.
3 C와 T에 모두 선이 나타나면 감염병에 감염된 것(양성)으로 진단한다.
4 검체에 들어 있는 병원체의 양이 적을 경우 검출되지 않을 수도 있다.

(2) 감염병의 추적 및 관리

① 감염병의 확산을 막는 데에는 감염병 환자의 규모를 파악하고 감염병 환자의 감염 경로와 동선을 추적·관리하여 추가적인 감염을 차단하는 과정 또한 중요하다.
② 최근에는 정보 통신 기술과 인공지능 기술이 활용되어 과거보다 훨씬 많은 데이터를 더 빠르게 얻고 분석할 수 있게 되었다.

(3) 미래 사회 문제 해결에서 과학의 필요성 자료③

① 미래 사회에는 감염병 대유행, 기후 변화, 자연재해 및 재난, 에너지 및 자원 고갈, 물 부족, 초연결사회로 인한 사생활 침해 및 보안, 인공지능과 자동화 기술의 발달에 따른 일자리 변화 등 다양한 문제가 나타날 것으로 예측되고 있다.
② 미래 사회의 문제를 해결하기 위해서는 재생 에너지 기술, 로봇 공학 기술, 생명공학 기술, 인공지능 기술 등 과학 기술을 복합적으로 활용하여 해결할 수 있다.
③ 문제 해결 과정에서 생기는 부작용, 위험성을 점검하면서 사회적 합의를 거쳐 문제를 해결하는 자세를 가져야 한다.

2 과학 기술 사회에서 빅데이터의 활용

(1) **빅데이터**: 기존의 데이터 관리 및 처리 도구로는 다루기 어려운 대용량의 데이터

① 센서와 정보 통신 기술로 다양한 데이터를 실시간으로 수집하고 디지털로 전환하게 되면서 빅데이터 개념이 등장하였다.
② 빅데이터를 저장하고 분석하는 데 슈퍼컴퓨터와 인공지능이 이용된다.
③ 마이크로컨트롤러와 센서가 포함된 센서 보드라는 피지컬 컴퓨팅 기기를 활용하면 일상생활에서도 쉽게 실시간 생활 데이터의 수집과 처리 과정을 경험할 수 있다.

[단점]
• 개인 정보 유출
• 미검증 데이터 활용과 의존
• 편향 및 결괏 오류 도출

(2) **빅데이터의 활용** 자료④

① **과학 실험**: 여러 연구자에 의해 수집된 빅데이터를 기반으로 개별 연구자만으로는 기존에 수행하기 어려웠던 과학 실험을 수행할 수 있게 되었다.
② **기상 관측**: 기상 위성과 기상 관측소에서 수집한 빅데이터를 분석하여 기상 현상의 패턴을 찾아 기상 현상 예측의 정확도가 증가하게 되었다.
③ **유전체 분석**: 유전체와 관련된 빅데이터를 분석하여 개인에게 발생 가능한 질병을 예측하고, 유전적 특성에 맞는 적절한 치료를 받을 수 있게 되었다.
④ **신약 개발**: 기존 의약품 및 질병과 관련된 빅데이터를 분석하여 특정 질병을 치료할 수 있는 신약 후보 물질과 합성하는 방법을 찾을 수 있게 되었다.

다음 자료에 대한 설명으로 옳은 것은 ○표, 옳지 <u>않은</u> 것은 ✕표 하시오.

자료 1 감염병 진단 기술 비교
동아, 미래엔, 비상, 지학사, 천재

그림은 감염병을 진단하는 중합효소연쇄반응(PCR) 장치와 감염병 진단 간이 검사기의 특징을 나타낸 것이다.

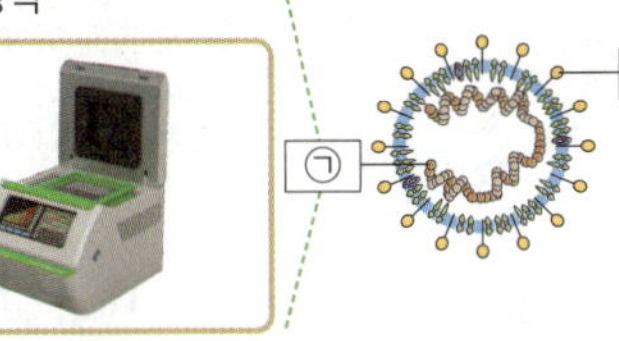

611 '핵산'은 ㉠으로 적절하다. ○/✕

612 '지방'은 ㉡으로 적절하다. ○/✕

613 중합효소연쇄반응(PCR) 장치에서 진단하는 과정에서는 ㉠을 감소시키는 과정이 필요하다. ○/✕

614 감염병 진단 간이 검사기에는 인체의 방어 작용과 관련된 과학 원리가 적용된다. ○/✕

615 감염병 진단 간이 검사기는 중합효소연쇄반응(PCR) 검사보다 빠른 시간에 진단 결과를 알 수 있다. ○/✕

자료 2 단백질을 이용한 감염병 진단 기술
동아, 미래엔, 비상

그림은 홈판 A~D에 동일한 포획 항체를 각각 넣은 후 서로 다른 진단 시료와 동일한 검출 시약을 넣는 모습을, 표는 A~D에 넣은 시료의 종류와 색깔의 변화를 나타낸 것이다.

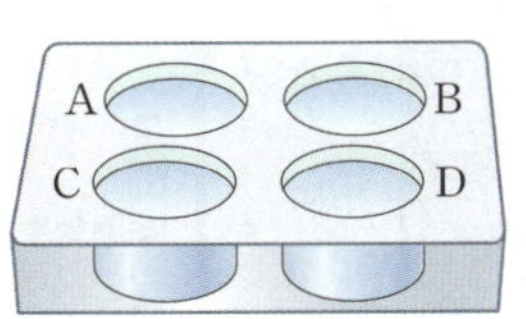

홈	진단 시료	색깔
A	감염병 음성 표준 시료	변화 없음
B	감염병 양성 표준 시료	붉게 변함
C	사람 1의 시료	붉게 변함
D	사람 2의 시료	변화 없음

616 사람 1은 감염병에 감염되었다고 진단할 수 있다. ○/✕

617 병원체의 특정 단백질을 검출하는 원리를 이용한다. ○/✕

618 시료와 시약이 반응하는 동안 병원체의 핵산의 양이 증가한다. ○/✕

619 색이 변하는 원리는 중합효소연쇄반응(PCR) 검사에 이용된다. ○/✕

자료 3 과학과 미래 사회 문제
동아, 비상, 지학사, 천재

다음은 미래 사회에서 발생할 수 있는 문제이다.

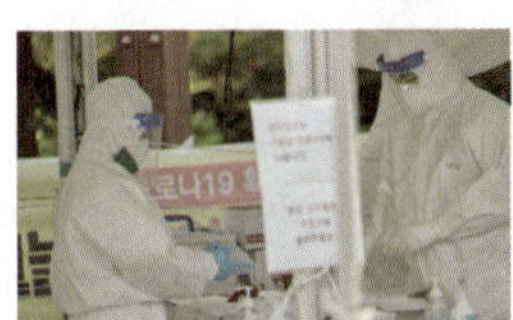
(가) 감염병 대유행

(나) 에너지 고갈

(다) 식량 부족

(라) 교통 혼잡

620 (가)의 상황에서는 감염병 환자의 사생활 보호를 위해 이동 경로를 추적하지 않는다. ○/✕

621 (나)의 해결을 위해 신재생 에너지 기술을 개발한다. ○/✕

622 새로운 농업 기술을 개발하여 (다)를 해결할 수 있다. ○/✕

623 (라)를 해결하기 위해 자율주행 기술을 이용하여 교통 흐름의 최적화를 연구한다. ○/✕

자료 4 빅데이터의 활용
동아, 비상, 지학사, 천재

다음은 빅데이터가 활용되는 분야이다.

(가) 과학 실험

(나) 신약 개발

(다) 기상 관측

(라) 유전체 분석

624 (가)에서 수집된 빅데이터를 기반으로 다양한 실험을 수행할 수 있다. ○/✕

625 (나)를 통해 개발된 신약은 생산된 즉시 사람에게 투여한다. ○/✕

626 (다)에서 수집하는 빅데이터를 분석하여 기상 현상 예측의 정확도를 높일 수 있다. ○/✕

627 (라)를 통해 수집한 개인 정보를 널리 공유한다. ○/✕

1 과학의 유용성과 필요성

628

다음은 감염병에 대한 설명이다.

> 세균이나 바이러스와 같은 (㉠)에 의해 생기는 질병을 감염병이라고 한다. 과학 기술이 발전함에 따라 (㉠)이/가 가지는 ㉡물질을 검출하는 진단 기술이 개발되어, 감염병을 빠르게 진단하는 것이 가능해졌다.

이에 대한 설명으로 옳은 것만을 보기 에서 있는 대로 고른 것은?

보기
> ㄱ. '병원체'는 ㉠으로 적절하다.
> ㄴ. ㉠에 의해 감염되었을 때 우리 몸에서는 방어를 하기 위해 혈액 내에 항체가 생긴다.
> ㄷ. ㉡은 감염된 사람의 혈액을 통해서만 가능하다.

① ㄱ ② ㄷ ③ ㄱ, ㄴ
④ ㄴ, ㄷ ⑤ ㄱ, ㄴ, ㄷ

629 고빈출

다음은 감염병의 진단과 관리에 대한 내용이다.

> 감염병은 세균이나 바이러스 같은 병원체가 사람의 몸에 침입하여 생기는 질병으로 ㉠감염병이 퍼지면 수많은 사람들이 목숨을 잃기도 한다. 교통 수단의 발달로 사람들의 이동량이 증가하고 이동 속도가 빨라지면서 감염병은 과거보다 급속히 전파된다. 따라서 치료 약이 개발되기 이전 감염병의 확산을 늦추기 위해 감염병을 빠르게 ㉡진단하고 ㉢추적 및 관리하여 감염 경로를 차단하는 것이 중요하다.

이에 대한 설명으로 옳은 것만을 보기 에서 있는 대로 고른 것은?

보기
> ㄱ. ㉠의 감염 경로는 호흡을 통한 흡입만으로 이루어진다.
> ㄴ. 병원체의 단백질을 검출하는 방법을 통해 ㉡이 가능하다.
> ㄷ. ㉢의 방법으로는 조사관이 환자의 동선을 일일이 파악하는 것이 가장 효율적이다.

① ㄱ ② ㄴ ③ ㄱ, ㄷ
④ ㄴ, ㄷ ⑤ ㄱ, ㄴ, ㄷ

630 고빈출

난이도 상

그림은 감염병을 진단하는 방법과 감염병을 일으키는 병원체를 모식적으로 나타낸 것이다. (가)와 (나)는 신속 항원 검사와 중합효소연쇄반응(PCR) 검사를 순서 없이 나타낸 것이고, A와 B는 단백질과 핵산을 순서 없이 나타낸 것이다.

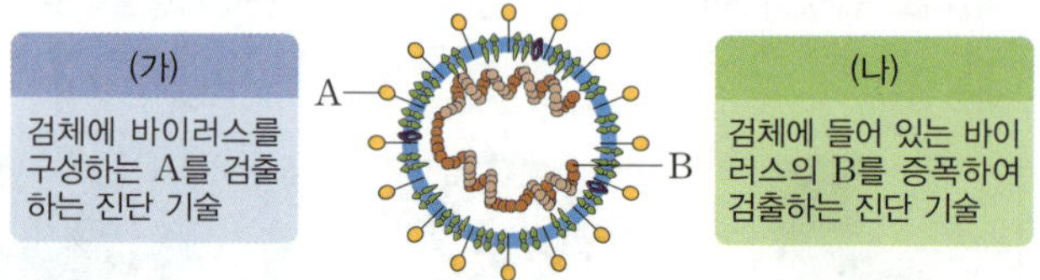

이에 대한 설명으로 옳은 것만을 보기 에서 있는 대로 고른 것은?

보기
> ㄱ. A는 단백질이다.
> ㄴ. (나)는 중합효소연쇄반응(PCR) 검사이다.
> ㄷ. (나)는 (가)보다 감염병을 정확하게 진단할 수 있다.

① ㄱ ② ㄴ ③ ㄱ, ㄷ
④ ㄴ, ㄷ ⑤ ㄱ, ㄴ, ㄷ

631 서술형

다음은 감염병 A에 대해 증상이 있는 사람이 진단을 위해 사용한 신속 항원 검사 키트와 사용하는 과정을 순서 없이 나타낸 것이다.

> (가) 용액통의 액체를 검체구에 3~4방울 떨어뜨린 후 검사 결과를 확인한다.
> (나) 면봉을 용액통에 넣고 10회 정도 저어준 뒤 꺼낸다.
> (다) 면봉을 콧구멍 안쪽에 1.5~2 cm 가량 넣고 둥글게 문질러 검체를 채취한다.

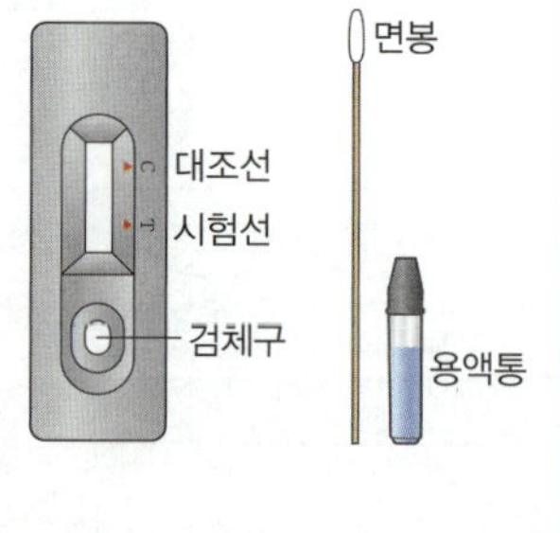

(1) (가)~(다)를 신속 항원 키트의 사용법 순서에 맞게 쓰시오.

(2) 신속 항원 키트에 적용되는 원리를 우리 몸에서 일어나는 반응과 연결하여 서술하시오.

⭐고빈출
632 ●서술형

난이도 상

그림은 4홈판에 포획 항체, 진단 시료, 검출 시약, 진단 반응물을 순서 대로 놓는 모습을, 표는 홈판 A~D에 첨가한 진단 시료와 색 변화를 각각 나타낸 것이다.

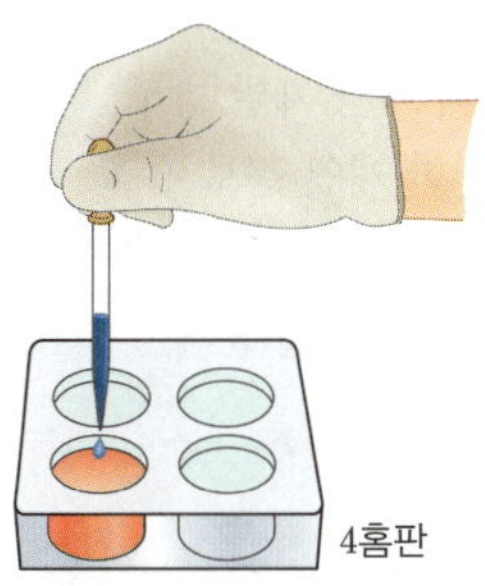

홈	진단 시료	색깔
A	감염병 음성 표준 시료	변화 없음
B	감염병 양성 표준 시료	붉게 변함
C	사람 1의 시료	변화 없음
D	사람 2의 시료	붉게 변함

(1) 사람 1과 2 중 감염병에 걸린 사람은 누구인지 쓰시오.

____

(2) B, D에서 색깔이 붉게 변하는 과학적 원리를 서술하시오.

____

____

633

그림 (가), (나)는 미래 사회 문제 중 지구의 기온 상승에 따른 기후 변화와 새로운 기술 개발에 대하여 각각 나타낸 것이다.

(가) 기후 변화 　　　　(나) 새로운 기술 개발

이에 대한 설명으로 옳은 것만을 보기 에서 있는 대로 고른 것은?

보기
ㄱ. (가)를 해결하기 위해 온실 기체 배출을 줄이기 위한 노력이 이어지고 있다.
ㄴ. (나)를 통해 사이버 범죄 등이 증가할 가능성이 있다.
ㄷ. 미래 사회의 문제는 과거에 비해 범위가 좁고 단순하여 명확한 해결책이 있다.

① ㄱ 　　　② ㄷ 　　　③ ㄱ, ㄴ
④ ㄴ, ㄷ 　　　⑤ ㄱ, ㄴ, ㄷ

2 과학 기술 사회에서 빅데이터의 활용

634

다음은 현대 사회에 활용되는 ㉠에 대한 설명이다.

(㉠)는/은 현대 사회의 다양한 분야에서 수집하는 방대한 양의 데이터를 의미하는 것으로, 대량의 데이터를 분석하여 새로운 가치를 찾아내는 행위나 기술을 뜻하기도 한다.

이에 대한 설명으로 옳은 것만을 보기 에서 있는 대로 고른 것은?

보기
ㄱ. ㉠은 주로 디지털 형태의 데이터로 축적된다.
ㄴ. ㉠에는 수치만으로 구성된 자료의 형태만을 포함한다.
ㄷ. ㉠을 구성하는 데이터 양이 많기 때문에 과거에 비해 현상에 대한 분석 과정이 느리다.

① ㄱ 　　　② ㄴ 　　　③ ㄱ, ㄷ
④ ㄴ, ㄷ 　　　⑤ ㄱ, ㄴ, ㄷ

635

그림 (가), (나)는 빅데이터가 과학 기술에 활용된 사례를 나타낸 것이다.

(가) 기상 관측 　　　　(나) 환자 맞춤형 진료

이에 대한 설명으로 옳은 것만을 보기 에서 있는 대로 고른 것은?

보기
ㄱ. (가)에서 기상 현상 예측에 대한 정확도를 높일 수 있다.
ㄴ. (나)에서 환자의 유전적 특성에 맞는 적절한 치료를 받을 수 있다.
ㄷ. (나)에서 개인 정보 유출 등의 문제점이 발생할 수 있다.

① ㄱ 　　　② ㄷ 　　　③ ㄱ, ㄴ
④ ㄴ, ㄷ 　　　⑤ ㄱ, ㄴ, ㄷ

13 과학 기술의 발전과 쟁점

1 과학 기술과 미래 사회

(1) 과학 기술의 발전과 사물 인터넷

① **사물 인터넷**(Inetrnet of Things, IoT): 두 가지 이상의 사물이 다양한 방식으로 서로 연결되어 사물이 개별적으로 제공하지 못하는 서비스를 제공하는 것

② 현재 대부분의 전자 기기는 사물 인터넷 기술이 적용되어 데이터를 실시간으로 주고받아 사용자가 원격으로 사물의 상태를 파악하고 제어할 수 있게 한다.

③ **사물 인터넷 기술의 활용 분야** (자료❶)

분야	활용 과정
스마트 홈	집 안의 조명, 온도, 보안 장치 등을 실시간으로 관리하고 제어한다.
스마트팜	온도, 습도, 토양 상태, 작물의 성장 등을 실시간으로 파악하여 자동으로 물과 영양분을 공급한다.
스마트 의료	원격 모니터링 기기로 환자의 건강 상태를 실시간으로 추적하고 관리한다.
스마트 교통	지능형 교통 체계로 수집한 교통 정보를 실시간으로 제공한다.
스마트 공장	생산 기계를 실시간으로 관리하고 재고 물량을 바탕으로 제품을 생산하여 생산 과정의 효율성을 높인다.
스마트 도시	공기 질, 수질, 에너지 사용 등을 실시간으로 관리한다.

(2) 과학 기술의 발전과 인공지능 로봇 (자료❷)

① **인공지능 로봇**: 인공지능을 통해 스스로 학습하고 판단하여 변화하는 상황에도 대응할 수 있도록 개발된 로봇(예 안내 로봇, 물류 로봇, 청소 로봇, 의료 로봇, 서빙 로봇 등)

② 인공지능 로봇은 센서로 주변 환경의 데이터를 수집하여 정보를 추출하며 자율적으로 최선의 작업을 수행한다.

(3) 과학 기술의 유용성과 한계 (자료❸)

① 과학 기술을 활용하면 사물이 센서를 통해 정보를 인식하고, 인터넷으로 정보를 공유하며, 인공지능으로 스스로 판단해 문제를 해결하거나 로봇과 결합해 물리적 행동을 수행하여 최적의 결과를 산출하는 데 유용할 것이다.

② **과학 기술의 발전이 미래 사회에 미치는 유용성**

분야	유용성
교통 분야	인공지능, 로봇 기술로 드론 택시, 무인 자율주행 자동차 등을 운행한다.
환경 분야	핵융합과 우주 태양광 발전으로 자연환경을 보존한다.
교육 분야	인공지능, 가상 현실 기술로 수업 활동을 혁신한다.
우주 분야	인공지능, 로봇 기술로 우주 자원을 개발한다.
의료 분야	사물 인터넷과 빅데이터 기술로 의료 데이터를 분석하여 질병을 진단하고 치료한다.

③ **과학 기술의 발전에 따른 한계**

– 자동화 기술로 인해 직업 감소, 인간의 역량 계발 방해
– 사물 인터넷 사용에서 해킹 등으로 인한 개인 정보 유출
– 자율주행 자동차의 사고 상황에서의 윤리적 문제
– 인공지능 기술을 이용한 창작물의 지식 재산권 문제
– 세대 간 정보 격차와 소통 문제

2 과학 관련 사회적 쟁점과 과학 윤리

(1) 과학 관련 사회적 쟁점

① **과학 관련 사회적 쟁점**(Socioscientific issues, SSI): 과학 기술의 발전 과정에서 발생하는 다양한 사회적·윤리적 문제들로 이를 해결하기 위해 합리적 의사결정이 필요하다.

② **과학 관련 사회적 쟁점 사례** (자료❹)

의견 1	쟁점	의견 2
식량 부족 해결을 위해 현재 사용하고 있는 유전자변형 농산물의 생산 비율을 늘려야 한다.	유전자변형 농산물 사용	유전자변형 농산물의 부작용을 충분히 검증하지 못했으므로 이에 대한 사용을 제한해야 한다.
우주 개발을 하면 새로운 자원이나 터전을 확보할 수 있으므로 우주 개발을 확대해야 한다.	우주 개발	우주 개발과 관련된 기술이 악용될 수 있고, 지구에는 심해와 같이 자원 개발이 가능한 장소가 남아 있으므로 우주 개발은 시기상조이다.
신재생 에너지는 에너지를 전환하는 과정에서 환경 오염 물질이 매우 적게 배출되므로 주력 에너지원으로 확대해야 한다.	신재생 에너지 사용	신재생 에너지는 발전 과정에서 주변 환경의 영향을 많이 받아 안정적으로 전기를 생산하기 어려우므로 주력 에너지원으로 적합하지 않다.
운전을 하기 어려운 사람들의 이동권이 보장되어야 하고, 운전자의 부주의로 발생하는 사고가 줄어들므로 허용해야 한다.	자율주행 자동차 허용	사고 상황에서 탑승자와 보행자 관계의 윤리적인 문제가 있고, 주행 중 해킹 위험이 있으므로 허용하지 않아야 한다.

(2) 과학 윤리

① **과학(연구) 윤리**: 과학 연구를 수행하거나 과학 기술을 이용할 때 지켜야 할 윤리적 원칙과 기준

② **과학자의 과학(연구) 윤리**: 과학자는 합리적이고 정직한 연구를 수행하며 생명 존엄성 존중 등의 연구 윤리를 지켜야 한다. 연구 결과 얻은 지식이나 기술을 활용해 인류의 삶의 질 향상과 지속가능한 삶에 기여하도록 노력할 사회적 책임이 있다.

③ 과학 기술과 관련된 윤리 문제는 대부분 복합적으로 나타난다. 과학적 이해, 윤리적 태도로 활발하게 토론하면서 과학 기술이 긍정적인 방향으로 발전할 수 있도록 노력해야 한다.

다음 자료에 대한 설명으로 옳은 것은 ○표, 옳지 않은 것은 ✕표 하시오.

자료 ① 사물 인터넷(IoT) 기술의 활용
동아, 미래엔, 비상, 천재

그림은 사물 인터넷(IoT)이 활용되는 분야를 나타낸 것이다.

636 스마트 홈에 설치된 센서는 디지털 신호를 수신하여 아날로그 신호로 전환한다. ○/✕

637 스마트팜에 설치된 기기는 인터넷에 연결되어 있어야 한다. ○/✕

638 스마트 교통 분야에서는 지능형 교통 체계로 수집한 빅데이터를 활용한다. ○/✕

639 스마트 건강 관리를 사용함으로 인해 개인 정보 유출의 피해는 감소하고 있다. ○/✕

자료 ② 인공지능 로봇의 특징 분석
동아, 미래엔, 비상, 지학사, 천재

다음은 서빙 로봇의 특징과 개선 방안을 작성한 보고서이다.

[서빙 로봇]
• 센서의 종류: 라이더(LiDAR) ㉠센서, ㉡카메라
• 특징: 공간 구조를 파악하고 주문한 곳의 위치를 추론하여 자율주행으로 음식을 나른다.
• 불편한 점: 손님이 음식을 직접 내려야 한다.
• 개선 방안: 물체를 정확히 다룰 수 있도록 조작 능력이 있는 팔, 관절 등을 부착한다.

640 ㉠을 통해 외부 환경의 신호를 수신하여 정보를 수집한다. ○/✕

641 ㉡은 외부의 빛 신호를 전기 신호로 전환한다. ○/✕

642 인공지능 로봇의 개발은 사람의 일자리를 증가시킨다. ○/✕

643 인공지능 로봇은 일상생활에서만 활용된다. ○/✕

자료 ③ 과학 기술의 유용성과 한계
동아, 미래엔, 비상, 지학사, 천재

다음은 과학 기술의 발전이 미치는 유용성과 한계에 대한 설명이다. ㉠과 ㉡은 인공지능 기술과 정보 통신 기술을 순서 없이 나타낸 것이다.

	유용성	한계
㉠의 발전	산업 현장의 생산성이 높아질 것이다.	자동화 기술로 사라지는 직업이 생길 것이다.
㉡의 발전	시공간의 제약 없이 정보를 주고 받을 것이다.	㉢

644 ㉠, ㉡은 각각 인공지능 기술, 정보 통신 기술이다. ○/✕

645 '사이버 폭력 등의 위험성이 높아진다.'는 ㉢으로 적절하다. ○/✕

646 과학 기술의 발전으로 생기는 한계점은 항상 예측이 가능하다. ○/✕

647 한계를 극복하고 해결책을 찾기 위해 구성원이 협력하고 소통하는 태도를 길러야 한다. ○/✕

자료 ④ 과학 관련 사회적 쟁점 사례
동아, 비상, 지학사, 천재

다음은 과학 관련 사회적 쟁점 중 전기 에너지를 생산하는 두 가지 방식에 대한 의견이다. ㉠과 ㉡은 원자력 발전과 신재생 에너지를 순서 없이 나타낸 것이다.

발전 방식	발전 방식에 대한 의견	
㉠	[의견 1] 저렴한 운영 비용으로 안정적인 에너지를 생산할 수 있으므로 주력 에너지원으로 사용해야 한다.	[의견 2] 인류에 위협적인 방사능 유출의 위험성이 있으므로 주력 에너지원으로 적합하지 않다.
㉡	[의견 3] 주변 환경의 영향을 많이 받아 안정적으로 에너지를 생산하기 어려우므로 주력 에너지원으로 적합하지 않다.	[의견 4] 환경 오염 물질이 매우 적게 배출되므로 주력 에너지원으로 사용해야 한다.

648 ㉠, ㉡은 각각 신재생 에너지, 원자력 발전이다. ○/✕

649 ㉠은 전기 에너지 생산 과정에서 전자기 유도 현상을 이용한다. ○/✕

650 [의견 1]은 경제적인 입장을 근거로 ㉠의 사용을 지지하고 있다. ○/✕

651 [의견 4]는 환경 오염의 영향을 근거로 ㉡의 사용을 반대하는 입장이다. ○/✕

STEP 2 학교 기출 문제로 내신 대비하기

1 과학 기술과 미래 사회

652

다음은 과학 기술 ㉠에 대한 설명이다.

(㉠)은/는 세상에 존재하는 두 가지 이상의 사물이 다양한 방식으로 서로 연결되어 사물이 개별적으로 제공하지 못하는 서비스를 제공하는 기술이다. 이 기술은 스마트 홈, 스마트팜, 스마트 공장 등에 활용되어 우리 생활에 편리함을 제공한다.

이에 대한 설명으로 옳은 것만을 보기 에서 있는 대로 고른 것은?

보기
ㄱ. ㉠은 '가상 현실'이다.
ㄴ. 스마트 홈을 이용해 집 안의 조명을 원격으로 조절한다.
ㄷ. 스마트팜에서 일조량을 측정할 때 압력 센서를 이용한다.

① ㄱ ② ㄴ ③ ㄱ, ㄷ
④ ㄴ, ㄷ ⑤ ㄱ, ㄴ, ㄷ

653

다음은 사람들의 안전을 위해 과학 기술을 활용하는 사례에 대한 기사이다.

○○시가 □□ 공원 내의 각 지점에 첨단 ㉠사물 인터넷(IoT) 장비를 설치해 산악 안전사고에 대응한다고 밝혔다. 순차적으로 ㉡센서 설치 및 네트워크 구축, 통합 모니터링 시스템 개발, 시범 테스트 운영을 거쳐 최종 IoT 센서를 활용할 계획이다.

이에 대한 설명으로 옳은 것만을 보기 에서 있는 대로 고른 것은?

보기
ㄱ. ㉠을 이용하여 공원 내 정보를 실시간으로 파악할 수 있다.
ㄴ. ㉡은 자연에서 발생하는 아날로그 신호를 디지털 신호로 전환한다.
ㄷ. ㉠을 활용하는 과정에서 발생하는 데이터를 인공지능으로 처리하여 활용할 수도 있다.

① ㄱ ② ㄴ ③ ㄱ, ㄷ
④ ㄴ, ㄷ ⑤ ㄱ, ㄴ, ㄷ

654

그림은 공항에서 승객들에게 정보를 안내해 주는 로봇에 대해 소개해 주는 영상이다.

이에 대한 설명으로 옳은 것만을 보기 에서 있는 대로 고른 것은?

보기
ㄱ. ㉠은 '인공지능'이다.
ㄴ. 로봇은 센서를 통해 외부 환경의 신호를 수신한다.
ㄷ. ㉠을 이용한 로봇의 개발은 미래 인간의 일자리 변화에 영향을 미친다.

① ㄱ ② ㄴ ③ ㄱ, ㄷ
④ ㄴ, ㄷ ⑤ ㄱ, ㄴ, ㄷ

655 서술형   난이도 상

그림은 사물 인터넷(IoT)을 이용한 스마트 의료를 통해 원격 진단을 받는 모습을 나타낸 것이다.

(1) 스마트 의료 체계가 구축되기 위해 반드시 필요한 장비를 두 가지 쓰시오.

(2) 스마트 의료 체계에서 발생할 수 있는 단점을 두 가지 서술하시오.

656 · 서술형

다음은 화재 사고에 대한 기사이다.

○○시에서 발생한 화재 사고로 인해 많은 사상자가 발생했다. 이번 사고에서는 □□ 건물에 설치된 화재 경보기와 감지기가 고장난 채 방치되어 화재 발생 상황이 신속하게 전달되지 못했고, 이로 인해 다른 화재 사고에 비해 인명 사고가 더 많이 발생했다. 따라서 건물에 설치된 화재 경보기나 감지기의 상태를 미리 파악하여 사고를 미연에 방지할 수 있는 대책이 필요하다.

화재 경보기

화재 감지기

(1) 이와 같은 사고를 방지할 수 있는 대책으로 적절한 기술이 무엇인지 쓰시오.

(2) (1)에서 제시한 기술을 적용하여 활용하는 방법에 대해 서술하시오.

---

2 **과학 관련 사회적 쟁점과 과학 윤리**

657

다음은 과학 기술의 발달에 따라 발생할 수 있는 현상에 대한 설명이다.

과학 기술의 발전 과정에서 발생하는 다양한 사회적·윤리적 문제들이 발생하는데, 이를 ㉠과학 관련 사회적 쟁점(SSI)이라고 한다.

이에 대한 설명으로 옳은 것만을 보기 에서 있는 대로 고른 것은?

보기
ㄱ. 자율주행 자동차의 운행 허용 여부와 관련된 문제는 ㉠에 해당한다.
ㄴ. ㉠을 해결하는 과정에서 경제적인 측면만을 고려해야 한다.
ㄷ. ㉠에서 자신의 의견과 반대되는 의견은 무시해도 된다.

① ㄱ   ② ㄴ   ③ ㄱ, ㄷ
④ ㄴ, ㄷ   ⑤ ㄱ, ㄴ, ㄷ

658

난이도 상

그림은 유전자변형 농산물 사용에 대해 학생 A, B가 자신의 의견을 제시하고 있는 모습을 나타낸 것이다.

이에 대한 설명으로 옳은 것만을 보기 에서 있는 대로 고른 것은?

보기
ㄱ. 유전자변형 농산물 사용에 대한 논쟁은 과학 관련 사회적 쟁점 중 하나이다.
ㄴ. A는 과학 기술의 긍정적인 측면을 강조하고 있다.
ㄷ. ㉠에는 4종류 염기의 배열 순서에 따른 아미노산에 대한 정보가 저장되어 있다.

① ㄱ   ② ㄴ   ③ ㄱ, ㄷ
④ ㄴ, ㄷ   ⑤ ㄱ, ㄴ, ㄷ

659

그림은 과학 기술 연구 장면을 보고 과학 윤리에 대해 학생 A, B, C가 대화하는 모습을 나타낸 것이다.

제시한 내용이 옳은 학생만을 있는 대로 고른 것은?

① A   ② B   ③ A, C
④ B, C   ⑤ A, B, C

STEP 3 수능 유형 문제로 만점 도전하기

12 과학 기술의 활용

고빈출
660

그림 (가)는 신속 항원 검사 키트로 감염병을 진단하는 모습을, (나)는 (가)를 거친 사람 Ⅰ, Ⅱ의 검사 결과를 나타낸 것이다.

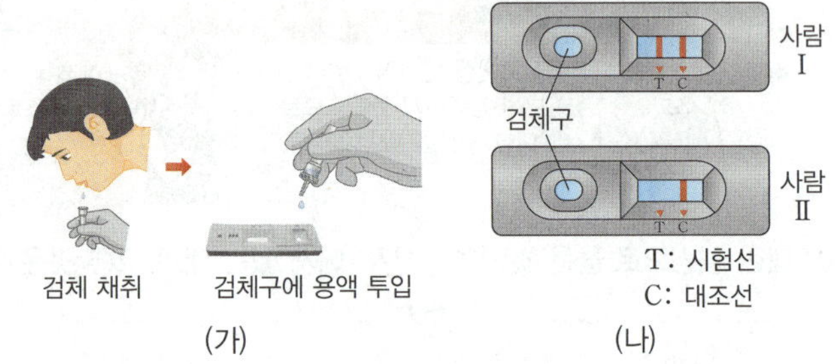

이에 대한 설명으로 옳은 것만을 보기 에서 있는 대로 고른 것은?

보기

ㄱ. 신속 항원 검사 키트는 분자 진단 기술을 이용한다.
ㄴ. (나)에서 감염병에 감염된 사람은 Ⅰ이다.
ㄷ. 신속 항원 검사 키트는 진단 과정에서 병원체의 핵산을 증폭시킨다.

① ㄱ ② ㄴ ③ ㄱ, ㄷ
④ ㄴ, ㄷ ⑤ ㄱ, ㄴ, ㄷ

661

난이도 (상)

다음은 감염병을 진단하는 검사 방법에 대한 설명이다.

병원체의 (㉠)에는 고유한 유전 물질이 들어 있어 감염병을 진단할 때 (㉠)을/를 증폭시켜 진단하는 검사 방법이 활용된다. 만약 환자에게서 채취한 검체에 감염병 바이러스의 유전자 ㉡염기서열이 포함되어 있으면, 그것만 반복적으로 증폭하여 양을 늘리는 과정을 통해 감염병을 진단한다. 이 원리를 이용하는 대표적인 진단 장치에는 (㉢)이/가 있다.

이에 대한 설명으로 옳은 것만을 보기 에서 있는 대로 고른 것은?

보기

ㄱ. '핵산'은 ㉠으로 적절하다.
ㄴ. DNA에서는 아데닌(A), 구아닌(G), 사이토신(C), 유라실(U)이 ㉡을 구성한다.
ㄷ. '중합효소연쇄반응(PCR) 장치'는 ㉢으로 적절하다.

① ㄱ ② ㄴ ③ ㄱ, ㄷ
④ ㄴ, ㄷ ⑤ ㄱ, ㄴ, ㄷ

662

그림 (가)는 감염병 감염자의 수와 전국적인 분포의 인터넷 정보를, (나)는 감염병의 해외 유입 예측 경로를 분석한 정보를 나타낸 것이다.

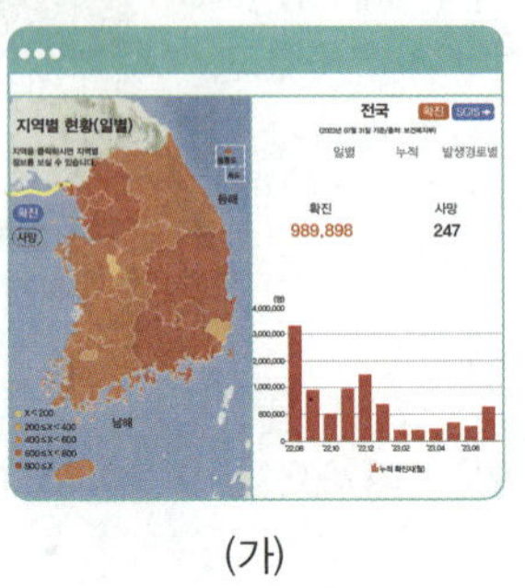

이에 대한 설명으로 옳은 것만을 보기 에서 있는 대로 고른 것은?

보기

ㄱ. (가)의 정보는 정확성을 위해 반드시 역학 조사관의 직접 조사를 통해 수집되어야 한다.
ㄴ. 감염자의 스마트 기기를 이용해 (나)의 정보를 실시간으로 수집할 수 있다.
ㄷ. (나)에서는 입·출국 감염자의 신상 정보를 함께 공개한다.

① ㄱ ② ㄴ ③ ㄱ, ㄷ ④ ㄴ, ㄷ ⑤ ㄱ, ㄴ, ㄷ

663

그림 (가)~(라)는 미래 사회에 발생할 수 있는 문제를, ㉠~㉣은 (가)~(라)의 문제를 해결할 수 있는 과학적 연구의 예를 순서 없이 나타낸 것이다.

㉠ 드론과 인공지능을 이용한 산불 예방 연구
㉡ 자율주행 기술을 이용한 교통흐름 최적화 연구
㉢ 바다숲 조성으로 해양 생태계 보전 연구
㉣ 폐기물로 만드는 전기 에너지 연구

(가)~(라) 문제를 해결할 수 있는 과학적 연구를 옳게 짝 지은 것은?

	(가)	(나)	(다)	(라)
①	㉠	㉣	㉡	㉢
②	㉡	㉠	㉣	㉢
③	㉢	㉠	㉡	㉣
④	㉣	㉠	㉡	㉢
⑤	㉣	㉡	㉠	㉢

★고빈출
664

다음은 과학 연구에 대한 설명이다.

> 과학 연구에서 과학적 결론은 데이터 분석을 통해 생성되며, 연구 목적에 따라 다양한 (㉠)을/를 활용한다. 예를 들어 초기 인간 유전자 연구에서는 몇몇 사람의 ㉡DNA를 사용했지만, 지금은 유전체 (㉠) 분석을 통해 수만 명의 유전자 데이터를 분석함으로써 연구 결과를 더 정확하게 생성할 수 있다.

이에 대한 설명으로 옳은 것만을 ┌보기┐에서 있는 대로 고른 것은?

> **보기**
> ㄱ. '빅데이터'는 ㉠으로 적절하다.
> ㄴ. ㉠은 주로 디지털 형태의 데이터로 축적된다.
> ㄷ. ㉡을 구성하는 염기는 4종류이다.

① ㄱ ② ㄴ ③ ㄱ, ㄷ
④ ㄴ, ㄷ ⑤ ㄱ, ㄴ, ㄷ

665

그림은 빅데이터로 분석한 A 지역의 봄철 기후에 대한 자료이다.

이에 대한 설명으로 옳은 것만을 ┌보기┐에서 있는 대로 고른 것은?

> **보기**
> ㄱ. 평균 풍속의 단위 'm/s'는 길이와 시간을 이용하여 나타내는 유도량의 단위이다.
> ㄴ. 기후 관련 데이터를 빠르게 분석하는 과정에서 슈퍼컴퓨터와 인공지능이 이용된다.
> ㄷ. 빅데이터를 활용하면 미래의 기후 변화 예측의 정확성을 높일 수 있다.

① ㄱ ② ㄴ ③ ㄱ, ㄷ
④ ㄴ, ㄷ ⑤ ㄱ, ㄴ, ㄷ

666

그림 (가), (나), (다)는 빅데이터로 분석한 결과를 일상생활에 적용하는 예를 나타낸 것이다.

(가) 외국어 번역 (나) 상품 정보 제공 (다) 재난·재해 정보 제공

이에 대한 설명으로 옳은 것만을 ┌보기┐에서 있는 대로 고른 것은?

> **보기**
> ㄱ. (가)에서 많은 양의 단어 데이터를 인공지능 기술로 분석하여 적합한 번역 결과를 제공한다.
> ㄴ. (나)에서는 상품의 정확한 정보를 위해 수집한 개인 정보를 최대한 공개한다.
> ㄷ. (다)에서는 검증받은 데이터만을 선별하여 분석하여야 한다.

① ㄱ ② ㄴ ③ ㄱ, ㄷ
④ ㄴ, ㄷ ⑤ ㄱ, ㄴ, ㄷ

13 과학 기술의 발전과 쟁점

★고빈출
667

그림은 실외에서 휴대 전화를 이용해 실내의 온도, 습도를 확인하고 시스템 에어컨을 작동시켜 실내의 온도와 습도를 자동으로 조절하는 모습을 나타낸 것이다.

휴대 전화 시스템 에어컨

이에 대한 설명으로 옳은 것만을 ┌보기┐에서 있는 대로 고른 것은?

> **보기**
> ㄱ. 사물 인터넷(IoT) 기술을 이용한 것이다.
> ㄴ. 실내에 설치된 센서는 온도, 습도의 변화 신호를 수신하여 아날로그 신호로 전환한다.
> ㄷ. 휴대 전화를 이용해 전자 기기를 조절하는 기술은 가정의 전자 기기에만 적용된다.

① ㄱ ② ㄴ ③ ㄱ, ㄷ
④ ㄴ, ㄷ ⑤ ㄱ, ㄴ, ㄷ

668

다음은 의료용 로봇의 개발 과정에 대한 기사이다.

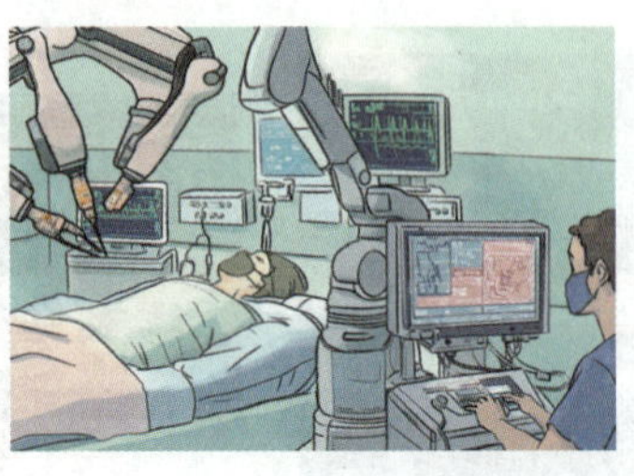

현재 의료용 로봇 산업은 (㉠)을/를 기반으로 판단하고 자율 수술을 진행하는 로봇의 개발 단계에 이르고 있다. 이 로봇에는 듀얼 카메라의 ㉡광 센서를 이용해 주변 환경을 확인하고, (㉠)을/를 탑재한 신경망을 사용해 피부 봉합을 스스로 계획해 실행하는 방식이 적용된다.

이에 대한 설명으로 옳은 것만을 ⎡보기⎤에서 있는 대로 고른 것은?

⎡보기⎤

ㄱ. '인공지능'은 ㉠으로 적절하다.
ㄴ. ㉡은 빛 신호를 전기 신호로 변환한다.
ㄷ. ㉠을 기반으로 하는 의료용 로봇의 개발은 의료 분야의 일자리 부족 문제를 해결할 수 있다.

① ㄱ　　　　② ㄷ　　　　③ ㄱ, ㄴ
④ ㄴ, ㄷ　　　⑤ ㄱ, ㄴ, ㄷ

고빈출 669

난이도 상

다음은 생명공학 기술에 대한 기사이다.

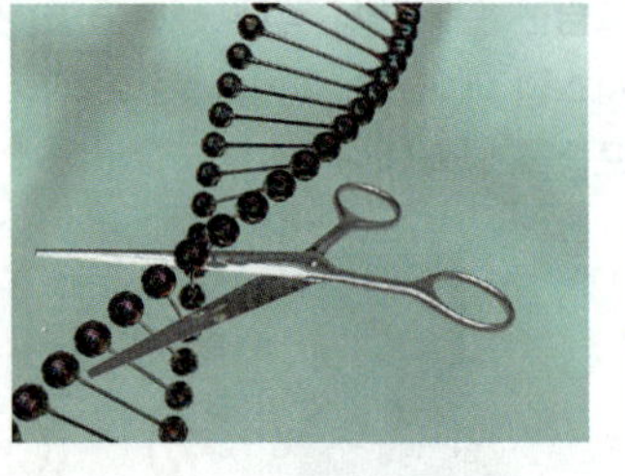

○○년 ○○월 한 과학자가 후천성면역결핍증(AIDS)에 걸리지 않도록 ㉠유전자를 교정한 쌍둥이 아기를 탄생시켰다고 발표했다. 해당 과학자가 채택한 방법은 배아에서 ㉡유전자 가위 기술을 이용해 후천성면역결핍증(AIDS) 감염에 관여하는 유전자를 제거하는 것이었다.

이에 대한 설명으로 옳은 것만을 ⎡보기⎤에서 있는 대로 고른 것은?

⎡보기⎤

ㄱ. ㉠에는 아미노산 종류와 순서에 대한 정보가 저장되어 있다.
ㄴ. ㉡을 통해 치료가 어려운 유전병을 치료할 수 있으므로 적극 개발되어야 한다.
ㄷ. 생명체를 대상으로 한 실험에서는 생명의 존엄성을 존중하는 과학 윤리가 필요하다.

① ㄱ　　　　② ㄴ　　　　③ ㄱ, ㄷ
④ ㄴ, ㄷ　　　⑤ ㄱ, ㄴ, ㄷ

670

다음 (가), (나)는 감염병을 진단하는 두 가지 진단 방법의 과정을 설명한 것이다. (가), (나)는 신속 항원 검사, 중합효소연쇄반응(PCR) 검사를 순서 없이 나타낸 것이다.

(가)	검체 채취 → 병원체의 특정 단백질을 검출
(나)	검체 채취 → 병원체의 (㉠) 증폭 → 병원체의 존재 여부를 확인

(1) (가), (나)의 진단 방법을 각각 쓰시오.

(2) ㉠을 쓰고, ㉠을 이용하는 까닭을 서술하시오.

고빈출 671

난이도 상

다음은 현대 과학 기술 ㉠과 ㉠이 활용되는 분야에 대한 설명이다.

현대 사회에서는 (㉠)을/를 이용하여 현상에 대해 더 빠르게 이해하고 미래에 대한 정확한 예측을 할 수 있게 되었다. (㉠)은/는 다양한 분야에서 폭넓게 활용되면서 삶이 더욱 풍요로워지고 있으며, 특히 과학 실험 분야에 적용되며 긍정적인 효과를 나타내고 있다.

(1) ㉠이 무엇인지 쓰시오.

(2) ㉠을 과학 실험 분야에 적용할 때 나타나는 장점을 서술하시오.

단원 종합 문제로 만점 완성하기

672

그림은 생태계 구성요소 사이의 상호 관계와 물질 이동의 일부를 나타낸 것이다. A~C는 분해자, 생산자, 소비자를 순서 없이 나타낸 것이다.

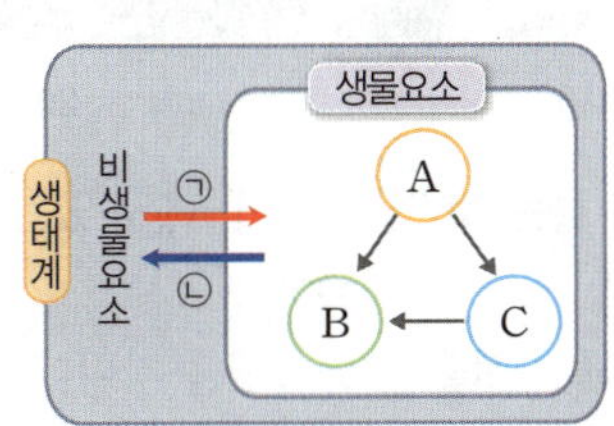

이에 대한 설명으로 옳은 것만을 [보기]에서 있는 대로 고른 것은?

보기

ㄱ. 사람은 B에 속한다.
ㄴ. C는 A를 먹이로 하여 양분을 얻는다.
ㄷ. 식물의 낙엽으로 인해 토양이 비옥해지는 것은 ㉡에 해당한다.

① ㄱ　　　② ㄷ　　　③ ㄱ, ㄴ
④ ㄴ, ㄷ　　　⑤ ㄱ, ㄴ, ㄷ

★고빈출
673

다음은 생태계를 구성하는 요소 사이의 상호 관계의 예에 대한 자료이다.

(가) ㉠북극여우가 ㉡사막여우보다 몸집이 크고 몸의 말단부가 작다.
(나) 건조한 환경에 사는 캥거루쥐는 고농도의 오줌을 배설한다.
(다) ㉢파리지옥은 토양에 부족한 질소를 얻기 위해 곤충을 잡아먹는다.

이에 대한 설명으로 옳은 것만을 [보기]에서 있는 대로 고른 것은?

보기

ㄱ. $\dfrac{몸의\ 표면적}{몸의\ 부피}$ 은 ㉡이 ㉠보다 크다.
ㄴ. (나)는 생물요소가 온도에 적응한 예이다.
ㄷ. ㉢은 소비자에 해당한다.

① ㄱ　　　② ㄴ　　　③ ㄱ, ㄷ
④ ㄴ, ㄷ　　　⑤ ㄱ, ㄴ, ㄷ

★고빈출
674

다음은 생태계를 구성하는 요소 사이의 상호 관계를 나타낸 그림과 생태계를 구성하는 요소 사이의 상호 관계의 예에 대한 자료이다.

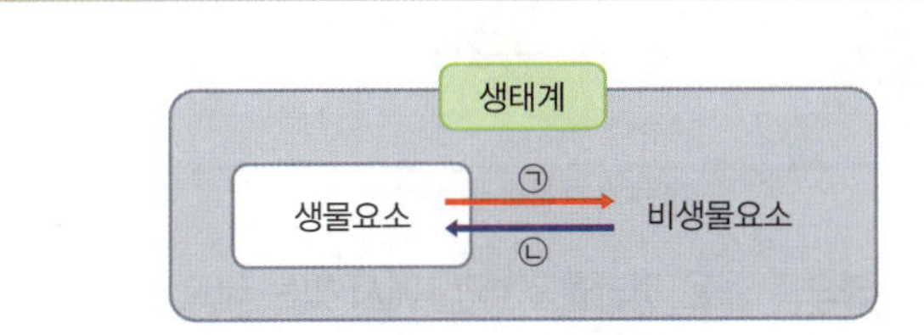

• ⓐ양서류나 ⓑ파충류와 같은 변온동물은 겨울이 되면 겨울잠을 잔다.
• 호랑나비는 번데기 시기의 온도가 낮을수록 성체의 크기가 작고 색도 연하다.

이에 대한 설명으로 옳은 것만을 [보기]에서 있는 대로 고른 것은?

보기

ㄱ. ⓐ와 ⓑ는 한 개체군을 이룬다.
ㄴ. 변온동물의 겨울잠과 가장 관련이 깊은 비생물요소는 온도이다.
ㄷ. 호랑나비의 체색과 크기가 계절에 따라 차이가 나는 것은 ㉠에 해당한다.

① ㄱ　② ㄴ　③ ㄱ, ㄷ　④ ㄴ, ㄷ　⑤ ㄱ, ㄴ, ㄷ

675

그림 (가)는 어떤 지역에서 일정 기간 조사한 종 A~C의 단위 면적당 생체량(생물량) 변화를, (나)는 A~C 사이의 먹이사슬을 나타낸 것이다. A~C는 생산자, 1차 소비자, 2차 소비자를 순서 없이 나타낸 것이다.

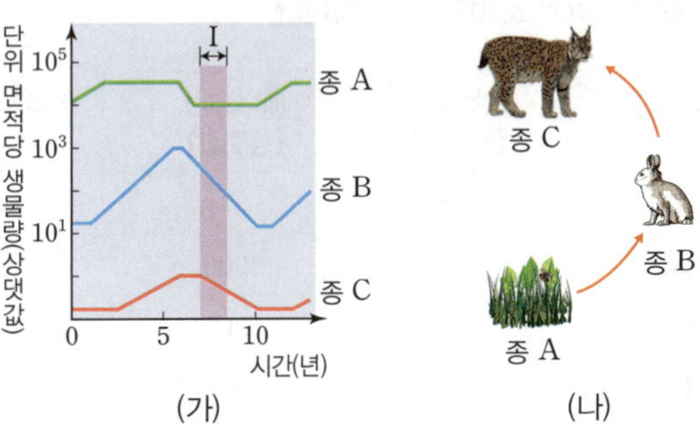

이에 대한 설명으로 옳은 것만을 [보기]에서 있는 대로 고른 것은?

보기

ㄱ. A는 2차 소비자이다.
ㄴ. 구간 Ⅰ에서 에너지가 B에서 C로 이동한다.
ㄷ. 생체량은 상위 영양단계로 갈수록 감소하는 피라미드 형태를 나타낸다.

① ㄱ　② ㄷ　③ ㄱ, ㄴ　④ ㄴ, ㄷ　⑤ ㄱ, ㄴ, ㄷ

STEP 4 단원 종합 문제로 만점 완성하기

676

난이도 상

그림은 안정된 생태계에서 일시적으로 평형이 파괴된 후 생태계평형이 회복되는 과정을 나타낸 것이다.

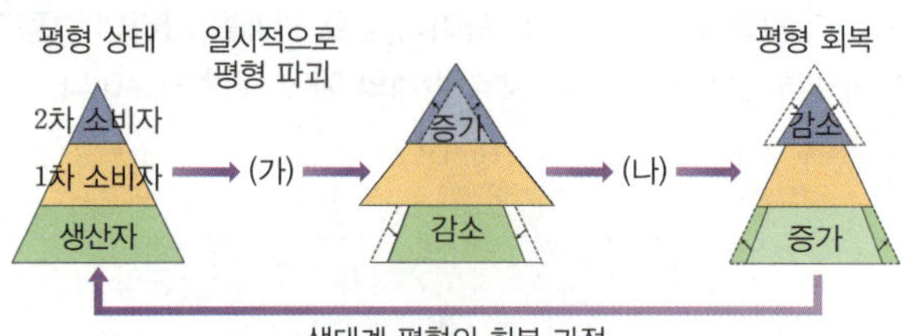

이에 대한 설명으로 옳은 것만을 보기 에서 있는 대로 고른 것은?

보기
ㄱ. (가)에서 생산자의 개체수가 일시적으로 증가했다.
ㄴ. (나)에서 1차 소비자의 개체수가 증가했다.
ㄷ. 안정된 생태계는 일시적으로 평형이 파괴되더라도 먹이 관계에 의해 평형이 회복된다.

① ㄱ 　② ㄷ 　③ ㄱ, ㄴ
④ ㄴ, ㄷ 　⑤ ㄱ, ㄴ, ㄷ

677

표는 어떤 안정된 육상 생태계에서 영양단계 A~D의 생체량, 에너지양, 에너지효율을 나타낸 것이다. A~D는 각각 생산자, 1차 소비자, 2차 소비자, 3차 소비자 중 하나이다.

영양단계	생체량 (상댓값)	에너지양 (상댓값)	에너지효율 (%)
A	1.5	6	20
B	809	2000	1
C	11	30	㉠
D	37	200	10

이에 대한 설명으로 옳은 것만을 보기 에서 있는 대로 고른 것은?

보기
ㄱ. $10 < ㉠ < 20$이다.
ㄴ. A는 최종 소비자이다.
ㄷ. 상위 영양단계로 갈수록 에너지양은 증가한다.

① ㄱ 　② ㄴ 　③ ㄷ
④ ㄱ, ㄴ 　⑤ ㄴ, ㄷ

678

그림은 1980 년과 2020 년의 북극해 얼음 면적 변화를 나타낸 것이다.

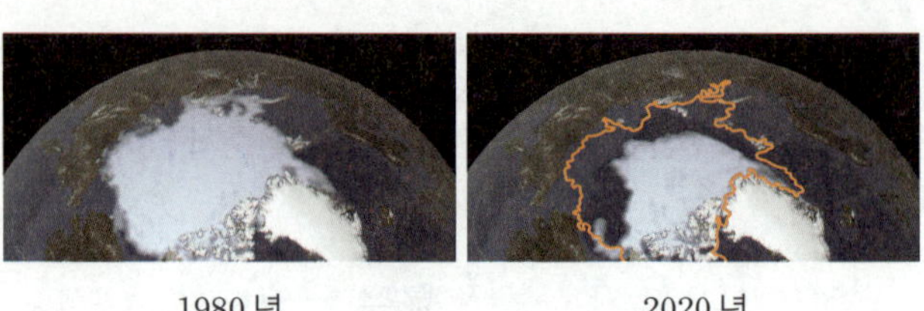

이에 대한 설명으로 옳은 것만을 보기 에서 있는 대로 고른 것은?

보기
ㄱ. 북극해의 평균 반사율은 증가했을 것이다.
ㄴ. 북극해의 평균 해수면 높이는 상승했을 것이다.
ㄷ. 얼음 면적 변화의 주요 원인은 온실 기체의 증가이다.

① ㄱ 　② ㄴ 　③ ㄱ, ㄷ
④ ㄴ, ㄷ 　⑤ ㄱ, ㄴ, ㄷ

679

난이도 상

그림은 지구로 들어오는 태양 복사 에너지량이 100일 때, 지구의 열수지를 나타낸 것이다.

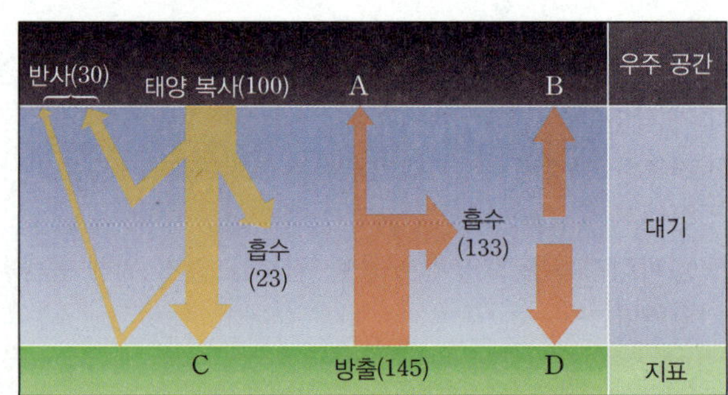

이에 대한 설명으로 옳은 것만을 보기 에서 있는 대로 고른 것은?

보기
ㄱ. $A + B = 70$이다.
ㄴ. 복사 에너지의 파장은 대체로 B가 C보다 길다.
ㄷ. 온실 효과가 강화될수록 (C+D)는 증가한다.

① ㄱ 　② ㄴ 　③ ㄱ, ㄷ
④ ㄴ, ㄷ 　⑤ ㄱ, ㄴ, ㄷ

680

난이도 상

그림 (가)와 (나)는 태평양 적도 부근 해역에서 측정한 물리량 X와 Y, X와 Z의 관계를 나타낸 것이다.

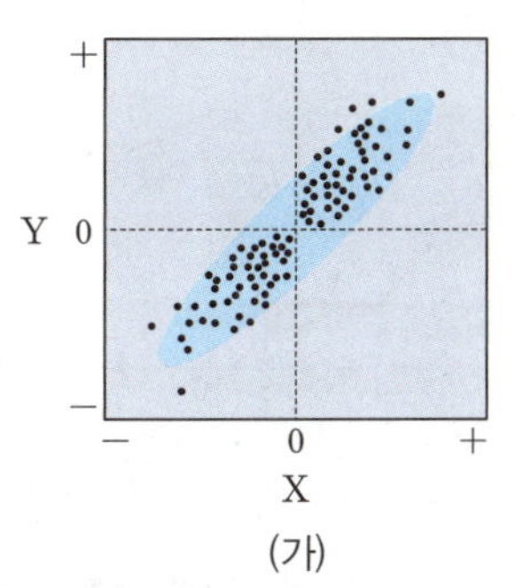
(가)

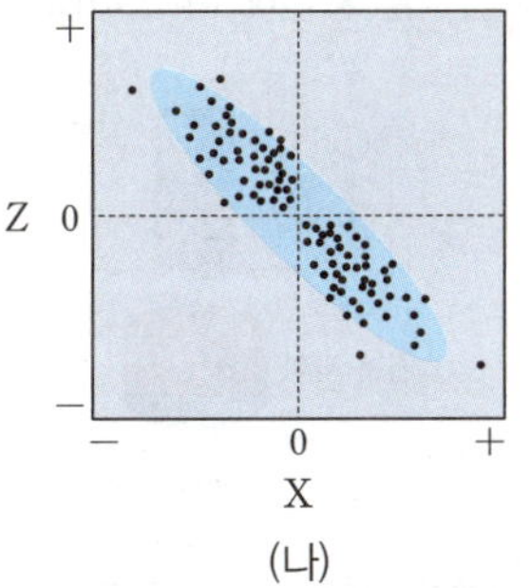
(나)

물리량 X를 동태평양의 표층 수온 편차라고 할 때, Y와 Z에 해당하는 물리량으로 적절한 것은? (단, 편차는 (측정값−평년값)이다.)

Y	Z
① 동태평양의 해수면 높이 편차	동태평양의 강수량 편차
② 동태평양의 해수면 높이 편차	서태평양의 강수량 편차
③ 서태평양의 해수면 높이 편차	동태평양의 강수량 편차
④ 서태평양의 해수면 높이 편차	서태평양의 강수량 편차
⑤ 서태평양의 해수면 높이 편차	동태평양의 구름의 양 편차

681

그림 (가)와 (나)는 엘니뇨 시기에 서로 다른 두 지역에서 발생한 기상 이변을 나타낸 것이다. (가)와 (나)는 각각 동태평양 연안과 서태평양 연안 중 한 곳이다.

(가) 가뭄

(나) 홍수

이 과정에 대한 설명으로 옳은 것만을 보기 에서 있는 대로 고른 것은?

보기
- ㄱ. (가)는 서태평양 연안에 위치한 지역이다.
- ㄴ. (나)에서는 평년보다 하강 기류가 우세하다.
- ㄷ. (가)와 (나)의 기상 이변은 무역풍이 강해진 시기에 발생하였다.

① ㄱ 　② ㄴ 　③ ㄱ, ㄷ
④ ㄴ, ㄷ 　⑤ ㄱ, ㄴ, ㄷ

682

난이도 상

다음은 태양의 내부 구조와 A에서 일어나는 핵융합 반응을 나타낸 것이다.

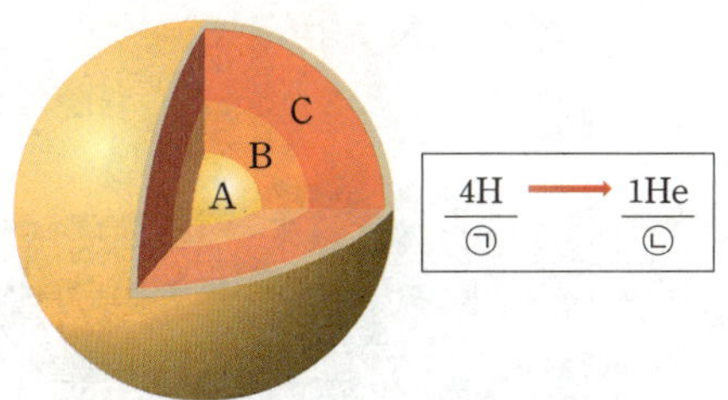

이에 대한 설명으로 옳은 것만을 보기 에서 있는 대로 고른 것은?

보기
- ㄱ. C에서 핵융합 반응이 일어나지 않는 것은 A보다 수소의 양이 적기 때문이다.
- ㄴ. A에서 생성된 태양 에너지는 복사의 형태로 B를 빠져나온다.
- ㄷ. 과거 약 50억 년 동안의 질량 변화는 ㉠의 감소량과 ㉡의 증가량이 같다.

① ㄱ 　② ㄴ 　③ ㄱ, ㄷ
④ ㄴ, ㄷ 　⑤ ㄱ, ㄴ, ㄷ

☆고빈출
683

그림 (가)~(다)는 지구시스템에서 일어나는 현상들을 나타낸 것이다.

(가) 지진

(나) 기상 현상

(다) 광합성

이에 대한 설명으로 옳은 것만을 보기 에서 있는 대로 고른 것은?

보기
- ㄱ. (가)~(다) 모두 태양 에너지가 전환되어 일어나는 현상이다.
- ㄴ. (나)에서 태양의 열에너지는 기상 현상을 일으킨다.
- ㄷ. (다)에 의해 태양 에너지는 화학 에너지로 전환된다.

① ㄱ 　② ㄴ 　③ ㄱ, ㄷ
④ ㄴ, ㄷ 　⑤ ㄱ, ㄴ, ㄷ

단원 종합 문제로 만점 완성하기

684
난이도 **상**

그림은 지구에 도달한 태양 에너지의 흐름을 나타낸 것이다.

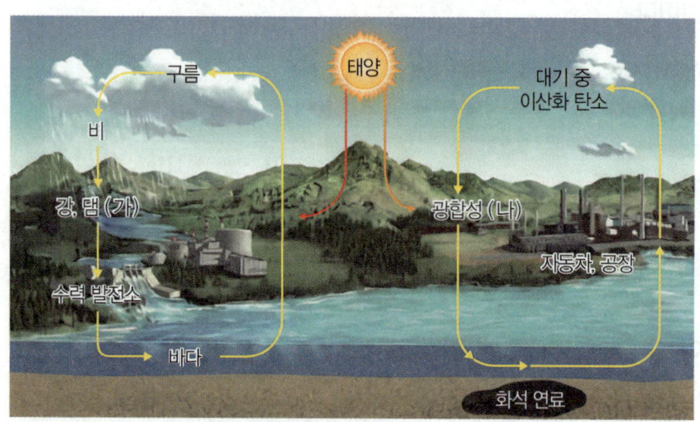

이에 대한 설명으로 옳은 것만을 보기 에서 있는 대로 고른 것은?

보기

ㄱ. 태양의 빛에너지는 기상 현상을 일으킨다.

ㄴ. (가)에서 물의 위치 에너지가 감소한다.

ㄷ. (나)는 화학 에너지 형태로 포도당에 저장된다.

① ㄱ ② ㄴ ③ ㄱ, ㄷ

④ ㄴ, ㄷ ⑤ ㄱ, ㄴ, ㄷ

685

그림 (가), (나)는 동일한 막대자석이 원형 도선의 중심축을 따라 화살표 방향으로 각각 v, $2v$의 일정한 속력으로 운동하는 모습을 나타낸 것이다. 원형 도선의 중심 O에서 막대자석까지 떨어진 거리는 (가), (나)에서 같다.

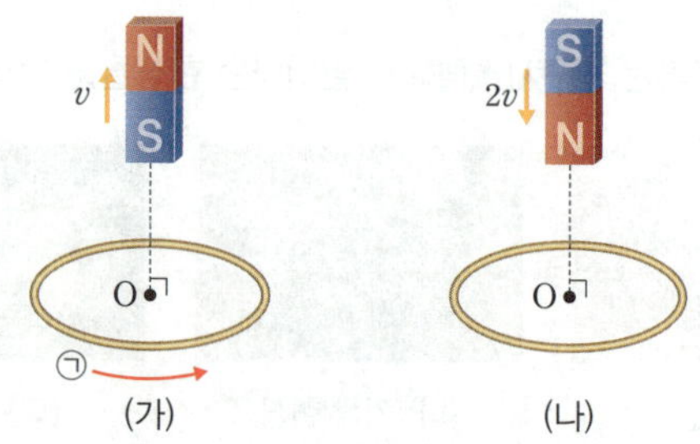

이에 대한 설명으로 옳은 것만을 보기 에서 있는 대로 고른 것은?

보기

ㄱ. (가)에서 유도 전류의 방향은 ㉠이다.

ㄴ. (나)의 O에서 자기장의 세기가 증가한다.

ㄷ. (가), (나)에서 유도 전류의 세기는 같다.

① ㄱ ② ㄴ ③ ㄷ

④ ㄱ, ㄴ ⑤ ㄱ, ㄷ

686
난이도 **상**

그림 (가)와 같이 고정된 원형 자석 위에서 자석의 중심축을 따라 코일을 운동시켰다. 그림 (나)는 코일에 고정된 점 p와 자석의 윗면 사이의 간격을 시간에 따라 나타낸 것이다.

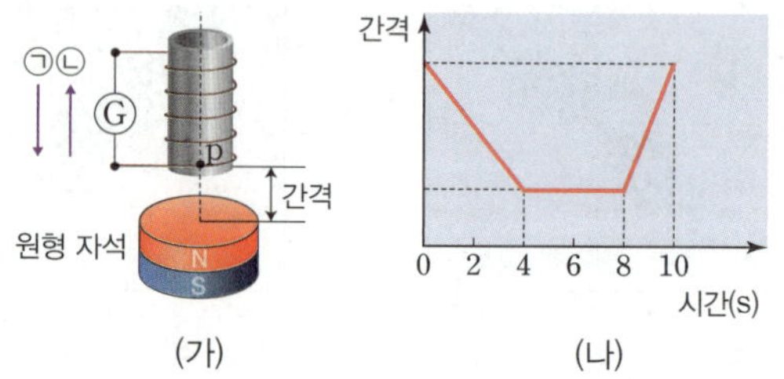

이에 대한 설명으로 옳은 것만을 보기 에서 있는 대로 고른 것은?

보기

ㄱ. 2초일 때 검류계에는 ㉠방향으로 전류가 흐른다.

ㄴ. 검류계에 흐르는 전류의 세기는 2초일 때와 9초일 때 같다.

ㄷ. 9초일 때 자석과 코일 사이에는 서로 당기는 방향으로 자기력이 작용한다.

① ㄱ ② ㄴ ③ ㄷ

④ ㄱ, ㄷ ⑤ ㄴ, ㄷ

687
난이도 **상**

그림은 빗면을 따라 내려온 자석이 코일의 중심축에 놓인 마찰이 없는 수평 레일을 따라 운동하는 모습을 나타낸 것이다. p, q는 레일에 고정된 점이다.

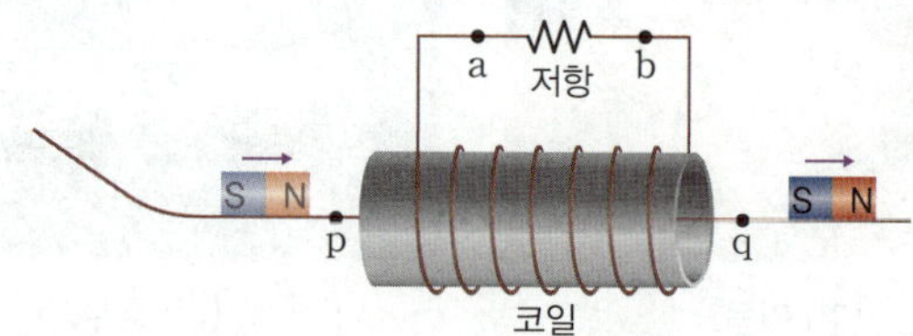

이에 대한 설명으로 옳은 것만을 보기 에서 있는 대로 고른 것은? (단, 자석의 크기는 무시한다.)

보기

ㄱ. 자석이 p를 지날 때, 자석에는 오른쪽 방향으로 자기력이 작용한다.

ㄴ. 자석이 q를 지날 때 b → 저항 → a 방향으로 전류가 흐른다.

ㄷ. 자석의 운동 에너지는 p에서가 q에서보다 크다.

① ㄱ ② ㄷ ③ ㄱ, ㄴ

④ ㄴ, ㄷ ⑤ ㄱ, ㄴ, ㄷ

688

그림 (가)는 빗방울이 떨어지는 모습을, (나)는 모닥불을 피운 모습을 나타낸 것이다.

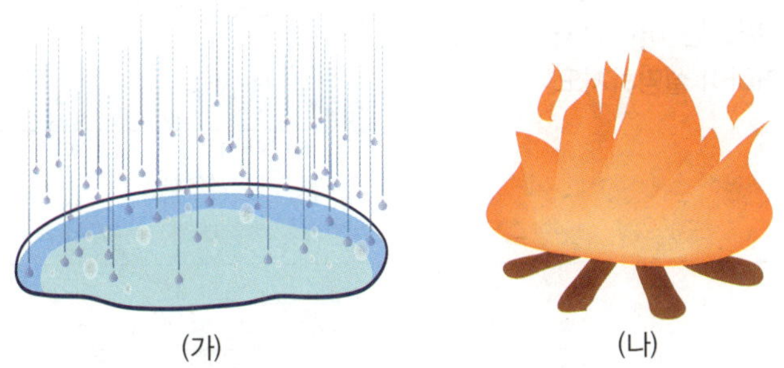

(가)   (나)

이에 대한 설명으로 옳은 것만을 보기 에서 있는 대로 고른 것은?

보기

ㄱ. (가)에서 중력에 의한 위치 에너지가 운동 에너지로 전환된다.
ㄴ. (나)에서 화학 에너지가 열에너지와 빛에너지로 전환된다.
ㄷ. (나)에서 전환 전 에너지의 총량과 전환 후 에너지의 총량은 같다.

① ㄱ   ② ㄷ   ③ ㄱ, ㄴ
④ ㄴ, ㄷ   ⑤ ㄱ, ㄴ, ㄷ

689

다음은 핵발전에서 일어나는 핵반응을 식으로 나타낸 것이다. 중성자($_{0}^{1}\text{n}$)가 우라늄235 원자핵($_{92}^{235}\text{U}$)에 충돌하여, 바륨142 원자핵($_{56}^{142}\text{Ba}$)과 크립톤91 원자핵($_{36}^{91}\text{Kr}$)으로 분열되면서 중성자 세 개가 나온다.

$$\underbrace{_{0}^{1}\text{n} + _{92}^{235}\text{U}}_{\textstyle ㉠} \longrightarrow \underbrace{_{56}^{142}\text{Ba} + _{36}^{91}\text{Kr} + 3\,_{0}^{1}\text{n}}_{\textstyle ㉡} + \text{에너지}$$

이에 대한 설명으로 옳은 것만을 보기 에서 있는 대로 고른 것은?

보기

ㄱ. 핵분열이다.
ㄴ. 질량은 ㉡이 ㉠보다 크다.
ㄷ. 위의 핵반응은 핵발전소의 원자로 내부에서 일어난다.

① ㄱ   ② ㄴ   ③ ㄷ
④ ㄱ, ㄷ   ⑤ ㄴ, ㄷ

690

다음은 어떤 에너지에 대한 설명이다.

(㉠) 에너지
농작물, 나무, 음식물 쓰레기 등을 직접 소각하여 전기 에너지를 얻거나, 가스, 고체 등으로 가공하여 사용한다.

이에 대한 설명으로 옳은 것만을 보기 에서 있는 대로 고른 것은?

보기

ㄱ. ㉠에는 '폐기물'이 적절하다.
ㄴ. 이 에너지는 신재생 에너지에 해당한다.
ㄷ. 이 에너지를 사용하는 과정에서 온실가스를 배출하지 않는다.

① ㄱ   ② ㄴ   ③ ㄱ, ㄴ
④ ㄱ, ㄷ   ⑤ ㄴ, ㄷ

691

다음은 감염병 진단 기술에 대한 탐구이다.

[탐구 과정]
(가) 검사 대상자 A, B의 시료를 채취한다.
(나) 시료에서 (㉠)을/를 분리하여 중합효소연쇄반응 장치에 넣는다.
(다) 병원체에서 (㉠)만 여러 차례 증폭한 후, (㉠)의 양의 변화를 관측한다.

[탐구 결과]

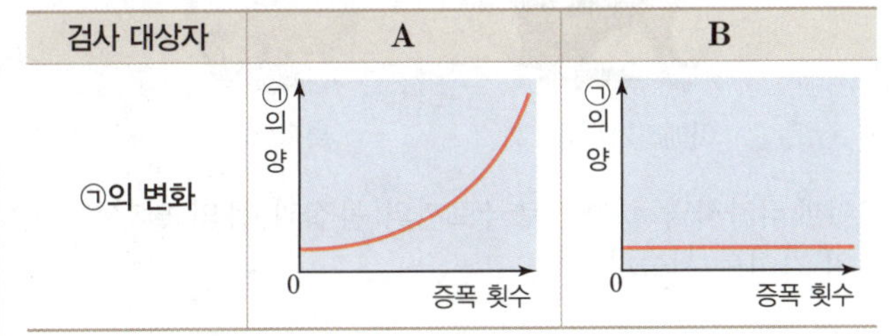

이에 대한 설명으로 옳은 것만을 보기 에서 있는 대로 고른 것은?

보기

ㄱ. ㉠은 '핵산'이다.
ㄴ. 감염병에 감염된 사람은 A이다.
ㄷ. 이 원리를 이용한 방법은 신속 항원 검사보다 정확한 진단이 가능하다.

① ㄱ   ② ㄴ   ③ ㄱ, ㄷ
④ ㄴ, ㄷ   ⑤ ㄱ, ㄴ, ㄷ

692

다음은 신재생 에너지 사용에 대한 찬성과 반대 의견이다.

찬성	신재생 에너지는 에너지를 전환하는 과정에서 환경 오염 물질이 매우 적게 배출되므로 ㉠태양광 발전과 같은 신재생 에너지를 주력 에너지원으로 확대해야 한다.
반대	신재생 에너지는 발전 과정에서 주변 환경의 영향을 많이 받아 안정적으로 전기를 생산하기 어려우므로 주력 에너지원으로 적합하지 않다.

이에 대한 설명으로 옳은 것만을 보기 에서 있는 대로 고른 것은?

—— 보기 ——
ㄱ. 신재생 에너지 사용 문제는 과학 관련 사회적 쟁점이다.
ㄴ. ㉠은 전자기 유도 현상을 이용한다.
ㄷ. 환경 오염 문제가 심각하기 때문에 반대 의견은 무시하고 신재생 에너지를 도입해야 한다.

① ㄱ 　　② ㄴ 　　③ ㄱ, ㄷ
④ ㄴ, ㄷ 　　⑤ ㄱ, ㄴ, ㄷ

서술형 문제

693

그림은 서로 다른 지역에서 서식하는 아메리카사막토끼와 북극토끼를 나타낸 것이다.

아메리카사막토끼　　　　북극토끼

(1) 아메리카사막토끼와 북극토끼의 몸집과 몸의 말단부 크기의 차이를 서술하시오.

(2) 아메리카사막토끼보다 북극토끼의 몸집이 큰 까닭을 다음 제시어를 모두 사용하여 서술하시오.

　• 부피　　　• 표면적　　　• 열방출량

694

그림은 위도에 따른 연강수량과 연증발량을 나타낸 것이다. 사막화 현상이 활발하게 진행되는 위도는 어디인지 이 자료에 근거하여 설명하시오.

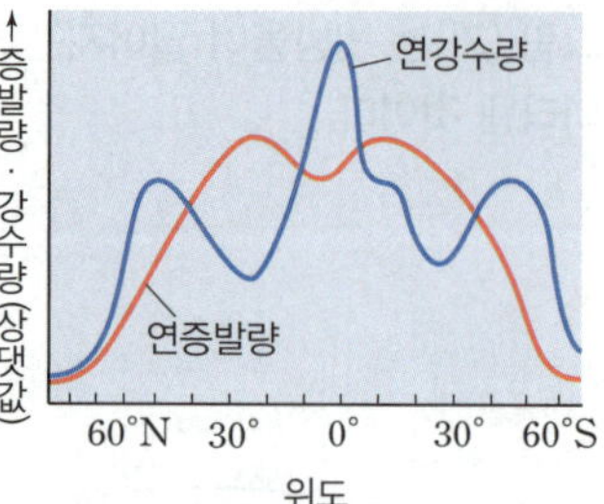

695

다음은 태양 에너지가 다양한 형태의 에너지로 전환되는 예를 나타낸 것이다.

지표 부근에서 부는 지속적인 바람을 이용하여 풍력 발전을 한다.

이 과정에서 태양 에너지가 어떤 에너지로 전환되는지 아래 제시어를 모두 사용하여 서술하시오.

　• 운동 에너지　　　• 열에너지　　　• 전기 에너지

696

그림과 같이 점 **a**에서 가만히 놓은 원통형 자석이 원형 도선의 중심축을 따라 운동하면서 점 **b**, **c**를 지난다. 원통형 자석이 **b**를 지날 때, 원형 도선에는 화살표 방향으로 유도 전류가 흐른다. (단, 공기 저항과 원통형 자석의 크기는 무시한다.)

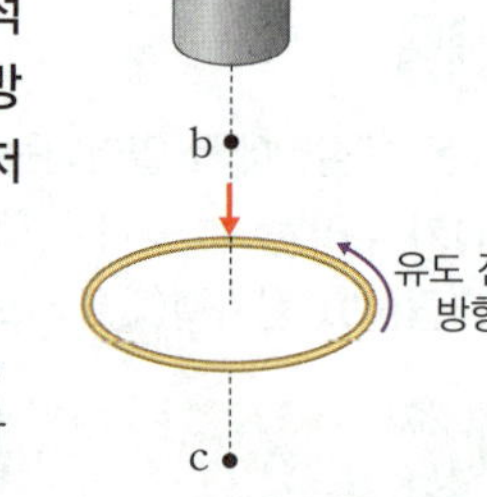

(1) 원통형 자석의 P쪽이 N극인지, S극인지 쓰고, 그 까닭을 서술하시오.

(2) a에서 c까지 감소한 중력에 의한 위치 에너지를 E_1, 증가한 운동 에너지를 E_2라고 할 때, E_1과 E_2의 대소를 비교하고, 그 까닭을 서술하시오.

MEMO

MEMO

메가스터디 N제

2022 개정 교육과정
2025년 고1부터 적용

통합과학 2 696제

정답 및 해설

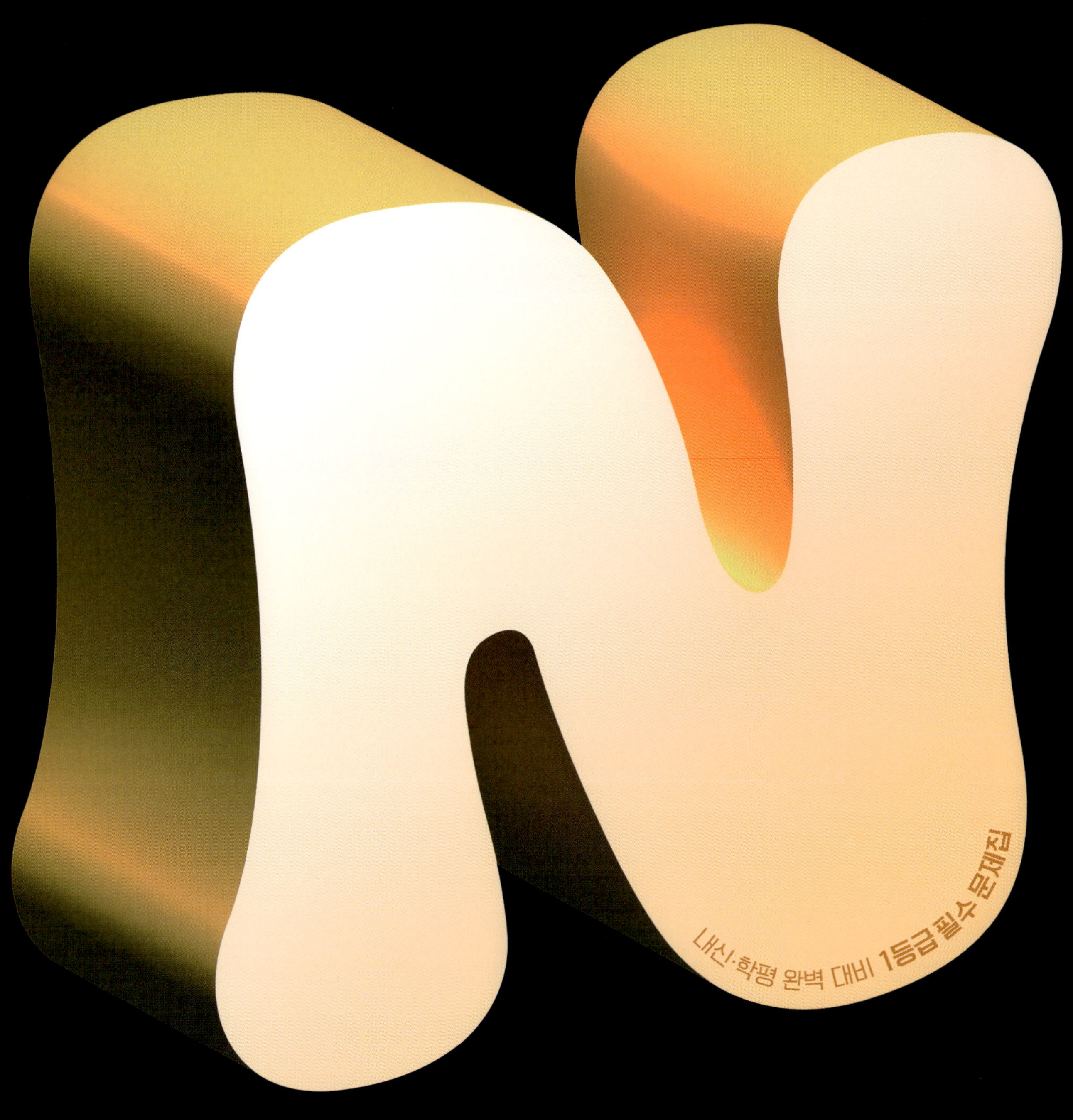

메가스터디 BOOKS

메가스터디 N제

통합과학2 696제

정답 및 해설

정답 및 해설

I 변화와 다양성

[1] 지구 환경 변화와 생물다양성

01 지질 시대의 환경과 생물

STEP 1 O/X 문제로 5종 교과서 핵심 자료 보기 **009쪽**

001 O	002 X	003 O	004 O	005 X	006 X
007 O	008 X	009 O	010 X	011 X	012 X
013 O	014 O	015 X	016 O	017 O	018 X
019 O	020 O				

STEP 2 학교 기출 문제로 내신 대비하기 **010~015쪽**

021 ④	022 ①	023 해설 참조	024 ③	025 ②
026 해설 참조	027 ②	028 ②	029 ③	030 ①
031 해설 참조	032 ②	033 ②	034 ①	035 ②	036 ③
037 해설 참조	038 ⑤	039 해설 참조	040 ①	041 ①	042 ⑤
043 ③	044 ④	045 ④		

---

021 화석의 생성과 특징 답 ④

알짜풀이

ㄴ. 생물의 유해뿐만 아니라 공룡 발자국, 생물이 판 구멍 등과 같이 생물이 살았던 흔적도 화석에 포함된다.

ㄷ. 생물의 유해가 다른 물질로 치환되거나 빈틈에 광물질이 침투하여 화석으로 되기도 한다.

오답넘기

ㄱ. 생물의 유해가 지층에 빨리 매몰될수록 부패되지 않으므로 화석으로 남기 쉽다.

(문제 속 개념)

화석의 생성 조건

- 뼈, 이빨, 껍데기와 같이 단단한 부분이 있어야 한다.
- 생물체가 죽은 후 퇴적물에 빨리 묻혀야 한다.
- 개체수가 많아야 한다.
- 생물체를 이루는 원래의 성분이 다른 광물질로 채워지거나 치환되는 화석화 작용을 받아야 한다.

---

022 표준 화석과 시상 화석의 조건 답 ①

알짜풀이

ㄱ. A는 특정한 지역에 분포하고 생존 기간이 길므로 시상 화석으로 적합하고, B는 분포 면적이 넓고 생존 기간이 짧으므로 표준 화석으로 적합하다.

오답넘기

ㄴ. 고사리 화석은 A와 같은 특징을 지니므로 시상 화석으로의 가치가 높다.

ㄷ. 생물이 살았던 당시의 기후는 시상 화석을 이용하여 알아낼 수 있으므로 A가 B보다 적합하다.

자료 분석

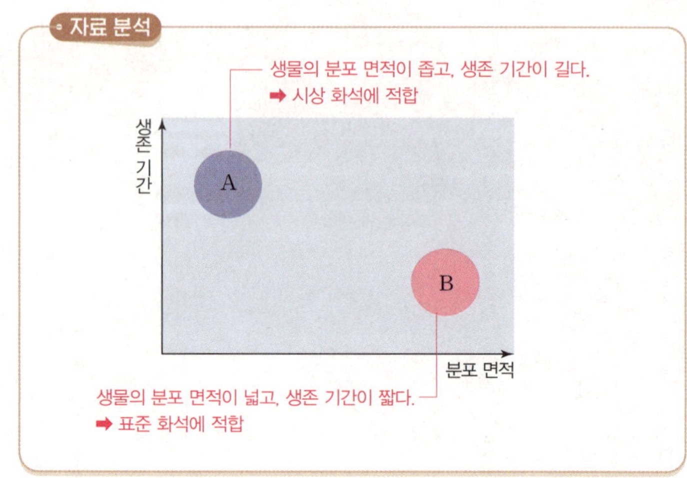

---

023 **서술형** 표준 화석의 조건

모범답안 표준 화석, 분포 지역이 넓고, 생존 기간이 짧을수록 가치가 높다.

채점 기준	배점
표준 화석을 쓰고, 분포 지역과 생존 기간을 모두 옳게 서술한 경우	100 %
표준 화석을 쓰고, 분포 지역과 생존 기간 중 한 가지만 옳게 서술한 경우	50 %

해설

표준 화석은 지질 시대를 판단하는 데 이용되는 화석이므로 분포 지역이 넓을수록 멀리 떨어진 여러 지층의 지질 시대를 판단하는 데 유리하고, 생존 기간이 짧을수록 더욱 세밀한 지질 시대를 판단할 수 있다.

---

024 지질 시대의 구분 답 ③

알짜풀이

ㄱ. A와 B를 경계로 (가), (나), (마)가 출현하고, (바)가 멸종하였으므로 생물종의 변화가 가장 컸다.

ㄷ. 지질 시대는 고생물의 멸종과 출현이 많았던 시기인 A와 B의 경계, C와 D의 경계로 구분하므로 이 지역은 (A), (B와 C), (D와 E)의 세 시기로 구분할 수 있다.

오답넘기

ㄴ. (가)는 (마)보다 생존 기간이 짧았으므로 표준 화석으로 적합하다.

---

025 생물 화석의 해석 답 ②

알짜풀이

ㄷ. (가)는 고생대 바다, (나)는 신생대 바다, (다)는 중생대 바다에서 번성하였던 생물의 화석이다.

오답넘기

ㄱ. (가)는 고생대, (나)는 신생대, (다)는 중생대의 표준 화석이므로 지질 시대가 오래된 것부터 나열하면 (가) → (다) → (나)이다.

ㄴ. 신생대는 중생대보다 지속 기간이 짧으므로 생물의 생존 기간은 (나)가 (다)보다 짧았다.

026 서술형 표준 화석과 시상 화석의 이용

모범답안 신생대, 수심이 얕고 따뜻한 바다에서 퇴적되었다.

채점 기준	배점
지질 시대를 옳게 쓰고, 지층의 퇴적 당시의 환경을 옳게 서술한 경우	100 %
지질 시대와 지층의 퇴적 당시의 환경 중 한 가지만 옳게 서술한 경우	50 %

해설

화폐석은 신생대에 번성하였고, 산호는 수심이 얕고 따뜻한 바다에서 번성하였다.

027 지질 시대의 환경과 생물   답 ②

알짜풀이

ㄷ. 공룡 화석은 중생대의 표준 화석이므로, 지층 C는 중생대에 퇴적되었다.

오답넘기

ㄱ. 삼엽충은 고생대에 번성하였고, 공룡은 중생대에 번성하였으므로 지층 A는 지층 C보다 먼저 퇴적되었다.

ㄴ. 산호는 따뜻하고 수심이 얕은 바다에서 번성하므로 지층 B가 퇴적될 당시 이 지역은 수심이 얕고 따뜻한 바다였고, 고사리는 온난 다습한 육지에서 번성하므로 지층 D가 퇴적될 당시 이 지역은 온난 다습한 육지였을 것이다.

028 지질 시대의 상대적인 길이   답 ②

알짜풀이

ㄷ. A는 고생대이다. 고생대에 번성한 식물은 양치식물이다.

오답넘기

ㄱ. 'A+B+C+D'는 지질 시대 전체를 의미하므로 45억 6천 7백만 년의 시간에 해당한다.

ㄴ. 지구상에 생물은 고생대(A)가 시작되면서 폭발적으로 증가하였고, 중생대(B)와 신생대(C)로 올수록 생물종의 수는 증가하였다. 따라서 생물종의 총 수는 D(선캄브리아시대)가 'A+B+C'보다 적다.

029 지질 시대의 상대적인 길이   답 ③

알짜풀이

ㄱ. A는 지질 시대 중에서 가장 긴 기간이므로 선캄브리아시대이다. 선캄브리아시대의 말기 지층에서는 다세포 생물인 에디아카라 생물군 화석이 산출된다.

ㄴ. 선캄브리아시대에는 남세균이 출현한 후 광합성으로 대기 중의 산소가 증가하였다.

오답넘기

ㄷ. 육상 생물은 고생대 중기에 출현하였다.

030 지질 시대의 표준 화석   답 ①

알짜풀이

B는 고생대로 삼엽충, 갑주어, 방추충 등이 표준 화석이고, C는 중생대로 암모나이트, 공룡 등이 표준 화석이다. D는 신생대로 화폐석, 매머드 등이 표준 화석이다.

031 서술형 지질 시대의 상대적 길이

모범답안 삼엽충은 고생대에 번성하였다. 달력의 하루는 1.5억 년에 해당하므로 고생대 시작은 27 일, 고생대 말은 29 일이고, 삼엽충이 번성하였던 기간은 27 일부터 29 일까지이다.

채점 기준	배점
구하는 과정과 답을 모두 옳게 쓴 경우	100 %
구하는 과정만 옳게 쓴 경우	80 %
답만 옳게 쓴 경우	20 %

해설

삼엽충은 고생대에 번성하다가 고생대 말(2.52억 년 전)에 멸종하였다. 45억 년이 30 일에 해당하므로 달력의 하루는 1.5억 년이고, 30 일 24 시부터 거슬러 가면, 27 일 0 시가 6억 년, 27 일 24 시가 4.5억 년에 해당하므로 고생대 시작은 27 일이다. 한편 고생대 말은 29 일에 해당한다. 따라서 삼엽충이 번성하였던 기간은 27 일부터 29 일까지이다.

032 고생대의 환경   답 ②

알짜풀이

ㄴ. 고생대 초기에는 삼엽충을 비롯한 무척추동물이 번성하였으나 중기 이후에는 어류 등의 척추동물이 출현하였다.

오답넘기

ㄱ. 고생대는 전반적으로 온난하였으나 말기에 기후가 한랭해져 빙하기가 나타났다.

ㄷ. 고생대 말기에는 양치식물이 번성하여 거대한 삼림을 이루었다.

033 중생대의 환경과 생물   답 ②

알짜풀이

ㄴ. 암모나이트는 중생대의 바다에서 번성하였으므로 암모나이트는 ⓒ에 해당한다.

오답넘기

ㄱ. 화산재는 태양빛을 반사하여 지표의 온도를 낮추는 역할을 한다. 중생대의 기후가 전반적으로 온난하였던 것은 화산 활동으로 대기로 방출된 이산화 탄소가 온실 효과를 일으켰기 때문이다.

ㄷ. 판게아는 고생대 말~중생대 초까지 지속되었고, 이후 판게아가 분리되어 여러 대륙으로 나뉘어져 이동하였다.

034 지질 시대 생물의 출현   답 ①

알짜풀이

남세균은 선캄브리아시대에 출현하였으므로 A, 양치식물은 고생대에 번성하였으므로 출현한 시기는 B, 화폐석은 신생대에 번성하였으므로 출현한 시기는 C이다.

ㄱ. 남세균의 출현으로 대기 중에 산소 농도가 증가함으로써 오존 농도가 증가하였으므로 대기 중 오존의 평균 농도는 ㉠ 시기보다 ㉡ 시기에서 더 높다.

오답넘기

ㄴ. 다세포 생물은 남세균이 출현한 후 선캄브리아시대 말기에 출현하였으므로 ㉡ 시기에 속한다.

ㄷ. 화폐석은 신생대에 번성하였고, 겉씨식물은 중생대에 번성하였다. 화폐석이 번성한 시기에는 속씨식물이 번성하였다.

035 지질 시대의 대기 중 산소 농도 변화   답 ②

알짜풀이

ㄷ. (나)의 기간에 오존층이 형성되었으므로 지표에 도달하는 유해한 자외선이 감소하여 육상 생물이 출현할 수 있었다.

오답넘기

ㄱ. 지구 생성 당시에는 대기 성분이 아니었고, 현재는 대기의 주요 성분이므로 산소이다.

ㄴ. 대기 중에 산소가 증가하면서 오존층이 형성되었으므로 오존층은 (나)의 기간에 형성되었다.

036 오존층의 형성   답 ③

알짜풀이

ㄱ. B 시기에 대기 중의 산소 농도가 증가한 것은 A 시기에 광합성을 하는 생물이 출현하였기 때문이다.

ㄷ. 육지에 생물이 출현한 것은 오존층이 형성되었던 고생대 중기이므로 C 시기에 해당한다.

오답넘기

ㄴ. B보다 C 시기에 대기 중의 산소 농도가 높았으므로 C 시기에는 오존층이 형성되어 지표에 도달하는 자외선의 양이 감소하였다.

037 〔서술형〕 남세균의 출현

☑ 모범답안 남세균의 출현으로 대기에 산소가 축적됨으로써 오존층이 형성되었기 때문이다.

채점 기준	배점
남세균의 출현과 오존층 형성을 모두 옳게 서술한 경우	100 %
남세균의 출현과 오존층의 형성 중 한 가지만 옳게 서술한 경우	50 %

해설

최초의 생물이 바다에서 출현한 이후 광합성을 하는 남세균의 출현으로 해수에 산소의 양이 증가하였고, 이에 따라 대기 중에도 산소가 증가하였다. 대기에 축적된 산소가 오존층을 형성하였고, 오존층에서 유해한 자외선이 차단됨으로써 지표에 도달하는 자외선량은 크게 감소하였다.

038 고생대의 환경   답 ⑤

알짜풀이

고생대의 표준 화석인 삼엽충 화석을 나타낸 것이다.

ㄱ. 고생대 초기에는 지표에 도달하는 유해한 자외선 때문에 생물은 주로 바다에서 생활하였다.

ㄴ. 고생대 중기에는 대기 중에 산소가 증가하여 오존층이 형성되어 유해한 자외선이 차단되었으므로 지표에 도달하는 자외선의 양은 고생대 초기보다 말기에 적었다.

ㄷ. 고생대 말기에는 초대륙인 판게아가 형성되었다.

039 〔서술형〕 중생대의 환경과 생물

☑ 모범답안 암모나이트, 전 기간에 걸쳐 온난하여 빙하기가 없었다.

채점 기준	배점
바다에서 번성하였던 중생대의 표준 화석과 중생대의 기후를 모두 옳게 서술한 경우	100 %
중생대의 기후만 옳게 서술한 경우	60 %
중생대 바다에서 번성하였던 표준 화석만 옳게 쓴 경우	40 %

해설

중생대의 표준 화석으로는 육지에서 번성하였던 공룡, 바다에서 번성하였던 암모나이트가 있다. 중생대에는 대기 중에 이산화 탄소 농도가 높아 온난하였으며, 빙하기가 없었다.

040 신생대의 환경과 생물   답 ①

알짜풀이

ㄱ. 육지에 포유류가 번성하였으므로 신생대이다. 신생대의 바다에서는 화폐석이 번성하였다.

오답넘기

ㄴ. 신생대는 중기까지 기후가 온난하였으나 말기에 들어 한랭해져 빙하기와 간빙기가 반복되었다. 암모나이트가 멸종한 것은 중생대 말기이다.

ㄷ. 오존층이 형성되어 육지에 생물이 출현하기 시작한 것은 고생대 중기이다.

041 지질 시대의 수륙 분포   답 ①

알짜풀이

ㄱ. (가)는 고생대 말, (나)는 중생대 말의 수륙 분포이므로 수륙 분포는 (가)에서 (나)로 변하였다.

오답넘기

ㄴ. 판게아가 형성된 (가)의 시기에는 해안선의 길이가 감소하므로 대륙붕의 면적 감소로 생물의 서식지가 감소한다.

ㄷ. 중생대에는 대기에 이산화 탄소가 증가하면서 기후가 온난해져 전 기간에 걸쳐 빙하기가 없었다.

대륙의 이동에 따른 환경 변화
- 판게아 형성(대륙이 합쳐질 때): 해안선의 길이 감소 → 대륙붕의 면적 감소로 생물의 서식지 감소, 해류가 단순해져 기후대가 단순해짐 ➡ 생물종의 수 감소
- 판게아 분리(대륙이 분리될 때): 해안선의 길이 증가 → 대륙붕의 면적 증가로 생물의 서식지 증가, 해류가 복잡해져 기후대가 복잡해짐 ➡ 생물종의 수 증가

042 지질 시대의 환경과 생물 답 ⑤

알짜풀이

(가)는 중생대, (나)는 고생대, (다)는 신생대, (라)는 선캄브리아시대이므로 지질 시대의 순서는 (라) → (나) → (가) → (다)이다.

043 고생대 이후의 기후 변화 답 ③

알짜풀이

ㄱ. 고생대 말기에는 기온이 한랭해졌고, 대륙 빙하의 분포 범위가 저위도까지 확장되었으므로 빙하기가 있었다.

ㄴ. 중생대에는 전 기간에 걸쳐 빙하기가 없었으므로 고생대 말기는 중생대 말기보다 평균 기온이 낮았다.

오답넘기

ㄷ. 신생대 말기에는 초대륙이 형성되지 않았고, 현재와 비슷한 수륙 분포를 형성하였다.

044 생물 대멸종 답 ④

알짜풀이

ㄴ. B 시기는 고생대 말에 해당하므로 판게아가 형성되면서 해양 생물의 서식 환경 변화가 생물 멸종에 영향을 주었다.

ㄷ. C 시기는 중생대 말에 해당하므로 암모나이트와 공룡이 멸종하였다.

오답넘기

ㄱ. 멸종률$=\dfrac{\text{멸종한 생물의 수}}{\text{생물의 총 수}}$이므로 멸종률은 A 시기보다 B 시기에 컸다.

045 생물 대멸종과 생물계의 변화 답 ④

알짜풀이

ㄴ. 대멸종 전과 후의 바다를 비교해 보면 번성하는 생물종이 다르게 나타나므로 지구 환경에 큰 변화가 있었음을 알 수 있다.

ㄷ. 지구 환경에 큰 변화가 생겨 생물 대멸종이 일어나면 새로운 환경에 적응한 생물은 다양한 종으로 진화하여 새로운 생태계가 형성된다.

오답넘기

ㄱ. 대멸종이 일어난 후에는 새로운 생태계가 형성되어 생물종의 수가 증가한다.

02 생물의 진화와 생물다양성

STEP 1	O/X 문제로 5종 교과서 핵심 자료 보기	017~018쪽

046 X	047 O	048 X	049 O	050 X	051 O
052 X	053 O	054 X	055 O	056 O	057 X
058 X	059 O	060 X	061 O	062 O	063 X
064 X	065 X	066 O	067 O	068 X	069 X
070 O	071 X	072 O	073 X		

STEP 2	학교 기출 문제로 내신 대비하기	019~025쪽

074 ③	075 ②	076 ⑤	077 ①	078 ③	079 ④
080 ③	081 ③	082 ④	083 ④	084 ②	085 ③
086 해설 참조	087 ②	088 ①	089 ④	090 ④	
091 해설 참조	092 ②	093 ④	094 ②	095 ⑤	
096 해설 참조	097 ①	098 ④	099 ⑤	100 ④	101 ①
102 ④	103 해설 참조				

074 유전적 변이의 원인 답 ③

알짜풀이

ㄱ. 돌연변이에 의해 나타난 변이는 유전적 변이이므로 다음 세대에 전달될 수 있다. 따라서 (가)의 새로운 변이는 다음 세대로 전달될 수 있다.

ㄷ. (가)는 돌연변이이고, (나)는 유성생식 과정에서 생식세포의 다양한 조합에 의한 변이이다. 돌연변이와 유성생식 과정에서 생식세포의 다양한 조합에 의한 변이는 모두 진화의 요인으로 작용한다.

오답넘기

ㄴ. (나)는 부모에게 있던 유전자가 새로 조합되어 자손에게 전달된 것으로 새로운 유전자가 나타난 것은 아니다.

075 진화와 변이 답 ②

알짜풀이

ㄴ. 변이가 오랜 시간 쌓이면 진화가 일어날 수 있다.

오답넘기

ㄱ. 생물의 진화 결과 오늘날과 같은 다양한 종들이 생겨났으므로 진화의 결과 종다양성이 증가한다.

ㄷ. 변이는 동일한 생물종의 개체 간에 나타나는 형질의 차이이다.

076 변이의 증가 요인 답 ⑤

알짜풀이

ㄱ. 유전적 다양성을 증가시키는 요인으로는 돌연변이와 유성생식 과정에서의 생식세포의 다양한 조합이 있다.

ㄷ. 생식세포분열 과정에서 상동염색체의 무작위 배열과 분리는 자손의 유전적 다양성을 증가시키는 데 중요한 역할을 한다.

오답넘기

ㄴ. 체세포분열에서는 새로운 유전자 조합이 일어나지 않으므로 자손의 변이와 관련이 없다.

077 유전적 변이
답 ①

알짜풀이

흰색 털을 가진 개와 검은색 털을 가진 개 사이에서 태어난 얼룩무늬 강아지는 유전적 변이 중 유성생식 과정에서 생식세포의 다양한 조합에 의한 변이의 예에 해당한다.

ㄱ. 변이가 일어나는 원인 중 오랫동안 축적된 돌연변이 또는 유성생식 과정에서의 생식세포의 다양한 조합으로 발생하는 유전적 변이는 진화의 요인으로 작용한다.

오답넘기

ㄴ. 얼룩무늬 강아지의 털색 유전자는 부모인 흰색 털을 가진 개와 검은색 털을 가진 개로부터 각각 전달받은 것이므로 자손에게 유전된다.

ㄷ. 얼룩무늬 강아지의 털색 유전자는 부모인 흰색 털을 가진 개와 검은색 털을 가진 개의 유전자가 각각 전달된 것으로 부모에게 없던 유전자가 돌연변이에 의해 만들어져 태어난 것이 아니다.

078 변이
답 ③

알짜풀이

ㄱ. 유럽정원달팽이의 다양한 껍데기 무늬는 유전자 차이에 의해 나타나는 변이이므로 자손에게 유전된다.

ㄴ. 변이는 같은 종에 속한 개체들 사이에서 나타나는 형질의 차이이다. 따라서 유럽정원달팽이들은 모두 같은 종에 속한다.

오답넘기

ㄷ. 유럽정원달팽이의 껍데기 무늬가 개체마다 다른 것은 유전자가 달라 발현되는 형질이 다르기 때문이다.

079 자연선택
답 ④

알짜풀이

산불로 인해 토양이 검게 변한 환경에서 새의 포식에 의해 시간이 지남에 따라 어두운 색깔의 딱정벌레 개체수 비율이 증가하는 자연선택 과정을 나타낸 것이다.

ㄴ. 토양이 검게 변한 환경에서 밝은 색깔의 딱정벌레인 ㉠이 어두운 색깔의 딱정벌레인 ㉡보다 포식자인 새의 눈에 잘 띄어 높은 비율로 잡아먹히므로 ㉡이 ㉠보다 생존에 유리하다.

ㄷ. 동일한 종으로 구성된 딱정벌레 집단에서 밝은 색깔의 딱정벌레의 개체수 비율은 감소하고, 어두운 색깔의 딱정벌레의 개체수 비율이 증가하는 자연선택이 일어나는 원인은 포식자인 새의 포식이다.

오답넘기

ㄱ. 동일한 종으로 구성된 딱정벌레 집단에서 딱정벌레의 몸 색깔이 개체마다 다른 것은 변이에 의해 개체마다 가지고 있는 유전정보가 다르기 때문이다. 따라서 ㉠과 ㉡의 유전자 구성은 다르다.

080 다윈의 진화 이론
답 ③

알짜풀이

ㄱ. (가)에서 목 길이가 다양한 기린이 존재하며, 이처럼 같은 생물종의 개체 간에 나타나는 차이를 변이라고 한다.

ㄴ. 다양한 변이가 있는 개체들 중에서 환경에 적응하기 유리한 개체가 생존경쟁에서 살아남아 자손에게 유리한 형질을 전달하도록 선택된다. 따라서 (가)~(다) 과정이 오랜 기간 동안 반복되어 기린의 목이 길어지도록 생물은 진화하였다.

오답넘기

ㄷ. (나)에서 목이 짧은 기린은 도태되고 목이 긴 기린이 살아남아 자손을 남기게 된다. 즉, 환경에 유리한 형질을 가진 기린이 자연선택된 것이다.

> **〔문제 속 개념〕**
>
> **라마르크의 용불용설**
>
> 많이 사용하는 기관은 발달하여 다음 세대에 전해지지만, 사용하지 않는 기관은 퇴화한다는 진화설이다. 라마르크는 기린이 높은 곳에 있는 나뭇잎을 따먹기 위해 목을 계속 사용한 결과 목이 길어졌다고 설명하였다. 그러나 후천적으로 얻은 형질은 유전되지 않음이 밝혀지면서 현재는 받아들이지 않지만, 환경에 의해 생물이 변할 수 있다는 진화론의 핵심을 도출했다는 의의가 있다.
>
> 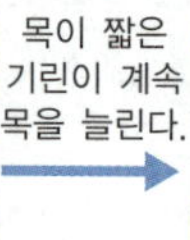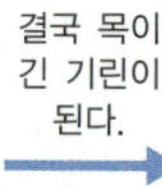
>

081 자연선택에 의한 진화 과정
답 ③

알짜풀이

(가)는 변이, (나)는 생존경쟁, (다)는 자연선택이다.

ㄱ. 생물은 주어진 환경에서 살아남을 수 있는 것보다 많은 자손을 생산하며, 이 과정에서 돌연변이와 유성생식 과정에서의 생식세포의 다양한 조합에 의해 변이가 나타난다.

ㄷ. (다)에서 환경에 적응하여 생존에 유리한 형질을 가진 개체가 그렇지 못한 개체보다 더 잘 살아남는 자연선택이 일어난다.

오답넘기

ㄴ. (나)는 한정된 먹이, 서식지, 배우자 등을 두고 개체들 사이에서 일어나는 생존경쟁이다.

> **〔문제 속 개념〕**
>
> **자연선택에 의한 과정**
>
> 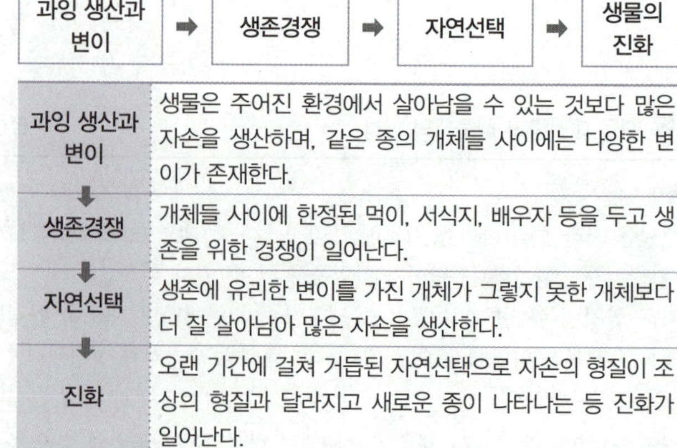

과잉 생산과 변이	→	생존경쟁	→	자연선택	→	생물의 진화

과잉 생산과 변이	생물은 주어진 환경에서 살아남을 수 있는 것보다 많은 자손을 생산하며, 같은 종의 개체들 사이에는 다양한 변이가 존재한다.
생존경쟁	개체들 사이에 한정된 먹이, 서식지, 배우자 등을 두고 생존을 위한 경쟁이 일어난다.
자연선택	생존에 유리한 변이를 가진 개체가 그렇지 못한 개체보다 더 잘 살아남아 많은 자손을 생산한다.
진화	오랜 기간에 걸쳐 거듭된 자연선택으로 자손의 형질이 조상의 형질과 달라지고 새로운 종이 나타나는 등 진화가 일어난다.

082 생물의 진화 답 ④

알짜풀이

A. 다윈의 진화설은 자연선택에 의해 생물의 진화가 일어날 수 있음을 설명하고 있다.

B. 환경에 적응하기 유리한 변이를 가진 개체가 살아남아 자손을 남김으로써 진화가 일어난다.

오답넘기

C. 일반적으로 진화는 여러 세대에 걸쳐 오랜 시간 환경에 적응하는 과정에서 일어난다.

083 다윈의 진화론의 한계점 답 ④

알짜풀이

ㄱ, ㄷ. 다윈이 자연선택설을 발표하던 당시에는 유전의 원리가 알려지지 않았기 때문에 다윈은 변이가 나타나는 원인과 부모의 형질이 자손에게 어떻게 유전되는지 명확하게 설명하지 못했다.

오답넘기

ㄴ. 다윈은 자연선택을 통해 새로운 종으로 진화한 결과 지구에 다양한 생물이 나타나게 되었다고 설명하였다.

084 핀치의 진화 답 ②

알짜풀이

ㄴ. 각 섬마다 환경이 달라 핀치의 먹이 종류가 다르므로 먹이에 대한 자연선택이 일어나 각 섬의 핀치 조상들은 부리의 모양이 서로 다르게 진화했다. 따라서 각 섬의 먹이 환경이 핀치의 자연선택에 영향을 미친다.

오답넘기

ㄱ. 조상 핀치 중에서도 부리 모양을 비롯한 다양한 변이가 있었다.

ㄷ. 변이가 적을수록 환경 변화에 적응하여 살아남을 수 있는 개체가 존재할 확률이 낮아 새로운 종이 생길 확률이 낮아진다.

085 진화와 변이 답 ③

알짜풀이

ㄱ. 가뭄 이전에도 다양한 변이의 핀치들이 존재했고, 이들 사이에 생존경쟁이 있었다.

ㄴ. 가뭄으로 인해 크고 딱딱한 씨앗을 잘 먹는 큰 부리 핀치가 자연선택되어 더 많이 살아남게 되었다.

오답넘기

ㄷ. 크고 딱딱한 씨앗을 먹다가 작은 부리가 큰 부리로 발달하여 큰 부리 핀치의 개체수가 증가한 것이 아니라 큰 부리 핀치가 더 많이 살아남아 개체수의 비율이 증가하였다.

086 서술형 갈라파고스 제도 핀치의 진화 과정

(1) **모범답안** 오랫동안 축적된 돌연변이와 유성생식 과정에서 생식세포의 다양한 조합에 의해 발생된 유전적 변이에 의해 조상 집단을 구성하는 핀치의 부리 모양이 다양해졌다.

채점 기준	배점
제시어를 모두 포함하여 옳게 서술한 경우	100 %
제시어 중 한두 가지만 포함하여 서술한 경우	30 %

(2) **모범답안** 갈라파고스 제도의 여러 섬 중 크고 단단한 씨앗이 많은 섬에 다양한 부리 모양을 가지 핀치가 날아들었고, 이들 핀치들로부터 많은 수의 자손들이 태어나면서 먹이와 서식지를 차지하기 위한 경쟁이 일어났다. 크고 단단한 씨앗을 먹기에 알맞은 크고 두꺼운 부리를 갖는 핀치가 자연선택되어 더 많이 살아남게 되었고, 살아남은 개체들이 자손을 더 많이 남기는 과정이 여러 세대 반복되면서 최초의 조상 종 핀치와는 다른 크고 두꺼운 부리를 갖는 핀치로 진화하였다.

채점 기준	배점
핀치의 진화 과정(변이와 과잉 생산, 생존경쟁, 자연선택, 진화)을 모두 옳게 서술한 경우	100 %
핀치의 진화 과정(변이와 과잉 생산, 생존경쟁, 자연선택, 진화) 중 일부만 옳게 서술한 경우	50 %

해설

다양한 변이를 가진 한 종의 조상 핀치가 갈라파고스 제도의 여러 섬에 흩어져 살게 되면서 각 섬의 먹이 환경에 유리한 형질을 가진 핀치가 각 섬에서 자연선택되어 섬마다 부리 모양이 다른 핀치로 진화하였다.

087 항생제 내성 세균의 자연선택 답 ②

알짜풀이

(나) 처음에는 모든 세균이 항생제에 내성이 없었으나 돌연변이가 일어나 항생제 내성 유전자가 만들어지면서 일부 세균이 항생제 내성을 가지게 되었다. → (가) 항생제를 처리하면 항생제에 내성이 없는 대부분의 세균은 죽는다. → (라) 항생제 내성 세균이 살아남아 자손에게 항생제 내성 유전자를 전달하는 자연선택이 일어난다. → (다) 항생제 내성 세균의 비율이 증가해 많은 세균이 항생제 내성을 가지도록 진화하여 항생제를 처리해도 죽지 않는다.

088 항생제 내성 세균 집단의 출현 답 ①

알짜풀이

자연 상태의 세균 집단에서 발생한 변이에 의해 어떤 세균은 우연히 항생제에 내성을 나타낼 수 있다. 지속적으로 항생제가 사용되는 환경에서는 자연선택에 의해 이 항생제 내성 세균의 비율이 점차 높아져 항생제에 내성이 있는 세균 집단이 형성된다.

ㄱ. ㉠은 기존에 존재하지 않던 노란색 초콜릿을 넣는 과정이므로 돌연변이를 표현한 것이다.

오답넘기

ㄴ. 고개를 돌렸다가 초콜릿을 보면서 가장 먼저 눈에 띄는 것을 집어내는 과정은 자연선택 과정에 해당한다.

ㄷ. 도화지와 색깔이 같은 노란색 초콜릿은 눈에 잘 띄지 않아 (라)의 결과 도화지 위에 남은 초콜릿 중 노란색 초콜릿의 비율은 증가할 것이다.

089 항생제 내성 세균의 진화 답 ④

알짜풀이

ㄱ. 항생제 내성이 없는 세균만 존재하다가 (가) 과정에서 항생제 내성이 있는 세균 B가 출현한 것은 돌연변이에 의한 것이다.

ㄷ. (나)에서는 항생제 내성이 있는 세균 B의 비율이 증가하므로 세균 B가 자연선택되었다.

오답넘기

ㄴ. (나) 과정에서 항생제 내성이 있는 세균 B가 자연선택되어 전체 세균 집단에서 세균 B의 비율이 증가하였다.

─(문제 속 개념)─

항생제 내성 세균 집단의 출현 과정

처음에는 모든 세균이 항생제에 내성이 없었음

↓

돌연변이가 일어나 일부 세균이 항생제 내성을 가지게 됨

↓

자연선택이 일어나 항생제 내성 세균의 비율이 높아짐

↓

많은 세균이 항생제 내성을 가지도록 진화함

090 환경 변화에 의한 자연선택 답 ④

알짜풀이

ㄱ. 숲의 밝기가 달라진 후 포식자인 새가 밝은 색의 곤충을 잡아먹고 있으므로, 숲의 밝기가 전보다 어두워진 것을 알 수 있다.

ㄴ. 숲의 밝기에 따라 밝은 색 곤충과 어두운 색 곤충이 포식자에게 잡아먹히지 않기 위한 생존경쟁이 일어난다.

오답넘기

ㄷ. 어두운 색 곤충이 생존에 유리하므로 어두운 색 곤충이 살아남아 자연선택될 것이다. 따라서 어두운 색 곤충의 비율이 증가할 것이다.

091 서술형 항생제 내성 세균의 진화

(1) 모범답안 돌연변이가 일어나 항생제 내성 유전자가 만들어졌다.

채점 기준	배점
(가) 과정이 일어난 현상을 유전자와 관련지어 옳게 서술한 경우	100 %

(2) 모범답안 항생제 내성 세균이 자연선택되어 집단 내 항생제 내성 세균의 비율이 증가한다.

채점 기준	배점
자연선택에 의해 항생제 내성 세균의 비율이 증가함을 옳게 서술한 경우	100 %
항생제 내성 세균의 비율이 증가했다고만 서술한 경우	50 %

092 생물다양성의 의미 답 ②

알짜풀이

ㄴ. 사람에 따라 눈동자 색이 다른 것은 유전적 다양성(B)에 해당한다.

오답넘기

ㄱ. (가)는 종다양성, (나)는 생태계다양성, (다)는 유전적 다양성이다.

ㄷ. A는 생태계다양성, B는 유전적 다양성이다. 유전적 다양성(B)이 높을수록 환경 변화에 대한 생존 확률이 높아진다.

093 유전적 다양성과 종다양성 비교 답 ④

알짜풀이

(가)는 유전적 다양성이고, (나)는 종다양성이다.

ㄱ. (가)는 유전적 다양성에 의해 무당벌레 딱지날개의 무늬가 다르게 나타나는 것으로, 유전적 다양성이 높을수록 급격한 환경 변화에 멸종될 확률이 낮다.

ㄷ. 생태통로는 도로 건설 등으로 단편화된 서식지를 연결해 주므로 종다양성(나) 보전을 위한 노력에 해당한다.

오답넘기

ㄴ. 나무를 베어 숲을 개발하면 나무가 줄어들게 되므로 종다양성(나)이 낮아진다.

094 종다양성 답 ②

알짜풀이

종다양성은 한 생태계에서 살아가는 생물종의 다양함을 의미한다. (가)~(다)에 서식하는 식물종 A~D의 개체수는 다음과 같다.

군집	A	B	C	D
(가)	4	5	7	4
(나)	16	1	1	2
(다)	13	2	2	3

ㄷ. 생물종의 수가 많을수록, 각 생물종이 고르게 분포할수록 종다양성이 높고, 종다양성이 높을수록 생태계가 안정적으로 유지될 확률이 높다. 그러므로 (가)~(다) 중 종다양성이 가장 높은 (가)에서 생태계가 안정적으로 유지될 확률이 가장 높다.

오답넘기

ㄱ. (가)에 서식하는 종 A~D는 종다양성에 해당한다. 유전적 다양성은 동일한 생물종의 개체들 사이에서 유전자의 차이로 다양한 형질이 나타나는 것을 의미한다.

ㄴ. (가)~(다)에 서식하는 식물종의 수는 모두 4 종으로 같다.

095 생물다양성의 중요성 답 ⑤

알짜풀이

ㄴ. 식물종이 2 종에서 3 종으로 증가하였으므로 종다양성은 증가하였다.

ㄷ. 생물종의 수가 많을수록 생태계의 안정성은 높아진다.

오답넘기

ㄱ. 동일한 지역 내에 다양한 식물종이 존재하는 것은 종다양성에 해당한다.

096 서술형 종다양성

(1) 모범답안 (나), 각 식물종의 개체수가 (가)에서 종 A는 10 개체, B는 5 개체, C는 3 개체, D는 2 개체이고, (나)에서 종 A는 6 개체, B는 3 개체, C는 5 개체, D는 6 개체이기 때문이다.

채점 기준	배점
분포 비율이 더 고른 집단과 그렇게 판단한 까닭을 모두 옳게 서술한 경우	100 %
분포 비율이 더 고른 집단만 쓴 경우	30 %

(2) ✓모범답안 (나), 종다양성이 더 높은 군집이 (나)이고, 종다양성이 높을수록 먹이그물이 더 복잡하게 형성되어 생태계가 더 안정적으로 유지될 가능성이 높기 때문이다.

채점 기준	배점
생태계가 더 안정적으로 유지될 가능성이 높은 군집과 그렇게 판단한 까닭을 모두 옳게 서술한 경우	100 %
생태계가 더 안정적으로 유지될 가능성이 높은 군집만 쓴 경우	30 %

해설

생물종의 수가 많고, 각 생물종이 고르게 분포할수록 종다양성이 높고, 종다양성이 높을수록 먹이그물이 더 복잡하게 형성되어 특정 생물종이 멸종되더라도 생태계가 안정적으로 유지될 가능성이 더 높다.

097 종다양성의 중요성   답 ①

알짜풀이

ㄴ. (가)는 하나의 먹이사슬로만 이루어진 생태계이므로 개구리가 없어지면 매는 먹이가 없어져 멸종한다.

오답넘기

ㄱ. (가)보다 (나)에 더 많은 종이 있으므로 종다양성이 높다. 따라서 생물다양성도 높다고 판단할 수 있다.

ㄷ. (나)에서 토끼가 사라져도 상위 영양단계인 호랑이와 매는 사슴이나 뱀을 먹을 수 있으므로 멸종하지 않는다.

098 외래종의 유입   답 ②

알짜풀이

외래종은 원래 살고 있던 서식지가 아닌 다른 지역으로 이동한 생물을 말한다. 대부분의 외래종은 새로운 환경에 적응하지 못하지만, 일부 생물종은 천적이 없어 원래 그 지역에 살던 고유종보다 번성하여 생태계를 위협하게 된다.

ㄴ. (나)일 때는 이 하천에 큰입배스가 유입되어 생물다양성이 감소하였다.

오답넘기

ㄱ. (나)일 때보다 (가)일 때의 먹이그물이 복잡하므로, (가)일 때가 (나)일 때보다 생태계가 안정된다.

ㄷ. 외래종인 큰입배스의 유입으로 먹이그물이 단순해져 종다양성과 생물자원이 감소하였다.

099 서식지단편화   답 ⑤

알짜풀이

ㄱ. 도로와 철도 건설은 서식지의 면적을 줄이고, 서식지를 소규모로 나누어 단편화한다.

ㄴ. 도로와 철도 건설 시 생태통로를 설치하면 서식지의 단절이나 로드킬을 막을 수 있다.

ㄷ. 서식지 분할로 서식지가 단편화되면 서식지의 내부 면적이 크게 감소하여 서식지 가장자리에 사는 생물종보다 중앙에 사는 생물종이 더 큰 영향을 받는다.

서식지단편화와 생물다양성 감소

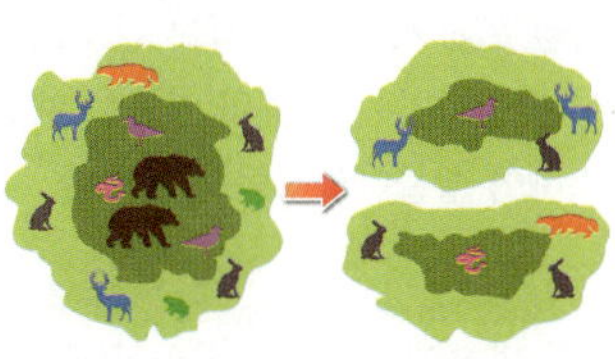

서식지가 단편화되면 생물들의 이동이 제한되어 서식 공간의 감소와 생물의 고립을 가져오므로 생물종의 개체수가 감소하여 멸종으로 이어질 수 있다.
특히 서식지가 단편화되면 가장자리의 면적은 넓어지고, 중앙의 면적은 좁아져 서식지 가장자리에 사는 생물종보다 중앙에 사는 생물종이 더 큰 영향을 받는다.

100 생물자원   답 ④

알짜풀이

ㄱ. 푸른곰팡이로부터 항생제인 페니실린을 얻는 것은 (가)와 같이 의약품의 재료를 얻는 예이다.

ㄷ. 유용한 유전자를 활용하여 원하는 생물을 얻을 수 있다.

오답넘기

ㄴ. 생물종에 따라 유전자가 다르므로 생물다양성이 높을수록 생물자원이 풍부해진다.

101 생물다양성의 보전   답 ①

알짜풀이

ㄱ. 개인적 수준의 생물다양성보전을 위한 노력으로는 에너지 절약, 자원 재활용, 친환경 제품 사용 등이 있다.

오답넘기

ㄴ. ㉡은 국가적 수준의 생물다양성보전을 위한 노력이다.

ㄷ. 람사르 협약은 습지 보전을 위한 협약이다.

생물다양성보전 방안

- 개인적 수준: 에너지 절약, 자원 재활용, 친환경(저탄소) 제품 사용 등
- 국가적 수준: 야생 생물 보호법 제정, 국립공원 지정, 멸종 위기종 복원, 생물의 유전자 관리 등
- 국제적 수준: 다양한 국제 협약의 체결 등

협약	주요 목적
생물다양성 협약	생물다양성의 보전
람사르 협약	습지 보호
멸종 위기의 야생 동식물 보호를 위한 국제 협약	야생 동식물의 상업적 거래 제한

102 생물다양성의 보전   답 ④

알짜풀이

ㄴ. (가)는 개인적 수준, (나)는 국가적 수준, (다)는 국제적 수준의 생물다양성보전 방안에 해당한다.

ㄷ. 생물다양성보전을 위한 생물다양성 협약은 국제 협약에 해당한다.

오답넘기

ㄱ. 천연기념물 지정은 국가적 수준인 (나)의 예에 해당한다.

103 ·서술형· 생물다양성의 감소 원인

(1) ✓모범답안 서식지 면적이 감소되거나 서식지가 단편화되면 그 서식지에서 살아가는 생물의 이동이 제한되고 고립되므로 생물의 종 수가 감소하여 생물다양성이 감소한다.

채점 기준	배점
서식지 변화와 생물다양성과의 관계를 옳게 서술한 경우	100 %

(2) ✓모범답안 서식지파괴와 서식지단편화는 생물다양성을 감소시키는 주요 원인이다. 그러므로 도로나 철도를 만들 때 산을 절개하거나 서식지를 분할하기보다는 생태통로를 설치하거나 터널을 건설하면 서식지단편화로 발생하는 생물다양성 감소를 최소화할 수 있다.

채점 기준	배점
생물다양성 감소를 최소화할 수 있는 방안을 옳게 서술한 경우	100 %

해설
숲의 벌채나 습지의 매립 등으로 서식지의 면적이 감소하거나 대규모의 서식지가 소규모로 분할되는 서식지단편화는 서식지 면적을 줄이고, 생물의 이동을 제한하여 고립을 유발하므로 그 서식지에 서식하는 생물의 종 수를 감소시켜 생물다양성을 감소시킨다.

STEP 3 수능 유형 문제로 만점 도전하기 026~031쪽

104 ⑤	105 ②	106 ④	107 ②	108 ③	109 ④
110 ②	111 ②	112 ①	113 ⑤	114 ②	115 ①
116 ④	117 ②	118 ③	119 ②	120 ③	121 ⑤
122 ①	123 ⑤				
서술형 문제	124~128 해설 참조				

104 표준 화석과 시상 화석   답 ⑤

알짜풀이
ㄱ. 표준 화석이나 시상 화석으로 이용하기 위해서는 먼저 화석의 수가 많아야 한다. 표준 화석은 넓은 지역에 분포하고, 생존 기간이 짧아야 하므로 C가 가장 적합하다.
ㄴ. D는 분포 지역이 좁아 특정한 퇴적 환경에서 번성하였고, 생존 기간이 길므로 시상 화석으로의 가치가 높다. 지층의 퇴적 환경 연구는 시상 화석인 D가 A보다 유용하다.
ㄷ. 고사리 화석은 시상 화석인 D의 이용 특성에 가깝다.

105 지질 시대의 상대적인 길이   답 ②

알짜풀이
ㄴ. 30 일 : 46억 년=1 일 : x에서 달력의 1 일은 약 1.53억 년이므로, 27 일은 약 6.12억 년 전~약 4.59억 년 전이다. 따라서 고생대의 시작 시기인 약 5.39억 년 전은 27 일에 해당한다.

ㄱ. '30 일 : 46억 년=1 일 : x'로부터 달력의 1 일은 약 1.53억 년에 해당한다.
ㄷ. 화폐석은 신생대(0.66억 년 전)에 번성하였으므로 30 일에 번성하였다.

106 선캄브리아시대의 생물   답 ④

알짜풀이
ㄴ. 에디아카라 생물군 화석은 선캄브리아시대 말기의 다세포 생물로, 이 시기에는 오존층이 형성되지 않아 육지에는 생물이 살 수 없었으며, 남세균의 광합성으로 대기 중의 산소가 증가하였다.
ㄷ. 선캄브리아시대는 지질 시대의 약 88 %를 차지하므로 삼엽충이 번성하였던 고생대보다 지속 기간이 매우 길다.

ㄱ. 육지에 양치식물이 번성하여 울창한 숲을 이루었던 시기는 고생대 말기였다.

107 고생대와 중생대의 화석   답 ②

알짜풀이
ㄷ. (가)는 중생대, (나)는 고생대에 번성하였으므로 (가)의 지층은 (나)의 지층보다 나중에 퇴적되었다.

ㄱ. 암모나이트는 중생대의 바다에서 번성하였고, 공룡은 중생대 육지에서 번성하였으므로 (가)의 지층에서 암모나이트 화석이 함께 산출되지 않는다.
ㄴ. (나)가 멸종한 고생대 말에는 양치식물이 번성하였다.

108 지질 시대의 수륙 분포   답 ③

알짜풀이
ㄱ. (가)는 중생대, (나)는 신생대, (다)는 고생대의 수륙 분포이다.
ㄷ. 고생대 말기에는 여러 대륙이 하나로 모여 초대륙인 판게아가 형성되면서 얕은 바다의 면적이 감소하였다.

ㄴ. 중생대에 바다에서는 암모나이트가 번성하였으며, 방추충은 고생대에 번성하였다.

▶ 자료 분석

지질 시대의 수륙 분포

고생대	• 초기에는 대륙이 여러 곳에 흩어져 있었음 • 말기에 대륙이 한 덩어리로 모여 초대륙(판게아)을 형성함
중생대	• 판게아가 초기까지 계속 되었음 • 중기부터 판게아가 분리되면서 대서양이 형성되기 시작함
신생대	• 유라시아 대륙과 인도 대륙이 충돌하여 히말라야산맥을 형성함 • 현재와 비슷한 수륙 분포를 형성함

알짜풀이

ㄴ. C는 포유류가 번성한 신생대이므로 C 기간에 바다에서는 화폐석이
번성하였다.

ㄷ. 고생대 이후 식물계에서는 양치식물(고생대 말) → 겉씨식물(중생대)
→ 속씨식물(신생대)의 순으로 번성하였다.

오답넘기

ㄱ. A는 고생대, B는 중생대, C는 신생대이므로 공룡과 암모나이트가 멸
종한 시기는 B와 C의 경계이다.

110 생물 대멸종   답 ②

알짜풀이

ㄷ. 삼엽충이 멸종된 고생대 말기가 암모나이트가 멸종된 중생대 말기보다
멸종률이 컸다.

오답넘기

ㄱ. 생물 대멸종은 5회에 걸쳐 일어났지만 시간 간격은 일정하지 않다.

ㄴ. A 시기에 육상 생물의 멸종률이 없는 것은 이 시기에 육상 생물이 출현
하지 않았기 때문이다.

111 지질 시대의 구분과 특징   답 ②

알짜풀이

옳은 문장은 ㄷ, ㄹ, ㅅ의 3개이다.

ㄷ. 고생대 말기에는 판게아 형성, 대규모 화산 분출, 빙하기 등의 영향으
로 많은 생물이 멸종하였다.

ㄹ. 중생대에 판게아가 분리되면서 대서양과 인도양이 형성되기 시작하였
으며, 생물 서식지가 넓어졌다.

ㅅ. 신생대 말기에 빙하기와 간빙기가 반복되었으며, 인류의 조상이 출현
하였다.

오답넘기

ㄱ. 선캄브리아시대의 생물은 단단한 부분이 거의 없어 화석화되기 어려
웠으며 긴 세월 동안 지각 변동 등으로 인해 발견되는 화석이 드물다.

ㄴ. 갑주어는 척추동물이다.

ㅁ. 중생대에 식물계에는 소철과 은행나무 등의 겉씨식물이 번성했다.

ㅂ. 중생대 말기에 포유류와 조류가 출현했다.

(문제 속 개념)

생물 대멸종을 설명하는 가설

운석 충돌설	현상	• 대규모 지진 해일이 발생함 • 먼지 구름이 지구를 덮어 기온이 하강함 ➡ 광합성량의 감소로 먹이사슬이 무너짐 • 공룡과 암모나이트를 비롯한 생물의 멸종이 일어남
	증거	• 유카탄 반도에서 중생대 말기의 운석 구덩이가 발견됨 • 중생대와 신생대의 경계에 있는 지층에서 이리듐의 농도가 높게 나타남
화산 폭발설	현상	• 화산재에 의해 햇빛이 차단되어 기온이 하강함 • 화산 가스로 인해 많은 생물이 죽음 • 수많은 식물이 멸종했고, 뒤이어 동물이 멸종함
	증거	• 인도 서부의 데칸 고원에는 중생대 말에서 신생대 초에 걸쳐 형성된 대규모 용암 대지가 분포함

---

112 지질 시대의 환경과 생물   답 ①

알짜풀이

ㄱ. A는 고생대 초기에 출현하여 말기에 멸종하였으므로 삼엽충이다.

오답넘기

ㄴ. A(삼엽충)와 B(어류)가 함께 번성한 시기는 고생대이다. 화폐석은 신
생대의 바다에서 번성하였다.

ㄷ. C(속씨식물)는 신생대에 번성하였다. 판게아는 고생대 말기부터 중생
대 초기까지 형성되었다.

113 생물 대멸종   답 ⑤

알짜풀이

ㄱ. A 시기에는 육지에 식물이 출현하지 않았다.

ㄴ. 해양 동물의 멸종 규모가 가장 컸던 시기는 B(고생대 말의 대멸종)
이다.

ㄷ. 지질 시대는 생물계의 큰 변화를 기준으로 구분한다. 육상 식물은 멸
종 시기가 없이 현재까지 과의 수가 대부분 증가하였으나 해양 동물은
멸종과 출현이 여러 차례 있었으므로 지질 시대의 구분은 해양 동물을
기준으로 하는 것이 적절하다.

(자료 분석)

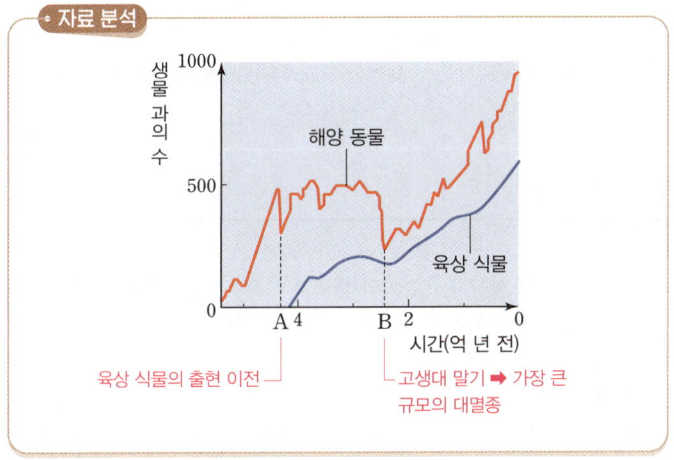

114 자연선택   답 ②

알짜풀이

ㄱ, ㄴ. 몸이 작은 거피를 선호하는 포식자가 있는 환경에서는 몸이 큰 형
질이 살아남기 유리하여 몸이 큰 거피의 자연선택이 일어났다.

오답넘기

ㄷ. 몸이 작은 거피를 선호하는 포식자가 있는 환경이므로 몸이 큰 거피가
살아남는 데 유리하다.

115 자연선택에 의한 진화   답 ①

알짜풀이

ㄱ. DDT 감수성 대립유전자만 존재하던 모기 집단에서 돌연변이에 의해
DDT 저항성 대립유전자가 나타나 DDT 저항성 유전자를 가진 모기
가 나타났다.

오답넘기

ㄴ. DDT를 지속적으로 살포할 경우 유전자 R를 가진 개체수가 증가하므로 유전자 R의 비율이 커진다.

ㄷ. 지속적인 DDT 살포에 의해 유전자 R를 가진 모기 개체가 증가하였다. (나) 과정에서 DDT 저항성 대립유전자를 가진 모기가 DDT 감수성 대립유전자를 가진 모기보다 생존에 유리하였다.

116 자연선택   답 ④

알짜풀이

습지가 형성되기 전에는 중간 부리 핀치의 개체수가 가장 많았지만 습지가 형성된 후 부드러운 씨앗이 많아짐에 따라 작은 부리 핀치의 개체수가 증가하는 자연선택 과정을 나타낸 것이다.

ㄴ. 습지가 형성되기 전에도 작은 부리 핀치, 중간 부리 핀치, 큰 부리 핀치가 모두 존재하여 먹이에 대한 생존경쟁이 일어났고, 먹이에 따라 생존에 유리한 중간 부리 핀치가 많아진 것이다.

ㄷ. 습지가 형성되기 전에는 중간 부리 핀치의 개체수가 가장 많았다가 습지가 형성된 후 부드러운 씨앗이 많아짐에 따라 작은 부리 핀치의 개체수가 증가하였다. 이는 먹이에 따른 자연선택의 결과이다.

오답넘기

ㄱ. 습지가 형성되기 전에는 중간 부리 핀치의 개체수가 가장 많았지만 습지가 형성된 후 작은 부리 핀치의 개체수가 많아졌다. 이는 습지가 형성된 후 작은 부리로 먹기에 유리한 부드러운 씨앗이 많아졌기 때문이다.

117 종다양성   답 ②

알짜풀이

새 5종 ㉠~㉤이 서식하는 높이의 범위가 서로 다르고, 새의 종다양성은 숲을 이루는 나무의 높이가 다양할수록, 각 높이의 나무가 차지하는 비율이 균등할수록 높다.

ㄷ. 새의 종다양성은 나무 높이의 다양성이 높아질수록 높아진다. 높이가 h_1, h_2, h_3인 나무가 고르게 분포하는 숲에서가 높이가 h_3인 나무만 있는 숲에서보다 새의 종다양성이 높다.

오답넘기

ㄱ. ㉡이 서식하는 높이와 ㉣이 서식하는 높이가 다르다. 높이가 h_2인 나무에는 ㉡과 ㉢이 서식하므로 높이가 h_2인 나무에서 ㉡과 ㉣은 서식지를 두고 생존을 위한 경쟁을 하지 않는다.

ㄴ. ㉢이 서식하는 높이는 ㉤이 서식하는 높이보다 낮다.

118 생물다양성   답 ③

알짜풀이

A는 유전적 다양성, B는 생태계다양성이다.

ㄱ. 한 생물종에서 나타나는 생물다양성은 유전적 다양성이다.

ㄷ. 생태계다양성(B)은 서식 환경이 다양하여 생물이 살아가는 생태계가 다양한 정도를 뜻한다.

오답넘기

ㄴ. 유전적 다양성(A)이 낮으면 환경이 급격히 변할 때 종이 유지될 확률이 낮아진다.

자료 분석

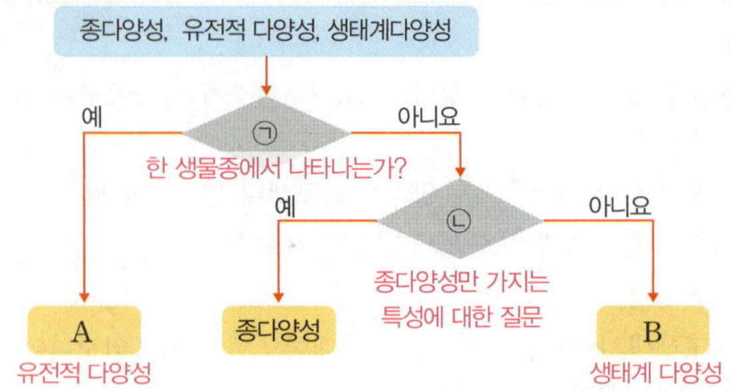

종다양성, 유전적 다양성, 생태계다양성

예 ← ㉠ 한 생물종에서 나타나는가? → 아니요

예 ← ㉡ 종다양성만 가지는 특성에 대한 질문 → 아니요

A 유전적 다양성   종다양성   B 생태계 다양성

119 종다양성 변화   답 ②

알짜풀이

ㄴ. (나) → (다) 과정에서 A 종은 멸종하고, B 종의 비율은 높아진 것으로 보아 B 종이 A 종보다 생존에 유리함을 알 수 있다.

오답넘기

ㄱ. 종다양성은 종 수가 많을수록, 종이 고르게 분포할수록 커진다. 따라서 종다양성은 (나)에서가 (다)에서보다 높다.

ㄷ. 일정한 지역 내에서 종의 개체수 비율의 변화는 종다양성의 변화를 의미한다.

120 생물다양성   답 ③

알짜풀이

ㄱ. 포식자 침입 후 매와 올빼미의 먹이인 청설모, 토끼, 참새, 두더지의 개체수가 감소하였다.

ㄴ. 포식자 침입 후 메뚜기의 포식자인 청설모, 참새, 두더지의 개체수가 감소하였으므로 메뚜기의 개체수는 일시적으로 증가한다.

오답넘기

ㄷ. 포식자의 침입 후 표에서 제시된 생물들의 개체수 비율이 포식자 침입 전보다 덜 균등해졌으므로 포식자 침입 전보다 종다양성이 감소하였다고 판단할 수 있다.

자료 분석

생물	청설모	토끼	참새	두더지
침입 전 개체수	40	35	45	21
침입 후 개체수	25	20	29	7

- 포식자 침입 전과 후 생물종은 모두 4 종으로 같으나 침입 후 개체수는 모두 침입 전보다 줄어들었다.
- 종다양성은 생물종의 수가 많을수록, 균등하게 분포할수록 높아지는데, 포식자 침입 후 생물종의 수는 같으나 덜 균등해졌으므로 종다양성이 감소하였다.

121 생물다양성   답 ⑤

알짜풀이

ㄱ. 종다양성은 식물종의 개체수가 고르게 분포하고 있는 ㉠에서가 ㉡에서보다 높다.

ㄴ. 뒤쥐에서 R를 가진 개체의 비율이 r를 가진 개체의 비율보다 높다.

ㄷ. 동일한 종에서 뒤쥐의 대립유전자 구성이 다른 것은 생물다양성 중 유전적 다양성에 해당한다.

122 종다양성   답 ①

알짜풀이

ㄱ. 그래프에서 종 수는 일정하므로 구간 Ⅰ과 구간 Ⅱ에서 같다.

오답넘기

ㄴ. 영양염류와 같은 먹이 환경은 식물 플랑크톤의 개체수에 영향을 미치므로 종다양성에 영향을 미쳤다고 볼 수 있다.

ㄷ. 구간 Ⅰ에서 종 수는 구간 Ⅱ와 같지만 종다양성이 낮은 것으로 보아 전체 개체수에서 각 종이 차지하는 비율이 구간 Ⅱ에서가 구간 Ⅰ에서보다 균등함을 알 수 있다.

123 종다양성과 유전적 다양성   답 ⑤

알짜풀이

ㄴ. ㉠에서 꽃 색깔의 종류가 감소하였으므로 유전적 다양성이 감소했다.

ㄷ. 도로 건설로 인한 서식지파괴는 생물다양성의 감소 요인으로 작용한다.

오답넘기

ㄱ. 도로 건설 전에 비해 건설 후에 유전적 다양성도 줄고 각 종의 개체수도 줄었으므로 생물다양성이 감소했다.

서술형 문제

124 오존층의 형성과 육상 생물의 출현

✔**모범답안** 대기에 산소가 축적되면서 오존층이 형성되었고, 생물들이 육지로 진출하여 육상 생물이 출현하였다.

채점 기준	배점
대기 중의 변화와 생물권의 변화를 모두 옳게 서술한 경우	100 %
대기 중의 변화와 생물권의 변화 중 한 가지만 옳게 서술한 경우	50 %

해설

(가) 시기에는 유해한 자외선이 지표까지 도달하였지만 (나) 시기에는 대부분의 자외선이 대기에서 차단되었다. 이는 대기에 산소가 축적되면서 오존층이 형성되었기 때문이다. 지표에 도달하는 유해한 자외선이 차단되면서 바다에서 서식하였던 생물들은 육지로 진출하여 육상 생물이 출현하였다.

125 지질 시대의 환경

✔**모범답안** 삼엽충, 지구 환경의 변화에 적응하지 못한 생물은 멸종했지만 새로운 환경에 적응한 생물은 다양한 종으로 진화해왔기 때문이다.

채점 기준	배점
A 시기에 멸종한 생물과 생물다양성이 유지되는 까닭을 모두 옳게 서술한 경우	100 %
생물다양성이 유지되는 까닭만 옳게 서술한 경우	70 %
A 시기에 멸종한 생물만 옳게 서술한 경우	30 %

서식 환경이 급격하게 변하면 적응하지 못하는 생물종은 멸종되고, 적응한 생물은 진화하여 멸종한 생물을 대신할 기회를 가지게 되므로 생물다양성을 형성하게 된다.

126 고생대 말의 생물 대멸종

✔**모범답안** 바다에서 퇴적되어 만들어진 후, 수면 위로 융기하여 현재는 육지가 되었다.

채점 기준	배점
바다에서 육지 환경으로 변하였음을 옳게 서술한 경우	100 %
바다에서 퇴적되었다는 점만 서술한 경우	50 %

해설

삼엽충은 고생대의 바다에서 번성하였고, 암모나이트는 중생대의 바다에서 번성하였는데, 이들 화석이 현재 육지의 지층에서 발견되는 것은 지층이 융기하여 육지가 되었기 때문이다.

127 유전적 변이

✔**모범답안** (가) 돌연변이, (나) 유성생식 과정에서 생식세포의 다양한 조합 / 비유전적 변이의 발생 원인은 환경의 영향이고, 유전적 변이의 발생 원인은 유전자(유전정보)의 변화이다. 그리고 비유전적 변이는 형질이 자손에게 유전되지 않지만, 유전적 변이는 형질이 자손에게 유전된다.

채점 기준	배점
(가)와 (나)가 무엇의 예인지 쓰고, 차이점 두 가지를 모두 옳게 서술한 경우	100 %
(가)와 (나)가 무엇의 예인지 쓰고, 차이점 한 가지만 옳게 서술한 경우	70 %

해설

돌연변이는 DNA의 유전정보가 변화되면서 새로운 유전자가 형성되어 부모에게 없던 형질이 자손에게 나타나는 것이고, 생식세포의 다양한 조합은 유성생식 과정에서 생식세포분열에 의해 다양한 생식세포가 형성되고, 암수 생식세포가 무작위로 수정되면서 부모의 유전자가 다양하게 조합된 자손이 나타나는 것이다.

128 자연선택

✔**모범답안** (가)에서는 흰색 나방이, (나)에서는 검은색 나방이 생존에 유리하다. 생존에 적용된 원리는 모두 자연선택이다.

채점 기준	배점
(가)와 (나)에서 흰색 나방과 검은색 나방 중 어느 것이 생존에 유리한지와 생존에 적용된 원리를 모두 옳게 서술한 경우	100 %
(가)와 (나)에서 흰색 나방과 검은색 나방 중 어느 것이 생존에 유리한지와 생존에 적용된 원리 중 한 가지만 옳게 서술한 경우	50 %

해설

자연 상태에서는 변이에 따라 개체마다 환경에 다르게 적응한다. 환경에 적응하기 유리한 형질을 가진 개체는 그렇지 않은 개체에 비해 자연선택되어 더 잘 살아남아 자손을 많이 남기게 된다.

[2] 화학 변화

03 산화와 환원

STEP 1 O/X 문제로 5종 교과서 핵심 자료 보기 [033~034쪽]

129 X	130 O	131 X	132 O	133 O	134 O
135 X	136 O	137 O	138 O	139 O	140 X
141 X	142 O	143 O	144 O	145 X	146 O
147 O	148 X	149 X	150 O	151 O	152 X
153 O	154 O	155 X	156 O	157 X	158 O

STEP 2 학교 기출 문제로 내신 대비하기 [035~041쪽]

159 ⑤	160 ⑤	161 해설 참조	162 ④	163 ⑤	164 ④
165 ④	166 ③	167 ①	168 해설 참조	169 ④	170 ③
171 ①	172 ⑤	173 ③	174 ④	175 ⑤	176 ③
177 ①	178 ②	179 해설 참조	180 ③	181 해설 참조	182 ⑤
183 ①	184 ④	185 ③	186 해설 참조	187 ⑤	188 ③

159 자연과 인류의 역사에 큰 변화를 가져온 화학 반응 답 ⑤

알짜풀이

A. 광합성은 이산화 탄소와 물의 합성으로 포도당과 산소가 생성되고, 철의 제련은 산화 철과 코크스를 반응시켜 철을 환원시키는 과정이며, 화석 연료의 연소는 연료가 산소와 반응하여 이산화 탄소, 물이 생성되고 빛과 열이 발생하는 반응이므로 모두 산소가 관여하는 반응이다.

B. 연소에 의해 빛과 열이 발생하고 이때 발생하는 열을 이용하여 교통, 난방, 발전, 산업 분야에 이용하고 있다.

C. 산화 철에서 철을 환원시켜 농기구나 무기 등을 제조하여 철기 문명이 발달하였다.

160 광합성과 연소 답 ⑤

알짜풀이

ㄱ. 광합성에서 생성된 산소는 대기의 성분이 되어 오존층을 형성하고 생물을 바다에서 육지로 올라올 수 있게 하였다.

ㄴ. (나)는 연소 반응이므로 반응이 일어날 때 열이 발생하고, 이 열은 교통이나 산업 등에 이용할 수 있다.

ㄷ. 화석 연료에는 석탄, 석유, 천연 가스 등이 있다.

161 〔서술형〕 자연과 인류의 역사에 큰 변화를 가져온 화학 반응

✔ 모범답안 산소가 관여하는 반응이다. 산소가 이동하는 반응이다. 산화·환원 반응이다. 등

채점 기준	배점
산소가 관여하는 반응, 산소가 이동하는 반응, 산화·환원 반응 중 한 가지를 옳게 서술한 경우	100 %

해설

광합성이 일어나면 산소가 생성되고, 철의 제련은 산화 철에서 산소를 제거하여 순수한 철을 얻는 반응이며, 화석 연료가 연소하는 것은 산소와 반응하는 것이므로 모두 산소가 관여하는 반응이다.

162 자연과 인류의 역사에 큰 변화를 가져온 화학 반응 답 ④

알짜풀이

ㄴ. (나)에서 산화 철이 산소를 잃고 코크스가 산소를 얻어 산화된다.

ㄷ. 연소, 광합성, 철의 제련은 모두 산소가 관여하여 일어나는 산화·환원 반응이다.

오답넘기

ㄱ. (가)에서 메테인은 산소와 반응하여 산화되고, (나)에서 산화 철은 산소를 잃고 환원되며, (다)에서 이산화 탄소는 환원되어 포도당으로 된다. 따라서 ㉠은 산화, ㉡은 환원, ㉢은 환원이다.

163 산화·환원 반응 답 ⑤

알짜풀이

ㄱ. (가)에서 Mg은 산소와 결합했으므로 산화된다.

ㄴ. (나)에서 CuO는 산소를 잃었으므로 환원된다.

ㄷ. (나)에서 CuO는 산소를 잃어 환원되고, CO는 산소를 얻어 산화되므로 산소의 이동으로 산화·환원 반응을 설명할 수 있다.

164 구리의 산화와 산화 구리(Ⅱ)의 환원 답 ④

알짜풀이

(가)에서 일어나는 반응은 $2Cu + O_2 \longrightarrow 2CuO$이고, (나)에서 일어나는 반응은 $CuO + CO \longrightarrow Cu + CO_2$이다.

ㄱ. (가)에서 구리는 산소를 얻어 산화된다.

ㄷ. (나)에서 CuO는 산소를 잃고 CO는 산소를 얻으므로 물질 사이에 산소가 이동한다.

오답넘기

ㄴ. (가)에서 생성된 물질은 CuO이다.

165 산화 구리(Ⅱ)와 탄소의 산화·환원 반응 답 ④

산화 구리(Ⅱ)와 탄소의 산화·환원 반응식은 $2CuO + C \longrightarrow 2Cu + CO_2$이다.

알짜풀이

ㄴ. C는 산소를 얻어 CO_2로 산화된다.

ㄷ. 반응이 일어나면 비커 속 석회수가 뿌옇게 흐려지므로 이산화 탄소가 생성된다.
$$Ca(OH)_2 + CO_2 \longrightarrow CaCO_3 + H_2O$$

오답넘기

ㄱ. CuO는 산소를 잃고 Cu로 환원된다.

166 염소와 관련된 산화·환원 반응 답 ③

알짜풀이

ㄱ. (가)에서 Mg은 전자를 잃고 산화되고 Cl_2는 전자를 얻어 환원된다. 이때 Mg의 전자는 Cl_2로 이동한다.

ㄷ. (가)와 (나)에서 Cl_2는 모두 전자를 얻어 환원된다.

오답넘기

ㄴ. (나)에서 Br^-이 전자를 잃고 산화되고 Cl_2는 전자를 얻어 환원된다. 따라서 Na^+은 산화되거나 환원되지 않는다.

알짜풀이

ㄱ. (가)에서 Cu가 산소를 얻어 CuO가 되었으므로 A는 O_2이다.

오답넘기

ㄴ. (나)에서 CO는 CuO로부터 산소를 얻어 산화되므로 B는 CO_2이다. CO_2를 석회수에 통과시키면 탄산 칼슘의 앙금이 생성되므로 뿌옇게 흐려지는데, 이 반응은 산화·환원 반응이 아니다.

ㄷ. (가)에서 Cu는 산소를 얻어 산화되고, (나)에서 CuO는 산소를 잃고 환원된다.

168 · 서술형 산화 구리(Ⅱ)와 수소의 산화·환원 반응

✔ 모범답안 가열된 CuO를 H_2와 반응시키면 CuO는 산소를 잃고 환원되고, H_2는 산소를 얻어 H_2O로 산화되기 때문이다.

채점 기준	배점
CuO와 H_2의 반응을 산소의 이동을 이용하여 옳게 서술한 경우	100 %
H_2가 산화되어 H_2O이 생성되었기 때문이라고만 쓴 경우	30 %

해설

가열된 CuO는 수소 기체와 다음과 같이 반응한다.

$$CuO + H_2 \longrightarrow Cu + H_2O$$

따라서 CuO는 산소를 잃고 환원되고, H_2는 산소를 얻어 산화된다.

169 산화·환원 반응　　답④

알짜풀이

ㄴ. (나)는 연소 반응이므로 생성되는 열에너지를 교통이나 산업 분야에서 이용한다.

ㄷ. (가)에서 염소, (다)에서 산소는 환원되므로 (가)와 (다)에서 반응물 중 비금속 원소는 환원된다.

오답넘기

ㄱ. (가)에서 나트륨은 전자를 잃고 산화되고 염소는 전자를 얻어 환원된다. (나)에서 메테인은 산소를 얻어 산화된다. (다)에서 마그네슘은 전자를 잃고 산화되고 산소는 전자를 얻어 환원된다. 따라서 ㉠~㉢ 중 산화되는 물질은 메테인 한 가지이다.

170 마그네슘과 드라이아이스의 반응　　답③

알짜풀이

마그네슘(Mg)과 드라이아이스(CO_2)가 반응하면 산화 마그네슘(MgO)과 탄소(C)가 생성된다.

ㄱ. (나) 과정 후에는 CO_2의 산소가 마그네슘과 결합하여 C만 남게 된다.

ㄴ. 이 반응에서는 Mg과 CO_2가 반응하여 MgO과 C를 생성한다. 따라서 화학 반응식은 $2Mg + CO_2 \longrightarrow 2MgO + C$이다.

오답넘기

ㄷ. 드라이아이스는 산소를 잃고 환원된다.

171 산과 금속의 반응　　답①

알짜풀이

묽은 염산에 금속 마그네슘을 넣었을 때의 화학 반응식은 다음과 같다.

$$2H^+ + Mg \longrightarrow Mg^{2+} + H_2$$

ㄱ. 마그네슘은 전자를 잃고 산화된다.

오답넘기

ㄴ. 수소 이온 2개가 반응할 때 마그네슘 이온 1개가 생성되므로, 반응이 일어날 때 수용액 속 이온 수는 감소한다.

ㄷ. 전자는 마그네슘에서 수소 이온으로 이동하며 염화 이온은 산화되거나 환원되지 않는다.

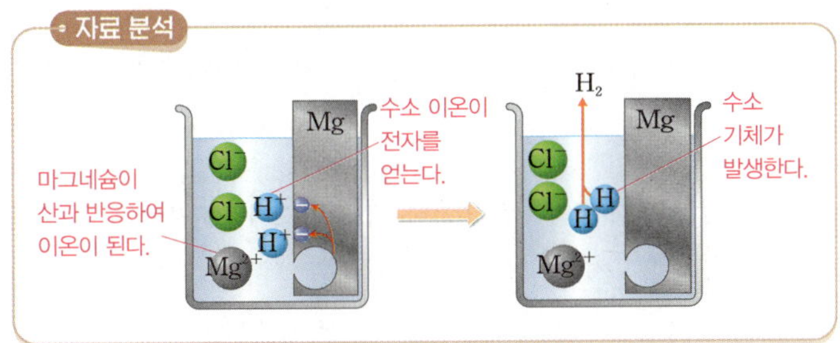

172 금속과 금속 이온의 반응　　답⑤

알짜풀이

ㄱ. 금속과 금속 이온의 반응에서 수용액 속 양이온의 총 전하량은 일정하다. 따라서 X 이온의 전하는 +1이고 이온 수는 6인데 반응 후 Y 이온 수는 3이므로 Y 이온의 전하는 +2임을 알 수 있다. 따라서 ▲은 Y^{2+}이다.

ㄴ. X 이온은 전자를 얻어 환원되고 Y는 전자를 잃고 산화된다.

ㄷ. 반응이 일어날 때 전자는 금속 Y에서 X 이온으로 이동한다.

173 질산 은과 구리의 산화·환원 반응　　답③

알짜풀이

질산 은 수용액에 구리를 넣으면 구리는 산화되고 은 이온은 환원된다.

$$Cu + 2Ag^+ \longrightarrow Cu^{2+} + 2Ag$$

ㄱ. 은 이온은 전자를 얻고 환원된다.

ㄴ. 반응이 일어나면 구리가 산화되어 Cu^{2+}이 생성되므로 수용액의 색깔은 푸른색으로 변한다.

오답넘기

ㄷ. 은 이온 2개가 반응하여 소모될 때 구리 이온 1개가 생성되므로 수용액 속 이온 수는 감소한다. 따라서 수용액 속 이온 수는 (가)에서가 (나)에서보다 크다.

174 구리와 관련된 산화·환원 반응　　답⑤

알짜풀이

ㄱ. (나)에서 구리판을 가열하면 산소와 반응을 하는데, 이때 구리는 전자를 잃고 산화된다.

ㄴ. (나)에서 구리가 잃은 전자를 산소가 얻어 환원된다.

ㄷ. 구리와 산소가 반응하면 산화 구리(Ⅱ)가 생성되므로 구리판의 질량은 반응한 산소의 질량만큼 증가한다. 따라서 (나)에서 반응한 산소의 질량은 $(w_2 - w_1)$ g이다.

175 황산 구리(Ⅱ)와 마그네슘의 산화·환원 반응 답 ③

알짜풀이

ㄱ. 황산 구리(Ⅱ) 수용액에는 구리 이온이 존재하므로 푸른색을 띤다. 황산 구리(Ⅱ) 수용액에 마그네슘을 넣었을 때 수용액의 색이 무색이 되었으므로 마그네슘은 산화되어 마그네슘 이온(Mg^{2+})이 되고 수용액 속 구리 이온(Cu^{2+})은 전자를 얻고 구리로 석출되었다. 따라서 마그네슘은 전자를 잃는다.

ㄴ. 구리 이온은 전자를 얻어 구리로 환원되므로 마그네슘판 위에 구리가 석출된다.

오답넘기

ㄷ. 마그네슘 이온과 구리 이온의 전하는 모두 +2이므로 용액 속 전체 이온 수는 변하지 않는다.

176 구리와 질산 은 수용액의 반응 답 ③

알짜풀이

ㄱ. 구리는 전자를 잃고 구리 이온(Cu^{2+})으로 산화된다.

ㄴ. 질산 은 수용액의 은 이온(Ag^{+})은 전자를 얻어 은(Ag)으로 석출된다.

오답넘기

ㄷ. 구리 원자 1개는 전자를 2개 잃어 구리 이온이 되고, 은 이온은 전자를 1개 얻어 은으로 환원되므로 화학 반응식은 다음과 같다.

$$Cu+2AgNO_3 \longrightarrow Cu(NO_3)_2+2Ag$$

177 산화·환원 반응 답 ①

알짜풀이

(가)에서 구리는 공기 중 산소와 반응하여 산화 구리(Ⅱ)를 생성한다.

$$2Cu+O_2 \longrightarrow 2CuO$$

(나)에서 묽은 염산과 아연이 반응하여 생성된 수소 기체가 산화 구리(Ⅱ)와 반응하여 구리가 생성된다.

$$2HCl+Zn \longrightarrow ZnCl_2+H_2$$
$$CuO+H_2 \longrightarrow Cu+H_2O$$

ㄱ. (가)에서와 같이 공기 중에서 구리 조각을 가열하면 구리와 산소가 반응하여 산화 구리(Ⅱ)가 생성된다.

오답넘기

ㄴ. (나)에서 염산과 아연 조각이 반응할 때 염화 이온은 산화되거나 환원되지 않으며, 아연이 전자를 잃고 산화되고 수소 이온이 전자를 얻어 환원된다.

ㄷ. (나)에서 염산과 아연의 반응에 의해 생성된 수소 기체가 구리 조각 위에서 산화 구리(Ⅱ)의 산소를 얻어 물로 산화된다.

178 질산 은과 구리의 산화·환원 반응 답 ②

알짜풀이

ㄴ. 구리가 산화되므로 반응 후 수용액에는 구리 이온이 들어 있다.

오답넘기

ㄱ. 구리와 은 이온이 반응하면 구리 이온과 은이 생성된다. 이때 구리는 전자를 잃고 산화된다.

ㄷ. 구리 이온 1개가 생성될 때 은 이온 2개가 환원되므로 수용액 속 양이온 수는 감소한다.

179 서술형 질산 은과 철의 산화·환원 반응

(1) 답 철

(2) ✔모범답안 이온 수 감소, 금속과 금속 이온의 반응에서 수용액 속 양이온의 총 전하량은 일정하다. 이온의 전하는 철 이온이 은 이온보다 크므로 철 이온 1개가 생성될 때 은 이온 2개가 환원되어 수용액 속 총 이온 수는 감소한다.

채점 기준	배점
수용액 속 총 이온 수가 감소하는 까닭을 이온 수 변화를 이용하여 옳게 서술한 경우	100 %
수용액 속 총 이온 수가 감소한다는 것만 서술한 경우	30 %

해설

수용액 속 양이온의 총 전하량은 일정하므로 다음과 같은 식이 성립한다.

$$(Fe^{2+}의\ 전하) \times (Fe^{2+}\ 수) = (Ag^{+}의\ 전하) \times (Ag^{+}\ 수)$$

따라서 생성되는 Fe^{2+} 수보다 환원되어 소모되는 Ag^{+} 수가 많으므로 수용액 속 총 이온 수는 감소한다.

180 나트륨의 산화·환원 반응 답 ③

알짜풀이

ㄱ, ㄴ. (가)와 (나)에서는 모두 Na이 전자를 잃어 Na^{+}으로 산화되므로 모두 산화·환원 반응이다.

오답넘기

ㄷ. (가)에서 생성되는 Na_2O은 고체 상태이고, (나)에서 생성되는 H_2는 기체 상태, NaOH은 수용액 상태이다.

181 서술형 철의 산화

✔모범답안 철솜이 삼각 플라스크 속 공기 중 산소와 반응하여 산화되므로 플라스크 속 기체의 압력이 대기압보다 낮아져 수은면 A가 높아진다.

채점 기준	배점
철의 산화·환원 반응과 플라스크 내 압력 변화를 포함하여 그렇게 생각한 까닭을 옳게 서술한 경우	100 %
철이 산소와 반응했기 때문이라고만 서술한 경우	30 %

해설

철은 비교적 반응성이 큰 금속으로 공기 중 산소와 반응하여 산화 철을 생성한다. 따라서 밀폐된 플라스크에 넣어 두면 철이 공기 중 산소와 반응하여 플라스크 내부 압력이 대기압보다 낮아지게 된다. 따라서 수은의 높이는 플라스크 쪽으로 높아지게 된다.

182 메테인의 연소와 산화·환원 반응 답 ⑤

알짜풀이

ㄱ. 연소는 물질이 산소와 반응하는 산화·환원 반응이다. 이때 산소는 환원되고, 화석 연료는 산화된다.

ㄴ. 화석 연료의 연소에 의해 생성된 물질은 물과 이산화 탄소인데 이 중 지구 온난화를 일으키는 물질은 이산화 탄소이므로 ⓒ은 이산화 탄소이다. 따라서 이산화 탄소를 석회수에 통과시키면 탄산 칼슘의 앙금을 생성하므로 뿌옇게 흐려진다.

ㄷ. 화석 연료를 연소시킬 때 이산화 탄소가 발생하였으므로 화석 연료에는 탄소가 포함되어 있음을 알 수 있다.

연료의 연소

화석 연료	동물과 식물이 땅속에 묻혀 열과 압력의 영향을 받아 생성된 물질로 주성분은 탄소와 수소이다.
화석 연료의 연소	화석 연료가 연소될 때 화석 연료를 구성하는 탄소와 수소 등의 원자가 산소와 결합하므로 이산화 탄소(CO_2)와 물(H_2O)이 생성된다.

183 광합성과 세포호흡   답 ①

알짜풀이

(가)는 광합성, (나)는 세포호흡이다.

ㄱ. 광합성은 빛에너지를 이용하여 이산화 탄소와 물을 합성해 포도당과 산소를 생성하는 반응이다. 따라서 ㉠은 CO_2이다.

오답넘기

ㄴ. (나)에서 포도당은 산소와 결합하여 산화되고, ㉡인 산소는 환원된다.

ㄷ. (가)에서 빛에너지를 흡수하고, (나)에서 포도당의 연소 반응에 의해 에너지가 발생한다.

184 메테인의 연소와 철의 제련   답 ④

알짜풀이

ㄱ. (가)는 메테인의 연소 반응이므로 메테인은 산화된다.

ㄷ. ㉠은 이산화 탄소이다. 광합성에서 이산화 탄소는 포도당으로 환원된다.

오답넘기

ㄴ. (나)에서 일산화 탄소는 산소를 얻으므로 산화된다.

185 철의 제련과 산화·환원 반응   답 ③

알짜풀이

ㄱ. 철의 제련 과정에서 CO는 Fe_2O_3로부터 산소를 얻어 CO_2로 산화된다.

ㄴ. $CaCO_3$을 열분해하면 CO_2와 CaO이 생성되므로 ㉡은 CO_2이고, CO_2는 지구 온난화의 원인 물질이다.

오답넘기

ㄷ. Fe이 생성되는 반응은 산화·환원 반응이지만 $CaSiO_3$이 생성되는 반응은 산소나 전자의 이동이 없으므로 산화·환원 반응이 아니다.

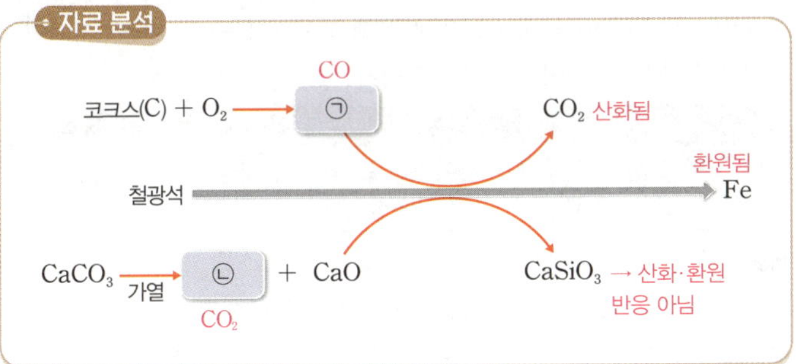

186 서술형 철의 제련과 산화·환원 반응

모범답안 철의 제련 반응에서 코크스(C)는 산소를 얻어 일산화 탄소(CO)로 산화되고, 산화 철(Ⅲ)(Fe_2O_3)은 산소를 잃고 철(Fe)로 환원된다.

채점 기준	배점
산화되는 물질과 환원되는 물질을 모두 옳게 서술한 경우	100 %
산화되는 물질과 환원되는 물질 중 한 가지만 옳게 서술한 경우	50 %

해설

철의 제련 과정에서 일산화 탄소(CO)는 산화되고 산화 철(Ⅲ)(Fe_2O_3)은 환원된다.

187 화석 연료의 연소 반응   답 ⑤

알짜풀이

ㄴ. (가)와 (나)는 모두 화석 연료의 연소 반응이므로 열에너지가 방출된다.

ㄷ. ㉢은 이산화 탄소(CO_2)이므로 석회수에 통과시키면 석회수가 뿌옇게 흐려진다.

오답넘기

ㄱ. 산소(O_2)는 O를 잃고 H와 결합하므로 환원된다. 따라서 ㉡은 환원이고, ㉠은 산화이다.

188 여러 가지 산화·환원 반응   답 ③

알짜풀이

ㄱ. 수소 연료 전지에서는 수소와 산소가 반응하여 물이 발생할 때 생성되는 전기 에너지를 이용한다. (가)는 수소 연료 전지의 반응이다.

ㄷ. (다)에서 산화 철(Ⅲ)에는 철 이온이 들어 있고, 반응 후 철이 되므로 철 이온이 전자를 얻음을 알 수 있다.

오답넘기

ㄴ. (가)의 수소는 산소를 얻어 산화되고, (나)의 이산화 탄소는 산소를 잃어 환원된다.

04 산과 염기의 중화 반응

STEP 1 O/X 문제로 5종 교과서 핵심 자료 보기 043~044쪽

189 O	190 X	191 O	192 X	193 O	194 O
195 X	196 O	197 X	198 O	199 O	200 O
201 X	202 O	203 X	204 O	205 O	206 X
207 O	208 X	209 O	210 O	211 O	212 X
213 O	214 O	215 O	216 X	217 X	218 O

STEP 2 학교 기출 문제로 내신 대비하기				045~051쪽
219 ⑤	**220** ①	**221** 해설 참조 **222** ③	**223** 해설 참조 **224** ③	
225 ③	**226** ②	**227** ①	**228** ①	**229** 해설 참조 **230** ⑤
231 ③	**232** ④	**233** ⑤	**234** ⑤	**235** ②	**236** ⑤
237 ④	**238** ④	**239** ③	**240** ④	**241** 해설 참조
242 해설 참조 **243** ④		**244** 해설 참조 **245** 해설 참조 **246** ④		**247** ④

219 산과 염기의 성질
답 ⑤

알짜풀이

A, B. 산은 물에 녹아 H^+을 내놓는 물질이고, 염기는 물에 녹아 OH^-을 내놓는 물질이다. 따라서 산과 염기가 각각 공통적인 성질을 나타내는 까닭은 각각 H^+과 OH^- 때문이다.

C. 산과 염기는 모두 수용액에서 이온화되어 각각 H^+과 OH^-을 내놓으므로 전류를 흐르게 한다.

220 염기성을 나타내는 이온
답 ①

알짜풀이

NaOH은 물에 녹아 나트륨 이온(Na^+)과 수산화 이온(OH^-)으로 이온화된다. 염기성은 수산화 이온 때문에 나타나는 성질이므로 염기성 수용액에 붉은색 리트머스 종이를 대면 푸른색으로 변한다.

ㄱ. 그림과 같은 장치에 전류를 흘렸을 때 전극 A 쪽으로 푸르게 변했으므로 전극 A 쪽으로 OH^-이 이동한 것이다. 따라서 전극 A는 ($+$)극이다.

오답넘기

ㄴ. 칼륨 이온(K^+)과 질산 이온(NO_3^-)도 각각 ($-$)극과 ($+$)극으로 이동한다.

ㄷ. KOH 수용액은 염기성이므로 NaOH 수용액으로 실험했을 때의 결과와 같게 나타난다.

221 **서술형** 산성과 염기성을 나타내는 이온

(1) **답** OH^-, Cl^-, NO_3^-

(2) **모범답안** A 수용액은 산성이므로 H^+이 ($-$)극으로 이동하여 ($-$)극 쪽으로 노랗게 변한다. B 수용액은 염기성이므로 OH^-이 ($+$)극으로 이동하여 ($+$)극 쪽으로 파랗게 변한다.

채점 기준	배점
A 수용액과 B 수용액에서 색깔 변화를 쓰고, 그렇게 생각한 까닭을 모두 옳게 서술한 경우	100 %
A 수용액과 B 수용액 중 한 가지 경우만 옳게 서술한 경우	50 %

해설

실험에서 사용하는 수용액에 들어 있는 이온은 K^+, NO_3^-, H^+, Cl^-, Na^+, OH^-이 있으며 전류를 흘려주면 정전기적 인력에 의해 ($-$)극으로 양이온인 K^+, H^+, Na^+이 이동하고 ($+$)극으로 음이온인 NO_3^-, Cl^-, OH^-이 이동한다.

- **지시약**: 용액의 성질에 따라 색이 변하는 것으로, 용액의 액성을 구별하기 위해 사용한다.
- **여러 가지 지시약**

지시약	산성	중성	염기성
리트머스	푸른색 리트머스 종이가 붉은색으로 변한다.	푸른색, 붉은색 리트머스 종이가 모두 색깔이 변하지 않는다.	붉은색 리트머스 종이가 푸른색으로 변한다.
페놀프탈레인	무색	무색	붉은색
메틸오렌지	붉은색	노란색	노란색
BTB	노란색	초록색	파란색

222 산과 염기의 성질
답 ③

알짜풀이

묽은 염산과 식초는 산성 용액이고, 수산화 나트륨 수용액은 염기성 용액이다.

ㄱ. 묽은 염산, 식초, 수산화 나트륨 수용액에는 모두 이온이 있어 전기 전도성이 있다. 따라서 ㉠은 '있음'이다.

ㄴ. 묽은 염산과 식초는 모두 마그네슘과 반응하여 수소 기체를 발생시킨다. 따라서 ㉡은 '기체 발생'이다.

오답넘기

ㄷ. 페놀프탈레인 용액은 산성과 중성에서 무색, 염기성에서 붉은색을 띤다. 따라서 수산화 나트륨 수용액에 페놀프탈레인 용액을 넣으면 붉은색을 띠므로 ㉢은 '붉은색'이다.

223 **서술형** 산과 염기의 분류

모범답안 수용액에 마그네슘을 넣으면 수소 기체가 발생하는가?, 수용액에 달걀 껍데기를 넣으면 이산화 탄소 기체가 발생하는가?, 수용액에 푸른색 리트머스 종이를 대어 보면 붉은색으로 변하는가?, 수용액에 BTB 용액을 떨어뜨리면 노란색으로 변하는가? 등

채점 기준	배점
기준 (가)로 산에 해당하는 것이 '예'로, 염기에 해당하는 것이 '아니요'로 분류할 수 있게 서술한 경우	100 %

해설

염산과 아세트산은 산이고 암모니아와 수산화 나트륨은 염기이다. 산과 염기로 분류할 수 있는 분류 기준 중 산이 '예'로 나오는 것을 찾는다.

224 산과 염기
답 ③

알짜풀이

(가)의 수용액은 BTB 용액을 떨어뜨렸을 때 노란색으로 변하므로 산성이고, (나)의 수용액은 BTB 용액을 떨어뜨렸을 때 초록색으로 변하므로 중성이며, (다)의 수용액은 BTB 용액을 떨어뜨렸을 때 파란색으로 변하므로 염기성이다.

ㄱ. (다)의 수용액은 염기성이므로 '붉은색'은 ㉠으로 적절하다.

ㄴ. (가)의 수용액은 BTB 용액을 떨어뜨렸을 때 노란색으로 변했으므로 산성이다. 따라서 마그네슘 조각을 넣으면 수소 기체가 발생한다.

오답넘기

ㄷ. (나)의 수용액은 중성이므로 리트머스 종이에는 색 변화가 나타나지 않는다.

225 산과 염기
답 ③

알짜풀이

ㄱ. 레몬, 식초는 모두 산성을 띠는 물질이다.

ㄷ. ©으로 분류된 두 가지 물질은 모두 염기이므로 수용액에 공통적인 음이온인 수산화 이온(OH^-)이 존재한다.

오답넘기

ㄴ. 증류수의 액성은 중성이므로 ㉡은 중성이다. 증류수는 전기 전도성을 나타낼 수 있는 이온이 존재하지 않으므로 전기 전도성이 없다.

226 산의 공통적인 성질
답 ②

알짜풀이

산 HA 수용액과 HB 수용액에 공통으로 들어 있는 ●은 수소 이온(H^+)이다.

ㄴ. HA 수용액에 마그네슘 조각을 넣으면 수소 이온과 반응하므로 ●은 전자를 얻어 수소 기체로 환원된다.

$$Mg + 2H^+ \longrightarrow Mg^{2+} + H_2$$

오답넘기

ㄱ. 산의 종류에 따라 성질이 다른 까닭은 음이온의 종류가 다르기 때문이다. ●은 공통으로 들어 있으므로 ● 때문에 산의 공통적인 성질이 나타난다.

ㄷ. HB 수용액에 달걀 껍데기를 넣으면 수소 이온인 ●과 반응한다.

$$CaCO_3 + 2H^+ \longrightarrow Ca^{2+} + H_2O + CO_2$$

227 산의 이온화 반응
답 ①

알짜풀이

ㄱ. (가)와 (나)에는 모두 H^+이 존재하므로 산 수용액이다. 따라서 BTB 용액을 떨어뜨리면 모두 노란색으로 변한다.

오답넘기

ㄴ. (나)에서 이온 수비는 $H^+ : B^{b-} = 2 : 1$이므로 $b=2$이다.

ㄷ. (가)에 넣은 HA의 분자 수는 2이고, (나)에 넣은 H_2B의 분자 수도 2이므로 물에 넣은 산의 분자 수는 (가)와 (나)가 같다.

228 용액의 액성과 지시약의 색 변화
답 ①

알짜풀이

(가)는 수용액에 수소 이온이 있으므로 산성, (나)는 중성, (다)는 수용액에 수산화 이온이 있으므로 염기성이다.

ㄱ. 산성 용액은 (가) 한 가지이다.

오답넘기

ㄴ. 금속 마그네슘을 넣었을 때 수소 기체가 발생하는 용액은 산성 용액인 (가) 한 가지이다.

ㄷ. 페놀프탈레인 용액을 넣으면 (가)와 (나)는 색이 변하지 않지만 염기성 용액인 (다)는 붉은색으로 변한다. 따라서 페놀프탈레인 용액을 넣었을 때 색깔이 변하는 용액은 세 가지이다.

229 서술형 용액의 액성과 지시약의 색 변화

(1) **모범답안** ▲, X~Z를 각각 1개씩 물에 녹이면 HCl만이 수소 이온 1개와 염화 이온 1개가 생성되므로 (다)는 묽은 HCl이다. 그런데 HCl과 $CaCl_2$ 수용액에 공통적으로 ●이 들어 있으므로 ●은 염화 이온이다. 따라서 수소 이온은 ▲이다.

채점 기준	배점
양이온과 음이온 수비와 공통으로 들어 있는 이온을 제시하여 (가)~(다)를 세 가지 수용액으로 구분한 후 ▲이 H^+임을 구하는 과정을 옳게 서술한 경우	100 %
(가)~(다)를 세 가지 수용액으로 구분하고 ▲이 H^+임을 구하는 과정을 옳게 서술한 경우	60 %
▲이 H^+이라고만 쓴 경우	30 %

해설

HCl는 H^+과 Cl^-으로, $CaCl_2$은 Ca^{2+}과 Cl^-으로, $Ca(OH)_2$은 Ca^{2+}과 OH^-으로 각각 이온화되고 이온 수비가 1 : 1인 (다)가 묽은 염산에서의 이온 모형을 나타낸 것이다. 따라서 ▲은 H^+이고 Cl^-은 ●이므로 (가)와 (나)에서 ★은 Ca^{2+}, (나)에서 ■은 OH^-이다.

(2) **모범답안** (가) 초록색, (나) 파란색, (다) 노란색, (가)는 $CaCl_2$ 수용액으로 중성이므로 BTB 용액을 넣으면 초록색으로 변하고, (나)는 $Ca(OH)_2$ 수용액으로 염기성이므로 BTB 용액을 넣으면 파란색으로 변한다. (다)는 염산(HCl)으로 산성이므로 BTB 용액을 넣으면 노란색으로 변한다.

채점 기준	배점
(가)~(다)의 액성과 색을 모두 옳게 서술한 경우	100 %
(가)~(다)의 색만 옳게 쓴 경우	50 %

해설

BTB 용액은 산성 용액에서 노란색, 중성 용액에서 초록색, 염기성 용액에서 파란색을 띤다.

230 산과 염기의 중화 반응
답 ⑤

알짜풀이

화학 반응 전후 원자의 종류와 수가 같아야 한다.

$$2HCl + Ca(OH)_2 \longrightarrow CaCl_2 + 2H_2O$$
$$H_2SO_4 + 2KOH \longrightarrow K_2SO_4 + 2H_2O$$

ㄱ. X는 H_2O이다.

ㄴ. 중화 반응의 알짜 이온 반응식은 $H^+ + OH^- \longrightarrow H_2O$이므로 (나)에
서 반응한 H^+ 수와 생성된 H_2O 분자 수는 같다.

ㄷ. (가)의 중화점에 해당하는 용액에는 $CaCl_2$이 이온화되어 생성된 Ca^{2+}
과 Cl^-이 들어 있고, (나)의 중화점에 해당하는 용액에는 K_2SO_4이 이
온화되어 생성된 K^+과 SO_4^{2-}이 들어 있다. 따라서 (가)와 (나)의 중화
점에 해당하는 용액은 모두 전기 전도성이 있다.

231 산과 염기의 중화 반응 답 ③

알짜풀이

수용액에서 양이온의 총 전하량과 음이온의 총 전하량의 합은 0이다. (가)
에서 ●의 수와 ▲의 수가 같으므로 이온의 전하의 크기는 서로 같고, (나)
에서 ●의 수는 ■의 수의 2배이므로 이온의 전하의 크기는 ■이 ●의 2배
이다.

ㄱ. (가)와 (나)에 ●이 공통으로 들어 있으므로 ●은 수소 이온이다.

ㄴ. 이온의 전하는 ■이 -2, ▲이 -1이므로 |이온의 전하|는 ■이 ▲보
다 크다.

오답넘기

ㄷ. (가)와 (나)에 들어 있는 수소 이온 수가 같으므로 완전히 중화시키는
데 필요한 수산화 나트륨 수는 (가)와 (나)가 같다.

232 중화 반응과 혼합 용액의 성질 답 ④

알짜풀이

ㄴ. (가)와 (나)에는 수소 이온이 있으므로 모두 산성이다. 따라서 산성 용
액에 탄산 칼슘을 넣으면 이산화 탄소 기체가 발생한다.

ㄷ. (다)에서 수소 이온과 수산화 이온이 모두 반응하였으므로 (다)는 중화
점이다. 따라서 혼합 용액의 온도는 중화점에서 가장 높으므로 (다)가
(라)보다 높다.

오답넘기

ㄱ. (가)와 (나)는 산성, (다)는 중성, (라)는 염기성이다.

233 중화 반응과 혼합 용액의 온도 답 ⑤

알짜풀이

묽은 염산과 수산화 나트륨 수용액이 반응하면 중화 반응하여 물이 생성
되고 혼합 용액의 온도는 반응 전보다 높아진다. 또한 혼합 용액의 온도는
중화 반응에 의해 생성된 물의 양이 많을수록 높으므로 (다)에서가 중화점
에 해당한다.

ㄱ. (나)에서 혼합 용액의 부피가 수산화 나트륨 수용액이 묽은 염산보다
크므로 반응 후 수산화 이온이 반응하지 않고 남는다. 따라서 (나)의
혼합 용액은 염기성이다.

ㄴ. (마)에서 혼합 용액의 부피가 묽은 염산이 수산화 나트륨 수용액보다
크므로 반응 후 수소 이온이 반응하지 않고 남는다. 따라서 (마)의 혼
합 용액은 산성이므로 금속 마그네슘을 넣으면 수소 이온과 반응하여
수소 기체가 발생한다.

ㄷ. 혼합 용액의 온도가 높을수록 생성된 물 분자가 많으므로, 생성된 물
분자의 수는 (라)에서가 (마)에서보다 많다.

234 중화 반응과 혼합 용액의 온도 답 ⑤

알짜풀이

ㄱ. (가)는 중화점 이전이므로 산성이다.

ㄴ. 일정량의 염산에 수산화 나트륨 수용액을 조금씩 가했으므로 온도가
가장 높은 혼합 용액 (나)가 중화점이다.

ㄷ. (다)는 중화점 이후이므로 NaOH 수용액이 남아 있는 염기성이다. 따
라서 BTB 용액을 떨어뜨리면 파란색으로 변한다.

235 중화 반응과 혼합 용액의 성질 답 ②

알짜풀이

혼합 용액 A는 중화점 이전이므로 H^+ 수가 OH^- 수보다 많으며, 혼합
용액 B는 중화점에 해당한다.

ㄴ. 수용액 B는 중성이므로 생성된 물 분자 수는 B가 A보다 크다.

오답넘기

ㄱ. 혼합 용액 A는 산성이므로 페놀프탈레인 용액을 넣어도 색이 변하지
않는다.

ㄷ. 묽은 염산에 NaOH 수용액을 조금씩 넣을 때 반응하여 감소하는 H^+
수만큼 Na^+ 수가 증가하므로 중화점까지 혼합 이온의 총 이온 수는
변하지 않는다.

236 중화 반응과 혼합 용액의 성질 답 ⑤

알짜풀이

혼합 용액 A는 중화점 이전에 해당되고, B는 중화점, C는 중화점 이후에 해
당된다.

ㄱ. A는 중화점 이전으로 산성이므로 마그네슘을 넣으면 수소 기체가 발
생한다.

ㄴ. 묽은 염산에 수산화 나트륨 수용액을 넣었을 때 혼합 용액의 온도는
생성된 물의 양이 많을수록 높다. 따라서 중화점에서 혼합 용액의 온
도가 가장 높으므로 혼합 용액의 온도는 B가 A보다 높다.

ㄷ. 묽은 염산에 수산화 나트륨 수용액을 넣으면 반응하여 소모되는 수소
이온 수만큼 나트륨 이온 수가 증가하므로 수산화 나트륨 수용액을 넣
기 전부터 중화점까지 전체 이온 수는 일정하다. 중화점 이후에는 넣
어 준 나트륨 이온과 수산화 이온의 수만큼 전체 이온 수가 증가한다.
따라서 용액에 들어 있는 전체 이온 수는 C가 B보다 크다.

237 중화 반응의 이온 수   답 ④

알짜풀이

ㄴ. 묽은 염산 10 mL와 NaOH 수용액 10 mL가 반응할 때까지 OH^-이 존재하지 않으므로 혼합 용액이 중성이 되는 부피가 같다. 따라서 같은 부피에 들어 있는 H^+과 OH^-의 수가 같으므로 같은 부피에 들어 있는 두 수용액의 이온 수는 같다.

ㄷ. 같은 부피에 들어 있는 두 수용액의 이온 수가 같으므로 NaOH 수용액 5 mL를 넣었을 때의 Na^+의 수는 처음 들어 있는 Cl^-의 수의 절반에 해당하므로 $\dfrac{Na^+의\ 수}{Cl^-의\ 수}=\dfrac{1}{2}$이다.

오답넘기

ㄱ. 묽은 염산 10 mL에 NaOH 수용액 10 mL를 반응시켰을 때까지 존재하지 않다가 이후에 생성되는 이온 ㉠은 OH^-이다.

238 중화 반응의 이온 수   답 ④

알짜풀이

ㄴ. 묽은 염산 20 mL를 가했을 때 $\dfrac{㉠의\ 수}{Na^+의\ 수}=\dfrac{Cl^-의\ 수}{Na^+의\ 수}=1$이므로 중화점이다. 따라서 혼합 용액의 온도는 중화점인 (나)에서가 중화점을 지난 지점인 (다)에서보다 높다.

ㄷ. 반응 전 수산화 나트륨 수용액 20 mL에 Na^+, OH^-이 각각 $2N$ 개, $2N$ 개 있다고 가정하면 (가)에서는 Na^+ $2N$ 개, OH^- N 개, Cl^- N 개가 들어 있고, (다)에서는 Na^+ $2N$ 개, H^+ N 개, Cl^- $3N$ 개가 들어 있으므로 혼합 용액 속 전체 이온 수비는 (가) : (다) $= 2 : 3$이다.

오답넘기

ㄱ. Na^+의 수는 일정한데, 묽은 염산을 가할수록 $\dfrac{㉠의\ 수}{Na^+의\ 수}$가 증가하므로 ㉠은 Cl^-이다.

자료 분석

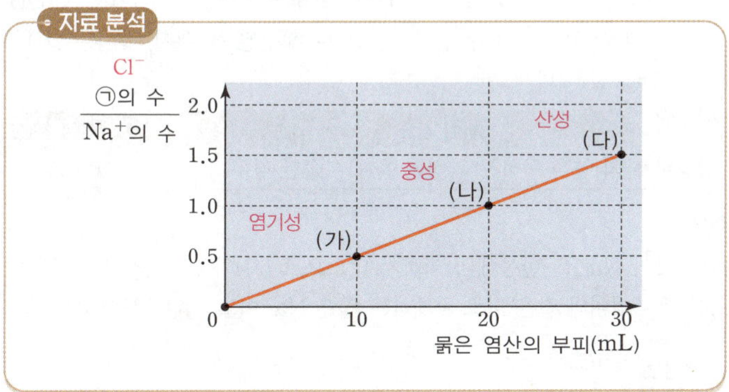

239 중화 반응과 혼합 용액 속 이온 수 구하기   답 ③

알짜풀이

수용액에서 황산과 염화 수소는 각각 다음과 같이 이온화한다.

(가) $H_2SO_4 \longrightarrow 2H^+ + SO_4^{2-}$

(나) $HCl \longrightarrow H^+ + Cl^-$

황산이 녹아 있는 수용액에서는 양이온 수가 음이온 수의 2배이고, 염화 수소가 녹아 있는 수용액에서는 양이온 수와 음이온 수가 같다.

ㄱ. 중화점은 수소 이온과 수산화 이온이 모두 반응한 지점이다. 따라서 중화점까지 생성된 물의 양은 수용액 속에 들어 있는 수소 이온 수에 비례하므로 (가)에서가 (나)에서보다 많다.

ㄴ. (가)에 들어 있는 수소 이온 수가 $4N$일 때 (나)에 들어 있는 수소 이온 수는 $2N$이라고 가정할 수 있다. (가)에 들어 있는 수소 이온을 모두 중화시키려면 수산화 이온 $4N$이 필요하고, (나)에 들어 있는 수소 이온을 모두 중화시키려면 수산화 이온 $2N$이 필요하다. 따라서 중화점까지 넣어 준 NaOH 수용액의 부피는 (가)에서가 (나)에서보다 크다.

오답넘기

ㄷ. 중화점에서 (가)에는 황산 이온 $2N$, 나트륨 이온 $4N$이 들어 있고, (나)에는 염화 이온 $2N$, 나트륨 이온 $2N$이 들어 있다. 따라서 중화점에서 전체 이온 수는 (가)에서가 (나)에서보다 크다.

240 산 염기 중화 반응과 혼합 용액 속 이온 모형   답 ④

알짜풀이

묽은 염산 10 mL와 NaOH 수용액 30 mL를 혼합한 수용액에 염화 이온이 1 개, 나트륨 이온이 3 개이므로 묽은 염산 10 mL에는 수소 이온 1 개, 염화 이온 1 개가 들어 있고, NaOH 수용액 30 mL에는 나트륨 이온 3 개, 수산화 이온 3 개가 들어 있다.

ㄴ. 묽은 염산 20 mL와 NaOH 수용액 20 mL에는 각각 수소 이온 2 개, 수산화 이온 2 개가 들어 있으므로 생성된 물 분자 수는 2 개이다. 묽은 염산 30 mL와 NaOH 수용액 10 mL에는 각각 수소 이온 3 개, 수산화 이온 1 개가 들어 있으므로 생성된 물 분자 수는 1 개이다. 따라서 생성된 물 분자 수는 (나)가 (다)의 2배이다.

ㄷ. (다)에는 수소 이온 2 개가 남아 있으므로 모두 중화시키기 위해 수산화 이온 2 개가 필요하다. 따라서 (다)에 NaOH 수용액 20 mL를 넣으면 수소 이온 2 개가 모두 중화되므로 혼합 용액은 중성이 된다.

오답넘기

ㄱ. (가)에 수산화 이온이 들어 있으므로 (가)는 염기성이다. 염기성 용액에 마그네슘을 넣으면 반응이 일어나지 않으므로 수소 기체가 발생하지 않는다.

241 **서술형** 중화 반응의 양적 관계

(1) ☑**모범답안** (나)가 (가)의 2배, 수용액 속에 들어 있는 수산화 이온의 수는 (가)가 1 개, (나)가 2 개이고, 넣어 준 묽은 염산에 들어 있는 수소 이온 수는 모두 2 개이므로 생성되는 물 분자 수는 (가)가 1 개, (나)가 2 개이다.

채점 기준	배점
수용액 속 이온 수를 제시하여 생성된 물의 양이 (나)가 (가)보다 많다는 것을 옳게 서술한 경우	100 %
생성된 물 분자 수는 (나)가 (가)보다 많다라고만 서술한 경우	40 %

해설

중화 반응의 화학 반응식은 다음과 같다.

$H^+ + OH^- \longrightarrow H_2O$

중화 반응이 일어날 때 H^+과 OH^-은 1 : 1로 반응하므로 같은 양의 묽은 염산을 넣어 줄 때 생성되는 물의 양은 염기 수용액 속 OH^- 수에 비례한다.

(2) ✔모범답안 KOH 수용액 100 mL, KOH 수용액 100 mL에 묽은 염산 50 mL를 넣었을 때 수소 이온 1 개가 반응하지 않고 남게 된다. KOH 수용액 100 mL에는 수산화 이온 1 개가 들어 있으므로 혼합 용액에 KOH 수용액 100 mL를 더 넣어 주면 완전히 중화된다.

채점 기준	배점
KOH 수용액 100 mL를 더 넣어 주면 완전히 중화가 되는 까닭을 포함하여 옳게 서술한 경우	100 %
KOH 수용액 100 mL를 더 넣어 준다라고만 서술한 경우	40 %

해설

중화점은 수소 이온과 수산화 이온이 모두 반응하는 지점이므로 남아 있는 수소 이온을 모두 중화시키기 위해 남아 있는 수소 이온 수와 같은 수의 수산화 이온을 넣어 주어야 한다.

242 서술형 산과 염기의 중화 반응

✔모범답안 AD 수용액은 산성이고, BCA 수용액은 염기성이다. 따라서 산과 염기가 반응하여 물이 생성되는 중화 반응이 일어나고, 이를 화학 반응식으로 나타내면 $AD + BCA \longrightarrow A_2C + BD$이다.

채점 기준	배점
AD 수용액과 BCA 수용액의 반응이 중화 반응임을 서술하고, 화학 반응식으로 옳게 나타낸 경우	100 %
중화 반응의 화학 반응식을 옳게 나타낸 경우	50 %

해설

A~D는 각각 H, Na, O, Cl이다. AD는 HCl이므로 HCl 수용액은 산성이고, BCA는 NaOH이므로 NaOH 수용액은 염기성이다. 따라서 산과 염기의 수용액이 반응하면 중화 반응이 일어난다.

243 중화 반응 답 ④

알짜풀이

●과 ■이 양이온이므로 ●은 H^+, ★은 Cl^-, ■은 Na^+, ▲은 OH^-이다.

ㄴ. 염산 10 mL에는 ● 3 개, ★ 3 개가, NaOH 수용액 20 mL에는 ■ 4 개, ▲ 4 개가 들어 있으므로 이 두 용액을 혼합하면 ● 3 개와 ▲ 3 개가 반응하여 물 3 개가 생성된다. 따라서 혼합 용액 속에는 ★ 3 개와 ■ 1 개가 들어 있으므로 이온 수비는 ★ : ■ = 3 : 1이다.

ㄷ. 생성된 물 분자 수는 3 개이고 ★의 수도 3 개이므로 생성된 물 분자 수는 ★의 수와 같다.

오답넘기

ㄱ. NaOH 수용액 20 mL에는 ■과 ▲이 모두 4 개씩 들어 있으므로 묽은 염산 10 mL와 혼합하면 ▲ 1 개가 반응하지 않고 남게 된다. 따라서 혼합 용액은 염기성 용액이다.

244 서술형 중화 반응

(1) 답 $t_2 > t_1$

(2) ✔모범답안 혼합 용액 (나)에서 중화점에 도달하여 H^+이나 OH^-이 존재하지 않으므로 중성 용액이 되기 위해 필요한 용액의 부피비는 HCl

수용액 : NaOH 수용액 = 1 : 2이다. 따라서 (가)는 산성, (다)도 산성이므로 ㉠과 ㉡은 모두 Na^+, Cl^-, H^+으로 같다.

채점 기준	배점
(나)를 통하여 (가)와 (다)의 액성이 산성임을 서술하고, 이온의 종류가 같음을 옳게 서술한 경우	100 %
(나)를 통하여 (가)와 (다)의 액성이 산성임을 서술한 경우	50 %
이온의 종류가 같은 것만 옳게 서술한 경우	30 %

해설

(1) (가)에서 HCl 수용액 10 mL에 들어 있는 H^+의 양을 $2N$이라고 하면 (나)에서 NaOH 수용액 20 mL에 들어 있는 OH^-의 양이 $2N$이므로 (가)에서는 OH^- N이 중화 반응에 참여하게 된다. 생성된 물의 양만큼 중화열이 방출되고, 전체 수용액의 온도를 높이게 되므로 온도 변화는 (가)와 (나)에서 각각 $\dfrac{N}{20}$, $\dfrac{2N}{30}$이므로 $t_2 > t_1$이다.

(2) (나)에서 중화점에 도달하였으므로 같은 부피의 수용액에 들어 있는 이온 수는 HCl 수용액이 NaOH 수용액의 2배이다. 따라서 (가)와 (다)에서 모두 HCl 수용액에 들어 있는 H^+의 양이 OH^-을 모두 중화시킬 수 있는 양보다 많으므로 산성이다.

245 서술형 산과 염기의 중화 반응

(1) ✔모범답안 (가) 염기성, (나)는 산성 / (가)에는 ● 3 개가 존재하므로 Na^+ 3 개가 존재하는 염기성이고, (나)에는 ● 1 개가 존재하므로 Na^+은 1 개이고, ▲은 H^+으로 3 개가 존재하므로 산성이다.

채점 기준	배점
(가)와 (나)의 액성과 각 수용액에서 반응 전에 들어 있는 이온 수를 이용하여 옳게 서술한 경우	100 %
(가)와 (나)의 액성만 옳게 서술한 경우	50 %

(2) ✔모범답안 (나)에서 반응 전 H^+의 수는 4 개임을 알 수 있으므로 (가)에서 HCl 수용액 V mL에는 H^+이 2 개 들어 있고, (나)에서 NaOH 수용액에 OH^-은 1 개 들어 있으므로 생성된 물 분자 수비는 (가) : (나) = 2 : 1이다.

채점 기준	배점
생성된 물의 양을 구하는 과정을 옳게 서술한 경우	100 %

해설

NaOH의 Na^+은 반응에 참여하지 않으므로 (가)와 (나)에서 NaOH 수용액의 부피비와 같은 비로 존재하는 ●은 Na^+이고, ▲은 H^+이다.

246 생활 속의 중화 반응 답 ④

알짜풀이

ㄴ. 산화 칼슘이 토양 속의 물과 반응하여 생성된 수산화 칼슘의 수산화 이온(OH^-)이 산성화된 토양의 수소 이온(H^+)과 반응하여 물(H_2O)을 생성한다.

ㄷ. 위산이 과다할 때 제산제를 먹는 것은 중화 반응을 이용한 것이므로 토양의 산성화를 막는 방법과 유사한 화학 반응을 이용한 것이다.

오답넘기

ㄱ. 산성화된 토양에 염기성을 나타내는 석회 가루를 뿌려 주면 중화 반응이 일어나게 된다.

247 생활 속의 중화 반응 답 ④

알짜풀이

ㄱ. 레몬즙과 식초는 모두 산성이므로 물에 녹인 수용액 속에는 수소 이온
이 들어 있다. 따라서 이 수용액에 마그네슘을 넣으면 수소 기체가 발
생한다.

ㄷ. 소다, 제산제는 모두 $NaHCO_3$이 주성분인 염기성 물질이고 암모니아
수도 염기성 물질이다. 따라서 소다, 제산제, 암모니아수를 녹인 수용
액에 페놀프탈레인 용액을 넣으면 붉은색을 띤다.

오답넘기

ㄴ. ㉠~㉥을 물에 녹인 수용액에는 모두 이온이 들어 있으므로 전류가 흐
른다.

05 물질 변화에서 에너지 출입

<table>
<tr><td>STEP 1</td><td>O/X 문제로 5종 교과서 핵심 자료 보기</td><td>053쪽</td></tr>
</table>

248 O	249 X	250 O	251 O	252 O	253 O
254 O	255 X	256 O	257 X	258 O	259 O
260 X	261 O	262 O	263 O	264 O	265 X
266 O	267 X				

<table>
<tr><td>STEP 2</td><td>학교 기출 문제로 내신 대비하기</td><td>054~057쪽</td></tr>
</table>

268 ⑤	269 ②	270 해설 참조	271 ③	272 ④	273 ③
274 ④	275 해설 참조	276 ③	277 ⑤	278 ③	
279 해설 참조	280 ⑤	281 ④	282 해설 참조	283 ⑤	284 ②

268 생활 속 반응에서 에너지 출입 답 ⑤

알짜풀이

(가)와 (다)에서는 모두 열에너지를 방출하는 반응이 일어나므로 주변의
온도가 높아진다.

오답넘기

(나)에서는 열에너지를 흡수하는 반응이 일어나므로 주변의 온도가 낮아
지게 된다.

269 생활 속 반응에서 에너지 출입 답 ②

알짜풀이

(가) 손 소독제를 바르면 손 소독제가 기화하면서 주변의 열에너지를 흡수
하므로 시원해진다.

(라) 얼음이 물로 융해하면서 주변의 열에너지를 흡수하므로 시원해진 것
이다.

에너지를 흡수하는 반응은 (가), (라)이고, 에너지를 방출하는 반응은
(나), (다)이다.

오답넘기

(나) 뷰테인의 연소 반응이 일어날 때 열에너지를 방출하므로 음식을 조리
할 수 있다.

(다) 반딧불이의 몸속에서는 빛에너지를 방출하는 반응이 일어난다.

270 〔서술형〕 생활 속 반응에서 에너지 출입

✓ 모범답안 묽은 염산과 수산화 나트륨 수용액이 반응하여 물이 생성된다.
세포 내 마이토콘드리아에서 세포호흡이 일어난다. 연료를 연소할 때 에너
지를 방출한다. 손난로 속에서 철 가루가 산화된다. 과수원에서는 개화 시
기에 갑자기 기온이 낮아지면 과일나무에 물을 뿌려 냉해를 예방한다. 등

채점 기준	배점
에너지를 방출하는 현상을 한 가지 옳게 서술한 경우	100 %

해설

(나)는 에너지를 방출하는 현상이다. 중화 반응, 세포호흡, 철의 산화, 응
고, 액화, 승화(기체 → 고체)는 에너지를 방출하는 반응이다.

271 화학 반응에서 에너지 출입 답 ③

알짜풀이

ㄱ. 삼각 플라스크 내부에서 수산화 바륨 수화물과 염화 암모늄이 반응하
여 열에너지를 흡수하는 반응이 일어나므로 주변의 온도가 낮아져서
물이 얼게 된다.

ㄴ. 삼각 플라스크 내부의 반응으로 온도가 낮아져서 물이 얼음으로 변하
는 응고가 일어나므로 ㉠이 일어날 때 열에너지를 방출한다.

오답넘기

ㄷ. 에너지를 흡수하는 반응에서는 생성물의 에너지가 반응물의 에너지보
다 크므로 (다)의 반응에서 에너지는 생성물이 반응물보다 크다.

272 마그네슘의 반응 답 ④

(가)에서는 마그네슘이 산소와 반응하여 산화 마그네슘이 생성되는 산
화·환원 반응이 일어나는데, 이때 에너지가 주위로 방출된다.

(나)에서는 마그네슘이 묽은 염산과 반응하여 수소 기체가 발생하는 산
화·환원 반응이 일어나는데, 이때 열에너지가 방출되어 수용액의 온도가
높아진다.

알짜풀이

ㄱ. (가)와 (나)에서는 모두 열에너지를 방출하는 반응이 일어난다.

ㄴ. (가)에서는 $2Mg+O_2 \longrightarrow 2MgO$, (나)에서는 $Mg+2HCl \longrightarrow$
H_2+MgCl_2의 산화·환원 반응이 일어난다.

오답넘기

ㄷ. (가)에서 생성물인 산화 마그네슘은 고체이고, (나)에서 생성물인 수소
는 기체이다.

273 용해 반응에서 에너지 출입   답 ③

알짜풀이

ㄱ. (가)에서는 온도가 높아졌으므로 A가 물에 용해되는 반응은 열에너지를 방출하는 반응이다.

ㄴ. (나)에서는 온도가 낮아졌으므로 주변으로부터 열에너지를 흡수하는 흡열 반응이 일어난다.

오답넘기

ㄷ. 같은 질량의 물에 같은 질량이 용해되었을 때 온도 변화는 (나)가 (가)보다 크므로 같은 질량이 용해될 때 출입하는 열에너지는 B가 A보다 크다.

274 중화 반응에서 에너지 출입   답 ④

알짜풀이

묽은 염산이 들어 있는 산성 용액에 염기성인 수산화 나트륨 수용액을 넣고 반응시켰을 때 온도가 높아졌으므로 열량계에서 일어나는 반응은 중화 반응이고, 이때 에너지를 방출하였음을 알 수 있다. 따라서 '중화 반응이 일어나면 에너지를 방출한다.'는 ㉠으로 가장 적절하다.

275 서술형 질산 암모늄의 용해 반응에서 에너지 출입

(1) 답 에너지 흡수

(2) 모범답안 질산 암모늄 1 g이 물에 녹았을 때 흡수하는 에너지의 크기는 같으므로 물의 양이 2배로 되면 수용액의 최저 온도는 18 °C보다 높고 20 °C보다 낮을 것이다.

채점 기준	배점
질산 암모늄의 질량이 같아 흡수하는 에너지가 같고, 반응 후 최저 온도가 18 °C보다 높고 20 °C보다 낮음을 옳게 서술한 경우	100 %
질산 암모늄의 질량이 같아 흡수하는 에너지의 크기가 같다는 것만 서술한 경우	50 %

해설

(1) 질산 암모늄을 물에 녹였을 때 온도가 20 °C에서 18 °C로 낮아지므로 질산 암모늄이 물에 용해되는 반응은 주변으로부터 에너지를 흡수하는 반응이다.

(2) 질산 암모늄 1 g이 물에 녹을 때 흡수하는 에너지의 크기는 같으므로 물의 양이 2배로 증가하면 낮아지는 온도는 100 g이었을 때보다 높아질 것이다.

276 화학 반응에서 에너지의 출입   답 ③

알짜풀이

물질 X를 물에 모두 녹인 용액의 온도가 22 °C에서 25 °C로 높아졌으므로 X의 용해 반응은 에너지를 방출하는 반응이다. 이를 확인하기 위해서는 물이 담긴 용기에 온도계를 갖춘 실험 장치가 적절하다.

277 화학 반응에서 에너지 출입   답 ⑤

알짜풀이

ㄴ. ㉡ 광합성에서는 에너지를 흡수하는 반응이 일어나므로 생성물이 반응물보다 에너지가 크다.

ㄷ. 연소 반응(㉠), 광합성(㉡)은 모두 산소의 이동이 있는 산화 · 환원 반응이다.

오답넘기

ㄱ. 연소 반응(㉠)은 에너지를 방출한다.

278 생활 속의 반응에서 에너지 출입   답 ③

알짜풀이

ㄱ. 산화 칼슘과 물이 반응하면 음식물을 데울 수 있으므로 ㉠은 에너지를 방출하는 반응이다.

ㄴ. 냉찜질 팩 안에서 일어나는 반응 ㉡이 일어날 때 에너지를 흡수하므로 주변의 온도가 낮아진다.

오답넘기

ㄷ. 산화 칼슘이 물에 용해될 때에는 에너지를 방출하고, 질산 암모늄이 물에 용해될 때에는 에너지를 흡수하므로 물질의 용해 반응은 물질의 종류에 따라 에너지를 흡수 또는 방출한다.

279 서술형 탄산수소 나트륨의 분해 반응에서 에너지 출입

(1) 답 이산화 탄소(CO_2)

(2) 모범답안 탄산수소 나트륨에 열을 가하면 에너지를 흡수하면서 분해 반응이 일어난다. 자연 현상에서 에너지를 흡수하는 예로 바닷물이 증발하여 수증기가 되는 현상이 있다.

채점 기준	배점
에너지의 출입 방향과 적절한 예를 모두 옳게 서술한 경우	100 %
에너지의 출입 방향만 옳게 서술한 경우	50 %

해설

(1) 탄산수소 나트륨($NaHCO_3$)을 가열하면 에너지를 흡수하여 분해 반응이 일어나 이산화 탄소 기체가 발생하므로 빵이 부풀어 오른다.

(2) 탄산수소 나트륨의 분해 반응은 빵을 구울 때 일어나므로 에너지를 흡수하는 반응임을 알 수 있다. 자연 현상에서 에너지를 흡수하는 반응에는 물의 증발, 광합성 등이 있다.

280 생활 속 반응에서 에너지 출입   답 ⑤

알짜풀이

ㄱ. ㉠으로 음식을 데울 수 있으므로 ㉠은 에너지를 방출하는 반응이다.

ㄴ. ㉡에서 철은 공기 중의 산소와 반응하여 에너지를 방출한다.

ㄷ. ㉢이 일어나면 주변의 온도가 낮아지므로 ㉢은 에너지를 흡수하는 반응이다. 따라서 이를 이용하면 냉각 팩을 만들 수 있다.

281 물질 변화에서 에너지 출입   답 ④

알짜풀이

ㄴ. 손 소독제에 들어 있는 에탄올이 에너지를 흡수하여 증발하면서 손바닥이 시원해진다.

ㄷ. 에너지를 방출하는 반응이 일어나면 주변의 온도가 높아지므로 (가)~(다) 중 에너지를 방출하는 반응은 (나) 한 가지이다.

오답넘기

ㄱ. 드라이아이스가 승화하면서 주변으로부터 에너지를 흡수하므로 온도가 낮아진다.

282 ·서술형 가열 장치 없이 음식을 조리하는 방법

✔ 모범답안 $CaO + H_2O \longrightarrow Ca(OH)_2$, 이 반응으로 조리 용기의 온도를 높일 수 있으므로 이 반응은 에너지를 방출하는 반응이다.

채점 기준	배점
화학 반응식과 에너지의 방출을 모두 옳게 서술한 경우	100 %
에너지의 방출만 옳게 서술한 경우	50 %
화학 반응식만 옳게 서술한 경우	30 %

해설

반응 용기 안에서 산화 칼슘(CaO)과 물(H_2O)이 반응하고, 이 반응으로 조리 용기의 온도를 높일 수 있으므로 반응이 일어날 때 에너지를 방출함을 알 수 있다.

283 기상 현상과 에너지 출입   답 ⑤

알짜풀이

ㄱ. (가)에서는 물이 에너지를 흡수하여 수증기가 되는 증발이 일어난다.

ㄴ. (나)에서는 공기 중의 수증기가 액체 상태인 물로 응결하면서 주변으로 에너지를 방출한다. 따라서 주변의 온도는 높아진다.

ㄷ. (가)와 (나)에서 바다의 수증기가 구름으로 변하고, (다)에서 비로 내리면서 지구의 물이 순환하게 된다.

284 자연 현상에서 에너지 출입   답 ②

알짜풀이

(가)에서는 수증기가 물로 응결(액화)하면서 에너지를 방출하고, (나)에서는 식물이 빛에너지를 흡수하여 이산화 탄소와 물로 광합성을 하며, (다)에서는 생명체가 포도당과 산소를 반응시켜 에너지를 얻으며, (라)에서는 물이 에너지를 흡수하여 수증기가 된다. 따라서 에너지를 방출하는 반응은 (가)와 (다)이고, 산소가 출입하거나 전자가 이동하는 산화·환원 반응은 (나)와 (다)이다.

<table>
<tr><td colspan="6">STEP 3 수능 유형 문제로 만점 도전하기   058~063쪽</td></tr>
<tr><td>285 ①</td><td>286 ⑤</td><td>287 ①</td><td>288 ①</td><td>289 ④</td><td>290 ⑤</td></tr>
<tr><td>291 ③</td><td>292 ⑤</td><td>293 ⑤</td><td>294 ③</td><td>295 ④</td><td>296 ①</td></tr>
<tr><td>297 ③</td><td>298 ④</td><td>299 ③</td><td>300 ④</td><td>301 ②</td><td>302 ⑤</td></tr>
<tr><td>303 ④</td><td>304 ②</td><td></td><td></td><td></td><td></td></tr>
<tr><td colspan="6">서술형 문제   305~309 해설 참조</td></tr>
</table>

285 구리의 산화와 산화 구리의 환원   답 ①

알짜풀이

ㄱ. (나)에서 CO는 CuO로부터 산소를 얻어 산화된다.

오답넘기

ㄴ. (가)에서 Cu는 전자를 잃고 O_2는 전자를 얻었으므로 환원된 물질은 O_2이고, (나)에서 CuO는 산소를 잃어 환원된다. 따라서 (가)에서 환원된 물질에는 금속 원소가 포함되어 있지 않다.

ㄷ. (나)는 산소의 이동으로 산화·환원 반응을 설명할 수 있다.

286 염산과 금속의 산화·환원 반응   답 ⑤

알짜풀이

묽은 염산에 금속 A를 넣었을 때 일어나는 반응의 화학 반응식은 다음과 같다.

$2HCl + A \longrightarrow ACl_2 + H_2$

ㄱ. 반응에 의해 소모되는 수소 이온 수가 2이고 생성되는 A^{2+} 수가 1이므로 반응이 일어날 때 전체 이온 수는 감소한다.

ㄴ. (나)에서 금속이 석출되었으므로 A^{2+}은 전자를 얻어 A로 환원된다.

ㄷ. A는 수소보다 산화되기 쉽고 B는 A보다 산화되기 쉬우므로 B를 묽은 염산에 넣으면 B는 전자를 잃고 산화되고 수소 이온은 전자를 얻어 환원되므로 수소 기체가 발생한다.

287 염산과 아연의 산화·환원 반응   답 ①

알짜풀이

(가)에서 묽은 염산에 아연판을 넣었을 때 아연은 전자를 잃고 산화되고 수소 이온은 전자를 얻어 환원된다.

ㄱ. 소모되는 수소 이온 수가 2일 때 생성되는 아연 이온 수가 1이므로 수용액 속 양이온 수는 감소한다. 그러나 염화 이온은 전자를 잃거나 얻지 않으므로 시간이 지나도 염화 이온 수는 일정하다.

따라서 $\dfrac{\text{음이온 수}}{\text{양이온 수}}$ 는 시간이 지날수록 증가하므로 t_2에서가 t_1에서보다 크다.

오답넘기

ㄴ. t_2에서 반응이 완결되므로 t_2 이후에는 반응이 더 이상 일어나지 않는다. 따라서 아연판의 질량은 변하지 않는다.

ㄷ. t_2 이후의 수용액에는 수소 이온이 없으므로 BTB 용액을 넣으면 초록색이 된다.

288 금속과 금속 이온의 반응   답 ①

알짜풀이

ㄱ. (가)에서 아연은 산화, 구리 이온은 환원되었고 (나)에서 구리는 산화, 은 이온은 환원되었으므로 아연은 구리보다 산화되기 쉽고, 구리는 은보다 산화되기 쉽다. 따라서 아연은 은보다 산화되기 쉽다.

오답넘기

ㄴ. (가)에서 구리 이온과 아연 이온의 전하는 같으므로 구리 이온 1 개가 환원되면 아연 1 개가 산화되어 아연 이온 1 개가 생성되므로 수용액 속 이온 수는 일정하다. (나)에서 구리 이온의 전하는 은 이온의 2배이므로 은 이온 2 개가 환원될 때 구리 1 개가 산화되어 구리 이온 1 개가 생성되므로 수용액 속 전체 이온 수는 감소한다.

ㄷ. (가)에서 산화되는 물질은 아연, (나)에서 산화되는 물질은 구리이므로 산화되는 물질 1 개가 반응할 때 이동한 전자 수는 (가)와 (나)에서 서로 같다.

289 금속과 금속 이온의 반응 답 ④

알짜풀이

금속과 금속 이온의 반응에서 수용액 속 양이온의 전하량은 일정하므로 금속 이온의 전하가 클수록 반응한 이온 수는 작다.

ㄴ. 금속 X 이온이 들어 있는 수용액에 금속 Y를 넣었을 때 금속 X 이온은 전자를 얻어 환원되고 금속 Y는 전자를 잃어 Y 이온으로 산화된다.

ㄷ. 금속 Y는 X보다 산화되기 쉽고 금속 Z는 Y보다 산화되기 쉬우므로 금속 Z는 X보다 산화되기 쉽다. 따라서 금속 Z를 X 이온이 들어 있는 수용액에 넣으면 X 이온은 전자를 얻어 환원된다.

오답넘기

ㄱ. 수용액 속 이온 수비가 ● : ■=3 : 1이므로 이온의 전하비는 ● : ■=1 : 3이다. X~Z 이온의 전하는 +1~+3 중 하나이므로 ■의 전하는 +3이다.

290 산과 염기의 이온화 답 ⑤

알짜풀이

HCl를 물에 녹이면 같은 수의 수소 이온과 염화 이온이 생성되고, $Ca(OH)_2$을 물에 녹이면 생성되는 이온 수는 수산화 이온이 칼슘 이온의 2배이다. 따라서 (가)는 $Ca(OH)_2$ 수용액이고 (나)는 묽은 염산이다.

ㄱ. ●은 칼슘 이온이므로 ●의 전하는 +2이다.

ㄴ. (가)는 염기성 용액이므로 붉은색 리트머스 종이를 대어 보면 푸른색으로 변한다.

ㄷ. (나)는 산성 용액이므로 마그네슘을 넣으면 마그네슘은 전자를 잃고 산화되고 수소 이온은 전자를 얻어 수소로 환원된다. 따라서 수소 기체가 발생한다.

291 산의 성질 답 ③

알짜풀이

ㄱ. 화학 반응이 일어날 때 반응 전후 원자의 종류는 같다. 따라서 X는 HCl이다.

ㄴ. X 수용액은 산성이므로 마그네슘 리본을 넣으면 수소 기체가 발생한다. 따라서 '수소 기체 발생'은 ㉠으로 적절하다.

오답넘기

ㄷ. X 수용액은 산성이므로 페놀프탈레인 용액을 넣어도 색은 변하지 않으므로 '색 변화 없음'은 ㉡으로 적절하다. 또한 X 수용액에 푸른색 리트머스 종이를 갖다 대면 붉은색으로 변하므로 '붉은색으로 변함'은 ㉢으로 적절하다.

292 산과 염기의 중화 반응 답 ⑤

알짜풀이

(나)와 (다)에 공통으로 ★이 들어 있으므로 (가)는 묽은 염산이고 (나)와 (다)는 각각 NaOH 수용액, KOH 수용액 중 하나이다.

ㄱ. 염기성 용액인 (나)와 (나)에 공통으로 들어 있는 ★은 수산화 이온이다.

ㄴ. (가)에는 수소 이온이 4 개, (나)에는 수산화 이온이 3 개, (다)에는 수산화 이온이 2 개 들어 있으므로 (가)~(다)를 모두 혼합한 용액에는 수산화 이온 1 개가 들어 있다. 따라서 이 혼합 용액은 염기성이다.

ㄷ. 수소 이온과 수산화 이온은 1 : 1로 반응하여 물을 생성하므로 필요한 묽은 염산의 부피는 염기성 용액에 들어 있는 수산화 이온 수비와 같다. 따라서 (나)와 (다)를 모두 중화시키기 위해 필요한 염산의 부피비는 (나) : (다)=3 : 2이다.

293 중화 반응과 혼합 용액의 온도 답 ⑤

알짜풀이

최고 온도가 가장 높은 C에서 중화점이므로 반응한 수소 이온 수와 수산화 이온 수가 서로 같다. 묽은 염산 15 mL에 들어 있는 H^+과 Cl^- 수를 각각 $15N$이라고 하면 NaOH 수용액 15 mL에 들어 있는 Na^+과 OH^- 수도 각각 $15N$이다.

ㄱ. B에서 묽은 염산 20 mL에 들어 있는 Cl^- 수는 $20N$, NaOH 수용액 10 mL에 들어 있는 Na^+ 수는 $10N$이고, D에서 묽은 염산 10 mL에 들어 있는 Cl^- 수는 $10N$, NaOH 수용액 20 mL에 들어 있는 Na^+ 수는 $20N$이다. 따라서 $\dfrac{Na^+의 수}{Cl^-의 수}$는 B에서가 $\dfrac{1}{2}$, D에서가 2이므로 D에서가 B에서의 4배이다.

ㄴ. C에서 생성된 물 분자 수는 $15N$이고 A에서 생성된 물 분자 수는 $5N$이다. 따라서 생성된 물 분자의 수는 C에서가 A에서의 3배이다.

ㄷ. A에서 전체 이온 수는 묽은 염산 25 mL에 들어 있는 전체 이온 수와 같고, E에서 전체 이온 수는 NaOH 수용액 25 mL에 들어 있는 전체 이온 수와 같으므로 A에서와 E에서의 전체 이온 수는 같다.

294 중화 반응의 양적 관계 답 ③

(나)에서 HCl 수용액 6 mL에 들어 있는 H^+과 Cl^-의 수를 각각 $6N$, $6N$이라고 하면, NaOH 수용액 6 mL에 들어 있는 Na^+과 OH^-의 수는 각각 $6N$, $6N$이다.

알짜풀이

ㄱ. (가)~(다)의 혼합 용액의 부피는 모두 같으므로 최고 온도가 가장 높은 (나)에서 중화점에 도달한 것이다. 따라서 (가)는 염기성, (다)는 산성이다.

ㄷ. (가)에는 Na^+ $10N$, OH^- $8N$, Cl^- $2N$ 개가 들어 있으므로 전체 이온 수는 $20N$이고, (다)에는 Na^+ $4N$ 개, H^+ $4N$ 개, Cl^- $8N$ 개가 들어 있으므로 전체 이온 수는 $16N$이다. 따라서 $\dfrac{(가)의\ 전체\ 이온\ 수}{(다)의\ 전체\ 이온\ 수}=\dfrac{5}{4}$이다.

오답넘기

ㄴ. (가)에서는 H^+ $2N$ 개와 OH^- $2N$ 개가 반응하여 H_2O $2N$ 개를 생성하고, (다)에서는 H^+ $4N$ 개와 OH^- $4N$ 개가 반응하여 H_2O $4N$ 개가 생성된다. 따라서 생성된 물 분자 수는 (다)에서가 (가)에서의 2배이다.

295 중화 반응과 혼합 용액 속 이온 수 변화　　답 ④

알짜풀이

KOH은 물에 녹아 같은 수의 K^+과 OH^-이 생성되고, H_2SO_4이 물에 녹으면 수소 이온 수가 황산 이온 수의 2배가 생성된다. 수산화 칼륨 수용액과 묽은 황산의 중화 반응은 다음과 같다.

$$2KOH+H_2SO_4 \longrightarrow K_2SO_4+2H_2O$$

ㄴ. A에 해당하는 용액에 들어 있는 K^+과 OH^- 수를 각각 $2N$이라고 하면 B에 해당하는 용액에서 OH^- $2N$은 H^+ $2N$과 모두 반응한다. B에서 H^+ $2N$이 반응할 때 SO_4^{2-}은 N이 들어가므로 B에는 K^+ $2N$과 SO_4^{2-} N이 들어 있다. 따라서 A에는 $4N$의 이온이, B에는 $3N$의 이온이 들어 있으므로 전체 이온 수는 A에서가 B에서보다 크다.

ㄷ. A에는 OH^- $2N$이 들어 있다. C에는 K^+과 SO_4^{2-}의 수가 같으므로 SO_4^{2-} 수는 $2N$이다. SO_4^{2-}이 $2N$이 들어가면 H^+ $4N$도 들어가는데 이 중 $2N$은 OH^-과 반응하였으므로 C에는 H^+ $2N$이 들어 있다. 따라서 A에 들어 있는 OH^- 수와 C에 들어 있는 H^+ 수는 같다.

오답넘기

ㄱ. B에서 OH^- 수는 0이므로 B에 해당하는 용액은 중성이다. C는 B에 H_2SO_4을 더 넣은 것이므로 C에 해당하는 용액은 산성이다.

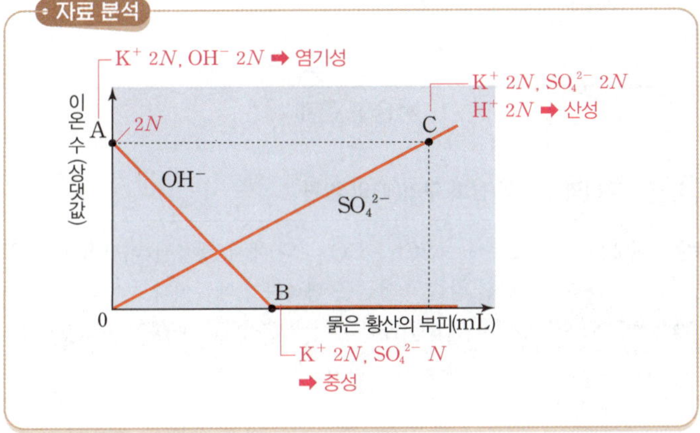

296 중화 반응과 혼합 용액의 온도　　답 ①

알짜풀이

생성된 물 분자 수가 B에서 가장 많으므로 B의 용액이 중화점에 해당한다. 중화점에서 생성된 물 분자 수가 8이고 반응한 수소 이온 수와 수산화 이온 수가 같으므로 반응한 수소 이온 수와 수산화 이온 수를 각각 $8N$이라고 가정할 수 있다.

ㄱ. 혼합 용액의 온도는 생성된 물 분자 수가 많을수록 높으므로 B가 가장 높다.

오답넘기

ㄴ. 혼합 용액 속 전체 이온 수는 염기성일 때 NaOH 수용액에 들어 있는 전체 이온 수와 같고 산성일 때 묽은 염산에 들어 있는 전체 이온 수와 같다. 따라서 전체 이온 수는 A가 $20N$, B가 $16N$, C가 $24N$, D가 $32N$, E가 $40N$이므로 E가 가장 크다.

ㄷ. 혼합 용액에 마그네슘을 넣었을 때 수소 기체가 발생하는 용액은 산성이므로 C, D, E의 세 가지이다.

297 중화 반응과 혼합 용액 속 이온 수 변화　　답 ③

알짜풀이

묽은 염산에 NaOH 수용액을 조금씩 가할 때 Cl^-은 반응에 참여하지 않으므로 이온 수가 일정하고, Na^+은 반응에 참여하지 않으므로 이온 수가 계속 증가한다. 따라서 ㉠은 Na^+, ㉡은 Cl^-이다.

ㄱ. NaOH 수용액 10 mL를 넣었을 때 혼합 용액은 산성이므로 Cl^- 수는 H^+과 Na^+ 수를 합한 것과 같고 ●은 Cl^-이다. 또한 넣어 준 NaOH 수용액의 부피는 중화점까지 넣어 준 NaOH 수용액 부피의 $\frac{2}{3}$이므로 Na^+ 수는 H^+ 수의 2배이다. 따라서 ■은 Na^+, ▲은 H^+이므로 ㉡은 (나)의 ●이다.

ㄴ. NaOH 수용액 5 mL를 넣었을 때 H^+ 수는 Na^+ 수의 2배이므로 이 때 ●의 수는 3, ▲의 수는 2이다.

오답넘기

ㄷ. 중화점까지 전체 이온 수는 일정하므로 NaOH 수용액을 10 mL 넣었을 때와 15 mL 넣었을 때 전체 이온 수는 같다.

298 중화 반응과 혼합 용액 속 이온 수 변화　　답 ④

알짜풀이

묽은 염산에 KOH 수용액을 조금씩 첨가할 때 Cl^-은 반응에 참여하지 않으므로 이온 수가 일정하고, K^+은 반응에 참여하지 않으므로 이온 수가 계속 증가한다. 또한 H^+은 OH^-과 반응하므로 H^+ 수는 감소하다가 중화점에서 0이 되고 OH^- 수는 중화점부터 증가한다.

ㄴ. (가)와 (라)에서 Cl^- 수는 같다.

ㄷ. (나)와 (다)는 모두 중화점에 해당되므로 생성된 물 분자 수는 같다.

오답넘기

ㄱ. X는 초기에 존재하지 않다가 (나)부터 증가하므로 OH^-이고 Y는 점점 감소하다가 (다)부터 0이므로 H^+이다.

299 중화 반응과 이온 수　　답 ③

알짜풀이

1 mL에 들어 있는 이온 수는 혼합 용액 이온 수를 혼합 용액의 부피로 나눈 값이므로 혼합 용액 20 mL에 들어 있는 이온 수는 1 mL에 들어 있는 이온 수에 부피를 곱하여 구할 수 있다.

ㄱ. 혼합 용액에는 OH^-이 있으므로 혼합 용액은 염기성이고, BTB 용액을 넣으면 파란색을 띤다.

ㄷ. H_2A 수용액 15 mL에는 H^+ $30N$, BOH 수용액 5 mL에는 OH^- $20N$이 들어 있으므로 두 용액을 혼합한 용액에는 H^+ $10N$이 들어 있어 산성이다.

오답넘기

ㄴ. 혼합 용액 1 mL에 들어 있는 이온 수는 ▲(A^{2-}) N, ●(B^+) $4N$, ■(OH^-) $2N$이므로 혼합 용액 20 mL에 들어 있는 이온 수는 ▲(A^{2-}) $20N$, ●(B^+) $80N$, ■(OH^-) $40N$이다. 따라서 H_2A 수용액 10 mL에 들어 있는 이온 수는 H^+ $20N$, A^{2-} $10N$이고, BOH 수용액 10 mL에 들어 있는 이온 수는 B^+ $40N$, OH^- $40N$이다.

300 생활 속의 중화 반응 답 ④

알짜풀이

산성화된 토양을 중화시키기 위해 뿌리는 물질은 석회이므로 ㉠은 석회 (CaO)이다. 비린내는 염기성이고 비린내를 제거하기 위해 산성인 레몬 즙을 뿌리므로 ㉡은 레몬즙이다. 비누는 염기성으로 단백질을 녹이는 성질이 있어 비누로 머리를 감으면 머리카락이 뻣뻣해진다. 따라서 식초를 넣어 희석시킨 물로 머리를 헹구면 머리카락이 부드러워진다. 따라서 ㉢은 식초이다.

ㄴ. ㉡은 레몬즙이므로 레몬즙을 물에 녹이면 수소 이온을 내놓는다. 따라서 ㉡의 수용액에 마그네슘을 넣으면 수소 이온과 반응하여 수소 기체를 발생시킨다.

ㄷ. ㉠의 수용액은 염기성으로 수산화 이온이 존재하고, ㉢의 식초는 산성이므로 수소 이온이 존재하므로 ㉠의 수용액에 ㉢의 수용액을 넣으면 수산화 이온과 수소 이온이 반응하므로 중화 반응이 일어난다.

오답넘기

ㄱ. ㉠을 물에 녹이면 수산화 이온이 생성된다.

301 산화·환원 반응과 에너지 출입 답 ②

알짜풀이

ㄴ. (나)는 산화 칼슘과 물의 반응으로, 열에너지를 방출한다. 따라서 산화 칼슘과 물을 뿌려 열에 약한 구제역 바이러스를 제거할 수 있다.

오답넘기

ㄱ. (가)는 세포호흡으로, 반응이 일어날 때 에너지를 방출하며 방출된 에너지를 이용하여 생명 활동을 유지한다.

ㄷ. (다)는 철의 제련으로 산화 철(Ⅲ)이 철로 환원되는 산화·환원 반응이다.

302 화학 반응과 에너지 출입 답 ⑤

알짜풀이

ㄱ. 광합성은 이산화 탄소와 물로부터 포도당과 산소를 생성하는 반응이고, 화석 연료가 산소와 반응하면 물과 이산화 탄소가 생성된다. 따라서 ㉠은 산소이다.

ㄴ. (나)는 연소 반응이므로 반응이 일어날 때 열에너지를 방출한다.

ㄷ. (가)는 광합성, (나)는 화석 연료의 연소, (다)는 철의 제련으로 모두 산소가 관여하는 산화·환원 반응이다.

> **문제 속 개념**
>
> ### 화석 연료의 연소
>
> | | |
> |---|---|
> | 화석 연료 | 지질 시대 생물의 유해가 땅속에 묻혀 열과 압력의 영향을 받아 생성된 물질이며, 주성분은 탄소와 수소이다. ⓔ 석탄, 석유, 천연가스 등 |
> | 화석 연료의 연소 | 화석 연료가 연소하면 이산화 탄소(CO_2)와 물(H_2O)이 생성된다. |

303 산화·환원 반응과 에너지 출입 답 ④

(가)는 광합성이고, (나)는 철의 제련, (다)는 화석 연료인 메테인(CH_4)의 연소 반응이다.

알짜풀이

ㄴ. (나)는 철의 제련 반응으로 산화 철(Ⅲ)에서 철 이온은 전자를 얻어 철로 환원된다.

ㄷ. (다)는 화석 연료인 메테인(CH_4)의 연소 반응이므로 주변으로 열에너지를 방출한다.

오답넘기

ㄱ. (가)는 이산화 탄소와 물, 빛에너지를 이용하여 포도당과 산소를 생성하는 광합성이다.

304 생활 속 산화·환원 반응 답 ②

알짜풀이

ㄷ. (나)와 (다)에서는 각각 산소(O_2)와 수소(H_2) 기체가 발생한다.

오답넘기

ㄱ. (가)~(라)는 모두 산화·환원 반응이고, (마)는 앙금 생성 반응이다.

ㄴ. (가), (다), (라)의 산화·환원 반응은 에너지를 방출하는 반응이고, (나)의 산화·환원 반응은 에너지를 흡수하는 반응이다. 따라서 산화·환원 반응의 종류에 따라서 에너지의 흡수와 방출은 달라진다.

서술형 문제

305 구리의 산화와 산화 구리(Ⅱ)의 환원

✔ **모범답안** $2CuO+C \longrightarrow 2Cu+CO_2$, (나)에서 생성된 이산화 탄소가 석회수와 반응하여 탄산 칼슘의 앙금을 생성하기 때문이다.

채점 기준	배점
화학 반응식과 석회수가 뿌옇게 흐려지는 까닭을 모두 옳게 서술한 경우	100 %
화학 반응식과 석회수가 뿌옇게 흐려지는 까닭 중 한 가지만 옳게 서술한 경우	50 %

해설

(가)에서 구리를 가열하면 산소와 반응하므로 구리가 산화된다.

$2Cu+O_2 \longrightarrow 2CuO$

(나)에서 산화 구리(Ⅱ)는 산소를 잃고 환원되고 탄소는 산소를 얻어 산화된다. 이산화 탄소를 석회수에 통과시키면 반응이 일어나 탄산 칼슘의 앙금이 생성되므로 수용액이 뿌옇게 흐려진다.

$CO_2+Ca(OH)_2 \longrightarrow CaCO_3+H_2O$

306 금속 양이온의 산화·환원 반응

✔ **모범답안** Ⅰ에서는 $A^{2+}+B \longrightarrow A+B^{2+}$의 반응이 일어나므로 양이온 수에는 변화가 없다. Ⅱ에서는 $3B^{2+}+2C \longrightarrow 3B+2C^{3+}$의 반응이 일어나므로 양이온 수는 감소한다.

채점 기준	배점
Ⅰ과 Ⅱ에서 화학 반응식과 양이온 수 변화를 모두 옳게 서술한 경우	100 %
Ⅰ과 Ⅱ 중 한 가지의 화학 반응식과 양이온 수 변화를 옳게 서술한 경우	50 %

해설

I에서는 A^{2+}이 환원되고 B가 산화된다. II에서는 B^{2+}이 환원되고 C가 산화된다. I에서는 반응 전과 후에 양이온의 전하가 같고, II에서는 반응 전보다 반응 후에 생성되는 양이온의 전하가 크다.

307 중화 반응의 양적 관계

모범답안 ● 2 개, ■ 4 개 / (가)의 KOH 수용액 10 mL에 들어 있는 양이온은 K^+이므로 ●은 K^+이다. 묽은 염산 10 mL를 첨가하였을 때 K^+ 2 개와 ■ 1 개가 존재하므로 ■은 H^+임을 알 수 있다. 따라서 묽은 염산 10 mL에는 H^+ 3 개가 들어 있으므로 (다)에는 ●(K^+) 2 개, ■(H^+) 4 개가 들어 있다.

채점 기준	배점
양이온의 모형과 개수, 까닭을 모두 옳게 서술한 경우	100 %
양이온의 모형과 개수만 옳게 서술한 경우	50 %

해설

(가)의 양이온인 ●은 K^+이고, (나)에서 1 개 존재하는 ■은 H^+이다. 따라서 묽은 염산 10 mL에 들어 있는 H^+은 3 개임을 알 수 있다.

308 중화 반응의 양적 관계

모범답안 (다)＞(가)＞(나), (가)는 산성으로 HCl 수용액 40 mL에 들어 있는 전체 이온 수가 $12N$이고, (나)는 염기성으로 NaOH 수용액 60 mL에 들어 있는 전체 이온 수가 $12N$이다. 따라서 (다)에서 HCl 수용액 20 mL에 들어 있는 전체 이온 수가 $6N$이고, NaOH 수용액 30 mL에 들어 있는 전체 이온 수는 $6N$이다. 따라서 $a=6$이다.

채점 기준	배점
최고 온도를 옳게 비교하고, (가)와 (나)의 액성과 전체 이온 수에 영향을 미친 수용액과 a를 옳게 서술한 경우	100 %
(가)와 (나)의 액성과 전체 이온 수에 영향을 미친 수용액과 a만 옳게 서술한 경우	50 %
최고 온도만 옳게 비교한 경우	50 %

해설

HCl 수용액과 NaOH 수용액의 반응에서 전체 이온 수는 이온이 많이 들어 있는 수용액의 처음 이온 수를 따르게 된다.

만약 (가)가 염기성이라면 NaOH 수용액 40 mL에 들어 있는 이온 수는 $12N$이고, HCl 수용액에 들어 있는 전체 이온 수는 $12N$보다 작아야 하는데, (나)에서 NaOH 수용액에 들어 있는 이온 수가 $18N$이 되므로 전체 이온 수가 맞지 않다.

만약 (가)가 중성이라면 HCl 수용액와 NaOH 수용액 40 mL에 들어 있는 전체 이온 수가 각각 $12N$이므로 (나)에서 NaOH 수용액 60 mL에 들어 전체 이온 수가 $18N$이므로 전체 이온 수가 맞지 않다.

(가)가 산성이라면 HCl 수용액 40 mL에 들어 있는 전체 이온 수가 $12N$이고, (나)에서 HCl 수용액 20 mL에 들어 있는 전체 이온 수는 $6N$이므로 NaOH 수용액 60 mL에 들어 있는 전체 이온 수가 $12N$이다.

(가)에서는 $4N$ 개의 H_2O이 생성되고, (나)에서는 $3N$ 개의 H_2O이 생성된다. 두 수용액의 부피는 같으므로 온도는 (가)＞(나)이다. 또한 (다)에서는 반응 전 두 수용액에 들어 있는 H^+과 OH^-의 수가 $3N$으로 같으므로 중화 반응이 완결되는 지점이다. 따라서 최고 온도는 (다)가 가장 높다.

혼합 용액	혼합 전 용액의 부피(mL)		전체 이온 수
	HCl 수용액	NaOH 수용액	
(가) 산성	40 $12N$	40 $8N$	$12N$
(나) 염기성	20 $6N$	60 $12N$	$12N$
(다) 중성	20 $6N$	30 $6N$	aN $6N$

- 혼합 용액이 산성일 때 전체 이온 수는 반응 전 산 수용액의 이온 수와 같다. ➡ (가)에서 HCl 수용액에 들어 있는 이온 수는 $12N$이다.
- 혼합 용액이 염기성일 때 전체 이온 수는 반응 전 염기 수용액의 이온 수와 같다. ➡ (나)에서 NaOH 수용액에 들어 있는 이온 수는 $12N$이다.
- (다)에서 HCl 수용액에 들어 있는 이온 수는 $6N$이고, NaOH 수용액에 들어 있는 이온 수는 $6N$이다. ➡ (다)는 중성이고 전체 이온 수는 $6N$이다.

309 광합성과 호흡

모범답안 (가) 세포호흡, (나) 광합성 / (가)가 일어날 때 에너지가 방출된다. (나)가 일어날 때 에너지를 흡수한다.

채점 기준	배점
(가)와 (나)를 옳게 쓰고, 에너지 출입을 모두 옳게 서술한 경우	100 %
(가)와 (나)만 옳게 쓴 경우	50 %

해설

광합성은 엽록체에서 빛에너지를 흡수하여 이산화 탄소와 물이 반응하여 포도당과 산소를 생성하는 반응이다. 이때 생성된 포도당은 생명체가 생명 현상을 유지하는 데 이용된다. 세포호흡은 생명체의 세포 속 마이토콘드리아에서 포도당과 산소로 이산화 탄소와 물을 생성하면서 에너지를 방출하는 반응이다. 이때 방출하는 에너지는 생명 현상을 유지하는 데 사용된다.

STEP 4 단원 종합 문제로 만점 완성하기 064~069쪽

310 ④	311 ④	312 ④	313 ②	314 ④	315 ②
316 ⑤	317 ③	318 ①	319 ②	320 ①	321 ⑤
322 ③	323 ⑤	324 ④	325 ⑤	326 ①	327 ⑤
328 ①	329 ③				
서술형 문제	330~334 해설 참조				

310 지질 시대의 생물과 환경   답 ④

알짜풀이

ㄴ. (나)는 신생대이다. 신생대에는 인도 대륙과 유라시아 대륙이 충돌하여 히말라야산맥이 만들어졌다.

ㄷ. (가)는 고생대이다. 고생대 시작 이후로 현재까지 여러 차례 대멸종이 있었지만 생물종의 수는 증가하는 추세였다. 따라서 생물종의 수는 (가)가 (나)보다 적었다.

오답넘기

ㄱ. 최초의 다세포 생물은 선캄브리아시대 말기에 출현하였다.

311 지질 시대의 생물

답 ④

알짜풀이

ㄴ. (가) 암모나이트는 중생대, (나) 화폐석은 신생대, (다) 삼엽충은 고생대에 번성하였으므로 가장 늦게 번성한 생물은 (나)이다.

ㄷ. 삼엽충은 고생대 초기에 출현하여 말기에 멸종하였다. 초대륙 판게아는 고생대 말기부터 중생대 초기까지 지속되었으므로 (다)가 멸종한 시기에 지구는 초대륙을 이루고 있었다.

오답넘기

ㄱ. 대기 중에 오존층이 형성된 후 육지에 생물이 출현하였으므로 오존층이 형성된 것은 고생대 중기 이전이다. (가)는 중생대, (나)는 신생대에 번성하였으므로 (가)와 (나)가 번성한 사이의 시기에는 이미 오존층이 존재하였다.

312 지질 시대의 환경

답 ④

알짜풀이

ㄴ. (가)는 전 기간에 걸쳐 온난하였던 중생대이고, (나)는 말기에 한랭해진 신생대이다. 중생대에 육지에서는 겉씨식물이 번성하였다.

ㄷ. 판게아가 분리되면서 대서양이 형성되었으므로 대서양의 면적은 (가)보다 (나)에서 넓었다.

오답넘기

ㄱ. 중생대에는 화산 활동에 의해 대기 중의 이산화 탄소 농도가 높아 기후가 온난하였다. 따라서 대기 중의 이산화 탄소 농도는 (가)가 (나)보다 높았다.

313 지질 시대의 환경

답 ②

알짜풀이

ㄴ. B 시기에 여러 대륙들이 하나로 모여 판게아를 이루었다.

오답넘기

ㄱ. 대륙 주변부에 얕은 바다가 형성되므로 얕은 바다의 총 면적은 대륙의 수가 많은 A 시기가 B 시기보다 넓다.

ㄷ. B는 고생대 말~중생대 초에 해당한다. 어류는 고생대 중기에 출현하였으므로 B 시기 이전이다.

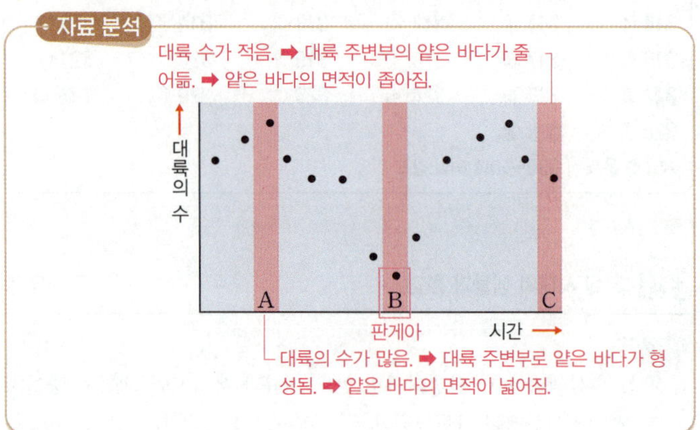

314 다윈의 자연선택설

답 ④

알짜풀이

다윈의 자연선택설에 의한 진화는 '과잉 생산과 변이 → 생존경쟁 → 자연선택 → 생물의 진화'의 과정에 의해 일어난다.

ㄴ. (다)에서 목이 긴 기린만 살아남게 된 결과는 생존에 유리한 변이를 가진 개체가 그렇지 못한 개체보다 더 잘 살아남아 많은 자손을 남기는 자연선택에 의한 것이다.

ㄷ. 기린의 진화 과정에서 목이 짧은 기린은 높은 곳에 있는 나뭇잎을 먹기에 불리하여 죽었으므로 서식 환경에서 목이 긴 기린이 목이 짧은 기린보다 생존에 유리하였다.

오답넘기

ㄱ. (가)에서 많은 수의 기린이 살고 있었고, 기린의 목 길이는 목이 짧은 기린에서부터 목이 긴 기린까지 다양하게 서식하였다. 목의 길이가 다양한 기린이 존재하는 것은 유전자 차이에 의한 변이 때문이므로 목이 짧은 기린과 목이 긴 기린은 유전적으로 다르다.

315 갈라파고스 제도 핀치의 자연선택과 진화

답 ②

알짜풀이

다양한 변이를 가진 한 종의 조상 종 핀치가 갈라파고스 제도의 각 섬에 서식하면서 각 섬의 먹이 환경에 유리한 변이를 가진 핀치가 각 섬에서 자연선택되어 섬마다 부리 모양이 다른 핀치로 진화되었다. (가)는 크고 딱딱한 씨앗을 먹는 핀치, (나)는 선인장 열매를 먹는 핀치, (다)는 죽은 나무 속 벌레를 먹는 핀치이다.

ㄷ. 갈라파고스 제도의 서로 다른 섬에 사는 핀치 (가)~(다)의 부리 모양의 차이를 나타나게 한 요인은 먹이 환경이다.

오답넘기

ㄱ. (가)는 크고 딱딱한 씨앗을 먹는 핀치이고, 죽은 나무 속 벌레를 먹는 핀치는 (다)이다.

ㄴ. (가)~(다)의 조상 종은 모두 동일한 종으로 다양한 변이를 가졌으므로 조상 종의 부리 모양은 다양하다.

(문제 속 개념)

갈라파고스 제도 핀치의 자연선택과 진화

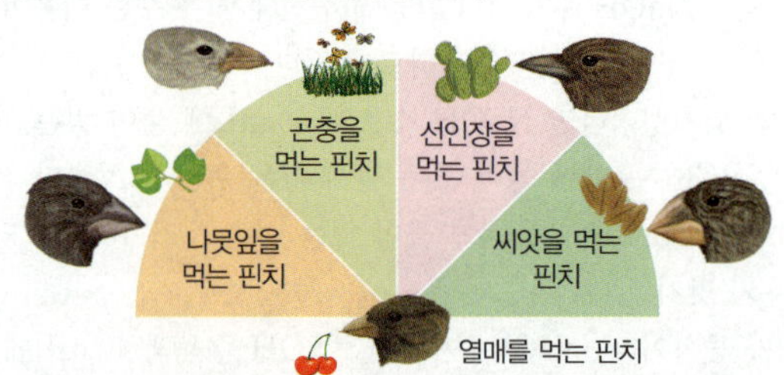

① 다양한 크기의 씨앗을 먹던 핀치의 일부가 남아메리카 대륙에서 갈라파고스 제도로 날아들었다. → ② 많은 수의 핀치가 태어났고 다양한 부리 변이를 가진 자손들은 먹이와 서식지를 차지하기 위해 경쟁했다. → ③ 각 섬의 환경에서 먹이를 먹기에 알맞은 부리 모양을 지닌 개체들이 자연선택되어 더 많이 살아남게 되었다. → ④ 살아남은 개체들이 자손을 더 많이 남기는 과정이 여러 세대 반복되면서 최초의 조상 종 핀치와는 부리 모양이 다른 다양한 핀치가 나타나게 되었다.

316 항생제 내성 세균의 출현과 진화 답 ⑤

알짜풀이

㉠은 '항생제 A에 내성이 없는 세균', ㉡은 '항생제 A에 내성이 있는 세균'이다. 항생제 A에 내성이 없는 세균 집단에서 돌연변이에 의해 항생제 A에 내성이 있는 세균이 출현하였고, 항생제 A의 사용으로 항생제 A에 내성이 있는 세균이 자연선택되어 살아남게 된다.

ㄱ. 항생제 A에 내성이 없는 세균 집단에서 항생제 A에 내성이 있는 세균이 출현하게 된 계기인 ⓐ는 돌연변이이다.

ㄴ. ㉡은 '항생제 A에 내성이 있는 세균'이다.

ㄷ. (가) → (나) 과정에서 전체 세균 중 항생제 A에 내성이 있는 세균의 개체수가 증가하였다. 그러므로 (가) → (나) 과정에서 환경에 잘 적응한 개체가 살아남는 자연선택이 일어났다.

317 자연선택 답 ③

알짜풀이

딱따구리가 큰 혹 안의 혹파리 유충을 주로 먹으므로 혹의 평균 크기가 작아지는 방향으로 자연선택이 일어난다.

ㄱ. 혹의 크기는 혹파리가 가진 유전자의 영향을 받는다. 혹파리가 가진 유전자가 다양하므로 혹의 크기는 큰 혹부터 작은 혹까지 다양하게 나타난다. 따라서 혹의 크기는 변이가 있다.

ㄷ. 딱따구리로 인해 혹의 평균 크기가 작아지므로 크기가 작은 혹일수록 크기가 큰 혹보다 혹파리 유충의 생존에 유리하다.

오답넘기

ㄴ. 딱따구리가 큰 혹 안의 혹파리 유충을 주로 먹기 때문에 시간이 지날수록 혹파리 집단에서 혹의 평균 크기가 작아지고, 이로 인해 시간이 지날수록 혹파리 집단의 혹 크기의 다양성은 감소한다.

318 생물다양성 답 ①

알짜풀이

(가)는 종다양성, (나)는 유전적 다양성, (다)는 생태계다양성이다.

ㄱ. 종다양성은 한 지역에서 종의 다양한 정도를 의미한다. 종다양성이 높을수록 생태계가 안정적으로 유지된다.

오답넘기

ㄴ. 유전적 다양성이 높은 종은 개체들의 형질이 다양하므로 환경이 급히 변하거나 전염병이 발생했을 때 살아남을 수 있는 유리한 형질을 가진 개체가 존재할 확률이 높다. 따라서 멸종될 확률이 낮다.

ㄷ. 생태계다양성이 높은 지역에서는 다양한 환경 조건이 존재하므로 서로 다른 환경에 적응하여 다양한 종이 나타날 수 있다. 그 결과 유전적 다양성과 종다양성이 높아진다.

319 생물다양성 답 ②

알짜풀이

(가)는 종다양성, (나)는 생태계다양성, (다)는 유전적 다양성이다.

ㄴ. 생태계다양성은 생태계를 구성하는 생물과 환경 사이의 상호작용에 관한 다양성을 포함한다.

오답넘기

ㄱ. 같은 종으로 구성된 무당벌레 집단 A에서 무당벌레의 딱지날개 무늬가 다양한 것은 유전자의 차이에 의한 것이므로 유전적 다양성에 해당한다.

ㄷ. 인간 활동에 의한 서식지파괴와 서식지단편화는 생물의 종 수를 줄여 생물다양성을 감소시키는 원인이므로 도로를 건설할 때 생태통로를 설치하면 종다양성을 높일 수 있다.

320 생물다양성과 생물다양성보전 방안 답 ①

알짜풀이

학생 A: 철도, 도로 등에 의해 서식지가 단편화되면 실제 감소하는 면적이 작더라도 가장자리의 길이와 면적이 늘어나므로 숲 속에서 살아가는 생물의 경우 서식지가 절반 가까이 감소하게 된다. 서식지단편화로 발생하는 피해는 철도나 도로를 건설할 때 생태통로를 설치하여 최소화할 수 있다.

오답넘기

학생 B: 먹이사슬에서 최상위 포식자가 될 수 있는 외래종은 고유종의 서식지를 점령하고 먹이사슬에 변화를 일으킬 수 있으므로 외래종의 도입은 생물다양성을 감소시킨다.

학생 C: 종다양성은 종의 수가 많을수록, 종의 비율이 고를수록 높아진다.

321 산화·환원 반응 답 ⑤

알짜풀이

(가)에서 Mg은 전자를 잃어 산화되고, HCl은 전자를 얻어 환원된다. (나)에서 C는 산소를 얻어 산화되고, CuO는 산소를 잃어 환원된다. (다)에서 CO는 산소를 얻어 산화되고, O_2는 산소를 잃어 환원된다. 따라서 (가)~(다)에서 환원되는 물질은 각각 HCl, CuO, O_2이다.

322 금속 양이온과 금속의 산화·환원 반응 답 ③

알짜풀이

수용액 속 철이 전자를 잃고 산화되어 철 이온이 되고, 은 이온이 전자를 얻고 환원되어 은이 되는 반응이 일어난다. 이 반응을 화학 반응식으로 나타내면 $2Ag^+ + Fe \longrightarrow 2Ag + Fe^{2+}$이다.

ㄱ. 은 이온은 철이 내놓은 전자를 얻는다.

ㄴ. 철은 전자를 잃고 철 이온으로 산화된다.

오답넘기

ㄷ. 반응 전에는 은 이온과 질산 이온이 1 : 1의 비로 존재하였으나, 반응 후에는 철 이온과 질산 이온이 1 : 2의 비로 존재하게 된다. 따라서 수용액 속 $\dfrac{음이온\ 수}{양이온\ 수}$는 반응 전이 1이고, 반응 후가 $\dfrac{2}{1}$이므로 반응 후가 반응 전보다 크다.

323 철의 제련과 부식 반응 답 ⑤

알짜풀이

(가)는 철광석의 산화 철(Ⅲ)(Fe_2O_3)이 일산화 탄소(CO)와 산화·환원 반응하여 철(Fe)을 얻는 제련 과정이고, (나)에서는 철(Fe)이 산소(O_2)와 반응하여 산화 철(Ⅲ)(Fe_2O_3)이 되는 산화·환원 반응이 일어난다.

ㄱ. (가)에서는 CO가 O를 얻어 CO_2가 되므로 화합물 A는 CO_2이다. CO_2는 비금속 원소의 공유 결합으로 이루어진 물질이다.

ㄴ. (나)에서는 철(Fe)이 공기 중의 산소(O_2)와 반응하여 부식되는 반응이 일어난다. 금속이 부식될 때에는 에너지를 주변으로 방출한다.

ㄷ. (가)와 (나)는 모두 산소의 이동이 있으므로 산화·환원 반응이다.

324 지구의 대기 성분 변화와 광합성　답 ④

㉠은 산소, ㉡은 이산화 탄소이다. (가)에서 남세균이 광합성을 시작하면서 대기 중 산소의 농도가 증가하기 시작하였다.

알짜풀이

ㄴ. (가)에서부터 시작된 광합성 반응의 반응물은 물과 이산화 탄소(㉡)이다.

ㄷ. 광합성은 산화·환원 반응이다.

오답넘기

ㄱ. 약 27억 년 전 지구에서는 최초의 광합성을 하는 생물이 탄생하게 되어 산소의 농도는 증가하게 되었다. 따라서 ㉠은 산소이고, ㉡은 이산화 탄소이다.

325 산화 구리(Ⅱ)와 탄소의 반응　답 ⑤

시험관에서 일어나는 반응의 화학 반응식은 다음과 같다.
$$2CuO + C \longrightarrow 2Cu + CO_2$$
비커에서 일어나는 반응의 화학 반응식은 다음과 같다.
$$Ca(OH)_2 + CO_2 \longrightarrow CaCO_3 + H_2O$$

알짜풀이

ㄱ. 시험관에서 산화·환원 반응이 일어날 때 생성된 붉은색 물질은 구리(Cu)이다.

ㄴ. 비커에서는 염기인 수산화 칼슘($Ca(OH)_2$)이 이산화 탄소와 반응하여 물이 생성되므로 이 반응은 중화 반응이다. 이산화 탄소는 물에 녹아 탄산(H_2CO_3)을 형성한다.

ㄷ. 시험관에서 반응물인 산화 구리(Ⅱ)는 Cu^{2+}과 O^{2-}이 결합되어 있으나 반응 후에는 원자 상태의 Cu와 공유 결합 물질인 CO_2가 생성되므로 이온 수가 감소한다.

> **자료 분석**
>
> 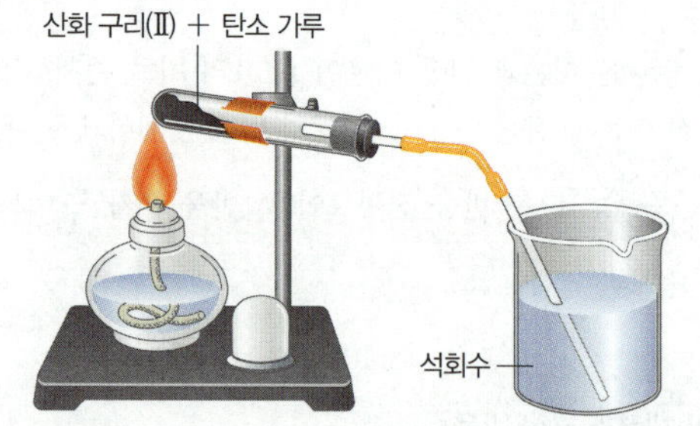
>
>
> · 산화 구리(Ⅱ)와 탄소의 반응: $2CuO + C \longrightarrow 2Cu + CO_2$
> CuO는 산소를 잃어 환원되고, C는 산소를 얻어 산화되므로 이 반응은 산화·환원 반응이다.
>
> · 석회수와 이산화 탄소의 반응:
> $Ca(OH)_2 + CO_2 \longrightarrow CaCO_3 + H_2O$

염기인 $Ca(OH)_2$ 수용액(석회수)과 물에 녹아 탄산(H_2CO_3)을 형성할 수 있는 CO_2가 반응하여 앙금인 $CaCO_3$을 형성하고 물을 생성하므로, 이 반응은 중화 반응이다. 중화 반응은 산과 염기가 반응하여 물을 생성하는 반응이다.

326 중화 반응의 이온 모형　답 ①

(가)에 존재하는 이온은 H^+, A^-이고, (다)에도 존재하는 이온인 ■은 A^-이다. 따라서 ●은 H^+이고, ▲은 B^+이며, ★은 OH^-이다.

알짜풀이

ㄱ. (다)에 1 개 존재하는 ★은 H^+과 모두 반응한 후 나타난 이온이므로 OH^-이다.

오답넘기

ㄴ. (다)에 존재하는 ▲은 B^+으로 총 4 개이므로, BOH 수용액 20 mL에 들어 있는 B^+과 OH^-은 각각 4 개이다. 따라서 (나)에 들어 있는 H^+의 수는 1이므로 (나)는 산성이고 BTB 용액을 넣으면 노란색으로 변한다.

ㄷ. (나)에 들어 있는 이온은 ■(A^-) 3 개, ●(H^+) 1 개, ▲(B^+) 2 개이므로 총 6 개의 이온이 들어 있고, (다)에는 총 8 개의 이온이 들어 있으므로 수용액 속 총 이온 수비는 (나) : (다) = 3 : 4이다.

327 중화 반응의 양적 관계　답 ⑤

(가)와 (나)를 비교하면 HCl 수용액의 부피가 3배가 되었지만 생성된 물 분자 수는 3배가 아니므로 (가)에서는 HCl 수용액의 H^+이 모두 반응하였고, (나)에서는 NaOH 수용액의 OH^-이 모두 반응한 것임을 알 수 있다. 따라서 HCl 수용액 10 mL에 들어 있는 H^+ 수는 $2N$, NaOH 수용액 10 mL에 들어 있는 OH^- 수는 N이다.

알짜풀이

ㄴ. HCl 수용액 10 mL에 들어 있는 H^+수는 $2N$, NaOH 수용액 10 mL에 들어 있는 OH^- 수는 N이므로 같은 부피에 들어 있는 총 이온 수는 HCl 수용액이 NaOH 수용액의 2배이다.

ㄷ. 같은 부피에서 생성된 물 분자 수가 많을수록 혼합 용액의 온도가 높다. (가)~(라)의 $\dfrac{생성된\ 물\ 분자\ 수}{혼합\ 용액의\ 부피}$ 는 각각 $\dfrac{2N}{40}$, $\dfrac{5N}{80}$, $\dfrac{N}{60}$, $\dfrac{3N}{80}$이므로 (나)의 온도가 가장 높다.

오답넘기

ㄱ. (라)에서 HCl 수용액 50 mL에 들어 있는 H^+의 수가 $10N$이고, NaOH 수용액 30 mL에 들어 있는 OH^-의 수가 $3N$이므로 $x = 3$이다.

> **자료 분석**
>
> H^+ 수와 OH^- 수 중 적은 수로 결정
>
> | 혼합 용액 | 혼합 전 수용액의 부피(mL) | | 생성된 물 분자 수 |
> | --- | --- | --- | --- |
> | | HCl 수용액 | NaOH 수용액 | |
> | (가) 염기성 | 10 H^+ $2N$ | 30 OH^- $3N$ | $2N$ |
> | (나) 산성 | 30 H^+ $6N$ | 50 OH^- $5N$ | $5N$ |
> | (다) 산성 | 50 H^+ $10N$ | 10 OH^- N | N |
> | (라) 산성 | 50 H^+ $10N$ | 30 OH^- $3N$ | xN $3N$ |

328 중화 반응의 양적 관계 답 ①

(가)에서 $\dfrac{\text{Cl}^- \text{ 수}}{\text{OH}^- \text{ 수}}=3$이므로 HCl 수용액 30 mL에 들어 있는 Cl^-의 수를 $3N$이라고 하면, NaOH 수용액 40 mL에 들어 있는 OH^-의 수는 $4N$이어야 $3N$의 H^+와 반응하여 N만 남게 되어 조건을 만족하게 된다. 따라서 (나)에서 NaOH 수용액 20 mL에 들어 있는 Na^+과 OH^-의 수는 각각 $2N$, $2N$이고, HCl 수용액 V mL에 들어 있는 H^+의 수는 $2N$의 OH^-과 반응 후 남아 있는 수가 $6N$이어야 하므로 반응 전 $8N$이 들어 있어야 한다.

알짜풀이

ㄱ. (가)에서 OH^- 수는 N, (나)에서 H^+ 수는 $6N$이므로 두 수용액을 혼합한 용액은 산성이다.

오답넘기

ㄴ. (나)의 HCl 수용액 V mL에 들어 있는 H^+ 수는 $8N$이므로 $V=80$이다.

ㄷ. 생성된 물 분자 수는 (가)와 (나)에서 각각 $3N$, $2N$이므로 (가)>(나)이다.

자료 분석

혼합 용액		(가)	(나)
혼합 전 용액의 부피(mL)	HCl 수용액	30 $\begin{matrix}\text{H}^+ \ 3N \\ \text{Cl}^- \ 3N\end{matrix}$	V $\begin{matrix}\text{H}^+ \ 8N \\ \text{Cl}^- \ 8N\end{matrix}$
	NaOH 수용액	40 $\begin{matrix}\text{Na}^+ \ 4N \\ \text{OH}^- \ 4N\end{matrix}$	20 $\begin{matrix}\text{Na}^+ \ 2N \\ \text{OH}^- \ 2N\end{matrix}$
혼합 용액의 이온 수비		$\dfrac{3N}{N}\dfrac{\text{Cl}^- \text{ 수}}{\text{OH}^- \text{ 수}}=3$	$\dfrac{2N}{6N}\dfrac{\text{Na}^+ \text{ 수}}{\text{H}^+ \text{ 수}}=\dfrac{1}{3}$

- (가)에서 $\dfrac{\text{Cl}^- \text{ 수}}{\text{OH}^- \text{ 수}}=3$이므로 HCl 수용액 30 mL에 들어 있는 Cl^- 수를 $3N$이라고 하면, NaOH 수용액 40 mL에 들어 있는 OH^- 수는 $4N$이다.
- (나)에서 NaOH 수용액 20 mL에 들어 있는 Na^+과 OH^-의 수는 각각 $2N$, $2N$이고, HCl 수용액 V mL에 들어 있는 H^+ 수는 $2N$의 OH^-과 반응 후 남아 있는 수가 $6N$이어야 하므로 반응 전 $8N$이 들어 있다.

329 자연계에서 일어나는 반응에서 에너지 출입 답 ③

알짜풀이

ㄱ. 단백질은 아미노산 분자들이 펩타이드 결합을 형성하는데 이 과정에서 물이 빠져나오고 새로운 공유 결합이 형성된다.

ㄷ. (가)는 라이보솜, (나)는 글리코젠 형성 효소가 반응을 빠르게 하는 촉매이지만 (다)의 반응은 물질을 변화시키는 것이 아니므로 물질 자체의 에너지 변화로 반응이 일어나게 된다.

오답넘기

ㄴ. (가)와 (나)는 동화 작용으로 에너지를 흡수하는 반응이고, (다)는 기체가 액체로 액화하는 과정에서 에너지를 방출하는 반응이다. 따라서 에너지를 흡수하는 반응은 두 가지이다.

330 지구 기후 변화

✓모범답안 중생대인 (가) 시기에는 전 기간에 걸쳐 온난하였고, 이러한 기후가 신생대인 (나)의 중기까지 이어졌으나 말기에 들어 한랭해졌다.

채점 기준	배점
(가)와 (나) 시기의 기후 변화를 모두 옳게 서술한 경우	100 %
(가)와 (나) 시기의 기후 변화 중 한 가지만 옳게 서술한 경우	50 %

해설

(가)는 대서양이 형성되기 시작하였고, 인도 대륙이 북상하고 있으므로 중생대의 수륙 분포이고, (나)는 수륙 분포가 현재와 비슷하므로 신생대의 수륙 분포이다. 중생대에는 전 기간에 걸쳐 온난하였고, 이러한 기후가 신생대 중기까지 이어졌으나 신생대 말기에 들어 한랭해져 빙하기와 간빙기가 여러 차례 반복되었다.

331 생물다양성

(1) **답** (가) 유전적 다양성, (나) 종다양성, (다) 생태계다양성

(2) **✓모범답안** 생태계다양성(다)이 높아질수록 유전적 다양성(가)과 종다양성(나)은 모두 높아진다. / 생태계다양성이 높은 지역에서는 다양한 생태계의 환경 조건이 존재하므로 서로 다른 환경에 적응하여 살아가는 다양한 생물종이 나타날 수 있기 때문이다.

채점 기준	배점
(가)와 (나)의 변화와 그렇게 판단한 까닭을 모두 옳게 서술한 경우	100 %
(가)와 (나)의 변화만 쓴 경우	40 %

해설

삼림 생태계에 서식하는 생물종과 하천 생태계에 서식하는 생물종, 초원 생태계에 서식하는 생물종이 다르듯이 생태계의 종류에 따라 서식하는 생물종이 다르다. 그러므로 동일한 지역에 다양한 생태계가 존재하는 경우 각 생태계의 환경 조건이 다양하게 존재하므로 서로 다른 환경에 적응하여 살아가는 다양한 생물종이 나타날 수 있다.

332 금속의 산화·환원 반응

✓모범답안 환원되는 물질: Ag_2S, 산화되는 물질: Al / Ag^+이 전자를 얻어 Ag이 되었으므로 Ag_2S은 환원되고, Al은 전자를 잃어 Al^{3+}으로 산화된다.

채점 기준	배점
산화되는 물질과 환원되는 물질의 전자 이동과 반응 후의 물질을 옳게 서술한 경우	100 %
산화되는 물질과 환원되는 물질만 옳게 쓴 경우	50 %
산화되는 물질과 환원되는 물질 중 한 가지만 옳게 쓴 경우	25 %

해설

Ag_2S에서 Ag^+은 전자를 얻어 Ag으로 환원되고, Al은 전자를 잃어 Al^{3+}으로 산화된다.

$$3\text{Ag}_2\text{S}+2\text{Al} \longrightarrow 6\text{Ag}+\text{Al}_2\text{S}_3$$

333 중화 반응의 양적 관계

모범답안 ㉠ 무색, ㉡ 1 : 1 / (가)와 (나)는 모두 염기성이므로 가장 많이 존재하는 이온은 Na^+이다. NaOH 수용액의 부피는 (나)가 (가)의 2배이므로 (가)에 들어 있는 Na^+의 수를 $3N$이라고 하면, (나)에 들어 있는 Na^+의 수는 $6N$이다. (가)와 (나)에서 HCl 수용액에 들어 있는 Cl^-의 수는 같아야 하므로 (가)와 (나)에서 Cl^-의 수는 $2N$이다. 따라서 OH^-의 수는 (가)와 (나)에서 각각 N, $4N$이고, HCl 수용액 V mL에 들어 있는 H^+의 수는 $2N$이다. (다)에서 HCl 수용액 V mL에 들어 있는 H^+의 수는 $2N$, NaOH 수용액 20 mL에 들어 있는 OH^-의 수는 $2N$이므로 이온 수의 비는 Na^+ : Cl^- = 1 : 1이다.

채점 기준	배점
㉠, ㉡을 모두 옳게 쓰고, ㉡을 구하는 과정을 옳게 서술한 경우	100 %
㉡만 옳게 쓴 경우	50 %
㉠만 옳게 쓴 경우	30 %

해설

(가)와 (나)는 모두 염기성이므로 가장 많이 들어 있는 이온은 Na^+이고, NaOH 수용액의 부피는 (나)가 (가)의 2배이므로 Na^+의 수는 (나)가 (가)의 2배이다. HCl 수용액의 부피는 V mL로 같으므로 (가)에서는 Na^+ : Cl^- : OH^- = 3 : 2 : 1이고, (나)에서는 Na^+ : OH^- : Cl^- = 6 : 4 : 2이다. HCl V mL에 들어 있는 H^+과 Cl^-의 수를 각각 $2N$이라고 하면, NaOH 수용액 20 mL에 들어 있는 Na^+과 OH^-의 수도 $2N$이다. 따라서 (다)는 중성이고, 이온 수비는 Na^+ : Cl^- = 2 : 2 = 1 : 1이다.

> **자료 분석**
>
> | 혼합 용액 | | (가) | (나) | (다) |
> | --- | --- | --- | --- | --- |
> | 혼합 전 용액의 부피(mL) | HCl 수용액 | V H^+ $2N$ Cl^- $2N$ | V H^+ $2N$ Cl^- $2N$ | V H^+ $2N$ Cl^- $2N$ |
> | | NaOH 수용액 | 30 Na^+ $3N$ OH^- $3N$ | 60 Na^+ $6N$ OH^- $6N$ | 20 Na^+ $2N$ OH^- $2N$ |
> | 페놀프탈레인 용액을 넣었을 때의 색 | | 붉은색 염기성 | 붉은색 염기성 | ㉠ ─ 무색 중성 |
> | 혼합 용액에 존재하는 모든 이온 수의 비 | | 3 : 2 : 1
Na^+ Cl^- OH^-
$3N$ $2N$ N | 3 : 2 : 1
Na^+ OH^- Cl^-
$6N$ $4N$ $2N$ | ㉡ ─ 1 : 1
Na^+ Cl^-
$2N$ $2N$ |
>
> - 혼합 용액이 산성일 때 이온의 종류는 H^+, Cl^-, Na^+이고 전체 양이온의 전하와 전체 음이온의 전하의 합은 0이므로 H^+ 수 + Na^+ 수 = Cl^- 수이다.
> - 혼합 용액이 염기성일 때 이온의 종류는 Cl^-, Na^+, OH^-이고 전체 양이온의 전하와 전체 음이온의 전하의 합은 0이므로 Na^+ 수 = Cl^- 수 + OH^- 수이다.

334 생석회와 소석회

(1) **모범답안** 석회석을 가열하여 생석회를 생성하므로 생석회가 생성되는 반응은 에너지를 흡수한다. 생석회가 물과 반응할 때는 열을 발생시키므로 에너지를 방출한다.

채점 기준	배점
생석회가 생성될 때와 물과 반응할 때의 에너지 출입을 모두 옳게 서술한 경우	100 %
생석회가 생성될 때와 물과 반응할 때의 에너지 출입 중 한 가지만 옳게 서술한 경우	50 %

(2) **모범답안** 소석회는 수산화 이온을 포함하는 물질이므로 산성화된 토양과 중화 반응을 하여 산도를 조절하는 염기성 물질로 사용할 수 있다.

채점 기준	배점
소석회에 수산화 이온이 존재하여 산성화된 토양을 중화시킬 수 있음을 서술한 경우	100 %
소석회에 수산화 이온이 존재한다는 것만 서술한 경우	50 %

해설

(1) 생석회를 생성하는 반응은 탄산 칼슘을 가열하여 산화 칼슘을 얻으므로 에너지를 흡수하는 반응이고, 생석회는 물과 반응하여 열을 발생시키므로 물과의 반응은 에너지를 방출하는 반응이다.

(2) 소석회는 수산화 칼슘($Ca(OH)_2$)이므로 수산화 이온(OH^-)을 포함하고 있는 염기성 물질이다. 따라서 토양의 산도를 조절하는 것은 산성화된 토양에 염기성 물질을 넣어 중화 반응의 원리를 이용한 것이다.

Ⅱ 환경과 에너지

(1) 생태계와 환경 변화

06 생태계의 구성요소와 환경

335 X	336 O	337 O	338 X	339 O	340 O
341 X	342 X	343 O	344 O	345 O	346 O
347 O	348 X	349 O	350 X	351 O	352 X
353 X					

354 ④	355 ②	356 ⑤	357 ①	358 ③
359 해설 참조	360 ①	361 ④	362 ④	363 ②	364 ⑤
365 ④	366 해설 참조	367 ①	368 ⑤	369 해설 참조	370 ②

354 생태계의 구성요소 답 ④

알짜풀이

A. 생물과 환경은 서로 영향을 주고받으며 밀접한 관계를 맺고 있다.

C. 빛, 온도, 물, 공기, 토양 등은 생태계의 비생물요소로, 생물이 살아가는 터전을 제공해 생태계를 유지시킨다.

오답넘기

B. 생태계는 생물과 환경이 서로 영향을 주고받으며 유지되는 체계로, 생물요소와 빛, 물, 공기, 토양 등의 비생물요소로 구성된다. 일정 지역에 서식하는 여러 개체군의 집단은 군집이다.

355 생태계 구성요소의 상호작용 답 ②

알짜풀이

연못 생태계는 생물요소와 비생물요소로 구성되고, 생물요소는 생산자, 소비자, 분해자로 구분된다.

ㄷ. 군집은 일정한 지역에서 서식하는 여러 개체군이 모여 이루어진다. 오리 개체군, 개구리 개체군, 붕어 개체군이 모여 생물 군집을 구성한다.

오답넘기

ㄱ. 연못 생태계는 생물요소와 비생물요소로 구성된다. 공기, 빛, 온도, 토양, 물은 비생물요소에 해당한다.

ㄴ. 버섯은 분해자, 검정말은 생산자에 해당한다.

356 생태계를 구성하는 요소 답 ⑤

알짜풀이

생태계는 개체 → 개체군 → 군집 → 생태계의 위계적인 구성 단계를 이루고 있으며, 비생물요소와 생물요소로 구성된다.

ㄱ. 개체군은 동일한 종의 개체들로 이루어진 집단이므로 개체군 A는 동일한 종으로 구성된다.

ㄴ. 군집은 일정한 지역에서 서식하는 여러 개체군이 모여 이루어지므로 개체군 A와 B가 모여 군집을 이룬다.

ㄷ. 생물요소는 역할에 따라 생산자, 소비자, 분해자로 구분된다.

357 생물요소 답 ①

알짜풀이

ㄱ. (가)는 분해자, (나)는 생산자, (다)는 소비자이다. 분해자(가)에 의해 분해된 물질들은 환경으로 되돌아간다.

오답넘기

ㄴ. 동물 플랑크톤은 식물 플랑크톤을 잡아먹으므로 소비자(다)에 해당한다.

ㄷ. 생태계에 있는 모든 생물은 역할 또는 양분을 얻는 방법에 따라 생산자, 소비자, 분해자로 구분한다.

358 생태계구성요소의 상호작용 답 ③

알짜풀이

생태계는 생물요소와 비생물요소로 구성된다. 생물요소는 역할에 따라 생산자, 소비자, 분해자로 구분된다. ㉠은 생물요소가 비생물요소에 주는 영향이고, ㉡은 비생물요소가 생물요소에 주는 영향이다.

ㄱ. 비생물요소는 생물을 둘러싸고 있는 환경요인으로, 빛, 온도, 물, 토양, 공기, 강수량 등이 해당된다.

ㄴ. 생물요소는 생산자, 소비자, 분해자로 이루어진 군집이므로 여러 개체군들이 모여 구성된다.

오답넘기

ㄷ. 식물의 광합성은 생물요소이고 공기 중의 이산화 탄소 농도가 달라지는 것은 비생물요소이므로 식물의 광합성이 공기 중의 이산화 탄소 농도에 영향을 주는 것은 생물요소가 비생물요소에 영향을 주는 ㉠에 해당한다.

359 서술형 연못 생태계의 구성요소

(1) **답** 공기, 물, 빛, 온도, 토양

(2) **모범답안** 생산자는 수련, 부들, 검정말, 부레옥잠, 소비자는 다슬기, 짚신벌레, 오리, 개구리, 붕어, 분해자는 버섯이다.

채점 기준	배점
생산자, 소비자, 분해자를 모두 옳게 서술한 경우	100 %
생산자, 소비자, 분해자 중 일부만 옳게 서술한 경우	50 %

(3) **모범답안** 물에 사는 수련은 물을 흡수하고 운반하기 위한 관다발이나 뿌리가 잘 발달하지 않았다.

채점 기준	배점
상호작용의 예를 옳게 서술한 경우	100 %

해설

물 속이나 물 위에 떠서 서식하는 수련이나 연꽃과 같은 식물은 물을 쉽게 얻을 수 있기 때문에 물을 흡수하기 위한 뿌리와 저장하기 위한 관다발이 잘 발달하지 않는다.

360 생태계구성요소의 상호작용 답 ①

알짜풀이

생태계는 생물요소와 비생물요소로 구성되고, 생물요소는 생산자, 소비자, 분해자로 구분된다. A는 생산자이다. ㉠은 비생물요소가 생물요소에 주는 영향이고, ㉡은 생물요소가 비생물요소에 주는 영향이다. ㉢은 분해자가 소비자에 주는 영향이고, ㉣은 소비자가 분해자에 주는 영향이다.
ㄱ. 남세균은 빛을 흡수하여 광합성을 하며 스스로 양분을 합성하는 생산자이다.

오답넘기
ㄴ. 지의류는 생물요소이고, 암석의 풍화가 촉진되어 형성되는 토양은 비생물요소이므로 지의류에 의해 암석의 풍화가 촉진되어 토양이 형성되는 것은 ㉡에 해당한다.
ㄷ. 콩과식물은 생산자이고, 뿌리혹박테리아는 분해자이다. 그러므로 콩과식물이 뿌리혹박테리아로부터 질소를 공급받는 것은 분해자가 생산자에 주는 영향이다.

361 생태계의 구성요소와 유기물의 이동   답 ④

알짜풀이
유기물을 받기만 하는 (가)는 분해자이고, (나)는 1차 소비자, (다)는 2차 소비자이다.
ㄴ, ㄷ. ㉠에서 하위 영양단계인 생산자에서 상위 영양단계인 소비자로 유기물은 먹이사슬을 따라 이동하며, 소비자에서 분해자로 유기물이 이동할 때(㉡)는 주로 생물의 사체 형태로 이동한다.

오답넘기
ㄱ. (가)는 분해자이다. 생태피라미드에서 가장 하위 단계에 위치하는 것은 생산자이다.

362 생태계구성요소의 상호작용   답 ④

알짜풀이
A는 분해자, B는 생산자이다. 빛의 파장은 비생물요소이고, 해조류의 분포는 생물요소이다.
ㄴ. 녹조류, 갈조류, 홍조류와 같은 해조류는 광합성을 통해 스스로 양분을 합성하는 생산자에 해당한다.
ㄷ. 빛의 파장에 따른 해조류의 분포는 비생물요소가 생물요소에 영향을 미치는 예에 해당한다.

오답넘기
ㄱ. A는 화살표가 모이는 부분이므로 분해자이다.

(문제 속 개념)

빛의 파장에 따른 해조류의 분포

- 바다의 깊이에 따라 도달하는 빛의 파장과 양이 다르므로 바다의 깊이에 따라 서식하는 해조류의 종류가 다르다.
- 바다의 얕은 곳에는 적색광을 주로 이용하는 녹조류가 많이 분포하고, 깊은 곳에는 청색광을 주로 이용하는 홍조류가 많이 분포한다.

363 생태계구성요소의 상호작용   답 ②

알짜풀이
(가)는 분해자, (나)는 비생물요소, (다)는 개체군이다. 개체군은 동일한 종의 개체들로 이루어진 집단이고, 군집은 일정한 지역에서 서식하는 여러 개체군이 모여 이루어진 집단이다.
ㄴ. (가)는 분해자이므로 생물요소이고, (나)는 비생물요소이다. 따라서 (가)가 (나)에 영향을 주는 것은 ㉠에 해당한다.

오답넘기
ㄱ. 식물 플랑크톤은 광합성을 통해 스스로 양분을 합성하는 생산자에 해당한다.
ㄷ. (다)는 식물종 A로만 구성된 개체군이다. 숲을 구성하는 양수와 음수가 모여 군집을 구성한다.

364 먹이사슬과 먹이그물   답 ⑤

알짜풀이
ㄱ. 광합성을 하여 생물의 에너지원이 되는 유기물을 생산하는 생산자는 먹이사슬의 시작인 A와 F이다.
ㄴ. 다른 생물을 잡아먹음으로써 생태계에서 에너지 흐름이 일어나게 하는 소비자는 B, C, D, E, G, H의 6종이다.
ㄷ. 최종 소비자는 먹이사슬에서 가장 상위 영양단계에 있는 C, E, H이다.

365 빛이 생물에 미친 영향   답 ④

알짜풀이
잎의 구조 차이를 나타나게 하는 비생물요소는 빛이다.
④ 사슴은 낮의 길이가 짧아지는 가을에 번식을 한다. ➡ 빛의 영향

오답넘기
① 곤충은 몸 표면이 키틴질로 덮여 있다. ➡ 물의 영향
② 온대 지방의 낙엽수는 가을이 되면 단풍이 든다. ➡ 온도의 영향
③ 사막여우는 북극여우보다 귀가 크고 몸집이 작다. ➡ 온도의 영향
⑤ 선인장은 저수조직이 발달되어 있고, 수분의 손실을 막기 위해 잎은 가시로 되어 있다. ➡ 물의 영향

(문제 속 개념)

일조시간과 생물

일조시간은 하루 중 구름이나 안개 등에 가려지지 않고 햇빛이 실제로 내리쬐는 시간으로, 동물의 생식이나 식물의 개화에 영향을 준다.

동물	대부분의 새는 일조시간이 길어지는 봄에 번식하고, 송어와 노루는 일조시간이 짧아지는 가을에 번식한다. ➡ 일조시간이 성호르몬의 분비에 영향을 주기 때문이다.
식물	붓꽃과 같은 장일식물은 일조시간이 길어지는 봄과 초여름에 꽃이 피지만, 코스모스와 같은 단일식물은 일조시간이 짧아지는 가을에 꽃이 핀다.

366 · 서술형 생태계구성요소의 상호작용

(1) **답** (가) 약한 빛을 받는 잎, (나) 강한 빛을 받는 잎

(2) **모범답안** 강한 빛을 받는 잎은 약한 빛을 받는 잎에 비해 잎이 두껍고, 약한 빛을 받는 잎은 강한 빛을 받는 잎에 비해 잎이 얇고 넓다.

채점 기준	배점
(가)와 (나)의 차이점을 모두 옳게 서술한 경우	100 %
(가)와 (나)의 차이점 중 한 가지의 특징만 옳게 서술한 경우	50 %

해설

강한 빛을 받는 잎은 울타리조직이 발달하여 잎이 두껍고, 약한 빛을 받는 잎은 약한 빛을 효과적으로 흡수하기 위해 잎이 얇고 넓다.

〔문제 속 개념〕

빛의 세기에 따른 잎의 두께

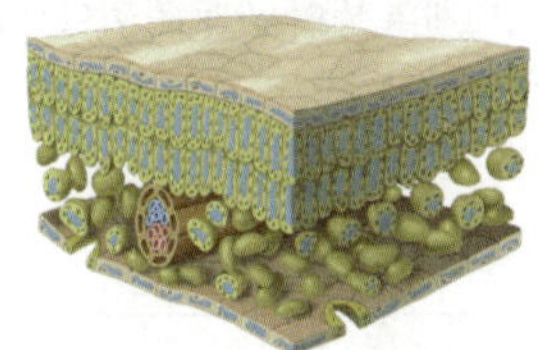

약한 빛을 받는 잎   강한 빛을 받는 잎

• 일반적으로 빛의 세기가 강한 곳에 서식하는 식물의 잎은 두껍고, 빛의 세기가 약한 곳에 서식하는 식물의 잎은 얇고 넓다.

• 한 식물에서도 강한 빛을 받는 잎은 울타리조직이 발달되어 두껍고, 약한 빛을 받는 잎은 얇고 넓어 빛을 효율적으로 흡수한다.

367 온도가 생물에 미친 영향   **답** ①

알짜풀이

생물은 빛, 온도, 물, 토양 등 여러 환경 영향(비생물요소)에 대해 적응하며 살아간다. ㄴ과 ㄷ은 물이 생물에 영향을 미치는 예이며, ㅁ은 빛이 생물에 영향을 미치는 예이다.

ㄱ. 낙엽수가 가을이 되면 단풍이 드는 것은 온도가 생물에 영향을 미친 예이다.

ㄹ. 북극여우가 사막여우보다 몸집이 크고 귀가 작은 것은 온도가 생물에 영향을 미친 예이다.

오답넘기

ㄴ. 곤충의 몸 표면이 키틴질로 되어 있는 것은 물이 생물에 영향을 미친 예이다.

ㄷ. 파충류의 알이 단단한 껍데기로 싸여 있는 것은 물이 생물에 영향을 미친 예이다.

ㅁ. 일조시간이 길어지거나 짧아지는 변화에 따라 꽃이 피는 시기, 새가 알을 낳는 시기가 정해지는 것은 빛이 생물에 영향을 미친 예이다.

368 온도가 생물에 미친 영향   **답** ⑤

알짜풀이

ㄱ. 포유류는 서식지의 기온에 따라 몸집과 몸 말단부의 크기가 다르다.

추운 곳에 사는 북극여우는 몸집이 크고 몸의 말단부가 작아 열에너지가 방출되는 것을 막지만, 더운 곳에 사는 사막여우는 몸집이 작고 몸의 말단부가 커서 열에너지를 잘 방출한다.

ㄴ. 펭귄과 여우는 모두 비생물요소 중에서 온도에 적응한 예이다.

ㄷ. 더운 지방에 사는 갈라파고스펭귄이 추운 지방에 사는 황제펭귄보다 몸 길이에 대한 몸의 말단부의 비율이 크다.

〔문제 속 개념〕

여러 지역에 사는 여우의 온도 적응

• 추운 지방에 사는 동물일수록 깃털이나 털이 발달되어 있고, 피하 지방층이 두꺼우며, 몸 말단부의 크기가 작다. ➡ 몸에서 열이 방출되는 것을 막는다.

• 북극여우는 몸집이 크고 몸의 말단부가 작아 열이 방출되는 것을 막지만, 사막여우는 몸집이 작고 몸의 말단부가 커서 열을 잘 방출한다.

온대여우   북극여우   사막여우

369 · 서술형 생물과 환경의 상호 관계

모범답안 추운 곳에 사는 북극여우는 몸집이 크고 귀의 크기가 작아 외부로 열이 방출되는 것을 줄여 체온을 유지하고, 더운 곳에 사는 사막여우는 몸집이 작고 귀의 크기가 커 외부로 열을 많이 방출시켜 체온을 유지한다. 즉, 온도에 따라 몸의 형태가 적응되어 있다.

채점 기준	배점
비생물요소인 온도와 그에 따라 체온 유지를 위해 귀와 몸집의 크기가 차이나는 까닭을 모두 포함하여 옳게 서술한 경우	100 %
온도에 적응하였다고만 서술한 경우	40 %

370 빛의 파장이 생물에 미친 영향   **답** ②

알짜풀이

해조류는 바다의 깊이에 따라 서식하는 종류가 다른데, 이것은 바다의 깊이에 따라 도달하는 빛의 파장과 양이 다르기 때문이다. A는 녹조류, B는 갈조류, C는 홍조류이다.

ㄴ. 파장이 470 nm인 청색광이 660 nm인 적색광보다 깊은 수심에 도달하는 것으로 보아 파장이 짧은 빛일수록 바다 깊은 곳까지 도달한다.

오답넘기

ㄱ. 녹조류(A)는 광합성을 할 때 주로 적색광을 이용하지만, 적색광만 이용하는 것은 아니다.

ㄷ. 수심 40 m 이상에는 적색광과 황색광은 도달하지 못하고 청색광만 도달하므로 이곳에 서식하는 해조류는 적색광보다 청색광을 더 많이 이용한다.

07 생태계평형

| STEP 1 | O/X 문제로 5종 교과서 핵심 자료 보기 | 079쪽 |

371 X	372 X	373 ○	374 ○	375 ○	376 ○
377 ○	378 X	379 ○	380 ○	381 X	382 X
383 ○	384 X	385 X	386 ○	387 ○	388 ○

| STEP 2 | 학교 기출 문제로 내신 대비하기 | 080~083쪽 |

389 ②	390 ③	391 ①	392 ④	393 ③	394 ⑤
395 ⑤	396 해설 참조	397 ②	398 ⑤	399 ④	400 ⑤
401 ③	402 ⑤	403 ①	404 ③	405 해설 참조	

389 먹이 관계　　　　답 ②

알짜풀이

생태계를 구성하는 생물들은 먹이 관계로 연결되어 있다. (가)는 먹이사슬, (나)는 먹이그물이다.

ㄷ. (가)와 (나)에서 모두 개구리는 메뚜기로부터 에너지를 전달받으므로 메뚜기가 사라지면 개구리도 사라지게 된다.

오답넘기

ㄱ. 하위 영양단계의 생물이 가진 에너지 중 일부는 세포호흡에 의해 생명 활동에 사용되거나 열에너지로 방출되고, 나머지 일부 에너지만 상위 영양단계로 전달된다. 그러므로 풀이 가진 에너지 중 열에너지로 방출되는 에너지 등을 제외한 일부 에너지만 1차 소비자인 메뚜기에게 전달된다.

ㄴ. (가)에서 뱀은 3차 소비자이지만 (나)에서 뱀은 2차 소비자이거나 3차 소비자이다.

390 먹이그물　　　　답 ③

알짜풀이

ㄱ. A는 메뚜기와 방아깨비를 먹는 2차 소비자이다.

ㄴ. B는 생산자로, 빛에너지를 이용하여 이산화 탄소, 물과 같은 무기물로부터 스스로 양분을 합성하는 생물이다.

오답넘기

ㄷ. 이 생태계에서는 쥐가 사라지더라도 대체할 수 있는 다른 생물들이 존재하므로 생태계가 파괴되거나 사라지지는 않는다.

391 생태피라미드　　　　답 ①

알짜풀이

A는 생산자, B는 1차 소비자, C는 2차 소비자, D는 3차 소비자이다. 상위 영양단계로 갈수록 전달되는 에너지양은 감소하므로 Ⅰ은 B, Ⅱ는 D, Ⅲ은 A, Ⅳ는 C이다.

ㄱ. Ⅰ의 에너지양이 Ⅲ의 에너지양 다음으로 크므로 Ⅰ은 1차 소비자인 B이다.

오답넘기

ㄴ. C의 에너지양은 20이고, D의 에너지양은 5이므로 C의 에너지가 모두 D로 전달되지 않는다. 하위 영양단계인 C의 에너지 일부는 열에너지로 방출되거나 사체나 배설물에 포함되어 분해자에게 전달된다.

ㄷ. Ⅱ는 3차 소비자이고, C는 2차 소비자이다. 먹이사슬에서 상위 영양단계인 3차 소비자의 개체수가 증가하면 하위 영양단계인 2차 소비자의 개체수는 일시적으로 감소한다.

392 생태계의 먹이 관계　　　　답 ④

알짜풀이

ㄴ. 식물 플랑크톤은 이 생태계의 생산자이므로, 가장 낮은 영양단계에 해당한다.

ㄷ. 이 생태계에서 에너지는 식물 플랑크톤 → 동물 플랑크톤 → 멸치 → 오징어 → 상어 순으로 이동한다. 멸치에 있는 에너지의 일부가 오징어로 이동한다.

오답넘기

ㄱ. 이 생태계의 먹이 관계는 먹이사슬로 되어 있어 멸치가 사라지면 포식자인 오징어가 사라지고 상어도 사라져 생태계가 유지되기 어렵다.

393 생태피라미드　　　　답 ③

알짜풀이

ㄱ. A는 1차 소비자, B는 2차 소비자, C는 3차 소비자로 모두 소비자이다.

ㄴ. 에너지는 생산자 → 1차 소비자 → 2차 소비자 → 3차 소비자로 이동한다.

오답넘기

ㄷ. 생체량은 일정한 공간에 서식하는 생물의 전체 무게를 의미한다. 생체량피라미드는 일반적으로 상위 영양단계로 갈수록 감소하는 피라미드 형태가 나타난다.

394 에너지피라미드　　　　답 ⑤

알짜풀이

ㄱ. 에너지효율(%)은 $\dfrac{\text{현 영양단계의 에너지양}}{\text{전 영양단계의 에너지양}} \times 100$이고, 생산자의 에너지양이 모두 같으므로 1차 소비자의 에너지효율이 가장 높은 것은 1차 소비자의 에너지양이 가장 많은 A 생태계이다.

ㄴ. 생태계로 유입된 에너지는 먹이사슬을 따라 이동하며, 각 영양단계에서 생명활동에 이용되고 일부만 다음 영양단계로 이동한다. 따라서 최하위 영양단계가 가지는 에너지양이 가장 많고 영양단계가 높아질수록 감소한다.

ㄷ. B 생태계는 에너지의 대부분이 생산자에 저장되어 있고, 1차 소비자와 2차 소비자의 에너지양은 상대적으로 매우 적다.

（문제 속 개념）

에너지효율

에너지효율은 한 영양단계에서 다음 영양단계로 이동한 에너지의 비율이다. 일반적으로 에너지효율은 상위 영양단계로 갈수록 높아지는 역피라미드 형태를 나타낸다.

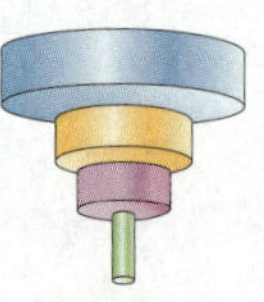

➡ 에너지효율(%) = $\dfrac{\text{현 영양단계의 에너지양}}{\text{전 영양단계의 에너지양}} \times 100$

395 생태계에서의 에너지 흐름　　　　　　답 ⑤

A는 생산자, B는 1차 소비자, C는 2차 소비자이다.

ㄱ. A는 광합성을 통해 빛에너지를 화학 에너지로 전환하는 생산자이다.

ㄴ. A에서 B로 이동한 에너지양은 10, B에서 C로 이동한 에너지양은 2이다.

ㄷ. 생태계에서 물질은 순환하지만 에너지는 순환하지 않고 한쪽 방향으로만 흐른다.

문제 속 개념

생태계에서의 에너지 흐름

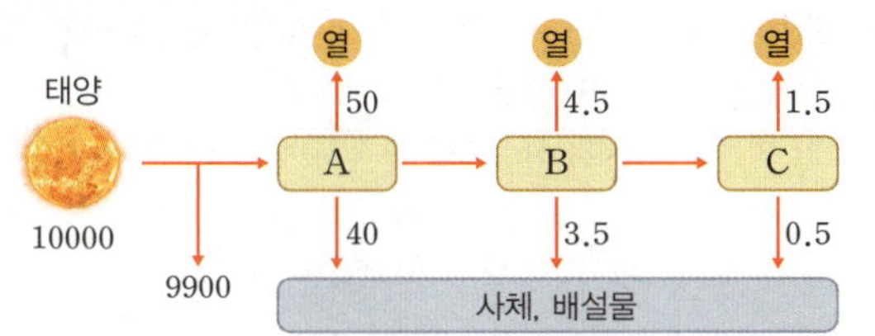

- 생태계 에너지의 근원은 태양 에너지이다.
- 생태계 내에서 에너지는 순환하지 않고 한쪽 방향으로만 흐른다.
- 각 영양단계에서 생명활동에 에너지가 사용되거나 열에너지로 방출되기 때문에 상위 영양단계로 갈수록 전달되는 에너지양은 감소한다.
- 상위 영양단계로 갈수록 에너지효율은 증가한다. ➡ 상위 영양단계로 갈수록 영양가 높은 먹이를 섭취하여 에너지를 효율적으로 사용하기 때문이다.

---

396 서술형 생태계에서의 에너지 흐름

(1) 답 A: 생산자, B: 1차 소비자

(2) 모범답안 태양으로부터 광합성을 통해 생산자로 유입되는 에너지양 1000이다. 이 중 생산자에서 1차 소비자로 전달되는 에너지양이 100, 사체, 배설물로 이동하는 에너지양이 100이므로 ㉠은 800이다. 2차 소비자에서 호흡으로 방출되는 에너지양이 15, 사체, 배설물로 이동하는 에너지양이 5이므로 2차 소비자의 에너지양은 20이다. 1차 소비자의 에너지양인 100 중 2차 소비자로 전달되는 에너지양이 20, 사체, 배설물로 이동하는 에너지양이 10이므로 ㉡은 70이다.

채점 기준	배점
㉠과 ㉡의 값을 계산하는 과정과 함께 모두 옳게 서술한 경우	100 %
㉠과 ㉡의 값만 옳게 서술한 경우	30 %

(3) 모범답안 생태계 내에서 에너지의 근원은 태양 에너지이고, 생태계로 유입된 에너지는 순환하지 않고 한 방향으로만 흐른다. 최종적으로는 모두 열에너지 형태로 방출된다.

채점 기준	배점
에너지 흐름에 대해 옳게 서술한 경우	100 %

해설

하위 영양단계의 생물이 가진 에너지의 일부는 세포호흡에 의해 생명활동을 하는 데 쓰이거나 열에너지로 방출되고, 나머지 일부 에너지만 상위 영양단계로 전달된다. 에너지는 한 방향으로만 흐르고 열에너지의 형태로 방출된다.

---

397 생태계평형　　　　　　답 ②

1차 소비자가 일시적으로 증가하면 먹이인 생산자가 감소하여 생태계평형이 깨진다. 그러나 1차 소비자가 증가하면 그것을 먹이로 하는 2차 소비자도 증가하여 1차 소비자가 다시 감소하므로 생태계는 평형을 회복한다.

---

398 생태계평형　　　　　　답 ⑤

ㄱ. 1차 소비자의 개체수가 일시적으로 증가하면 생산자의 개체수는 감소하고, 2차 소비자의 개체수는 증가한다.

ㄴ. 2차 소비자의 개체수가 증가하면 1차 소비자의 개체수는 감소한다.

ㄷ. 한 영양단계에 속하는 생물의 개체수가 지나치게 많아지거나 적어지지 않고 안정적으로 유지되는 것은 먹이사슬에 의해 생태계평형이 유지되기 때문이다. 또한 일시적으로 한 영양단계에 속하는 생물의 개체수가 증가하거나 감소하여 생태계평형이 깨지더라도 대부분은 먹이사슬에 의해 생태계평형이 회복될 수 있다.

---

399 생태계평형　　　　　　답 ④

A의 개체수가 증가하거나 감소하면 B의 개체수도 따라서 증가하거나 감소하므로 A는 하위 영양단계인 눈신토끼 개체군이고, B는 상위 영양단계인 스라소니 개체군이다.

ㄴ. 개체군 사이의 먹이 관계는 개체군의 개체수에 영향을 미친다. 하위 영양단계의 개체수가 감소하면 상위 영양단계의 개체수가 감소하므로 1차 소비자인 A의 개체수가 감소하면 2차 소비자인 B의 개체수가 감소하게 된다.

ㄷ. 1차 소비자는 2차 소비자에게 잡아먹히게 되고, 그 결과 유기물 속의 에너지가 1차 소비자에서 2차 소비자로 이동하게 된다. 그러므로 먹이 관계에 의해 A에서 B로 에너지가 전달된다.

오답넘기

ㄱ. A는 초식동물인 눈신토끼 개체군이고, B는 육식동물인 스라소니 개체군이다. 그러므로 A는 1차 소비자이다.

---

400 생태계평형　　　　　　답 ⑤

ㄱ. 포식자인 늑대와 퓨마를 사냥하여 개체수가 감소하였다. 그에 따라 피식자인 사슴의 개체수는 급격히 증가하였다.

ㄴ. 포식자의 개체수 감소로 피식자인 사슴의 개체수가 증가하였고, 많은 수의 사슴이 풀을 먹어 초원이 황폐해졌다.

ㄷ. 사슴을 보호하기 위해 늑대와 퓨마 사냥을 허용한 것처럼 인위적인 인간의 간섭은 생태계평형을 파괴할 수 있다.

401 생태계평형

답 ③

알짜풀이

ㄱ. A의 개체수가 증가하면 B와 C의 개체수가 모두 증가하므로 A는 영양단계 중 가장 낮은 단계임을 알 수 있다. 따라서 A는 생산자이다. C의 개체수가 감소했을 때 B의 개체수도 감소하므로 B는 C를 잡아먹는 포식자임을 알 수 있다. 따라서 C는 1차 소비자, B는 2차 소비자이다.

ㄴ. B는 2차 소비자이므로 가장 상위 영양단계에 해당한다.

오답넘기

ㄷ. 상위 영양단계로 갈수록 에너지양이 감소하기 때문에 평형을 이룬 상태에서는 B(2차 소비자)가 가진 에너지양보다 A(생산자)가 가진 에너지양이 많다.

402 생태계평형을 파괴하는 요인

답 ⑤

알짜풀이

A. 과도한 사냥이나 밀렵으로 인해 생태계가 파괴되는 것을 막기 위해서는 밀렵 활동 금지법을 만들어서 엄격하게 처벌해야 한다.

B. 환경오염을 통해 생물들의 생존율이 낮아지는 것을 막기 위해서는 하천 복원 등을 통해 평형이 파괴된 생태계를 되살려야 한다.

C. 도로나 댐 등을 건설할 때 서식지가 감소되거나 로드킬을 방지하기 위해서는 생태통로를 설치해 서식지의 단절을 막아야 한다.

[문제 속 개념]

생태계평형을 파괴하는 요인

요인	생태계평형에 미치는 영향
기후변화	생물의 서식 범위, 개화나 산란 시기를 변화시키며, 변화에 적응하지 못하는 생물들이 멸종될 수 있다.
무분별한 개발, 환경오염	생물의 서식지 면적을 감소시켜 생태계를 파괴하고, 생물의 생존율과 번식률을 낮춘다.
과도한 사냥, 밀렵	특정 생물의 개체수를 감소시키며, 특히 번식 가능한 개체의 수가 감소하면 멸종 위기에 처할 수 있다.
외래 생물(외래종)의 유입	천적이 없으면 고유종의 생존을 위협해 생물 다양성을 감소시킨다.

403 환경 변화와 생태계

답 ①

알짜풀이

생태계평형을 파괴할 수 있는 환경 변화는 자연재해나 인간의 활동에 의해 일어난다.

ㄱ. 생태계의 평형을 파괴하는 인간의 활동에는 무분별한 벌목, 대기오염, 수질오염, 토양오염, 무분별한 포획과 남획, 외래종의 도입 등이 있다. 그러므로 (가)는 인간의 활동이다.

오답넘기

ㄴ. 토양의 오염원인 농약이나 비료에 의해 토양이 오염되면 이들 오염원이 작물에 흡수되어 작물을 먹이로 하는 조류나 포유류 등에게 나쁜 영향을 미치게 된다. 지구온난화는 인구의 도시 집중이나 산업화에 의

한 대기 중의 이산화 탄소 농도 증가에 의해 일어난다.

ㄷ. 수질오염은 (가) 인간의 활동의 예이다.

404 환경 변화와 생태계

답 ③

알짜풀이

인구의 증가와 도시화 등으로 인한 인간의 활동은 급격한 환경 변화를 일으켜 생태계평형을 깨뜨린다. 생태계평형을 깨뜨리는 인간의 활동에는 무분별한 벌목, 대기오염, 수질오염, 토양오염 등의 환경오염, 무분별한 포획과 남획, 외래종의 도입 등이 있다.

ㄱ. 화석 연료의 과도한 사용으로 대기 중 이산화 탄소의 농도가 증가하여 지구 온난화가 심화되고 지구의 기후가 변화된다. 그 결과 생물 서식지가 변하거나 파괴되며 생물이 멸종되기도 한다.

ㄴ. 무분별한 벌목은 생물의 서식지를 감소시켜 생태계를 파괴한다.

오답넘기

ㄷ. 무분별한 포획과 남획은 생물의 개체수를 감소시켜 생물다양성을 낮추고 생물의 멸종을 일으키기도 한다.

405 서술형 환경 변화와 생태계

(1) **답** (가) 자연재해, (나) 인간의 활동, (다) 인간의 활동

(2) **모범답안** (나) 무분별한 벌목에 의해 생물 서식지가 감소하여 숲의 생태계가 파괴될 수 있고, 토양이 쉽게 침식된다. (다) 과다한 화석 연료의 사용으로 대기 중의 이산화 탄소 농도가 증가하여 지구 온난화가 심화되고, 지구의 기후가 변화하면서 생물 서식지가 변하거나 생물의 멸종이 일어날 수 있다.

채점 기준	배점
(가)와 (나)에 대해 모두 옳게 서술한 경우	100 %
(가)와 (나) 중 한 가지만 옳게 서술한 경우	50 %

해설

생태계는 지진, 화산, 태풍, 홍수 등 자연재해와 인위적인 개발, 무분별한 벌목, 환경오염 등과 같은 인간의 활동에 의해 환경 변화가 나타날 수 있다. 환경 변화는 생물 서식지를 훼손하고 먹이 관계를 파괴하여 생태계평형을 깨뜨릴 수 있다.

08 지구 환경과 인간 생활

STEP 1 O/X 문제로 5종 교과서 핵심 자료 보기 085~086쪽

406 X	407 X	408 O	409 O	410 O	411 O
412 O	413 X	414 X	415 O	416 O	417 X
418 O	419 X	420 O	421 O	422 X	423 O
424 O	425 O	426 O	427 O	428 O	429 X
430 X	431 O	432 O	433 X	434 O	435 O

436 ④	437 ②	438 ①	439 ③	440 해설 참조	441 ①
442 ③	443 ⑤	444 ⑤	445 ③	446 해설 참조	447 ⑤
448 ②	449 ⑤	450 ③	451 ①	452 해설 참조	453 ②
454 ⑤	455 해설 참조	456 ②			

436 온실 기체   답 ④

알짜풀이

④ 온실 기체는 적외선을 잘 흡수하므로 태양 복사 에너지보다 지구 복사 에너지를 잘 흡수한다.

오답넘기

①, ②, ③, ⑤ 온실 기체는 온실 효과를 일으키는 기체로, 수증기, 이산화 탄소, 메테인 등이 있다. 최근 지구 온난화를 일으키는 주요 원인은 화석 연료 사용량 증가로 인한 대기 중 온실 기체의 농도 증가이다.

437 지구 온난화에 의한 현상   답 ②

알짜풀이

② 화산 활동과 지진 등의 지각 변동은 지구 내부 에너지에 의해 발생하며, 지구 온난화와 직접적인 관련성이 없다.

오답넘기

①, ④ 지구 온난화로 대기 대순환의 변화와 다양한 기상 이변(가뭄, 홍수, 태풍 발생 빈도 증가)이 자주 발생한다.

③ 지구 온난화로 빙하가 녹아 해수면이 높아져 해안가의 침수 현상이 나타난다.

⑤ 지구 온난화의 영향으로 해양의 표층 수온이 상승하여 해양 생태계에도 급격한 변화가 나타나고 있다.

438 대기의 온실 효과   답 ①

알짜풀이

ㄱ. 대기의 온실 효과로 인해 지표면의 온도는 대기가 없는 (가)보다 대기가 있는 (나)일 때 높다.

오답넘기

ㄴ. (가)와 (나)에서는 지구에 들어오는 태양 복사 에너지량이 같으므로 우주로 방출되는 지구 복사 에너지량이 같다.

ㄷ. 복사 평형 상태에서는 흡수하는 에너지량과 방출하는 에너지량이 같고, 온도가 높을수록 방출하거나 흡수하는 에너지량이 많다. 따라서 지표면이 방출하는 에너지량은 온도가 높은 (나)에서 더 많다.

439 온실 효과 실험   답 ③

알짜풀이

ㄱ. 방출하는 에너지량과 흡수하는 에너지량이 같을 때 복사 평형이라고 한다. 복사 평형 상태일 때 온도가 일정하게 유지된다.

ㄷ. 온도가 높을수록 방출하는 에너지량이 많다. 따라서 온도가 높은 B가 A보다 방출하는 에너지량이 많다.

오답넘기

ㄴ. B는 이산화 탄소에 의한 온실 효과로 A보다 높은 온도에서 복사 평형을 이룬다.

440 서술형 강화된 온실 효과

(1) **답** (가) < (나)

(2) **모범답안** 온실 효과가 강화되면 대기에서 지표로 재복사하는 에너지량이 많아져 지표면 온도가 상승하므로 (가)보다 (나)에서 지표면 온도가 높다.

채점 기준	배점
온실 기체에 의한 지표 복사 흡수, 지표로 재복사에 대해 옳게 서술한 경우	100 %
온실 기체에 의한 지표 복사 흡수, 지표로 재복사에 대해 부분적으로 옳게 서술한 경우	50 %

해설

대기 중 온실 기체는 태양 복사는 잘 통과시키고, 지표면 복사는 잘 흡수한다. 그런 다음 지표면으로 재복사하기 때문에 지표면이 흡수하는 에너지량이 증가하고, 복사 평형을 이루었을 때의 온도가 높아진다.

441 지구 열수지   답 ①

알짜풀이

ㄱ. 지구로 입사한 태양 복사 100 단위 중 30 단위가 반사된다. 따라서 지구의 반사율 A+B는 30 %이다.

오답넘기

ㄴ. 지표면은 태양으로부터 흡수하는 에너지량(C)보다 대기의 재복사로 흡수하는 에너지량(D)이 더 많다. 이로 인해 지표면은 대기가 없을 때보다 높은 온도를 유지한다.

ㄷ. C는 태양 복사이므로 주로 파장이 짧은 가시광선 영역의 복사이고, D는 대기의 재복사이므로 주로 파장이 긴 적외선 영역의 복사이다.

442 위도별 에너지 불균형   답 ③

알짜풀이

③ 지표면이 방출하는 지구 복사 에너지량은 저위도에서 고위도로 갈수록 대체로 줄어든다.

오답넘기

① A는 위도에 따른 에너지량의 차이가 크므로 태양 복사 에너지, B는 위도에 따른 에너지량의 차이가 작으므로 지구 복사 에너지이다.

② 위도 약 38° 이하인 지역은 태양 복사 에너지의 흡수량이 지구 복사 에너지의 방출량보다 많으므로 에너지 과잉 상태이다.

④, ⑤ 지구는 위도별로 에너지 불균형 상태이지만, 에너지 과잉량과 에너지 부족량이 같으므로 전체적으로는 에너지 평형 상태이다.

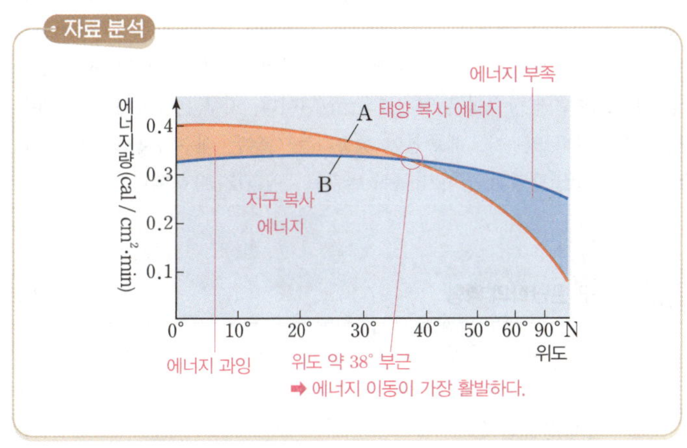

443 지구의 평균 기온과 이산화 탄소의 평균 농도 변화   답 ⑤

알짜풀이

ㄱ. 대기 중 이산화 탄소의 농도는 지구의 평균 기온과 비례하는 경향이 있다.

ㄴ. 이 기간 동안 해수의 열팽창과 빙하의 융해로 해수면의 높이는 상승했을 것이다.

ㄷ. 최근 들어 기온 상승이 더 급격해지고 있으므로 빙하 면적의 변화는 1960 년 이전보다 이후에 더 크게 나타날 것이다.

444 이산화 탄소의 농도 변화   답 ⑤

알짜풀이

ㄱ. 이산화 탄소의 농도 변화를 나타내는 추세선은 계속 증가하고 있다.

ㄴ. 겨울철에 화석 연료 사용량이 많고, 여름철에 광합성이 활발하므로 이산화 탄소의 농도는 여름철보다 겨울철에 대체로 높게 나타난다.

ㄷ. 이 기간 동안 온실 기체의 농도가 증가하였으므로 지구의 평균 기온도 높아졌을 것이다.

445 전 세계 빙하의 부피 변화   답 ③

알짜풀이

ㄱ, ㄴ. 이 기간 동안 극지방의 빙하량이 감소하였으므로 지구의 평균 기온은 상승했을 것이고, 해수면의 높이도 상승했을 것이다.

오답넘기

ㄷ. 극지방에서 빙하 면적이 감소했을 것이므로 극지방의 반사율도 감소했을 것이다.

446 서술형 지구 온난화에 따른 해수면 높이 변화

모범답안 약 2.7 mm/년, 해수면이 상승한 직접적인 원인은 빙하의 융해와 해수의 열팽창이다.

채점 기준	배점
연간 해수면 상승률을 옳게 쓰고, 두 가지 원인을 모두 옳게 서술한 경우	100 %
연간 해수면 상승률을 옳게 쓰고, 두 가지 원인 중 한 가지만 옳게 서술한 경우	70 %
연간 해수면 상승률만 옳게 쓴 경우	40 %

해설

1994 년부터 2008 년까지 15 년 동안 해수면의 높이는 약 40 mm 상승하였으므로 해수면 상승률은 약 2.7 mm/년이다. 지구 온난화에 의해 해수면이 상승하고 있는데, 해수면이 상승하는 까닭은 해수의 온도 상승으로 인한 해수의 열팽창과 빙하가 녹아 바다로 유입되기 때문이다.

447 지구 온난화의 영향   답 ⑤

알짜풀이

ㄱ. 해수의 온도가 상승하면 해수의 열팽창이 일어나고 대륙 빙하가 녹아 해수면이 상승한다.

ㄴ. 태풍 발생 비율 증가는 지구 온난화로 인한 기상 이변의 예가 된다.

ㄷ. 지구 온난화로 인해 반사율이 높은 빙하 면적이 감소하면 극지방의 지표 반사율은 감소한다.

448 대기 중 CO_2 증가로 인한 지구 환경 변화   답 ②

알짜풀이

대기 중의 이산화 탄소가 증가하여 지구의 평균 기온이 높아지는 지구 온난화가 나타나면 ㉠ 빙하 면적이 감소하여 ㉡ 지표면의 반사율이 감소한다. 또한, ㉢ 해수의 온도가 높아지면서 ㉣ 이산화 탄소의 용해도가 낮아진다.

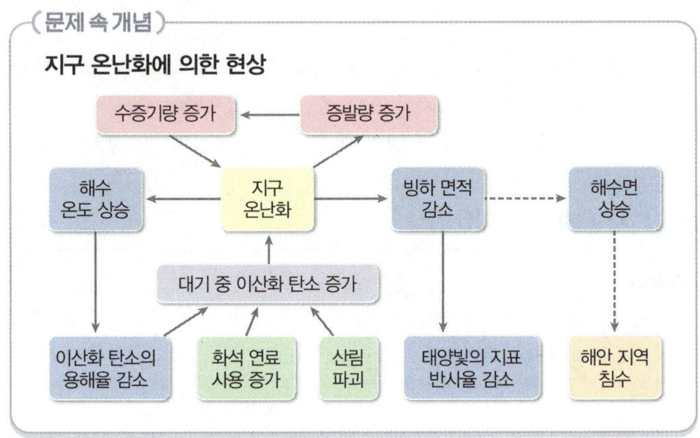

449 대기 대순환   답 ⑤

알짜풀이

ㄱ, ㄷ. 대기 대순환은 위도에 따른 에너지 불균형과 지구의 자전에 의해 생기는 지구 전체 규모의 순환으로, 3 개의 순환이 나타난다. 따라서 지표면 부근에서는 위도 0°~30° 사이에서 무역풍이 불고, 위도 30°~60° 사이에서 편서풍이 불고, 위도 60°~90° 사이에서 극동풍이 분다.

ㄴ. 적도 부근에서 가열된 공기가 상승하여 고위도로 이동하다가 위도 30° 부근에서 하강한다. 따라서 위도 30° 부근에서는 하강 기류가 나타난다.

450 엘니뇨 시기의 특징   답 ③

알짜풀이

(가)는 무역풍에 의해 따뜻한 표층 해수가 서쪽으로 이동하는 평상시 모습이고, (나)는 평상시보다 무역풍이 약해져서 따뜻한 표층 해수가 평상시보다 동쪽으로 이동하는 엘니뇨 시기의 모습이다.

③ 엘니뇨 시기인 (나)일 때, 남아메리카 연안에서 평상시보다 용승이 약해져 표층 수온이 높아진다.

오답넘기

④ 엘니뇨 시기인 (나)일 때는 무역풍이 약해져 인도네시아 연안에서는 수온이 낮아져 하강 기류가 생기고 가뭄이나 산불 등의 피해가 나타난다.

⑤ (나)는 따뜻한 표층 해수가 동쪽으로 이동하여 평상시보다 남아메리카 연안은 표층 수온이 높아지므로 따뜻한 해수의 두께가 평상시보다 두꺼워진다.

451 엘니뇨 　　　　　　　　　　　　　　　답 ①

알짜풀이

ㄱ. 동태평양 적도 부근 해역의 표층 수온은 (가)보다 (나)에서 높다. 따라서 (가)는 평상시, (나)는 엘니뇨 시기에 해당한다.

오답넘기

ㄴ. 무역풍이 평상시보다 약한 시기에 엘니뇨가 발생한다.

ㄷ. 엘니뇨 시기에는 동태평양 적도 부근 해역의 용승이 평상시보다 약해진다.

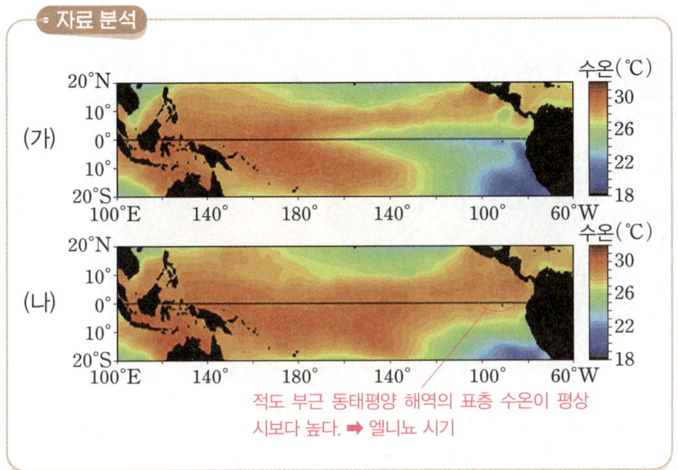

452 서술형 엘니뇨 시기의 특징

(1) **모범답안** 엘니뇨 시기에는 무역풍이 평년보다 약하므로 무역풍의 풍속 편차는 음(−)의 값을 갖는다.

채점 기준	배점
무역풍의 풍속 편차를 옳게 서술한 경우	100 %
무역풍이 약해진다라고 설명한 경우	50 %

(2) **모범답안** 엘니뇨 시기에는 서태평양 적도 부근에 위치한 인도네시아 연안에서 하강 기류가 우세하므로 강수량 편차는 음(−)의 값을 갖는다.

채점 기준	배점
강수량 감소를 하강 기류와 관련지어 옳게 서술한 경우	100 %
강수량의 감소만 옳게 서술한 경우	50 %

해설

동태평양 적도 부근에 위치한 A 해역에서는 무역풍이 평상시보다 약해지면서 표층 수온이 상승하여 엘니뇨가 발생한다. 이때 서태평양 적도 부근에서는 평상시보다 하강 기류가 우세해져 강수량이 줄어든다.

453 엘니뇨 발생시 기상 변화 　　　　　　　답 ②

알짜풀이

ㄴ. 엘니뇨 시기에 동태평양 적도 부근 해역은 평상시보다 수온이 높아져서 상승 기류가 우세해져 강수량이 증가한다.

오답넘기

ㄱ, ㄷ. 엘니뇨 시기에는 동풍 계열의 바람(무역풍)이 평상시보다 약하다. 특히 이 시기에 우리나라에서는 겨울철 기온이 평년보다 높게 나타난다.

454 사막화의 원인 　　　　　　　　　　　답 ⑤

알짜풀이

ㄱ. 산림 벌채, 과잉 경작, 과잉 방목은 사막화 현상을 일으키는 주요 원인이다.

ㄴ, ㄷ. 이 지역에서는 사막화 현상이 심해지면서 토지가 황폐화되고, 먼지 발생량이 증가한다. 또한, 사막화가 진행될수록 숲이 파괴되어 지표면의 반사율이 증가한다.

455 서술형 사막과 사막화 지역의 분포

모범답안 대기 대순환의 영향으로 위도 30° 부근에 고압대가 발달하여 증발량이 강수량보다 많기 때문이다.

채점 기준	배점
사막과 사막화 지역이 위도 30° 부근에 분포하는 까닭을 아열대 고압대의 위치와 관련지어 옳게 서술한 경우	100 %
강수량이 적다는 점만 서술한 경우	40 %

해설

사막은 강수량이 적고 증발량이 많은 지역에 나타난다. 적도 지역은 증발량에 비해 강수량이 많으므로 사막이 거의 발달하지 않는다. 아열대 고압대가 발달한 위도 30° 부근은 (증발량−강수량) 값이 커서 사막이 발달한다.

456 기후 변화 시나리오 　　　　　　　　　답 ②

알짜풀이

ㄴ. 물의 순환을 고려하면, 증발량이 많을수록 강수량도 많다. (나)에서 강수량은 A가 B보다 많으므로 증발량도 A가 B보다 많다.

오답넘기

ㄱ, ㄷ. (가)에서 지구의 평균 지표면 온도 상승량은 A가 B보다 크다. 따라서 지구의 평균 해수면은 A가 B보다 높고, 이산화 탄소 배출량도 A가 B보다 많다.

STEP 3 수능 유형 문제로 만점 도전하기	092~097쪽

457 ⑤	458 ①	459 ①	460 ④	461 ④	462 ②
463 ③	464 ⑤	465 ②	466 ③	467 ②	468 ①
469 ②	470 ③	471 ③	472 ⑤	473 ④	474 ②
475 ③	476 ⑤				
서술형 문제	477~480 해설 참조				

457 생물요소와 비생물요소   답 ⑤

알짜풀이

ㄱ. 곰팡이는 분해자로 생물요소에 속한다.

ㄴ. 개체군은 동일한 종으로 구성된 집단이므로 개체군 A와 B는 각각 동일한 생물종으로 구성된다.

ㄷ. 사슴이 낮의 길이가 짧아지는 가을에 번식을 시작하는 것은 일조시간이 성호르몬의 분비에 영향을 주기 때문이다. 이는 비생물요소가 생물요소에 미치는 영향 ㉣에 해당한다.

458 생태계 구성요소들 사이의 상호작용   답 ①

알짜풀이

ㄱ. 식물 X가 B에 속하므로 B는 생산자이다.

오답넘기

ㄴ. (나)에서 양엽과 음엽의 두께가 다르게 나타나는 것은 비생물요소(빛)가 생물요소에 미치는 영향(㉡)에 해당한다.

ㄷ. (나)에서 울타리조직의 두께 차이에 영향을 준 비생물요소(환경 요인)는 빛의 세기이다.

459 비생물요소가 생물요소에 미치는 영향   답 ①

알짜풀이

ㄱ. ㉠은 공기, ㉡은 온도, ㉢은 물에 해당한다.

오답넘기

ㄴ. 파충류의 몸 표면이 비늘로 덮여 있는 것은 수분 손실을 막기 위함이므로 물(㉢)과 관련된 사례이다.

ㄷ. 연꽃이 호흡을 돕기 위해 줄기에 공기가 흐르는 조직이 발달되어 있는 것은 공기(㉠)와 관련된 사례이다.

> **문제 속 개념**
>
> **물에 대한 생물의 적응**
>
> 물은 생명체를 구성하는 성분 중 가장 많으며, 생물은 몸속 수분 증발을 막기 위해 다양한 방법으로 적응하여 살아간다.
>
> | 동물 | · 곤충은 몸 표면이 키틴질로 되어 있다.
· 파충류는 몸 표면이 비늘로 덮여 있다.
· 조류의 알은 단단한 껍질로 싸여 있다. |
> |---|---|
> | 식물 | · 대부분의 육상식물은 뿌리, 줄기, 잎이 잘 발달되어 있다.
· 물에서 사는 식물은 관다발이나 뿌리가 잘 발달하지 않는다.
· 건조한 지역에 사는 식물은 물을 저장하는 저수조직이 발달하고, 잎이 가시로 변해 수분 증발을 막는다. 예 선인장 |

460 생태계를 구성하는 요소   답 ④

알짜풀이

'먹이 관계를 형성한다.'는 생산자와 1차 소비자가 가지는 특징, '무기물로부터 유기물을 합성한다.'는 생산자만 가지는 특징, '단위체가 뉴클레오타이드인 물질이 있다.'는 분해자, 생산자, 1차 소비자가 모두 가지는 특징이므로 A는 1차 소비자, B는 분해자, C는 생산자, ㉠은 '먹이 관계를 형

성한다.', ㉡은 '단위체가 뉴클레오타이드인 물질이 있다.', ㉢은 '무기물로부터 유기물을 합성한다.'이다.

ㄴ. ㉠은 생산자와 1차 소비자가 가지는 특징이므로 '먹이 관계를 형성한다.'이다.

ㄷ. '무기물로부터 유기물을 합성한다.'는 생산자만 가지는 특징이므로 C는 생산자이다.

오답넘기

ㄱ. '단위체가 뉴클레오타이드인 물질이 있다.'는 분해자, 생산자, 1차 소비자가 모두 가지는 특징이므로 ⓐ는 '○'이다.

461 생물다양성   답 ④

알짜풀이

생태계 (가)에서 A는 생산자, B는 소비자, C는 분해자이다.

생태계 (나)에서 D는 생산자, E는 1차 소비자, F는 2차 소비자, G는 분해자이다.

ㄴ. 에너지양은 상위 영양단계로 갈수록 감소한다. 생태계 (나)의 먹이사슬은 D → E → F이므로 에너지양은 D>E>F이다.

ㄷ. A~G는 모두 생물이므로 호흡에서 발생된 열에너지를 방출한다.

오답넘기

ㄱ. 종다양성은 종 수가 많을수록, 종이 고르게 분포할수록 커진다. (가)의 생산자인 군집 A의 생물종은 5 종, (나)의 생산자인 군집 B의 생물종은 4 종으로, 종 수도 A에서 더 많고, 종의 분포도 A에서 더 고르므로 생산자의 종다양성은 (가)에서가 (나)에서보다 높다.

462 생태계 구성요소의 상호작용   답 ②

알짜풀이

A는 광합성을 통해 양분을 합성하는 생산자, B는 다른 생물의 배설물이나 죽은 생물을 분해하는 분해자, C는 다른 생물을 먹이로 하여 양분을 얻는 소비자이고, 질소 화합물을 제공하는 ㉠은 뿌리혹박테리아, 양분을 제공하는 ㉡은 콩과식물이다.

ㄷ. 분해자는 다른 생물의 배설물이나 죽은 생물을 분해하여 양분을 얻는다.

오답넘기

ㄱ. 뿌리혹박테리아(㉠)는 분해자(B)에 해당한다.

ㄴ. ㉡은 콩과식물이다.

463 생태계 구성요소의 상호작용   답 ③

알짜풀이

Ⅰ은 낮의 길이가 밤의 길이보다 긴 조건이고, Ⅱ는 밤의 길이가 낮의 길이보다 긴 조건이다. 붓꽃은 일조시간이 길어지는 늦봄이나 초여름에 개화하고, 코스모스는 일조시간이 짧아지는 늦여름이나 가을에 개화한다.

ㄱ. A는 연속되는 밤의 길이가 낮의 길이보다 긴 조건에서 개화하므로 코스모스이다.

ㄴ. Ⅰ과 같은 조건은 일조시간이 길어지는 조건이다. Ⅰ과 같은 조건에서 개화하는 식물에는 늦봄이나 초여름에 개화하는 개나리가 있다.

오답넘기

ㄷ. 코스모스(A)의 개화 여부와 가장 관련이 깊은 비생물요소는 빛이 비치는 시간(일조시간)이다.

장일식물과 단일식물

꽃의 개화는 햇빛이 비추는 시간인 일조시간에 영향을 받는다.

장일식물(단야식물)	일조시간이 길어지는 늦봄이나 초여름에 꽃이 피는 식물 예 시금치, 무, 붓꽃 등
단일식물(장야식물)	일조시간이 짧아지는 늦여름이나 초가을에 꽃이 피는 식물 예 국화, 도꼬마리, 코스모스 등

464 생태계를 구성하는 요소 답 ⑤

알짜풀이

생산자와 소비자는 먹이사슬을 형성하고, 소비자와 분해자는 스스로 양분을 합성하지 못하는 생물이다. 그러므로 ㉠은 생산자, ㉡은 소비자, ㉢은 분해자이다. 따라서 ⓐ는 검정말, ⓑ는 동물 플랑크톤, ⓒ는 버섯이다. 유기물을 구성하는 주요 원소 중 하나는 탄소(C)이다.

ㄱ. 검정말(ⓐ)은 광합성을 하는 생산자이다.

ㄴ. ㉡은 소비자이므로 ⓑ는 동물 플랑크톤이다.

ㄷ. 분해자는 생산자나 소비자의 배설물이나 사체의 유기물을 통해 양분을 얻으므로 소비자(㉡)에서 분해자(㉢)로 유기물을 통해 탄소(C)가 이동한다.

465 생태계 내에서 에너지 흐름 답 ②

알짜풀이

대기 중의 이산화 탄소(CO_2)는 생산자의 광합성에 의해 유기물로 합성된다. 그러므로 A는 분해자, B는 소비자, C는 생산자이고, 에너지양이 가장 많은 Ⅰ은 생산자, Ⅱ는 1차 소비자, Ⅲ은 3차 소비자이다.

ㄴ. 생산자(C)에 의해 합성된 유기물은 먹이사슬을 통해 소비자(B)로 이동한다.

오답넘기

ㄱ. Ⅰ은 생산자이고, A는 다른 생물의 배설물이나 죽은 생물을 분해하여 양분을 얻는 분해자이다.

ㄷ. 하위 영양단계의 생물이 가진 에너지의 일부는 세포호흡에 의해 생명 활동에 사용되거나 열에너지로 방출되고, 나머지 일부 에너지만 상위 영양단계로 전달된다. 그러므로 상위 영양단계로 갈수록 전달되는 에너지는 감소한다.

466 생태계 내에서의 에너지의 흐름 답 ③

알짜풀이

(가)는 생산자, (나)는 1차 소비자, (다)는 2차 소비자, (라)는 분해자이고, A는 에너지의 이동 경로, B는 물질의 이동 경로이다.

ㄱ. 곰팡이는 분해자이므로 (라)에 해당한다.

ㄴ. 경로 B는 생태계 내에서 순환하므로 B는 물질의 이동 경로이다.

오답넘기

ㄷ. 하위 영양단계에서 상위 영양단계로의 에너지 이동은 먹이사슬에 의한 유기물의 이동에 의해 일어나고, 각 영양단계에서 에너지는 세포호흡을 통해 열에너지 형태로 방출된다.

467 생태계평형 답 ②

알짜풀이

이 생태계의 먹이사슬은 목본 식물 → 눈신토끼 → 스라소니이다. 그림에서 개체군의 생체량이 가장 많은 A가 생산자인 목본 식물, 가장 적은 C가 스라소니, B는 눈신토끼이다.

ㄴ. 에너지는 상위 영양단계로 이동하므로 에너지는 A → B → C 순으로 이동한다.

오답넘기

ㄱ. A는 목본 식물, B는 눈신토끼, C는 스라소니이다.

ㄷ. 구간 Ⅰ에서 스라소니(C)의 감소는 스라소니(C)의 피식자인 눈신토끼(B)의 개체수가 감소하였기 때문이다.

468 생태계평형 답 ①

알짜풀이

하와이 주변의 얕은 바다에 서식하는 오징어 A는 피식자이고, B는 포식자이다.

ㄱ. 곰팡이, 세균, 버섯은 생물요소 중 분해자에 해당하므로 발광 세균은 분해자에 해당한다.

오답넘기

ㄴ. 피식자인 오징어 A와 포식자 B는 서로 다른 종이므로 같은 군집에 속한다.

ㄷ. 포식자(B)를 제거하면 피식자(A)의 개체수가 일시적으로 증가한다.

469 대기와 지구의 열수지 답 ②

알짜풀이

ㄴ. (가)에서 지표면이 흡수하는 태양 복사는 100이고, (나)에서는 47이다.

오답넘기

ㄱ. 지구는 (가)와 (나)에서 모두 복사 평형 상태이므로 일정한 온도를 유지한다.

ㄷ. 지구에서 우주로 방출하는 지구 복사는 (가)에서 100, (나)에서 70이다.

470 위도별 에너지 이동량 비교 답 ③

알짜풀이

ㄱ. 고위도일수록 지구 복사 에너지 방출량이 적으므로 A가 C보다 위도가 높다.

ㄴ. 열에너지는 저위도에서 고위도로 이동하므로 B에서 열에너지는 A 방향으로 이동한다.

오답넘기

ㄷ. A~C 중에서 B는 저위도에서 고위도로 열에너지 이동량이 가장 많은 곳이지만, 지구 복사 에너지 방출량과 태양 복사 에너지 흡수량의 차이는 가장 작은 곳이다.

471 대기 대순환 모형   답 ③

알짜풀이

ㄷ. (가)~(다) 중에서 남북 간의 온도 차가 가장 큰 곳은 따뜻한 공기와 찬 공기가 모이는 (가)이다.

오답넘기

ㄱ. (나) 지역에는 아열대 고압대가 위치하므로 주변보다 기압이 높다.

ㄴ. B 순환은 A 순환과 C 순환에 의해 형성된 간접 순환이다. 가열과 냉각에 의해 형성된 열적 순환은 A와 C 순환이다.

472 엘니뇨   답 ⑤

알짜풀이

ㄱ. A 시기에는 평상시보다 표층 수온이 높았으므로 엘니뇨가 발생하였다.

ㄴ, ㄷ. 엘니뇨 시기에는 무역풍이 약해져 따뜻한 표층 해수가 동쪽으로 이동하므로 동태평양 해역에서는 평상시보다 용승이 약해져 표층 수온이 높다. 따라서 동태평양의 표층 수온이 높은 A(엘니뇨 시기)일 때가 B일 때보다 무역풍의 풍속이 느렸다.

(문제 속 개념)

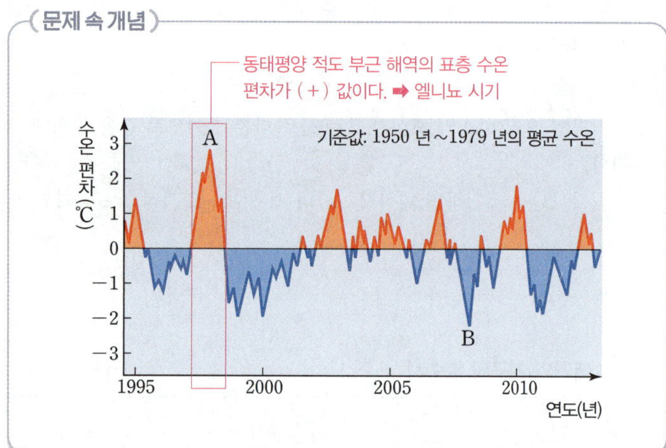

473 엘니뇨 시기의 특징   답 ④

알짜풀이

엘니뇨가 발생한 시기는 C이다.

ㄴ. 무역풍에 의해 적도 부근의 따뜻한 해수는 동쪽에서 서쪽으로 이동하므로 무역풍의 세기가 강해질수록 적도 부근 동태평양은 서태평양에 비해 해수면 높이가 낮아진다. 하지만 무역풍이 약해지는 엘니뇨 시기에는 따뜻한 해수가 평상시보다 동쪽으로 이동하므로 적도 부근 동태평양의 해수면 높이가 높아진다. 따라서 적도 부근 동태평양 해역의 해수면 높이는 엘니뇨 시기인 C일 때 가장 높다.

ㄷ. 서태평양에서 가뭄과 산불 피해는 엘니뇨 시기인 C일 때 자주 발생한다.

오답넘기

ㄱ. 엘니뇨 시기에는 동태평양 적도 부근 해역의 표층 수온이 상승하여 서태평양과 동태평양의 표층 수온 차가 감소한다. 따라서 C는 엘니뇨 시기에 해당한다.

(문제 속 개념)

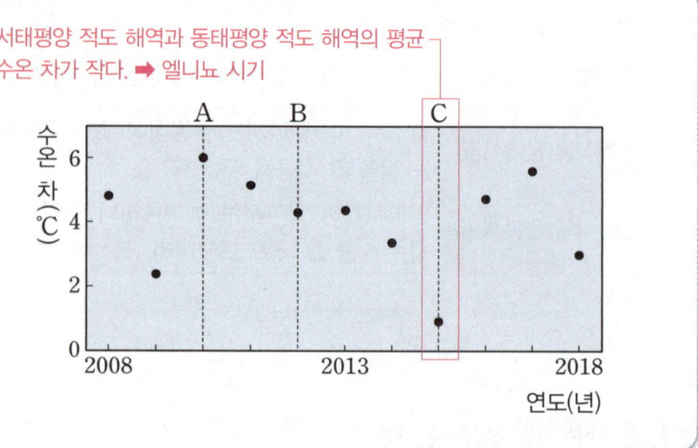

474 사막과 사막화 현상   답 ②

알짜풀이

ㄴ. 과잉 경작, 벌채 등은 사막화를 일으키는 인위적인 요인에 해당한다.

오답넘기

ㄱ. 사막과 사막화 지역은 대체로 강수량보다 증발량이 많다.

ㄷ. 사막화 지역은 강수량이 매우 적기 때문에 지하수량도 적다. 따라서 사막화가 진행되면 지표의 물이 지하로 이동하여 형성되는 지하수량도 감소한다.

475 미래의 지구 환경 변화   답 ③

알짜풀이

ㄱ. 북반구는 남반구보다 기온 상승이 크게 나타난다.

ㄷ. 기온 상승은 극 지역이 적도 지역보다 크다. 따라서 두 지역 간의 기온 차는 현재보다 감소할 것이다.

오답넘기

ㄴ. 극 지역의 기온 상승으로 빙하 면적이 감소한다. 따라서 극 지역의 평균 반사율은 감소한다.

476 미래의 지구 환경 변화   답 ⑤

알짜풀이

ㄱ. 빙하가 녹으면 지표의 반사율이 감소하여 지표가 흡수하는 태양 복사 에너지량이 증가한다.

ㄴ. (나)의 성층권까지 도달한 화산재는 태양 복사 에너지를 반사시키므로 지구의 반사율을 증가시킨다.

ㄷ. 사막화가 진행될수록 지표의 반사율이 증가하기 때문에 냉각 효과로 인해 하강 기류가 우세해진다.

서술형 문제

477 먹이사슬과 생태계평형

(1) **답** 식물 플랑크톤 → 동물 플랑크톤 → 멸치 → 오징어 → 상어

(2) **✔ 모범답안** 멸치의 개체수가 증가하면 오징어의 개체수는 증가하고 동물 플랑크톤의 개체수는 감소한다.

채점 기준	배점
오징어와 동물 플랑크톤의 개체수 변화를 모두 옳게 서술한 경우	100 %
오징어와 동물 플랑크톤의 개체수 변화 중 한 가지만 옳게 서술한 경우	50 %

478 생태계평형

✔모범답안 A: 사슴, B: 초원의 풀 / ㉠은 사슴의 포식자인 늑대의 개체수가 줄어들었기 때문이다. ㉡은 사슴의 먹이인 초원의 풀 생산량이 줄어들어 먹이가 부족했기 때문이다.

채점 기준	배점
㉠과 ㉡의 변화를 모두 옳게 서술한 경우	100 %
㉠과 ㉡의 변화 중 한 가지만 옳게 서술한 경우	50 %

479 엘니뇨 시기의 특징

✔모범답안 엘니뇨 시기에 적도 부근 동태평양은 평상시보다 표층 수온이 상승하고 평균 기압이 낮아져 상승 기류가 우세해지고, 적도 부근 서태평양은 평상시보다 표층 수온이 하강하고 평균 기압이 높아져 하강 기류가 우세해진다.

채점 기준	배점
동태평양과 서태평양의 표층 수온과 평균 기압 변화를 모두 옳게 서술한 경우	100 %
동태평양과 서태평양의 표층 수온과 평균 기압 변화 중 한 가지만 옳게 서술한 경우	50 %

해설

평상시에 서태평양 적도 부근은 표층 수온이 높으므로 공기의 상승 운동이 활발하고 비가 많이 온다. 반대로 동태평양 적도 부근은 표층 수온이 낮아 하강 기류가 우세하여 비가 적게 온다. 그러나 무역풍이 약해져 엘니뇨가 발생하면 공기가 상승하는 지역이 동쪽으로 이동한다. 이로 인해 동태평양 적도 부근에서는 표층 수온과 기온이 상승하고 평균 기압이 낮아져 상승 기류가 우세해지므로 강수량이 늘어나 홍수와 폭우로 인한 피해가 발생하고, 서태평양 적도 부근에서는 표층 수온과 기온이 하강하고 평균 기압이 높아져 하강 기류가 우세해지므로 강수량이 감소하여 가뭄과 산불 피해가 나타난다.

480 세계의 해수면 높이 변화

(1) 답 95 mm

(2) ✔모범답안 빙하가 녹아 바다로 흘러 들어가기 때문이다. 해수의 온도 상승으로 열팽창이 일어나기 때문이다.

채점 기준	배점
두 가지 모두 옳게 서술한 경우	100 %
한 가지만 옳게 서술한 경우	50 %

해설

10 년 동안 해수면은 각각 21 mm, 29 mm, 45 mm 상승했다. 따라서 30 년 동안 해수면은 총 95 mm 상승했다. 해수면 상승률은 시간이 흐를수록 점점 급격해지고 있다.

[2] 에너지 전환과 활용

09 태양 에너지의 생성과 전환

STEP 1	O/X 문제로 5종 교과서 핵심 자료 보기	099쪽

481 ◯	482 X	483 ◯	484 ◯	485 X	486 ◯
487 ◯	488 X	489 ◯	490 X	491 ◯	492 ◯
493 ◯	494 X	495 ◯	496 ◯	497 X	498 ◯
499 ◯	500 ◯				

STEP 2	학교 기출 문제로 내신 대비하기	100~103쪽

501 ③	502 ④	503 ①	504 ④	505 ①	506 ③
507 ③	508 해설 참조	509 ⑤	510 ④	511 ⑤	512 ④
513 ①	514 ①	515 ⑤	516 해설 참조	517 ③	

501 태양 에너지

답 ③

알짜풀이

③ 태양에서 핵융합 반응은 태양의 중심부에서 일어난다.

오답넘기

① 태양은 대부분 수소와 헬륨으로 이루어져 있다.

② 태양의 중심부는 초고온의 플라스마 상태이다.

④ 태양 에너지는 수소 원자핵 4 개가 융합하여 1 개의 헬륨 원자핵을 생성한다. 따라서 태양 에너지는 핵분열 반응이 아닌 핵융합 반응을 통해 생성된다.

⑤ 태양의 핵융합 과정에서 발생하는 에너지는 핵융합이 일어날 때 전체 질량이 감소하는 질량 결손에 의한 것이다. 따라서 핵융합 반응 전 수소 원자핵 4 개의 질량 합은 생성된 헬륨 원자핵의 질량보다 크다.

(문제 속 개념)

태양의 내부 구조와 태양 에너지의 생성

태양은 중심에서부터 핵, 복사층, 대류층으로 구분된다. 또한 태양은 대부분 수소와 헬륨으로 구성되어 있으며, 태양의 중심부는 초고온의 플라스마 상태이고, 수소 핵융합 반응이 일어난다.

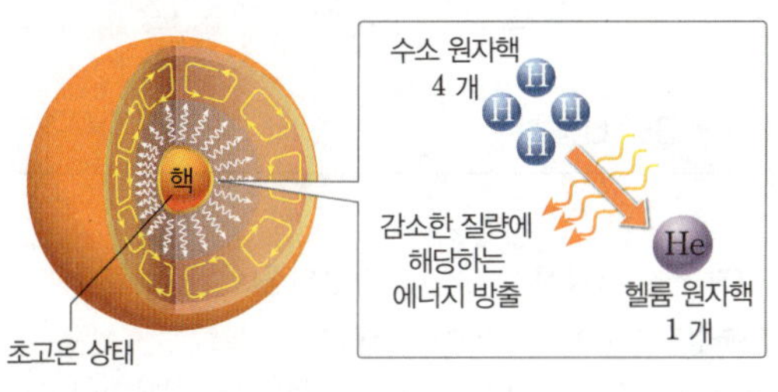

502 태양에서 수소 핵융합 반응

답 ④

알짜풀이

ㄱ. 태양에서 일어나는 수소 핵융합 반응은 수소 원자핵 4 개가 융합하여 헬륨 원자핵 1 개를 생성하는 반응이다.

ㄴ. 수소 핵융합 반응은 초고온, 초고압 상태에서 일어난다.

오답넘기

ㄷ. 핵융합 과정에서 발생하는 에너지는 질량 결손에 의한 것이다.

503 태양 에너지의 발생　　답 ①

알짜풀이

태양의 중심부에서는 4 개의 수소 원자핵이 융합하여 1 개의 헬륨 원자핵을 생성하는 과정에서 에너지를 방출하게 되는데, 이때 발생하는 에너지는 질량 결손에 의한 에너지이다.

504 태양의 내부와 에너지 생성　　답 ④

알짜풀이

ㄴ. 핵융합 반응이 일어나면 반응 전보다 반응 후의 질량이 감소하는데, 감소한 질량이 에너지로 전환된다.

ㄷ. 태양 중심부의 핵에서 생성된 에너지는 복사의 형태로 빠져나오다가 표면 쪽으로 이동하면 대류에 의해 에너지가 전달된다.

오답넘기

ㄱ. 태양 중심부의 온도는 약 1500만 K로, 초고온 상태이므로 수소 핵융합 반응이 일어난다.

505 태양의 내부와 에너지 생성　　답 ①

알짜풀이

ㄱ. 태양의 중심부는 압력과 온도가 매우 높다.

오답넘기

ㄴ. 핵융합 반응은 A에서 일어난다.

ㄷ. 수소 핵융합 반응으로 수소 원자핵 4 개가 융합하여 헬륨 원자핵 1 개가 만들어지므로, 시간이 지날수록 태양 내부의 수소의 양은 점점 감소한다.

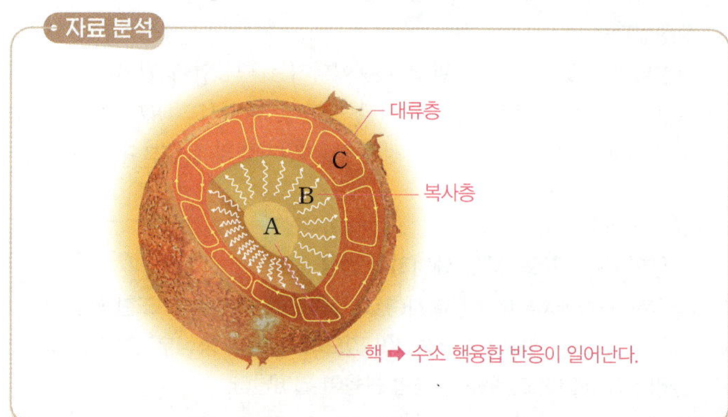

506 수소 핵융합 반응　　답 ③

알짜풀이

ㄱ. 수소 원자핵 4 개(양성자 4 개)의 질량의 합이 헬륨 원자핵 1 개(양성자 2 개＋중성자 2 개)의 질량보다 크다.

ㄷ. (가) → (나) 과정에서 감소한 질량이 에너지로 전환되어 방출된다.

오답넘기

ㄴ. 수소 핵융합 반응이 일어나면 시간이 지남에 따라 수소의 양은 감소하고, 헬륨의 양은 증가한다.

507 수소 핵융합 반응　　답 ③

알짜풀이

ㄱ. 태양은 수소 핵융합 반응으로 에너지를 방출한다.

ㄴ. 태양에서 수소 핵융합 반응은 태양의 중심부에서 일어난다.

오답넘기

ㄷ. 수소 핵융합 반응에서 발생하는 에너지는 질량 결손에 의한 것이다. 따라서 원자핵 질량의 총합은 핵융합 반응 전이 반응 후보다 크다.

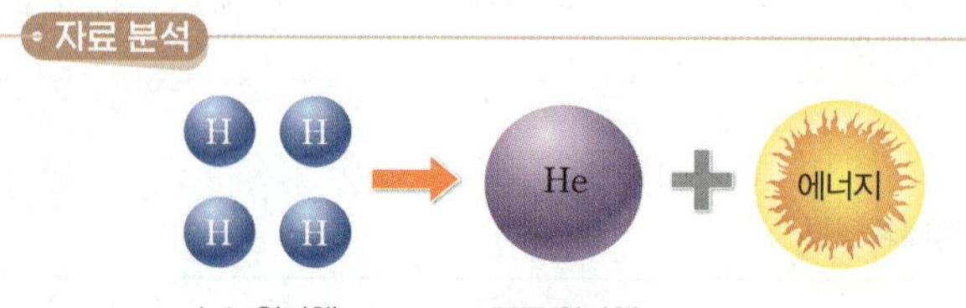

- 수소 핵융합 반응은 태양의 중심부인 핵에서 일어난다.
- 태양의 핵은 온도가 약 1500만 K인 초고온 상태이다.
- 수소 핵융합 반응에서 줄어든 질량에 해당하는 에너지를 방출한다.

508 　서술형　태양 에너지의 생성

✓모범답안 태양 중심부의 핵에서는 수소 핵융합 반응이 일어나는데, 반응 전보다 반응 후의 감소한 질량이 에너지로 전환되기 때문이다.

채점 기준	배점
핵융합 반응이 일어나는 장소와 에너지가 발생하는 까닭을 모두 옳게 서술한 경우	100 %
핵융합 반응이 일어나는 장소와 에너지가 발생하는 까닭 중 한 가지만 옳게 서술한 경우	50 %

해설

태양 중심부의 핵은 온도가 약 1500만 K로 초고온 상태이므로 4 개의 수소 원자핵이 융합하여 1 개의 헬륨 원자핵이 만들어지는 수소 핵융합 반응이 일어난다. 이 과정에서 반응 전보다 반응 후의 질량이 감소하는데, 질량 에너지 등가 원리에 따라 감소한 질량이 에너지로 전환되어 태양계 공간으로 방출된다.

509 태양 에너지의 전환　　답 ⑤

알짜풀이

ㄱ. 지구에서 사용하는 에너지의 근원은 대부분 태양 에너지이다.

ㄷ. 생명체의 유해는 땅에 묻혀 산소 공급이 중단된 상태에서 오랜 기간 동안 높은 열과 압력을 받아 석탄과 석유와 같은 화석 연료가 된다.

오답넘기

ㄴ. 태양이 우주 공간으로 방출하는 전체 태양 에너지 중 극소량(약 $\frac{1}{20억}$)만이 지구에 도달한다.

510 지구에서 태양 에너지의 전환　　답 ④

알짜풀이

ㄱ. 식물의 광합성 과정에서 태양의 빛에너지가 화학 에너지로 전환된다.

ㄴ. 물이 태양의 열에너지를 흡수하면 수증기가 대기 중으로 상승하여 구름이 되며 위치 에너지를 가지게 된다.

오답넘기

ㄷ. 태양광 발전은 태양 전지를 이용하여 태양의 빛에너지를 전기 에너지로 전환하는 발전 방식이다.

알짜풀이

ㄱ. 식물은 광합성을 통해 태양의 빛에너지를 화학 에너지로 전환하여 양분으로 저장한다.

ㄴ. 태양 에너지가 지표를 불균등하게 가열하면 기압 차가 생겨 바람이 분다. 따라서 태양의 열에너지가 운동 에너지로 전환되어 바람이 분다.

ㄷ. 광합성은 태양의 빛에너지가, 바람은 태양의 열에너지가 전환된 것이므로 근원 에너지는 태양 에너지이다.

512 태양 에너지의 전환　　답 ④

알짜풀이

ㄴ. 수면에 흡수된 태양의 열에너지(B)는 물을 가열시켜 수면의 물이 대기로 증발하는데, 이 과정에서 물의 위치 에너지가 증가한다.

ㄷ. 태양 에너지로 발생한 바람의 운동 에너지는 해수와 마찰을 일으켜 파도의 운동 에너지로 전환되어 파도가 발생하므로 '파도 발생'은 ㉠에 해당한다.

오답넘기

ㄱ. 화석 연료는 태양의 빛에너지가 광합성에 의해 화학 에너지로 전환되었다가 생물이 지층에 매몰되어 생기므로 A는 화학 에너지이다.

513 태양 에너지의 전환　　답 ①

알짜풀이

식물은 태양의 빛에너지를 이용하여 광합성을 한다. 태양 전지는 태양의 빛에너지를 전기 에너지로 전환하는 장치이다. 바람과 물의 증발은 태양의 열에너지를 이용하여 나타나는 현상이고, 수력 발전은 물의 위치 에너지를 전기 에너지로 전환한다.

514 태양 에너지의 전환과 물의 순환　　답 ①

알짜풀이

ㄱ. 수면의 물이 증발하는 것은 태양 에너지가 수면에서 열에너지로 전환되어 물을 가열하기 때문이다.

오답넘기

ㄴ. 구름은 대기로 증발한 수증기가 응결하여 물방울로 되어 생기므로 수증기가 응결할 때 열에너지가 대기로 방출된다.

ㄷ. B → C는 빗방울이 지표로 이동하는 과정이므로 위치 에너지가 감소하는 만큼 운동 에너지가 증가한다.

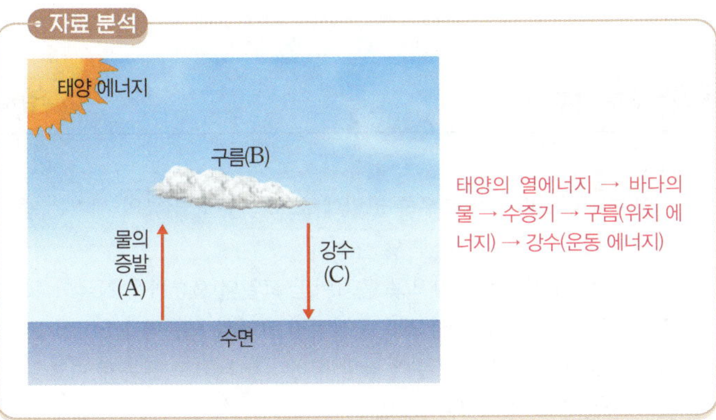

515 태양 에너지의 전환　　답 ⑤

알짜풀이

ㄱ. 태양 에너지에 의해 물이 순환하는 동안 에너지 전환이 일어나고, 지구 전체에 에너지가 분산된다.

ㄴ. 공기가 태양 에너지를 흡수하면 기온이 상승하여 기압 차이가 생기고, 기압 차이에 의해 바람이 분다.

ㄷ. 물이 태양 에너지를 흡수하면 증발하여 수증기가 되고, 대기 중의 수증기가 응결하여 구름이 되었다가 비나 눈의 형태로 다시 지표로 되돌아간다.

516 서술형 태양 에너지의 전환과 물의 순환

✔ **모범답안** 수면에서 열에너지가 흡수되면 물이 증발하고, 대기 중의 수증기는 열에너지를 방출하면서 작은 물방울이 된다. 또한 비나 눈이 내리는 과정에서 위치 에너지가 감소한다.

채점 기준	배점
세 가지 에너지의 변화를 모두 옳게 서술한 경우	100 %
세 가지 에너지의 변화 중 두 가지만 옳게 서술한 경우	60 %
세 가지 에너지의 변화 중 한 가지만 옳게 서술한 경우	30 %

해설

태양 에너지가 수면에 도달하여 열에너지로 흡수되면 물이 증발하여 수증기가 대기로 이동한다. 대기 중의 수증기는 열에너지를 방출하면서 응결하여 작은 물방울이 된다. 작은 물방울은 강수 과정을 거쳐 지표에 내리는데 이 과정에서 위치 에너지는 감소한다.

517 태양 에너지의 전환과 탄소의 순환　　답 ③

알짜풀이

ㄱ. 화석 연료는 태양 에너지가 화학 에너지로 전환된 것이고, 화석 연료를 연소시키면 화학 에너지가 열에너지로 전환된다.

ㄷ. B → C 과정에서 태양 에너지는 식물에 저장되었다가 지권으로 이동하여 저장된다.

오답넘기

ㄴ. B는 광합성이므로 태양 에너지가 화학 에너지로 전환된다.

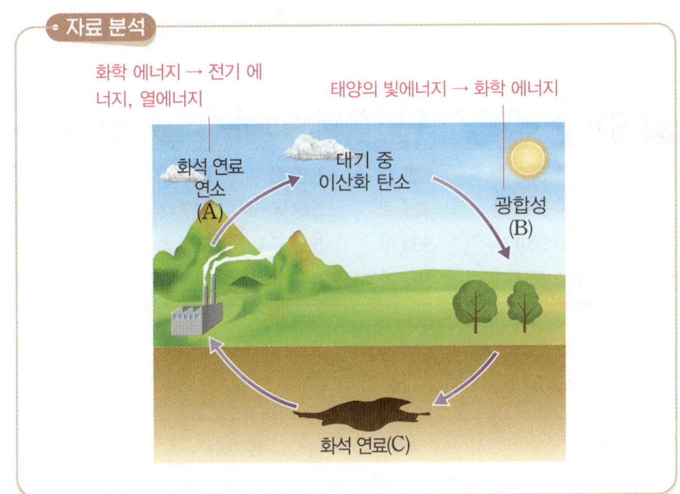

10 발전과 전기 에너지

519 자석의 S극을 가까이 할 때 코일의 위쪽은 S극이 되고, 자석의 N극을 멀리 할 때에도 코일의 위쪽은 S극이 된다. 따라서 자석의 S극을 가까이 할 때와 N극을 멀리 할 때, 검류계 바늘은 같은 방향으로 움직인다.

524 코일의 오른쪽이 S극, 왼쪽이 N극이 되므로, q→ⓒ→p 방향으로 유도 전류가 흐른다.

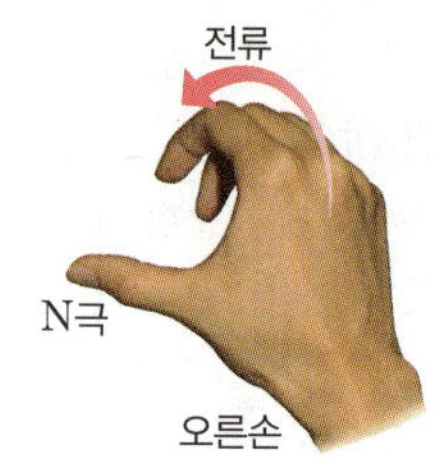

529 코일의 단면이 자기장과 직각을 이룰 때, 코일의 단면을 통과하는 자기장이 최대이다. 따라서 그림의 순간 코일의 단면을 통과하는 자기장이 증가하고 있다.

530 그림의 순간 코일의 회전에 의해 (가)의 방향으로 코일 면을 통과하는 자기장이 증가하므로 오른손을 감아쥐고 엄지를 (나)와 같이 (가)의 반대 방향으로 향하도록 하여야 한다. 네 손가락이 돌아가는 방향이 유도 전류의 방향이므로 코일에는 시계 방향으로 유도 전류가 흐른다. 따라서 q→전구→p 방향으로 유도 전류가 흐른다.

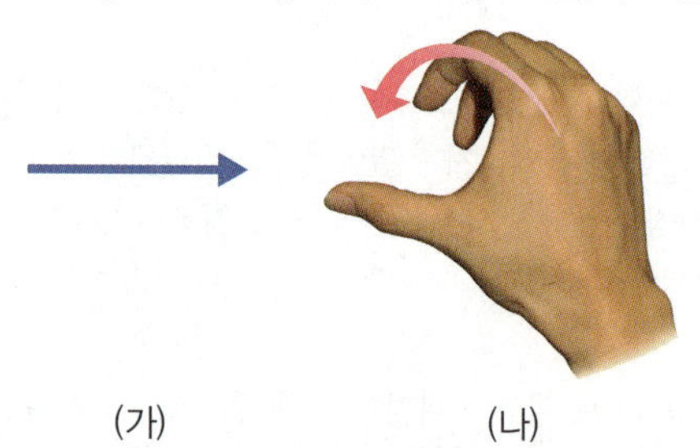

537 전자기 유도　　　　답 ④

알짜풀이

ㄴ. 전자기 유도 현상에 의해 코일에 흐르는 전류를 유도 전류라고 한다.

ㄷ. 유도 전류는 코일을 통과하는 자기장의 변화를 방해하는 방향으로 흐른다.

오답넘기

ㄱ. 코일과 자석의 상대적인 운동에 의해 코일에 전류가 흐르는 현상을 전자기 유도 현상이라고 한다.

538 유도 전류　　　　답 ③

알짜풀이

ㄱ. 자석의 S극이 다가오므로 코일의 왼쪽 끝이 S극이 된다. 따라서 코일의 오른쪽 끝은 N극이다.

ㄴ. 코일에는 q→ⓒ→p 방향으로 전류가 흐른다.

오답넘기

ㄷ. 자석의 운동을 방해하는 방향으로 자기력이 작용한다. 따라서 자석과 코일 사이에는 서로 밀어내는 방향으로 자기력이 작용한다.

539 전자기 유도　　　　답 ②

알짜풀이

ㄴ. 유도 전류는 코일을 통과하는 자기장의 변화를 방해하는 방향으로 흐른다.

오답넘기

ㄱ. 단위 시간당 자기장의 변화가 클수록 유도 전류의 세기는 크다.

ㄷ. 자석이 코일 내부에 정지해 있을 때 코일 내부를 통과하는 자기장의 변화가 없으므로 유도 전류가 흐르지 않는다.

540 전자기 유도　　　　답 ③

알짜풀이

ㄱ. (가)에서 자석의 S극이 코일에서 멀어지고 있으므로 코일에는 자기장의 변화를 방해하는 방향으로 유도 전류가 흐른다. 따라서 자석과 코일 사이에는 서로 당기는 자기력이 작용한다.

ㄴ. 막대자석에서 자기장은 N극에서 나오는 방향이다. (나)에서는 자석의 N극이 코일을 향해 움직이고 있으므로 코일을 통과하는 자기장은 증가한다.

오답넘기

ㄷ. (가)에서 막대자석의 S극이 코일에서 멀어지고 있으므로 코일의 위쪽은 N극을 띤다. (나)에서 막대자석의 N극이 코일에 가까워지고 있으므로 코일의 위쪽은 N극을 띤다. 따라서 검류계에 흐르는 전류의 방향은 (가)에서와 (나)에서가 같다.

541 유도 전류　　　　답 ④

알짜풀이

ㄴ. 막대자석의 속력이 빠를수록 코일에 흐르는 유도 전류의 세기는 증가한다.

ㄷ. 막대자석이 p에서 a 방향으로 움직이면 코일의 오른쪽은 N극이 되고, 막대자석이 p에서 b 방향으로 움직이면 코일의 오른쪽은 S극이 된다. 검류계에 흐르는 유도 전류의 방향이 반대가 되므로 검류계 바늘의 회전 방향은 서로 반대이다.

ㄱ. 자석을 p에서 a 방향으로 움직이면 막대자석의 N극이 코일에 가까워지므로 코일 내부를 통과하는 자기장은 증가한다.

542 전자기 유도
답 ⑤

ㄱ. 자석이 a를 지날 때 P와 Q를 통과하는 자기장은 증가하므로 유도 전류의 방향은 P에서와 Q에서가 같다.

ㄴ. 자석이 P를 지나 Q를 향해 운동하는 동안 자석은 P로부터 멀어지고 있으므로 P를 통과하는 자기장은 감소한다.

ㄷ. 유도 전류는 자기장의 변화를 방해하는 방향으로 흐른다. 자석이 b를 지날 때 자석이 P로부터 받는 자기력의 방향은 운동 방향과 반대이고, 자석이 Q로부터 받는 자기력의 방향도 운동 방향과 반대이다. 따라서 자석이 b를 지날 때 자석이 P로부터 받는 자기력의 방향은 Q로부터 받는 자기력의 방향과 같다.

543 전자기 유도의 이용
답 ③

교통 카드, 무선 충전기, 전자 펜, 발광 바퀴는 코일 근처에서 자기장이 변하면서 전류가 유도되는 전자기 유도 현상을 이용한다.

③ 태양 전지는 빛에너지를 전기 에너지로 전환하는 장치로 전자기 유도 현상을 이용한 것이 아니다.

544 유도 전류
답 ③

ㄷ. 자석이 A에서 O까지 운동하는 동안 자석과 코일 사이에는 서로 밀어내는 자기력이 작용하고, 자석이 O에서 B까지 운동하는 동안 자석과 코일 사이에는 서로 당기는 자기력이 작용한다.

ㄱ. 자석이 A에서 B까지 운동하는 동안 코일에는 유도 전류가 흐르므로 자석의 역학적 에너지의 일부가 전기 에너지로 전환된다. 따라서 자석의 역학적 에너지는 A에서가 B에서보다 크다.

ㄴ. 코일에 흐르는 유도 전류의 방향은 자기장의 변화를 방해하는 방향으로 흐른다. 따라서 검류계에 흐르는 전류의 방향은 A에서 O까지 운동하는 동안과 O에서 B까지 운동하는 동안이 서로 반대이다.

545 교통 카드와 전자기 유도
답 ⑤

ㄱ. 교통 카드의 코일에 흐르는 전류는 유도 전류이다.

ㄷ. 교통 카드의 작동 원리는 전자기 유도로 설명할 수 있다.

ㄴ. 교통 카드에 유도 전류가 흐르므로 교통 카드를 단말기에 가져가는 동안 코일을 통과하는 자기장은 변한다.

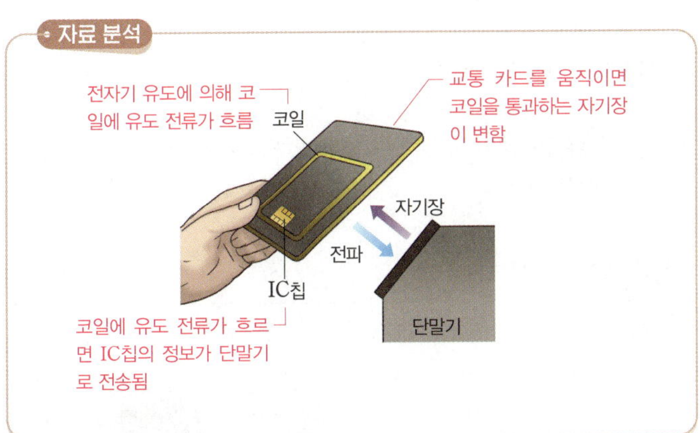

546 전자기 유도
답 ④

ㄴ. 막대자석의 아랫면은 S극이므로 막대자석이 p를 지나는 순간 고리에 유도되는 전류의 방향은 ⓐ와 반대이다.

ㄷ. 막대자석이 q를 지나는 순간 막대자석은 고리로부터 멀어지고 있으므로 막대자석과 고리 사이에는 서로 당기는 힘이 작용한다.

ㄱ. 코일에 흐르는 유도 전류의 방향은 코일을 통과하는 자기장의 변화를 방해하는 방향으로 흐른다. 막대자석이 q를 지나는 순간 고리에 흐르는 유도 전류의 방향은 ⓐ이므로 막대자석의 윗면은 N극이다.

547 서술형 유도 전류

✔모범답안 • 자석을 더 빠르게 운동시킨다.

• 더 센 자석을 사용한다. (자석 2개를 같은 극끼리 겹쳐서 사용한다.)

• 코일을 더 많이 감는다.

채점 기준	배점
세 가지 모두 옳게 제시한 경우	100 %
두 가지만 옳게 제시한 경우	50 %

해설

같은 시간 동안 코일을 통과하는 자기장이 더 많이 변할수록, 코일을 많이 감을수록 유도 전류의 세기가 크다.

548 발전기와 전자기 유도
답 ③

ㄱ, ㄴ. 회전축이 회전하면 코일 내부를 통과하는 자기장이 변하므로 전자기 유도 현상에 의해 유도 전류가 흘러 LED에서 빛이 방출된다.

ㄷ. LED가 깜박이는 까닭은 간이 발전기에서 교류 전류가 만들어지기 때문이다.

549 전자기 유도와 에너지 전환
답 ④

ㄴ. 터빈의 회전에 의해 자석이 회전하면서 코일을 통과하는 자기장이 변하여 유도 전류가 흐른다. 따라서 발전기는 전자기 유도 현상을 이용한다.

ㄷ. 자석의 회전에 의해 전기 에너지가 만들어지므로, 발전기에서 운동 에너지가 전기 에너지로 전환된다.

오답넘기

ㄱ. 터빈과 자석이 회전축으로 연결되어 있다. 따라서 터빈이 회전하면 자석이 회전한다.

550 발전기와 전자기 유도 답 ①

알짜풀이

ㄴ. $t=t_0$일 때 코일의 단면을 오른쪽으로 통과하는 자기장이 감소하므로, 그림과 같이 오른손을 감아 쥐고 엄지를 오른쪽 방향으로 향하도록 세우면 네 손가락이 회전하는 방향이 유도 전류의 방향이다. 따라서 $t=t_0$일 때, p→q→r 방향으로 전류가 흐른다.

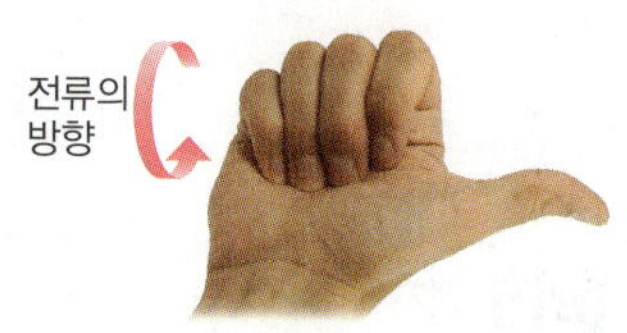

오답넘기

ㄱ. $t=t_0$일 때, 코일의 단면이 자기장의 방향에 나란해지는 방향으로 코일이 회전한다. 따라서 코일을 통과하는 자기장의 세기가 감소한다.

ㄷ. 코일의 단면을 통과하는 자기장이 주기적으로 변하므로, 발전기에서 교류 전류가 만들어진다. 따라서 전구에는 교류 전류가 흐른다.

551 발전과 전자기 유도 답 ⑤

알짜풀이

ㄱ. (가) → (나) 과정에서 코일의 각도가 증가하고 있으므로 코일을 통과하는 자기장은 증가한다.

ㄴ. (가) → (나) 과정에서는 코일을 통과하는 자기장이 증가하고, (다) → (라) 과정에서는 코일을 통과하는 자기장이 감소하므로 코일에 흐르는 전류의 방향은 반대이다.

ㄷ. 코일의 회전 속력이 빨라지면 유도 전류의 세기는 증가한다.

552 화력 발전과 핵발전 답 ⑤

알짜풀이

ㄱ. A는 화력 발전이고, B는 원자력 발전이다. B는 우라늄의 핵분열 과정에서 발생하는 에너지를 이용한다.

ㄷ. A는 화석 연료를 연소시킬 때 온실 기체인 이산화 탄소를 배출하고 B는 대기 오염 물질을 배출하지 않는다. 따라서 발전 과정에서 대기 오염 물질은 A에서가 B에서보다 많이 배출된다.

오답넘기

ㄴ. B의 원료는 우라늄이다. 우라늄은 지구에 매장된 방사성 원소로 태양 에너지와 관련이 없다.

553 화력 발전소에서 에너지 전환 답 ④

알짜풀이

ㄱ. 열에너지는 고온의 물체에서 저온의 물체로 이동하며, 물체의 온도를 변화시키거나 상태를 변화시킨다.

ㄴ. 발전기에서는 회전하는 터빈의 운동 에너지가 전기 에너지로 전환된다.

오답넘기

ㄷ. 연료의 화학 에너지는 다양한 에너지 전환 과정을 거쳐 전기 에너지로 전환된다. 따라서 석탄의 화학 에너지의 양은 발전기에서 생산된 전기 에너지의 양보다 많다.

554 핵발전 답 ④

알짜풀이

ㄱ. 원자로에서는 중성자와 우라늄 235가 충돌하여 연쇄 반응이 일어난다. 따라서 A는 중성자이다.

ㄷ. 핵분열 과정에서 강한 방사선이 방출되므로 인체에 악영향을 줄 수 있다.

오답넘기

ㄴ. 연쇄 반응 과정에서 에너지가 방출되는데, 이는 질량 결손에 의한 것이다. 따라서 연쇄 반응이 일어나는 과정에서 질량의 총합은 감소한다.

555 서술형 발전기와 전자기 유도

✔모범답안 터빈이 회전하면 터빈에 연결된 자석이 회전하므로, 코일을 통과하는 자기장이 변한다. 따라서 전자기 유도 현상에 의해 전기 에너지가 만들어진다.

채점 기준	배점
다음 세 가지를 모두 서술한 경우 • 자석이 회전한다. • 코일을 통과하는 자기장이 변한다. • 전자기 유도 현상에 의해 전기 에너지가 만들어진다.	100 %
두 가지만 서술한 경우	60 %

해설

발전기에서는 전자기 유도 현상을 이용하여 전기를 생산한다.

556 핵발전 답 ⑤

알짜풀이

ㄱ. 핵발전에서 우라늄이 핵연료로 사용된다.

ㄴ. 원자로에서 우라늄 원자핵의 핵분열이 일어나면서 생기는 질량 결손에 의해 막대한 에너지가 발생한다.

ㄷ. 핵분열 과정에서 온실가스가 배출되지 않는다. 따라서 핵발전은 화력 발전에 비해 온실가스를 거의 배출하지 않는다.

557 서술형 화력 발전소에서 에너지 전환

✔모범답안 화학 에너지 → 열에너지 → 운동 에너지 → 전기 에너지

채점 기준	배점
네 가지를 모두 포함하여 서술한 경우	100 %
세 가지를 포함하여 서술한 경우	75 %
두 가지를 포함하여 서술한 경우	50 %

해설

화석 연료에는 화학 에너지의 형태로 에너지가 저장되어 있다. 따라서 에너지 전환 과정은 다음과 같다.

연료의 화학 에너지 → 열에너지 → 터빈의 운동 에너지 → 전기 에너지이다.

11 에너지 전환과 효율적 이용

558 O	559 X	560 O	561 O	562 X	563 O
564 O	565 X	566 X	567 O	568 O	569 X
570 X					

562 제시된 자료에서 내연기관 자동차와 전기 자동차의 에너지 효율은 각각 18 %, 80 %이다. 따라서 에너지 효율은 전기 자동차가 내연기관 자동차보다 높다.

564 발전 과정까지 고려하면 전기 자동차의 에너지 효율은
$$\frac{40}{100} \times \frac{80}{100} \times 100 = \frac{32}{100} \times 100 = 32(\%)이다.$$

566 두 제품의 효과가 같다면, 에너지 효율이 높을수록 더 적은 전기 에너지를 사용한다. 따라서 A, B의 효과가 같다면, 같은 시간 동안 A가 B보다 더 적은 전기 에너지를 소비한다.

571 ③	572 ⑤	573 ⑤	574 ①	575 ①
576 해설 참조	577 ①	578 ⑤	579 ③	580 해설 참조 581 ②
582 ①	583 ④	584 ②	585 ⑤	586 해설 참조

571 휴대폰에서 에너지 전환 답 ③

알짜풀이

ㄱ. 휴대 전화를 충전하는 과정에서 전기 에너지는 배터리에서 화학 에너지의 형태로 전환되어 저장된다.

ㄷ. 화면에서 빛이 방출되므로, 전기 에너지가 빛에너지로 전환된다.

오답넘기

ㄴ. 휴대 전화가 진동하면서 전기 에너지가 운동 에너지로 전환된다.

572 마이크에서 에너지 전환 답 ⑤

알짜풀이

ㄱ, ㄷ. 마이크는 소리 에너지를 전기 에너지로 전환하는 장치이다. 따라서 ㉠에는 '소리'가 적절하다.

ㄴ. 자석과 코일의 상대적인 운동에 의해 전류가 발생하는 현상은 전자기 유도 현상이다. 따라서 ㉡에는 '전자기 유도'가 적절하다.

573 에너지 전환 답 ⑤

알짜풀이

ㄱ. 마찰에 의해 역학적 에너지는 열에너지로 전환된다.

ㄷ. 전지에서는 화학 에너지가 전기 에너지로 전환된다.

오답넘기

ㄴ. 태양광 발전기에서는 빛에너지가 전기 에너지로 전환된다.

574 비행기에서 에너지 전환 답 ①

알짜풀이

ㄱ. 속력이 빠를수록 운동 에너지는 크다. 비행기의 속력이 빨라지는 동안 비행사의 운동 에너지는 증가한다.

오답넘기

ㄴ. 연료의 연소 과정에서 화학 에너지는 비행기의 역학적 에너지, 소리 에너지, 열에너지 등 다양한 형태의 에너지로 전환된다.

ㄷ. 비행사의 위치 에너지는 비행기가 활주로에 있을 때가 상공에 있을 때보다 작다.

575 손난로에서 에너지 전환 답 ①

알짜풀이

충전식 휴대용 손난로는 전기 에너지가 전지에 충전되어 열에너지를 발생시키는 장치이다. 따라서 충전식 휴대용 손난로에서는 전기 에너지 → 화학 에너지 → 열에너지의 순서로 에너지 전환이 일어난다.

576 서술형 에너지 전환

✓ 모범답안 ㉠: 전기 에너지 → 운동 에너지

㉡: 전기 에너지 → 빛에너지

㉢: 전기 에너지 → 화학 에너지

㉣: 전기 에너지 → 소리 에너지

㉤: 소리 에너지 → 전기 에너지

채점 기준	배점
다섯 가지 모두 옳게 서술한 경우	100 %
네 가지만 옳게 서술한 경우	80 %
세 가지만 옳게 서술한 경우	60 %
두 가지만 옳게 서술한 경우	40 %
한 가지만 옳게 서술한 경우	20 %

577 에너지 보존과 효율 답 ①

알짜풀이

ㄱ. 에너지가 보존되므로, $100 = 70 + 5 + ㉠ + 21$에서 ㉠은 4이다.

오답넘기

ㄴ. 공급된 에너지 중에서 유용하게 사용된 에너지가 21 %이다. 따라서 자동차의 에너지 효율은 21 %이다.

ㄷ. 연료를 줄이더라도 에너지 효율은 거의 변하지 않는다.

578 에너지 효율 답 ⑤

알짜풀이

ㄱ. 열기관은 열을 공급받아 일을 하는 장치이므로 열을 일로 전환시킨다.

ㄴ. 총 에너지가 보존되므로 $Q_1 = W + Q_2$에서 $W = Q_1 - Q_2$이다.

ㄷ. 공급받은 에너지가 Q_1이고 유용하게 사용된 에너지가 W이다. 따라서 열기관의 열(에너지) 효율은 $\frac{W}{Q_1}$이다.

579 에너지 보존과 효율　　답 ③

알짜풀이

ㄷ. 전구의 효율＝$\dfrac{\text{빛에너지}}{\text{공급한 에너지}}$ 이므로 A의 효율은 $\dfrac{20}{30}=\dfrac{2}{3}$ 이고, B의

효율은 $\dfrac{25}{40}=\dfrac{5}{8}$ 이다. 따라서 전구의 효율은 A가 B보다 크다.

오답넘기

ㄱ. 빛에너지가 클수록 전구의 밝기가 밝으므로 전구의 밝기는 B가 A보다 밝다.

ㄴ. 전구에 공급한 전기 에너지는 빛에너지와 열에너지로만 전환된다고 하였으므로 전구에서 발생한 열에너지는 공급한 전기 에너지와 빛에너지의 차이다. 따라서 A에서 발생된 열에너지는 $30-20=10(\text{J})$이고, B에서 발생된 열에너지는 $40-25=15(\text{J})$이므로 전구에서 발생한 열에너지는 A가 B보다 작다.

580 서술형 열기관의 열효율

✔ 모범답안 A, B, A: 에너지는 보존되므로 열기관이 흡수한 열은 열기관이 한 일과 방출한 열의 합이다. 열기관이 흡수한 열이 열기관이 한 일과 방출한 열의 합보다 작으므로 에너지 보존 법칙에 위배된다.

B: 열기관이 흡수한 열과 열기관이 한 일이 같으므로 열기관의 열효율은 100 %이다. 열효율이 100 %인 열기관은 존재할 수 없다.

채점 기준	배점
A~C 중 실현 불가능한 열기관을 쓰고, 그 까닭을 모두 옳게 서술한 경우	100 %
A~C 중 실현 불가능한 열기관을 쓰고, 그 까닭을 하나만 옳게 서술한 경우	70 %
A~C 중 실현 불가능한 열기관을 쓰고, 그 까닭을 옳게 서술하지 못한 경우	30 %

해설

에너지가 전환될 때 전환 전과 후의 에너지 총량은 항상 같고, 에너지를 사용할 때 일부 에너지는 항상 사용하지 못하는 에너지로 버려진다.

581 재생 에너지 발전에서 에너지 전환　　답 ②

알짜풀이

ㄴ. 풍력 발전에서는 바람의 운동 에너지를 이용하여 전기 에너지를 생산한다. 따라서 바람의 운동 에너지가 전기 에너지로 전환된다.

오답넘기

ㄱ. 풍력 발전은 전자기 유도 현상을 이용하지만, 태양광 발전은 전자기 유도 현상을 이용하지 않는다.

ㄷ. 태양광 발전은 빛에너지를 전기 에너지로 전환한다.

582 연료 전지　　답 ①

알짜풀이

ㄱ. 신에너지에는 수소 에너지, 연료 전지, 석탄의 액화 및 가스화가 있다. 따라서 ㉠은 신에너지에 해당한다.

오답넘기

ㄴ. 수소와 반응해서 물이 만들어지는 원소는 산소이다. 따라서 ㉡에 적절한 원소는 산소이다.

ㄷ. 수소 연료 전지가 작동하면서 생성되는 물질은 H_2O뿐이다. 따라서 온실가스나 오염 물질을 배출하지 않는다.

583 신재생 에너지　　답 ④

알짜풀이

신에너지는 기존에 사용하지 않았거나 또는 기존의 연료를 변화시킨 새로운 에너지이고, 재생 에너지는 계속해서 사용할 수 있는 에너지이다. 연료 전지(ㅂ)는 신에너지이고, 수력 발전(ㄴ), 태양광 발전(ㄹ), 풍력 발전(ㅁ)은 재생 에너지이다.

584 수력 발전　　답 ②

알짜풀이

ㄴ. 수력 발전은 물을 이용하므로 자원이 고갈될 염려가 없다.

오답넘기

ㄱ. 수력 발전은 물의 위치 에너지를 전기 에너지로 전환한다.

ㄷ. 수력 발전은 물을 가두었다가 전기 에너지를 생산하므로 기상의 영향에 따라 발전량이 달라질 수 있다.

585 신재생 에너지와 발전　　답 ⑤

알짜풀이

ㄴ. 수력 발전은 흐르는 물이 터빈을 돌려 발전기에서 전기 에너지가 생산되는데, 이때 발전기에서는 전자기 유도 현상에 의해 전기 에너지가 생산된다.

ㄷ. 태양열 발전은 끓인 물에서 발생하는 증기가 터빈을 돌려 발전기에서 전기 에너지가 생산되는데, 이때 발전기에서는 전자기 유도 현상에 의해 전기 에너지가 생산된다.

오답넘기

ㄱ. 연료 전지는 산소와 수소의 산화 환원 반응을 이용해 전기 에너지를 생산한다.

586 서술형 신재생 에너지 발전과 에너지 전환

(1) 답 (가), (다)

(2) ✔ 모범답안 (가): (연료의) 화학 에너지 → 전기 에너지

　　(나): 핵에너지 → 전기 에너지

　　(다): (바람의) 운동 에너지 → 전기 에너지

채점 기준	배점
세 개 모두 옳게 서술한 경우	100 %
두 개만 옳게 서술한 경우	60 %
한 개만 옳게 서술한 경우	30 %

해설

연료가 가진 화학 에너지가 전기 에너지로, 핵연료의 핵에너지가 전기 에너지로, 바람의 운동 에너지가 전기 에너지로 전환된다.

STEP 3 수능 유형 문제로 만점 도전하기　　118~123쪽

587 ③	588 ⑤	589 ③	590 ③	591 ④	592 ③
593 ⑤	594 ②	595 ①	596 ②	597 ④	598 ④
599 ⑤	600 ②	601 ⑤	602 ④	603 ④	604 ③
605 ⑤	606 ⑤				
서술형 문제	607~610 해설 참조				

587 태양의 내부와 에너지 생성   답 ③

알짜풀이

ㄱ. 태양 표면의 온도 T_1은 약 6000 K이고, 핵의 온도 T_2는 약 1500만 K
이므로 T_1과 T_2의 온도 차는 약 1000만 K보다 크다.

ㄴ. A, B, C는 태양의 내부이므로 주된 원소는 수소와 헬륨이다.

오답넘기

ㄷ. 태양 내부에서 수소 핵융합 반응은 중심부의 핵(C)에서 일어나며, 이
곳에서 생성된 에너지는 복사층(B)과 대류층(C)을 차례로 빠져나온다.

588 수소 핵융합 반응   답 ⑤

알짜풀이

ㄱ. 수소 원자핵은 1개의 양성자를 가지므로 (가)와 (나)는 수소 원자핵이다.

ㄴ. 6개의 수소 원자핵이 핵융합 반응에 참가하여 1개의 헬륨 원자핵을
만들고 2개의 수소 원자핵을 방출하였으므로 4개의 수소 원자핵이
융합하여 1개의 헬륨 원자핵을 만들었다.

ㄷ. 수소 핵융합 반응이 일어나면 감소한 질량이 에너지로 방출되므로
(가)의 총 질량은 (다)의 총 질량보다 크다.

> **┌ 문제 속 개념 ┐**
>
> **수소 핵융합 반응**
>
> (나)
>
> (가)
>
> ● 양성자
> ○ 중성자
>
> (다)
>
> 수소 원자핵 6개가 단계별로 충돌하여 헬륨 원자핵 1개와 수소 원자
> 핵 2개가 남게 된다.
>
> ➡ 결과적으로 4개의 수소 원자핵이 융합하여 헬륨 원자핵 1개가 만
> 들어지는 것이다.

589 수소 핵융합 반응   답 ③

알짜풀이

ㄱ. 태양의 생성 이후 현재까지 A는 계속 증가하였으므로 헬륨이고, B는
계속 감소하였으므로 수소이다.

ㄴ. 수소와 헬륨의 함량 변화는 수소 핵융합 반응에 의해 일어나고, 태양
에서 수소 핵융합 반응은 초고온 상태인 중심부의 핵에서 일어난다.

오답넘기

ㄷ. 핵융합 반응에서는 질량 결손이 일어나 에너지가 생성되므로 반응 전
의 질량보다 반응 후의 질량이 작다. $(c-a)$는 현재까지 헬륨이 증가
한 질량에 해당하고, $(d-b)$는 현재까지 수소가 감소한 질량에 해당
하므로 $(c-a)$는 $(d-b)$보다 작다.

590 태양 에너지의 전환   답 ③

알짜풀이

ㄱ. 태양 전지는 태양 빛에너지를 직접 전기 에너지로 전환하므로 ㉠에서
태양 빛에너지가 전환된다.

ㄴ. 태양 에너지가 화학 에너지로 전환된 화석 연료를 자동차나 공장에서
연소하면 운동 에너지, 열에너지로 전환된다.

오답넘기

ㄷ. 수력 발전은 물의 위치 에너지가 전기 에너지로 전환되는 과정이다.
㉢의 예로는 화력 발전이 있다.

591 태양 에너지의 전환   답 ④

알짜풀이

ㄴ. 광합성에 의해 빛에너지는 화학 에너지로 전환되어 태양 에너지가 생
물의 몸에 저장된다.

ㄷ. 바람은 지표면의 불균등한 가열에 의해 생기고, 지표면을 가열하는 것
은 태양 에너지이므로 바람은 태양 에너지→열에너지→운동 에너지로
전환되는 예이다.

오답넘기

ㄱ. 태양 에너지는 태양 중심부의 핵에서 수소 핵융합 반응에 의해 생성
된다.

592 태양 에너지의 생성과 흐름   답 ③

알짜풀이

ㄱ. 수소 원자핵이 융합하여 헬륨 원자핵으로 될 때 결손된 질량이 에너지
로 전환되어 방출된다.

ㄷ. 비나 눈 등의 기상 현상은 물의 순환 과정에서 일어나는데, 물의 순환
은 태양 에너지에 의해 생긴다.

오답넘기

ㄴ. 화석 연료는 태양 에너지가 화학 에너지로 전환되는 예이다.

593 전자기 유도   답 ⑤

알짜풀이

ㄱ. (가)에서 자석의 N극이 코일에 가까이 다가가고 있으므로 코일을 통
과하는 자기장은 증가한다.

ㄷ. (가)에서와 (나)에서 자석이 코일에 가까이 다가가고 있으므로 코일에
흐르는 유도 전류의 방향은 자석이 다가오는 것을 방해하는 방향으로
흐른다. 따라서 (가)에서와 (나)에서 모두 코일이 자석을 밀어내는 방
향으로 자기력이 작용한다.

오답넘기

ㄴ. 코일에는 자기장의 변화를 방해하는 방향으로 유도 전류가 흐르므로
(가)에서 검류계에 흐르는 전류의 방향은 오른쪽 방향이고, (나)에서
검류계에 흐르는 전류의 방향은 왼쪽 방향이다. 따라서 검류계에 흐르
는 전류의 방향은 (가)에서와 (나)에서가 반대 방향이다.

〔문제 속 개념〕

자석의 운동에 따른 유도 전류의 방향

코일에 흐르는 유도 전류의 방향은 코일 내부를 통과하는 자기장의 변화를 방해하는 방향이다.

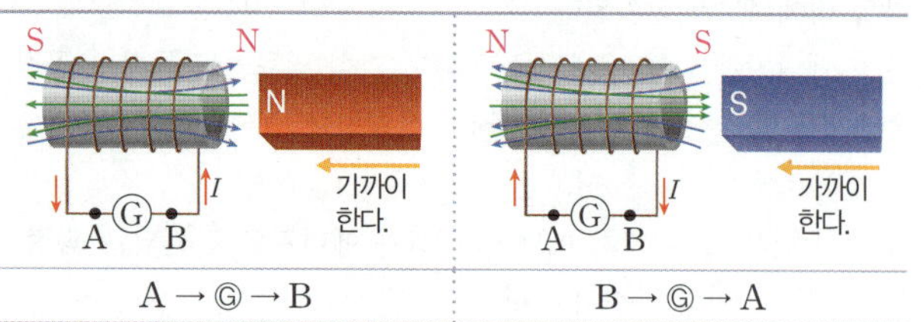

---

594 전자기 유도의 적용　　답 ②

알짜풀이

ㄴ. 코일 내부의 철심은 코일을 통과하는 자기장의 세기를 증가시켜 바퀴에서 방출되는 빛의 세기가 증가한다.

오답넘기

ㄱ. 바퀴가 회전하는 동안 바퀴에서 빛이 방출되고 있으므로 코일을 통과하는 자기장은 일정하지 않다.

ㄷ. 바퀴가 시계 방향으로 회전해도 코일을 통과하는 자기장이 변하므로 바퀴에서는 빛이 방출된다.

595 유도 전류　　답 ①

알짜풀이

ㄱ. 0에서 $2t_0$까지 자석이 코일로부터 멀어지므로 자석에는 왼쪽 방향으로 자기력이 작용한다. 따라서 코일의 오른쪽 끝이 S극이 되도록 p → ⓖ → q 방향으로 전류가 흐른다.

오답넘기

ㄴ. $3t_0$일 때 자석이 정지해 있으므로 검류계에 전류가 흐르지 않는다. 따라서 검류계에 흐르는 전류의 세기는 $3t_0$일 때가 t_0일 때보다 작다.

ㄷ. $6t_0$일 때 자석은 코일을 향해 운동한다. 따라서 코일과 자석 사이에는 밀어내는 방향으로 자기력이 작용한다.

596 유도 전류　　답 ②

알짜풀이

ㄴ. 코일의 윗면이 a일 때는 S극이고 b일 때는 N극이다. 따라서 a일 때와 b일 때, 저항에 흐르는 전류의 방향은 서로 반대이다.

오답넘기

ㄱ. a일 때 자석이 연직 위쪽으로 운동하므로, 자석에 작용하는 자기력의 방향은 연직 아래쪽이다.

ㄷ. 자석의 운동에 의해 코일에 전류가 흐르므로, 자석의 역학적 에너지의 일부가 전기 에너지로 전환된다. 따라서 자석의 속력은 a일 때가 b일 때보다 크고, 저항에 흐르는 전류의 세기는 a일 때가 b일 때보다 크다.

597 전자기 유도의 활용　　답 ④

알짜풀이

도난 방지 장치는 자기 정보가 기록된 물건이 통과하면 유도 전류가 흘러 소리가 나도록 한 것으로 전자기 유도의 원리를 활용한 기구이다.

598 발전기의 원리　　답 ④

알짜풀이

ㄱ. $\theta=30°$일 때 도선이 이루는 면을 오른쪽으로 통과하는 자기장이 증가한다. 따라서 a → b → c 방향으로 전류가 흐른다.

ㄷ. θ가 90°를 지나기 직전에는 자기장이 증가하고, θ가 90°를 지난 직후에는 자기장이 감소한다. 따라서 b와 c 사이에서 θ가 90°를 지나기 직전에는 b → c 방향으로, θ가 90°를 지난 직후에는 c → b 방향으로 전류가 흐른다.

오답넘기

ㄴ. 도선이 이루는 면을 통과하는 자기장의 세기가 $\theta=0°$일 때는 0이고, $\theta=90°$일 때 최대이다.

599 발전과 에너지 전환　　답 ⑤

알짜풀이

ㄱ. LNG는 화석 연료의 일종이다. 따라서 화력 발전에 해당한다.

ㄷ. 냉각수가 지나는 지점에서 증기가 응결하면서 압력이 매우 낮아진다. 따라서 터빈을 지날 때 증기의 운동 에너지는 매우 크며, 이 운동 에너지로 터빈을 회전시킨다.

오답넘기

ㄴ. LNG가 연소하면서 LNG에 저장되어 있던 화학 에너지가 열에너지로 전환된다.

600 에너지 효율　　답 ②

알짜풀이

ㄴ. A, B 각각의 에너지 효율이 일정하다. 그런데 표에서 오른쪽으로 갈수록 소비 전력이 증가하므로, 오른쪽으로 갈수록 바람의 세기가 크다. 따라서 같은 양의 에너지로 낼 수 있는 효과는 A가 B보다 크다.

오답넘기

ㄱ. 바람의 세기가 I_1, I_2, I_3일 때, 소비 전력은 B가 A보다 크다. 따라서 같은 효과를 내기 위해 필요한 에너지는 B가 A보다 많다.

ㄷ. 같은 효과를 내기 위해 필요한 에너지가 많을수록 에너지 효율이 낮다. 따라서 에너지 효율은 A가 B보다 크다.

601 화력 발전소에서 에너지 전환　　답 ⑤

알짜풀이

ㄱ. 화력 발전소에서 공급된 화석 연료의 에너지가 전기 에너지로 전환될 때 다양한 형태의 에너지로 전환되는데, 이 과정에서 에너지의 총합은 일정하다. 따라서 $100=24+10+A+40+8+5$에서 $A=13$이다.

ㄴ. 화석 연료에 저장된 에너지는 화학 에너지이다. 화력 발전에서는 화석 연료가 연소하는 과정에서 화학 에너지가 열에너지로 전환된다.

ㄷ. 화석 연료의 연소 과정에서 이산화 탄소와 같은 환경 오염 물질이 배출된다.

602 에너지 효율　　답 ④

알짜풀이

ㄱ. A의 열효율은 20 %이므로 $\frac{(가)}{100}\times100(\%)=20\,\%$에서 (가)는 20이다.

ㄷ. 열기관에서 방출된 열량은 공급한 열량과 한 일의 차이다. A에서 방

출된 열량은 $100-20=80(\mathrm{J})$이고, B에서 방출한 열량은 $120-12=108(\mathrm{J})$이므로 방출된 열량은 A에서가 B에서보다 작다.

오답넘기

ㄴ. B의 열효율은 $\dfrac{12}{120}\times100(\%)=10\ \%$이다. 따라서 열효율은 A가 B보다 크다.

603 에너지 보존과 효율   답 ④

알짜풀이

무선 청소기에 충전된 전기 에너지와 청소기에서 전환된 여러 종류의 에너지를 모두 합한 값은 같으므로 $1500=1000+㉠+100$에서 ㉠은 $400\ \mathrm{J}$이다. 또한 무선 청소기에서 전환된 유용한 에너지는 청소기 모터의 운동 에너지이다. 따라서 무선 청소기의 효율은 $\dfrac{1000}{1500}\times100(\%)=\dfrac{200}{3}\ \%$이다.

604 재생 에너지   답 ③

알짜풀이

ㄱ. 태양열 발전은 태양의 열에너지로 물을 끓여서 발생한 증기로 터빈을 돌려 전기 에너지를 생산한다.

ㄴ. 태양광 발전은 태양의 빛에너지를 이용하여 전기 에너지를 생산한다.

오답넘기

ㄷ. 풍력 발전은 바람을 이용하므로 화석 연료를 사용하는 화력 발전보다 자원 고갈의 염려가 없다.

605 풍력 발전과 태양광 발전   답 ⑤

알짜풀이

ㄱ. 풍력 발전기는 바람에 의해 전기 에너지를 생산하므로 발전 과정에서 이산화 탄소가 발생하지 않는다.

ㄴ. 태양 전지는 태양의 빛에너지를 이용하여 전기 에너지를 생산하므로 밤보다 낮에 더 많은 전기 에너지를 생산한다.

ㄷ. 풍력 에너지와 태양 에너지는 재생 에너지로 자원 고갈의 염려가 없다.

606 조력 발전   답 ⑤

알짜풀이

ㄴ. 조력 발전은 밀물과 썰물을 이용하므로, 재생 에너지의 일종인 해양 에너지를 이용한다.

ㄷ. 물의 위치 에너지를 이용하여 발전기를 돌려 전기를 생산한다. 따라서 조력 발전은 전자기 유도 현상을 이용한다.

오답넘기

ㄱ. 조력 발전은 밀물과 썰물 때 댐을 경계로 발생하는 바닷물의 높이 차를 이용한다. 따라서 밀물 때와 썰물 때에만 발전이 가능하다.

서술형 문제

607 수소 핵융합 반응

✓ 모범답안 수소 핵융합 반응에서 $0.7\ \%$의 질량이 감소하므로 $\varDelta m=0.007\ \mathrm{kg}$이고,
$E=\varDelta mc^2=0.007\times(3\times10^8\ \mathrm{m/s})^2=6.3\times10^{14}(\mathrm{J})$이다.

채점 기준	배점
에너지양을 구하는 과정과 답이 모두 옳은 경우	100 %
에너지양을 구하는 과정만 옳은 경우	70 %
에너지양을 구하는 과정 중 감소한 질량만 옳은 경우	30 %

해설

수소 핵융합 반응에서 $0.7\ \%$의 질량이 감소하므로 수소 $1\ \mathrm{kg}$이 반응에 참여하면 $0.007\ \mathrm{kg}$의 질량이 감소한다. 따라서 생성되는 에너지는 $E=\varDelta m^2=0.007\times(3\times10^8\mathrm{m/s})^2=6.3\times10^{14}(\mathrm{J})$이다.

608 전자기 유도

✓ 모범답안 자석이 회전하면 코일을 통과하는 자기장이 변하면서 코일에 유도 전류가 흐르는데, 이러한 현상을 전자기 유도 현상이라고 한다.

채점 기준	배점
원리와 현상을 모두 옳게 서술한 경우	100 %
원리 또는 현상 중 한 가지만 옳게 서술한 경우	50 %

해설

코일을 통과하는 자기장이 변하여 코일에 유도 전류가 흐르는 것을 전자기 유도라고 한다.

609 발전과 전자기 유도

✓ 모범답안 ㉠ 화학 에너지 → 핵에너지

㉡ 핵융합 → 핵분열

㉢ 정전기 유도 → 전자기 유도

채점 기준	배점
세 가지 모두 옳게 서술한 경우	100 %
두 가지만 옳게 서술한 경우	60 %
한 가지만 옳게 서술한 경우	30 %

해설

핵발전소에서는 핵에너지가 핵분열에 의해 열에너지로 전환된 후 증기의 운동 에너지로 터빈을 회전시키므로 전자기 유도를 이용해 전기를 생산한다.

610 에너지 효율

(1) **답** 12

해설

$100=㉠+88$에서 ㉠에 알맞은 숫자는 12이다.

(2) **✓ 모범답안** $88\ \%$, $\dfrac{88}{100}\times100=88(\%)$

채점 기준	배점
효율과 과정을 옳게 서술한 경우	100 %
효율만 옳게 답한 경우	50 %

해설

에너지 전환 전과 후 에너지의 합은 같고
$$에너지\ 효율=\dfrac{유용하게\ 사용된\ 에너지}{공급된\ 에너지}\times100$$이다.

III 과학과 미래 사회

[1] 과학 기술의 활용과 윤리

12 과학 기술의 활용

STEP 1	O/X 문제로 5종 교과서 핵심 자료 보기				127쪽
611 ○	612 X	613 X	614 ○	615 ○	616 ○
617 ○	618 X	619 X	620 X	621 ○	622 ○
623 ○	624 ○	625 X	626 ○	627 X	

STEP 2	학교 기출 문제로 내신 대비하기		128~129 쪽
628 ③	629 ②	630 ⑤	631 해설 참조 632 해설 참조
633 ③	634 ①	635 ⑤	

628 감염병의 진단 답 ③

알짜풀이

ㄱ. 감염병은 세균이나 바이러스와 같은 병원체가 사람 몸에 침입하여 생기는 질병으로 빠르게 전파되는 특성이 있다.

ㄴ. 감염병에 감염되었을 때 우리 몸을 방어하기 위해 혈액 내에서는 특정한 항원에만 반응을 하는 항체가 생긴다. 항체는 항원과 같은 단백질이다.

오답넘기

ㄷ. 감염병을 진단하기 위해 감염자의 검체를 채취하는 데, 검체를 채취하는 방법은 혈액, 소변, 체액, 타액 등 다양한 방법이 있다.

629 감염병의 진단과 관리 답 ②

알짜풀이

ㄴ. 감염병을 진단하는 방법은 병원체의 단백질을 검출하거나 핵산을 증폭시키는 방법을 주로 이용한다. 이중 단백질을 검출하는 방법은 신속 항원 검사법이다.

오답넘기

ㄱ. 감염병의 감염 경로는 호흡을 통한 흡입, 오염된 음식물, 피부 접촉, 수혈 등으로 다양하다.

ㄷ. 감염병을 추적 관리할 때 과거에는 역학 조사관이 감염자의 동선을 일일이 파악했지만 최근에는 빅데이터 기술, 인공지능 기술을 활용해 훨씬 많은 데이터를 더 빠르게 분석하는 등 가장 효율적인 방법을 이용하고 있다.

630 감염병의 진단 방법과 원리 답 ⑤

알짜풀이

ㄱ. A, B는 각각 단백질, 핵산이다.

ㄴ. (가)는 항체를 이용하여 바이러스를 구성하는 단백질을 검출하는 신속 항원 검사, (나)는 바이러스의 핵산을 증폭하여 검출하는 진단 기술인 중합효소연쇄반응(PCR) 검사이다.

ㄷ. (가)의 신속 항원 검사는 (나)의 중합효소연쇄반응(PCR) 검사보다 더 빠른 시간에 감염병을 진단할 수 있지만, 정확도는 (나)의 중합효소연쇄반응(PCR) 검사가 (가)의 신속 항원 검사보다 높다.

> **자료 분석**
>
> 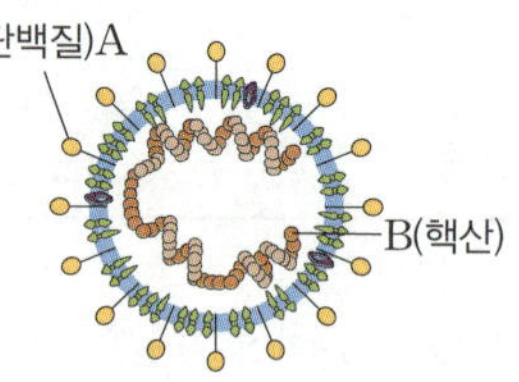
>
>
> A는 바이러스(병원체)를 구성하는 성분 중 면역반응에서 항체와 결합하는 단백질 성분이고, B는 바이러스의 유전 정보를 저장하고 있는 유전물질인 핵산이다.

631 **서술형** 신속 항원 검사

(1) **답** (다) — (나) — (가)

해설

신속 항원 키트의 사용 순서는 검체 채취 → 검사 용액에 넣고 젓기 → 검체구에 용액 투입이다.

(2) **모범답안** 항체가 특정 항원에 결합하는 특징을 활용하는 방식으로, 우리 몸에 병원체가 침입하였을 때, 항체가 생성되는 면역반응의 원리를 이용한 진단 기술이다.

채점 기준	배점
면역반응에서 항원과 항체가 결합하는 원리와 그 과정을 모두 정확하게 서술한 경우	100 %
물질의 반응에 대해서만 서술하고 면역반응에 대한 서술이 부족한 경우	50 %

해설

면역 진단 검사 방법은 항체를 이용해 병원체의 단백질을 검출하는 방법으로, 항원이 우리 몸 속에 들어왔을 때 몸을 보호하기 위해 항체가 생성되어 결합하는 면역반응의 원리를 이용한 것이다.

632 **서술형** 감염병의 진단 방법

(1) **답** 사람 2

해설

양성 진단 시료의 반응과 같은 결과가 나온 사람 2가 감염병에 걸린 사람이다.

(2) **모범답안** 단백질 성분의 포획 항체가 병원체의 특정 부분과 결합하였을 때, 검출 시약과 반응하여 색깔이 붉게 변하게 된다.

채점 기준	배점
단백질, 항체의 결합 및 시약과의 반응을 모두 옳게 서술한 경우	100 %
시약과의 반응에 대한 부분만 서술한 경우	50 %

해설

면역 진단 검사 방법은 항체를 이용해 병원체의 단백질을 검출하는 원리를 이용하는 감염병 진단 방법이다.

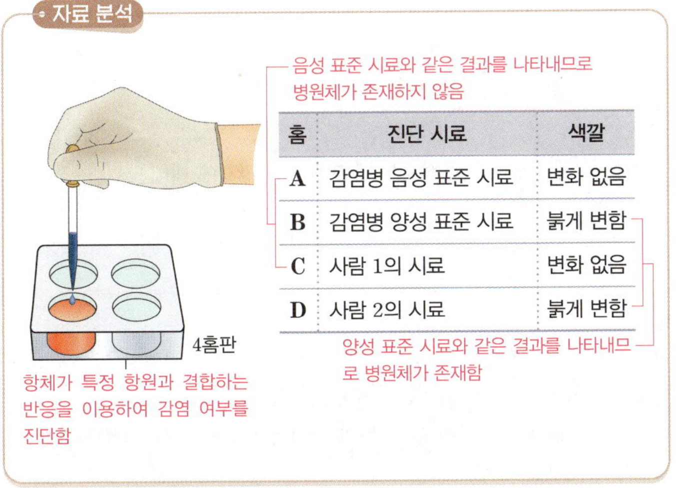

홈	진단 시료	색깔
A	감염병 음성 표준 시료	변화 없음
B	감염병 양성 표준 시료	붉게 변함
C	사람 1의 시료	변화 없음
D	사람 2의 시료	붉게 변함

ㄷ. (나)의 환자 맞춤형 진료 분야에서 개인적인 데이터를 관리하는 과정 중 개인 정보 유출 등의 문제점이 발생할 수 있으므로 활용 시 자료에 대한 보안 등을 철저히 해야 한다.

633 미래 사회 문제와 해결　　답 ③

알짜풀이

ㄱ. (가)의 기후 변화 문제를 해결하기 위해 온실 기체 배출을 줄이고, 신재생 에너지를 개발하는 등 다양한 과학 기술을 개발함과 동시에 온실 기체를 줄이기 위한 교토의정서(1997), 파리협정(2015) 등 세계적인 협정이 이루어지고 있다.

ㄴ. (나)의 새로운 기술 개발에 의해 인터넷, 스마트 기기, 인공지능 등의 사용으로 우리 생활에 많은 유용성을 가져다 주고 있지만, 그 이면에는 인터넷, 컴퓨터를 이용한 사이버 범죄의 증가 가능성도 있다.

오답넘기

ㄷ. 과학 기술의 발달에 따라 미래 사회의 문제는 과거보다 훨씬 복잡하고 다양하여 해결하는 과정 또한 복잡하여 많은 딜레마가 발생하기도 한다.

634 빅데이터　　답 ①

알짜풀이

ㄱ. ⊙은 '빅데이터'로 많은 양의 데이터가 주로 디지털 형태로 전환되어 실시간으로 빠르게 수집되며 형성된다.

오답넘기

ㄴ. 빅데이터는 디지털 환경에서 생성되는 글이나 영상, 음성, 수치 등 그 형태가 매우 다양하다.

ㄷ. 빅데이터를 구성하는 많은 양의 데이터가 생성되고 처리되는 속도가 빠르기 때문에 과거에 비해 현상에 대한 빠른 이해와 분석 및 예측이 가능하다.

635 빅데이터의 활용　　답 ⑤

알짜풀이

ㄱ. (가)의 기상 관측 분야에서 많은 양의 정보로 이루어진 빅데이터를 활용하면 기상 현상에 대한 예측에서 정확도를 높일 수 있다.

ㄴ. (나)의 환자 맞춤형 진료 분야에서 유전체와 관련된 빅데이터를 분석하면 개인에게 발생할 가능성이 높은 질병을 예측하고 유전적 특성에 맞는 적절한 치료를 받을 수 있다.

13 과학 기술의 발전과 쟁점

| STEP 1 | O/X 문제로 5종 교과서 핵심 자료 보기 | 131쪽 |

636 X	637 O	638 O	639 X	640 O	641 O
642 X	643 X	644 O	645 O	646 X	647 O
648 X	649 O	650 O	651 X		

| STEP 2 | 학교 기출 문제로 내신 대비하기 | 132~133 쪽 |

652 ②	653 ⑤	654 ⑤	655 해설 참조	656 해설 참조
657 ①	658 ⑤	659 ③		

652 사물 인터넷(IoT)　　답 ②

알짜풀이

ㄴ. 스마트 홈에서는 사물 인터넷(IoT) 기술을 적용하여 센서와 통신 장치가 내장된 조명, 에어컨, 냉장고 등의 집안의 전자 기기를 스마트 기기로 원격 조절할 수 있다.

오답넘기

ㄱ. 세상에 존재하는 두 가지 이상의 사물이 다양한 방식으로 서로 연결되어 사물이 개별적으로 제공하지 못하는 서비스를 제공하는 기술로서 스마트 홈, 스마트팜, 스마트 공장 등에 활용되는 과학 기술은 사물 인터넷(IoT)이다. 따라서 ⊙은 사물 인터넷이다.

ㄷ. 스마트팜에서는 센서를 통해 온도, 습도, 일조량 등을 측정하는 데 일조량을 측정할 때는 광센서를 이용한다.

653 사물 인터넷(IoT)의 활용　　답 ⑤

알짜풀이

ㄱ. 사물 인터넷을 이용하면 센서를 이용하여 수집된 데이터와 정보 통신 기술을 바탕으로 실시간으로 정보를 파악할 수 있다.

ㄴ. 자연 환경의 신호를 수신하는 센서는 자연에서 발생하는 아날로그 신호를 디지털 신호로 전환한다.

ㄷ. 사물 인터넷을 이용하는 과정에서 얻은 데이터는 인공지능으로 처리하여 다양한 상황에 자율적으로 대응하고 최적의 결과를 산출하는 데 유용하게 활용될 수 있다.

654 인공지능 로봇
답 ⑤

알짜풀이

ㄱ. 안내 로봇과 같은 인공지능 로봇은 스스로 학습하고 판단하여 변화하는 상황에 대응할 수 있도록 인공지능을 이용한다. 따라서 ㉠은 인공지능이다.

ㄴ. 인공지능 로봇은 내장된 센서를 이용해 외부 환경의 신호를 수신하여 정보를 수집한다.

ㄷ. 인공지능 로봇의 개발은 안내와 같은 분야에 적용되므로 이와 관련된 분야에서의 인간의 일자리를 감소시키고, 로봇 개발과 관련된 일자리는 증가시키는 등 미래 인간의 일자리 변화에 영향을 미친다.

655 서술형 과학 기술의 유용성과 한계

(1) 답 센서, 통신 장비

해설

사물 인터넷으로 연결된 장치들에는 센서와 통신 장비가 내장되어 있어 정보를 수집하고, 수집한 정보를 실시간으로 전송할 수 있다.

(2) 모범답안 개인 정보가 저장되기 때문에 데이터 보안 문제가 발생할 수 있다. 인터넷을 이용한 진단 과정에서 전자 기기와 주파수 간섭이 발생할 수 있다.

채점 기준	배점
개인 정보 유출 문제와 인터넷을 이용한 진단 과정에서 전자 기기의 방해 문제 등을 모두 정확하게 서술한 경우	100 %
개인 정보 유출 문제와 인터넷을 이용한 진단 과정에서 전자 기기의 방해 문제 중 한 가지만 정확하게 서술한 경우	50 %

해설

스마트 의료 체계에서 원격 진단을 통해 환자의 진단 결과 등이 데이터화되어 저장되기 때문에 이러한 개인 정보의 유출 위험이 발생할 수 있다. 또한 진단 과정에서 인터넷, 스마트 기기 등과 같은 전자 기기를 활용하므로 통신 과정에서 주파수 간섭과 같은 통신 방해로 인해 진단 과정이 제대로 이루어지지 않을 가능성이 있다.

656 서술형 과학 기술의 발전과 이용

(1) 답 사물 인터넷(IoT)

해설

사물에 센서와 통신 장비를 이용해 실시간으로 상황을 파악할 수 있도록 하는 과학 기술은 사물 인터넷(IoT) 기술이다.

(2) 모범답안 소방 시설에 설치된 센서와 사물 인터넷 단말기를 연결하고 무선 통신 기술을 이용하여 실시간 모니터링을 할 수 있는 플랫폼을 통해 소방 시설의 작동 유무 및 화재 사고를 실시간으로 관리한다.

채점 기준	배점
시설에 설치된 센서와 통신 장비를 활용하는 방법에 대해 모두 정확하게 서술한 경우	100 %
시설에 설치된 장치에 대한 설명 없이 기술의 활용에 대해서만 서술한 경우	50 %

해설

사물 인터넷, 로봇 등의 과학 기술을 활용하여 장치에 설치된 센서를 통해 정보를 인식하고, 단말기와 같은 통신 장비를 이용해 인터넷을 통한 실시간 정보 공유 등으로 안전 장비 등의 체계적 관리와 함께 안전 사고를 효율적으로 예방할 수 있다.

657 과학 관련 사회적 쟁점(SSI)
답 ①

알짜풀이

ㄱ. 자율주행 자동차는 교통 약자에 대한 편의를 제공해 줄 수 있지만 해킹의 위험성이나 자율주행의 오류와 사고 시 발생할 수 있는 윤리적 문제가 있으므로 과학 관련 사회적 쟁점(SSI)에 해당한다.

오답넘기

ㄴ. 과학 관련 사회적 쟁점을 해결하는 과정에서 경제, 사회, 윤리적 측면을 모두 고려하여야 한다.

ㄷ. 과학 관련 사회적 쟁점에는 사회 구성원마다 모두 입장이 달라 서로 반대되는 다양한 의견이 있을 수 있으므로 자신의 입장을 논리적으로 설명하면서도 상대방의 의견을 경청하는 자세를 가져야 한다.

658 과학 관련 사회적 쟁점(SSI)
답 ⑤

알짜풀이

ㄱ. 유전자변형 농산물 사용에 대한 논쟁은 유전자변형 기술의 발전 과정에서 발생한 식량 문제와 유전자변형 농산물의 부작용에 대한 사회적, 경제적 문제이므로 과학 관련 사회적 쟁점이다.

ㄴ. A는 경제적 측면에서 유전자변형 기술의 긍정적인 측면을 강조하고 있고, B는 유전자변형 농산물에서 발생하는 부작용 등 사회적 측면에서 유전자변형 기술의 부정적인 측면을 강조하고 있다.

ㄷ. 생물의 유전자에는 아데닌(A), 사이토신(C), 구아닌(G), 타이민(T)과 같은 4종류 염기의 배열 순서에 따른 아미노산에 대한 정보가 저장되어 있다.

659 과학 윤리 답③

알짜풀이

A. 과학자는 과학 기술 연구 과정에서 정직성을 바탕으로 연구 절차와 결과를 조작하거나 거짓으로 만들어 내지 않아야 한다.

C. 과학자는 과학 기술 연구 과정에서 실험 대상에 대한 존중하는 자세로 실험 대상의 생명과 존엄성을 존중하여야 한다.

오답넘기

B. 과학자는 과학 기술 연구 과정에서 지식 재산권을 존중하여 다른 연구자의 연구 결과를 함부로 사용하지 않아야 한다.

<table>
<tr><td colspan="6">STEP 3   수능 유형 문제로 만점 도전하기   134~136쪽</td></tr>
<tr><td>660 ②</td><td>661 ③</td><td>662 ②</td><td>663 ④</td><td>664 ⑤</td><td>665 ⑤</td></tr>
<tr><td>666 ③</td><td>667 ①</td><td>668 ③</td><td>669 ③</td><td></td><td></td></tr>
<tr><td>서술형 문제</td><td colspan="5">670 ~ 671 해설 참조</td></tr>
</table>

660 신속 항원 검사 답②

알짜풀이

ㄴ. 신속 항원 검사 결과 C(대조선)와 T(시험선)에 모두 붉은색의 선이 나타난 Ⅰ이 감염된 사람이고, C에만 붉은선이 나타난 Ⅱ는 정상의 사람이다.

오답넘기

ㄱ. 신속 항원 검사는 항체가 특정 항원(병원체 표면의 단백질)에 결합하는 특징을 활용하는 면역 진단 기술을 이용한다.

ㄷ. 진단 과정에서 병원체의 핵산을 증폭시키는 과정은 중합효소연쇄반응(PCR) 검사에 적용되는 과정이다.

661 감염병 진단 검사 방법 답③

알짜풀이

ㄱ. 병원체의 핵산에는 고유한 유전물질이 있어 감염병의 원인이 되는 병원체의 핵산에 들어 있는 특정 유전물질을 증폭하여 검체에 병원체가 존재하는지를 확인하는 방법을 이용하여 감염병을 진단한다. 따라서 ㉠은 핵산이다.

ㄷ. 핵산을 증폭하여 검출하는 방식의 원리를 이용하는 대표적인 진단 장치에는 중합효소연쇄반응(PCR) 장치가 있다. 따라서 '중합효소연쇄반응(PCR) 장치'는 ㉡으로 적절하다.

오답넘기

ㄴ. 유전 현상을 일으키며, DNA에서 유전 형질에 대한 정보를 저장하고 있는 특정한 부위를 유전자라고 한다. 각 유전자에는 4종류 염기 아데닌(A), 사이토신(C), 구아닌(G), 타이민(T)의 배열 순서에 따라 단백질의 20종류 아미노산 배열 순서에 대한 정보가 저장되어 있다.

662 감염병의 추적 및 관리 답②

알짜풀이

ㄴ. (나)의 감염병의 해외 유입 예측 경로를 분석할 때에는 감염자의 스마트 기기에 내장된 GPS, 정보 통신 장치 등을 이용해 정보를 실시간으로 수집하고 이를 분석하고 공유하는 방식으로 이루어진다.

오답넘기

ㄱ. (가)의 감염자 수와 전국적인 분포에 대한 정보는 신속하게 파악하여 감염의 확산을 막아야 한다. 따라서 감염자 수와 전국적인 분포를 파악하는 데 조사관이 일일이 감염 정보와 환자의 동선을 파악하지 않고 스마트 기기 등을 활용해 조사한다.

ㄷ. 과학 기술의 발달로 쉽게 수집할 수 있는 정보에는 개인 정보에 대한 부분이 포함되어 있으므로 개인 정보를 보호하기 위한 보안에 특히 주의하여야 한다.

663 미래 사회 문제 해결 답④

알짜풀이

폐기물로 전기 에너지를 생산하는 연구를 통해 환경오염 문제를, 드론과 인공지능을 이용한 산불 예방 연구를 통해 자연재해 문제를, 자율주행 기술을 이용한 교통흐름 최적화 연구를 통해 교통 혼잡 문제를, 바다숲 조성으로 해양 생태계 보전 연구를 통해 생물 다양성 감소 문제를 해결할 수 있다.

미래 사회 문제	문제 해결을 위한 과학적 연구
환경오염	폐기물로 만드는 전기 에너지 연구
자연재해	드론과 인공지능을 이용한 산불 예방 연구
교통 혼잡	자율주행 기술을 이용한 교통흐름 최적화 연구
생물 다양성 감소	바다숲 조성으로 해양 생태계 보전 연구

664 빅데이터 답⑤

알짜풀이

ㄱ. 과학 연구에서 과거에는 몇몇 데이터에 의존하여 다양하고 정확한 분석이 어려웠지만 현대에는 여러 연구자에 의해 수집된 빅데이터를 기반으로 기존에 수행하기 어려웠던 과학 연구를 수행하고 더 정확한 분석 정보를 생성할 수 있게 되었다. 따라서 '빅데이터'는 ㉠으로 적절하다.

ㄴ. 빅데이터는 디지털 환경에서 생성되는 수치, 문자와 영상 데이터를 포함하는 데이터로 규모가 방대하고 데이터 처리 능력이 빠르다.

ㄷ. DNA에는 4종류 염기(A, C, G, T)의 배열 순서에 따라 단백질의 20종류 아미노산 배열 순서에 대한 정보가 저장되어 있다.

665 빅데이터의 활용   답 ⑤

알짜풀이

ㄱ. 평균 풍속의 단위 'm/s'는 길이의 기본량 단위 'm(미터)'와 시간의 기본량 단위 's(초)'를 조합한 것으로 길이와 시간을 이용하여 나타내는 유도량의 단위이다.

ㄴ. A 지역의 기후와 관련된 기온, 강수량, 풍속 등의 방대한 데이터를 저장하고 분석하는 데 슈퍼컴퓨터와 인공지능 등을 활용하면 빠르고 정확하게 분석할 수 있다.

ㄷ. 슈퍼컴퓨터와 인공지능을 이용해 A 지역의 기후 관련 데이터를 분석하고, 그 결과를 활용하여 미래의 기후 변화 예측의 정확성을 높일 수 있다.

666 빅데이터의 활용   답 ③

알짜풀이

ㄱ. (가)의 외국어 번역 과정에서 다양한 번역 결과 중 인공지능 기술을 이용해 상황에 맞는 번역 결과를 제공한다.

ㄷ. (다)의 재난 재해 정보 제공 과정에서는 정보를 제공 받는 사람들의 혼란이 없도록 검증받은 데이터만을 선별하여 분석하고 정보를 제공하여야 한다.

오답넘기

ㄴ. (나)의 상품 정보 제공 과정에서 상품의 정확한 정보를 제공하되 개인 정보가 유출되지 않도록 개인 정보 보안에 주의를 기울어야 한다.

667 사물 인터넷(IoT)   답 ①

알짜풀이

ㄱ. 시스템 에어컨에 설치된 센서와 통신 장비를 이용해 휴대 전화로 온도, 습도를 확인하고 시스템 에어컨을 조절하는 과정은 사물 인터넷(IoT) 기술을 이용한 것이다.

오답넘기

ㄴ. 시스템 에어컨의 활용 과정에서 실내에 설치된 센서는 연속적으로 변하는 온도, 습도의 아날로그 신호를 수신하여 디지털 신호로 전환한다.

ㄷ. 사물 인터넷(IoT) 기술은 가정의 전자 기기를 조절하는 스마트 홈을 비롯해 스마트팜, 스마트 공장, 스마트 교통 등 다양한 분야에 활용되고 있다.

668 인공지능 로봇   답 ③

알짜풀이

ㄱ. 인공지능을 통해 스스로 학습하고 판단하는 기능을 가지고 의사의 개입 없이 변화하는 상황에 스스로 대응할 수 있도록 개발된 의료용 로봇의 개발 과정에 대한 내용이다. 따라서 '인공지능'은 ㉠으로 적절하다.

ㄴ. 인공지능 로봇의 카메라의 광센서는 빛 신호를 전기 신호로 변환하여 외부 환경의 정보를 수집한다.

오답넘기

ㄷ. 인공지능 로봇의 개발은 로봇이 적용되는 분야의 일자리가 줄어드는 문제점이 발생할 수 있다. 따라서 인공지능 의료 로봇의 개발로 인해 의료 분야에서 단순 반복 작업을 수행하는 일자리와 함께 판단을 필요로 하는 일자리마저 줄어드는 문제점이 발생할 수도 있다.

669 과학 윤리   답 ③

알짜풀이

ㄱ. 유전자에는 아미노산의 종류의 순서에 대한 정보가 저장되어 유전적 특성을 결정한다.

ㄷ. 생명체를 대상으로 하는 실험 연구에서는 실험 대상을 윤리적으로 대하며 실험 대상에 대한 생명과 존엄성을 존중하는 과학 윤리가 필요하다.

오답넘기

ㄴ. 생명공학 기술을 통해 유전병 등을 치료할 수 있다는 긍정적인 점이 있지만 이 과정에서 생명 존엄성에 대한 과학 윤리가 필요하며, 사회적 이익, 생명의 존엄성 등 다양한 측면을 고려한 가치 판단과 다양한 집단의 토론 과정이 필요하다.

서술형 문제

670 신속 항원 검사

(1) **답** (가) 신속 항원 검사, (나) 중합효소연쇄반응(PCR) 검사

해설

신속 항원 검사는 항체가 특정 항원(병원체 표면의 단백질)에 결합하는 특징을 이용하는 면역 진단 기술 방식이고, 중합효소연쇄반응(PCR) 검사는 병원체의 유전체가 들어 있는 핵산을 증폭하여 직접 검출하는 분자 진단 기술 방식이다.

(2) **모범답안** 핵산, 병원체의 양이 적을 때도 바이러스의 특정 유전자를 증폭하여 다른 진단 검사보다 정확하게 감염병을 진단할 수 있다.

채점 기준	배점
핵산에 대한 정확한 이해와 중합효소연쇄반응(PCR) 검사에서 핵산을 증폭하는 까닭을 모두 옳게 서술한 경우	100 %
핵산에 대해서는 이해하고 있으나 중합효소연쇄반응(PCR) 검사에서 핵산을 증폭하는 까닭을 정확하게 서술하지 못한 경우	50 %

해설

핵산 속에는 병원체의 유전체가 들어 있다. 병원체의 양이 적을 경우 이러한 특정 유전체가 잘 검출이 되지 않을 수도 있어 중합효소연쇄반응(PCR) 검사에서는 핵산을 증폭하여 다른 검사에 비해 시간을 걸리지만 정확하게 감염 여부를 확인할 수 있다.

671 빅데이터의 활용

(1) **답** 빅데이터

해설

빅데이터는 디지털 환경에서 생성되는 수치, 문자와 영상 데이터 등을 의미하며, 현대 사회에서는 빅데이터가 다양한 분야에 활용되며 우리 삶을 풍요롭게 하고 미래에 대한 정확한 예측을 할 수 있게 되었다.

(2) **모범답안** 여러 연구자에 의해 수집된 빅데이터를 기반으로 개별 연구자만으로는 기존에 수행하기 어려웠던 과학 실험을 다양하게 수행할 수 있다.

채점 기준	배점
빅데이터와 과학 실험 분야의 특징을 연관지어 빅데이터가 과학 실험 분야에 적용되었을 때 나타난 장점을 옳게 서술한 경우	100 %
빅데이터와 과학 실험 분야의 특징에 대한 파악이 미흡하여 장점에 대한 논리적인 서술이 부족한 경우	50 %

해설

빅데이터는 우리 생활의 여러 분야에 적용되고 활용된다. 특히 과학 실험 분야에서는 과거 부족하고 한 부분에 편중된 데이터만으로 실험을 진행하던 것에서 벗어나 많은 연구자들이 다양한 데이터를 공유하고 분석함으로 인해 기존에 수행하기 어려웠던 복잡하고 심화적인 과학 실험을 다양하게 수행할 수 있다.

STEP 4 단원 종합 문제로 만점 완성하기 137~142쪽

672 ④	673 ①	674 ②	675 ④	676 ②	677 ④
678 ④	679 ⑤	680 ②	681 ①	682 ②	683 ④
684 ④	685 ④	686 ③	687 ④	688 ⑤	689 ④
690 ②	691 ⑤	692 ①			

서술형 문제 693~696 해설 참조

672 생태계 구성요소의 상호작용 답 ④

알짜풀이

A는 생산자, B는 분해자, C는 소비자이다. ㉠는 비생물요소가 생물요소에 영향을 주는 것이고, ㉡은 생물요소가 비생물요소에 영향을 주는 것이다.
ㄴ. 소비자는 다른 생물을 먹이로 하여 양분을 얻는 생물이므로 소비자(C)는 생산자(A)를 먹이로 하여 양분을 얻는다.
ㄷ. 식물의 낙엽은 생물요소이고, 토양은 비생물요소이므로 식물의 낙엽으로 인해 토양이 비옥해지는 것은 생물요소가 비생물요소에 영향을 주는 ㉡에 해당한다.

오답넘기

ㄱ. 사람은 소비자에 해당하므로 사람은 C에 속한다.

673 생태계 구성요소 사이의 상호작용 예 답 ①

알짜풀이

(가)는 생물요소인 북극여우와 사막여우가 비생물요소인 온도에 대해 적응한 예, (나)는 생물요소인 캥거루쥐가 비생물요소인 물에 대해 적응한 예, (다)는 생물요소인 파리지옥이 비생물요소인 토양에 대해 적응한 예이다.
ㄱ. 부피가 증가할수록 단위 부피에 대한 표면적의 비가 감소하므로 $\dfrac{몸의 표면적}{몸의 부피}$ 은 사막여우(㉡)가 북극여우(㉠)보다 크다.

오답넘기

ㄴ. 건조한 환경에 사는 캥거루쥐가 고농도의 오줌을 배설하는 것은 수분의 손실을 최소화하기 위한 것이므로 생물요소가 물에 대해 적응한 예이다.
ㄷ. 파리지옥은 식충식물로, 광합성을 통해 스스로 양분을 합성하는 생산자에 해당한다. 파리지옥이 곤충을 잡아먹는 까닭은 토양 속에 부족한 질소를 보충하기 위한 것이다.

674 생태계 구성요소의 상호작용 답 ②

알짜풀이

㉠는 생물요소가 비생물요소에 영향을 주는 것이고, ㉡은 비생물요소가 생물요소에 영향을 주는 것이다.
ㄴ. 양서류나 파충류와 같은 변온동물은 겨울이 되면 체온이 낮아져 물질대사 속도가 느려지므로 겨울잠을 잔다. 따라서 변온동물의 겨울잠과 가장 관련이 깊은 비생물요소는 온도이다.

오답넘기

ㄱ. 개체군은 동일한 종의 개체들로 구성된다. 양서류(ⓐ)와 파충류(ⓑ)는 서로 다른 종이므로 ⓐ와 ⓑ는 서로 다른 개체군을 이룬다.
ㄷ. 호랑나비의 체색과 크기가 계절에 따라 차이가 나는 것은 비생물요소인 온도에 대한 적응의 예이므로 비생물요소가 생물요소에 영향을 주는 ㉡에 해당한다.

[문제 속 개념]

온도에 따른 호랑나비의 계절형
• 계절에 따라 온도의 영향으로 몸의 크기나 형태, 체색이 달라진다.
• 봄에 태어나는 호랑나비(봄형)가 여름에 태어나는 호랑나비(여름형)에 비해 몸도 작고 색깔도 연하다. ➡ 번데기 시기의 낮은 온도로 인해 물질대사가 활발하게 일어나지 못하기 때문이다.

675 먹이 관계와 생체량 답 ④

알짜풀이

A는 생산자이고, B는 1차 소비자, C는 2차 소비자이다.
ㄴ. 1차 소비자와 2차 소비자의 먹이사슬에서 1차 소비자는 피식자이고, 2차 소비자는 포식자이다. 그러므로 구간 Ⅰ에서 1차 소비자는 2차 소비자에게 잡아먹히게 되고, 이로 인해 유기물 속의 에너지가 1차 소비자에서 2차 소비자로 이동하게 된다.
ㄷ. 하위 영양단계인 생산자의 단위 면적당 생체량이 가장 크고, 상위 영양단계로 갈수록 생체량이 감소하므로 생체량은 상위 영양단계로 갈수록 피라미드 형태를 나타낸다.

오답넘기

ㄱ. A는 광합성을 통해 스스로 양분을 합성하는 생산자이다.

676 생태계평형의 회복 과정 답 ②

알짜풀이

환경 변화에 의해 (가)에서 일시적으로 생태계의 평형이 파괴된 후 생산자의 개체수가 감소하고 2차 소비자의 개체수가 증가했고, (나)를 거쳐 생산자의 개체수가 증가하고 2차 소비자의 개체수가 감소하면서 생태계의 평형이 회복된다.
ㄷ. 안정된 생태계에서 생태계의 평형이 일시적으로 파괴되더라도 생태계 평형은 주로 먹이 관계에 의해 회복되며, 먹이 관계는 각 영양단계의 개체수 변화에 영향을 미친다.

오답넘기

ㄱ. (가) 이후 생산자의 개체수가 감소하고 2차 소비자의 개체수가 증가했으므로 (가)에서 1차 소비자의 개체수가 증가했다.
ㄴ. (가) 이후 생산자의 개체수가 감소하고 2차 소비자의 개체수가 증가했으므로 (나)에서 1차 소비자의 개체수가 감소했다.

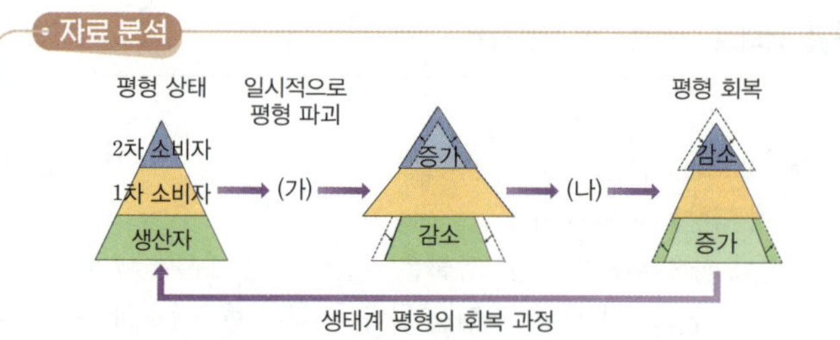

환경 변화에 의해 1차 소비자 증가 → 생산자 감소, 2차 소비자 증가 → 2차 소비자 증가에 의해 1차 소비자 감소 → 1차 소비자 감소에 의해 생산자 증가, 2차 소비자 감소 → 생태계평형 회복

677 생태피라미드   답 ④

알짜풀이

안정된 생태계에서 생체량, 에너지양은 상위 영양단계로 갈수록 감소하므로 B는 생산자, D는 1차 소비자, C는 2차 소비자, A는 3차 소비자이다.

ㄱ. 에너지효율은 상위 영양단계로 갈수록 증가하므로 $10 < ㉠ < 20$이다.

ㄴ. A는 이 생태계에서 최종 소비자이다.

오답넘기

ㄷ. 상위 영양단계로 갈수록 에너지양은 감소한다.

678 북극해 얼음 면적 변화   답 ④

알짜풀이

ㄴ. 얼음 면적이 감소했으므로 지구의 평균 기온은 높아졌으며, 평균 해수면 높이도 상승했을 것이다.

ㄷ. 지구 온난화의 주요 원인은 화석 연료 사용량 증가로 인한 대기 중 온실 기체의 농도 증가로 알려져 있다.

오답넘기

ㄱ. 1980년에 비해 2020년에 북극해의 얼음 면적이 감소했으므로 평균 반사율은 감소했다.

679 지구 열수지   답 ⑤

알짜풀이

ㄱ. 태양 복사가 100이고 우주로 반사된 에너지가 30이므로 $A+B=70$이다.

ㄴ. B는 주로 적외선, C는 주로 가시광선이므로 파장은 B가 C보다 길다.

ㄷ. 온실 효과가 강화되면 지표면이 방출하는 에너지량이 많아지므로, 지표면이 흡수하는 에너지량($C+D$)도 많아진다.

680 엘니뇨 시기의 특징   답 ②

알짜풀이

(가)에서 물리량 X와 Y는 비례하고, (나)에서 X와 Z는 반비례한다. X에 해당하는 동태평양 표층 수온 편차가 양($+$)의 값일 때 동태평양 해수면 높이 편차도 양($+$)의 값이 되어 비례 관계가 성립한다. 따라서 동태평양 해수면 높이 편차는 Y로 적절하다. 한편, 동태평양 표층 수온 편차가 양($+$)의 값일 때, 서태평양의 강수량 편차는 음($-$)의 값이 되어 반비례 관계가 성립하므로 Z로 적절하다.

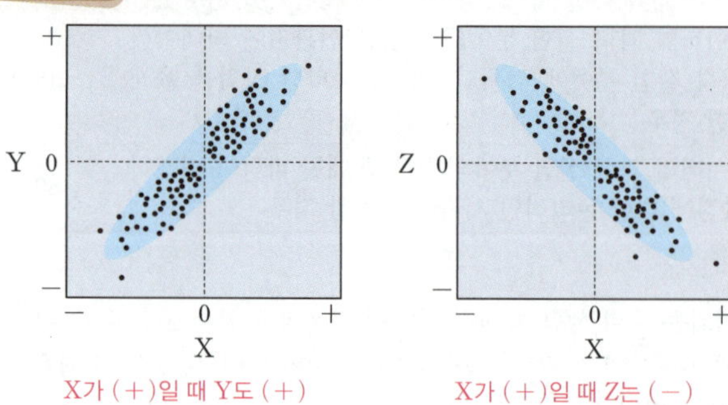

- 동태평양의 표층 수온 편차가 ($+$) ➡ 엘니뇨 시기에는 무역풍이 평상시보다 약화되어 적도 부근의 따뜻한 해수가 동쪽으로 이동하므로 평상시보다 표층 수온이 높아진다.
- 동태평양의 해수면 높이 편차가 ($+$) ➡ 무역풍이 약하게 부는 엘니뇨 시기에는 적도 부근의 따뜻한 해수가 동쪽으로 이동하므로 동태평양 해역의 해수면 높이가 높아진다.
- 동태평양의 구름의 양 편차 ($+$), 동태평양의 강수량 편차 ($+$) ➡ 평상시보다 저기압이 형성되므로 상승 기류가 발달하여 강수량이 증가한다.

681 엘니뇨 시기의 기상 이변   답 ①

알짜풀이

ㄱ. (가)는 엘니뇨 시기에 하강 기류가 평년보다 우세한 서태평양 연안(인도네시아, 호주)에 해당한다.

오답넘기

ㄴ. (나)는 엘니뇨 시기에 상승 기류가 평년보다 우세한 동태평양 연안(페루)에 해당한다.

ㄷ. 엘니뇨는 무역풍이 약해진 시기에 발생한다.

682 태양 에너지의 생성   답 ②

알짜풀이

ㄴ. B는 복사층, C는 대류층이다. A(핵)에서 생성된 태양 에너지는 복사의 형태로 B를 빠져나온다.

오답넘기

ㄱ. A는 온도가 1500만 K 정도로 매우 높으므로 수소 핵융합 반응이 일어날 수 있지만 C는 온도가 낮아 수소 핵융합 반응이 일어날 수 없다.

ㄷ. ㉠ → ㉡에서 질량이 감소하고, 감소한 질량이 에너지로 전환된다. 과거 약 50억 년 동안 태양은 에너지를 생성해 왔으므로 질량 변화는 ㉠의 감소량보다 ㉡의 증가량이 적다.

683 태양 에너지의 전환   답 ④

알짜풀이

ㄴ. 태풍은 기상 현상이므로 물의 순환 과정에서 일어나며, 물이 증발하는 것은 태양 에너지가 열에너지로 전환되었기 때문이다.

ㄷ. 광합성은 태양의 빛에너지가 화학 에너지로 전환되어 식물에 저장되는 현상이다.

오답넘기
ㄱ. 지진은 지구 내부에 축적된 에너지에 의해 일어나며, 태양 에너지와는 관련이 없다.

684 태양 에너지의 흐름   답 ④

알짜풀이
ㄴ. 수력 발전은 강과 댐의 물이 낮은 곳으로 흐르는 현상을 이용한 것이므로 물의 위치 에너지는 감소한다.
ㄷ. 식물의 광합성 과정에서 태양의 빛에너지가 화학 에너지 형태로 전환된다.

오답넘기
ㄱ. 태양 에너지는 열에너지 형태로 물을 증발시켜 구름을 만들어 기상 현상을 일으킨다.

685 전자기 유도   답 ④

알짜풀이
ㄱ. (가)에서 막대자석의 S극이 멀어지므로, 원형 도선의 위쪽이 N극이 된다. 따라서 유도 전류의 방향은 ㉠이다.
ㄴ. (나)에서 막대자석이 O를 향해 운동한다. 따라서 (나)의 O에서 자기장의 세기가 증가한다.

오답넘기
ㄷ. O에서 막대자석까지 떨어진 거리는 (가)와 (나)에서 같은데, 자석의 속력은 (나)에서가 더 빠르다. 따라서 유도 전류의 세기는 (나)에서가 (가)에서보다 크다.

686 전자기 유도   답 ③

알짜풀이
ㄷ. 9초일 때 코일이 자석으로부터 멀어진다. 따라서 자석과 코일 사이에는 서로 당기는 방향으로 자기력이 작용한다.

오답넘기
ㄱ. 2초일 때 코일이 자석에 가까워지므로, 코일의 아래쪽 끝이 N극이 된다. 따라서 검류계에는 ㉡방향으로 전류가 흐른다.
ㄴ. 2초일 때와 9초일 때 코일의 위치가 같다. 그런데 코일의 속력은 9초일 때가 2초일 때보다 크다. 따라서 검류계에 흐르는 전류의 세기는 9초일 때가 2초일 때보다 크다.

687 유도 전류와 에너지 전환   답 ④

알짜풀이
ㄴ. 자석이 q를 지날 때 코일의 오른쪽 면이 N극이 되므로, b → 저항 → a 방향으로 전류가 흐른다.
ㄷ. 자석이 운동하면서 운동 에너지의 일부가 전기 에너지로 전환된다. 따라서 자석의 운동 에너지는 p에서가 q에서보다 크다.

오답넘기
ㄱ. 자석이 p를 지날 때, 자석과 코일 사이에는 서로 미는 방향으로 자기력이 작용한다. 따라서 자석에는 왼쪽 방향으로 자기력이 작용한다.

688 에너지 보존과 전환   답 ⑤

알짜풀이
ㄱ. (가)에서 떨어지는 빗방울의 운동 에너지는 중력에 의한 위치 에너지의 일부가 전환된 것이다. 따라서 (가)에서 중력에 의한 위치 에너지가 운동 에너지로 전환된다.
ㄴ. (나)에서 나무에 저장된 화학 에너지가 열에너지와 빛에너지로 전환된다.
ㄷ. 전환 전 에너지의 총량과 전환 후 에너지의 총량은 같은데, 이를 에너지 보존 법칙이라고 한다.

689 핵발전   답 ④

알짜풀이
ㄱ. 무거운 원자핵이 2개의 가벼운 원자핵으로 쪼개지므로 핵분열이다.
ㄷ. 핵분열은 핵발전소의 원자로 내부에서 일어난다.

오답넘기
ㄴ. 핵분열 과정에서 에너지가 발생하므로 질량 결손이 일어난다. 따라서 질량은 ㉡이 ㉠보다 작다.

690 신재생 에너지   답 ②

알짜풀이
ㄴ. 바이오 에너지는 신재생 에너지에 해당한다.

오답넘기
ㄱ. 농작물, 음식물 쓰레기 등을 이용하는 에너지는 바이오 에너지이다. 따라서 ㉠에는 '바이오'가 적절하다.
ㄷ. 바이오 에너지는 결국 연소하여 사용하므로, 이산화 탄소와 같은 온실가스를 배출한다.

691 감염병 진단   답 ⑤

알짜풀이
ㄱ. 중합효소연쇄반응(PCR) 검사는 병원체의 유전체가 들어 있는 핵산을 여러 차례 증폭하여 감염 여부를 진단하는 방법이다. 따라서 ㉠은 핵산이다.
ㄴ. 시료를 이용하여 중합효소연쇄반응 장치에 넣어 얻은 결과에서 증폭 횟수에 따라 핵산의 양이 증가한 A는 감염병에 감염된 환자이고, 핵산의 양이 변화가 없는 B는 감염병에 감염되지 않은 정상이다.
ㄷ. 중합효소연쇄반응(PCR) 검사는 항체의 단백질을 검출하여 진단하는 방법인 신속 항원 검사에 비해 진단을 하는 데 시간이 오래 걸리지만 더 정확한 진단이 가능하다.

692 과학 관련 사회적 쟁점(SSI)   답 ①

알짜풀이
ㄱ. 신재생 에너지 사용과 같이 과학 기술의 발전 과정에서 발생하는 다양한 사회적·윤리적 문제를 과학 관련 사회적 쟁점(Socioscientific issues, SSI)이라고 한다.

ㄴ. 태양광 발전은 태양의 빛에너지를 전기 에너지로 전환하는 발전 방식으로 화력, 수력, 핵발전과 다르게 발전기를 사용하지 않으므로 전자기 유도 현상을 이용하지 않는다.

ㄷ. 과학 관련 사회적 쟁점을 해결하기 위해서는 상대방의 의견을 상호 존중하는 토론과 합의 과정 등 합리적 의사 결정 과정이 필요하다. 따라서 환경 오염 문제가 심각한 상태라고 하더라도 에너지의 효율성 등을 주장하는 반대 의견도 경청하며 자신의 의견을 논리적으로 주장하는 자세가 필요하다.

서술형 문제

693 생물과 환경의 상호 관계

(1) ✔모범답안 추운 지방에 사는 북극토끼는 더운 지방에 사는 아메리카 사막토끼에 비해 몸집이 크고 몸의 말단부가 작다.

채점 기준	배점
몸집과 몸의 말단부 크기의 차이를 옳게 서술한 경우	100 %
몸집이나 몸의 말단부 크기의 차이 중 한 가지만 옳게 서술한 경우	50 %

(2) ✔모범답안 부피가 증가할수록 단위 부피에 대한 표면적의 비율이 감소하므로 열 방출량을 최소화하여 열의 손실을 줄일 수 있기 때문이다.

채점 기준	배점
제시어를 모두 사용하여 옳게 서술한 경우	100 %
제시어 중 한두 가지만 사용하여 서술한 경우	50 %

해설

정온동물의 경우 추운 지역에 서식하는 동물일수록 몸집의 크기가 크다. 이는 부피가 증가할수록 단위 부피에 대한 표면적의 비율이 감소하기 때문에 표면적을 통한 열의 방출을 최소화할 수 있기 때문이다.

694 위도별 증발량과 강수량 분포

✔모범답안 위도 30° 부근에서는 (증발량−강수량)이 양(＋)의 값을 가지므로 건조 기후가 나타나 사막화 현상이 활발하다.

채점 기준	배점
위도를 옳게 제시하고, 그 근거를 옳게 설명한 경우	100 %
위도만 옳게 제시한 경우	50 %

해설

강수량은 상승 기류가 발달하는 적도 부근과 위도 60° 부근에서 많고, 하강 기류가 발달하는 위도 30° 부근에서 적다. 증발량은 평균 기온이 비교적 높고, 바람이 강한 위도 30° 부근에서 최대가 된다. 따라서 건조 기후는 위도 30° 부근에서 잘 나타나며, 이곳에서 사막화 현상도 잘 나타난다.

695 태양 에너지의 전환

✔모범답안 지표의 가열 과정에서 태양 에너지는 열에너지로 전환되고, 바람이 부는 과정에서 열에너지가 운동 에너지로 전환된다. 바람은 발전기에 연결된 날개를 회전시켜 운동 에너지가 전기 에너지로 전환된다.

채점 기준	배점
세 가지 에너지를 모두 사용하여 옳게 서술한 경우	100 %
두 가지 에너지만 사용하여 옳게 서술한 경우	60 %
한 가지 에너지만 사용하여 옳게 서술한 경우	30 %

해설

지표에 도달한 태양 에너지는 열에너지로 전환되어 지표를 가열한다. 가열된 지표에서 공기로 열에너지가 전달되고, 공기의 운동 에너지로 전환되어 바람이 불게 된다. 지속적으로 부는 바람은 발전기에 연결된 날개를 회전시켜 전기 에너지를 얻는다.

696 전자기 유도와 에너지 보존

(1) ✔모범답안 S극, 원통형 자석이 b를 지날 때 원형 도선의 위쪽이 N극이므로, 원통형 자석의 아랫면 쪽이 N극이다.

채점 기준	배점
극과 까닭을 모두 옳게 서술한 경우	100 %
극은 옳게 답하였으나, 까닭을 타당하지 않게 서술한 경우	50 %

해설

자석이 b를 지날 때 원형 도선을 지나는 자기장이 증가하며 도선에는 이를 방해하는 방향으로 유도 전류가 흐르게 된다.

(2) ✔모범답안 $E_1 > E_2$, 원통형 자석이 운동하면서 역학적 에너지의 일부가 전기 에너지로 전환되므로, 원통형 자석의 역학적 에너지가 감소한다.

채점 기준	배점
대소의 비교와 까닭을 모두 옳게 서술한 경우	100 %
대소는 옳게 비교하였으나, 까닭을 타당하지 않게 서술한 경우	50 %

해설

자석이 a에서 c까지 운동하는 동안 도선에 유도 전류가 흐르므로 자석의 역학적 에너지가 감소한 만큼 전기 에너지가 생산된다.

MEMO

MEMO

메가스터디 N제

통합과학2 696제 정답 및 해설

메가스터디BOOKS

내용 문의 02-6984-6915 | 구입 문의 02-6984-6868,9 | www.megastudybooks.com